U1018446

中等职业教育“十三五”规划教材

加工中心编程与技能训练

任　涛　主编

煤 炭 工 业 出 版 社

·北　京·

图书在版编目（CIP）数据

加工中心编程与技能训练／任涛主编．--北京：煤炭工业出版社，2018

中等职业教育“十三五”规划教材

ISBN 978-7-5020-6784-7

Ⅰ.①加…　Ⅱ.①任…　Ⅲ.①数控机床加工中心—程序设计—中等专业学校—教材 ②数控机床加工中心—操作—中等专业学校—教材　Ⅳ.①TG659

中国版本图书馆 CIP 数据核字(2018)第 162503 号

加工中心编程与技能训练（中等职业教育“十三五”规划教材）

主　　编　任　涛
责任编辑　罗秀全　郭玉娟
责任校对　孔青青
封面设计　于春颖

出版发行　煤炭工业出版社（北京市朝阳区芍药居 35 号　100029）
电　　话　010-84657898（总编室）　010-84657880（读者服务部）
网　　址　www.cciph.com.cn
印　　刷　北京玥实印刷有限公司
经　　销　全国新华书店

开　　本　787mm×1092mm $^1/_{16}$　**印张**　$17^3/_4$　**字数**　418 千字
版　　次　2018 年 9 月第 1 版　2018 年 9 月第 1 次印刷
社内编号　20180209　　**定价**　48.00 元

版权所有　违者必究

本书如有缺页、倒页、脱页等质量问题，本社负责调换，电话：010-84657880

中等职业教育“十三五”规划教材
编 审 委 员 会

主　任： 李增全　卞生智

副主任：（以姓氏笔画为序）

王　令　王年春　刘胜利　刘瑞明　牟跃卓

杜春艳　李　泉　张勇志　张爱玲　陈卫东

陈雄伟　周国良　孟　琦　赵　霞　胡贵祥

姜庆乐　高　波　高　峰　黄　文　常新乐

章结来　谢　添

委　员：（以姓氏笔画为序）

丁祝红　任　珂　刘明举　李玉伦　李冀平

吴新利　张树伟　陈绍强　郑　蓓　侯保江

贺志宁　骆　彬　高志强　程国庆　焦海生

童站国　谢庆彦

主　编： 任　涛

副主编： 李　明　张　欧

前　言

为学习贯彻党的十九大精神，落实《国务院关于加快发展现代职业教育的决定》（国发〔2014〕19号）、《教育部关于深化职业教育教学改革全面提高人才培养质量的若干意见》（教职成〔2015〕6号）等文件要求，进一步深化中等职业教育教学改革发展，全面提高技术技能人才培养质量，为社会和企业培养和造就一批“大国工匠”，中国煤炭教育协会决定组织编写出版突出技能型人才培养特色的中等职业教育“十三五”规划教材。为将教材打造为精品、经典教材，中国煤炭教育协会高度重视教材建设和编写工作，提出了“科学严谨、改革创新、特点突出、适应发展”的教材编写指导思想，多次组织召开会议研究和部署教材建设及编写工作，并采取有力措施，落实了教材编什么、怎么编、谁来编等具体问题。

2015年以来，教材编审委员会、各有关院校和企业、煤炭工业出版社统一思想，巩固认识，精诚团结合作，主动承担责任，扎实稳步推进工作，严把教材编写质量关，取得教材编写重大成果，教材正陆续出版发行。这套教材主要适用于中等职业学校教学、企业职工培训，也适合具有初中以上文化程度的人员自学。

《加工中心编程与技能训练》是这套教材中的一种，其主要特点是：

(1) 采用专业学术语言进行编写，力求科学严谨。

(2) 选用机械加工行业普及率最高的数控系统进行讲解。内容设计力求与企业产品紧密联系，使学生在学习过程中有较强的情景代入感。

(3) 采用大量的图表进行阐述，使学生学习更加直观明了。

(4) 为方便教学，配有教学PPT，读者可向煤炭工业出版社索取，联系电话010-84657836。

本书由任涛任主编，李明、张欧任副主编。具体的编写分工是：李明负责项目一中的任务二、任务三、任务四的编写；张鸥负责项目一中任务一、任务五的编写；任涛负责项目二至项目九的编写。本书的编写，得到了闫小红、孟海霞、张喜江、李永红、李君旸、贾丽刚的热情帮助，得到了张家口煤矿机械制造高级技工学校和辽北技师学院领导的大力支持，在此一并表示衷心感谢。

尽管我们做了努力，但本书肯定还存在不足，望读者提出宝贵修改建议和意见，以便作者在修订时改正。

中等职业教育“十三五”规划教材
编审委员会
2018年7月

目　次

项目一 加工中心基础知识

任务一 加工中心认识

【任务描述】

学生通过学习需要了解加工中心的用途、分类、结构及工艺范围。

【任务分析】

本任务为理论知识，这是学习后续知识及技能的基础，学生需要掌握相关理论知识。

【相关知识】

一、加工中心的概念

加工中心（machining center）是从数控铣床发展而来的。与数控铣床的最大区别在于加工中心具有自动交换加工刀具的能力，通过在刀库上安装不同用途的刀具，可在一次装夹中通过自动换刀装置改变主轴上的加工刀具，实现多种加工功能。加工中心是高度机电一体化的产品，工件装夹后，数控系统能控制机床按不同工序自动选择、更换刀具、自动对刀、自动改变主轴转速和进给量等，可连续完成钻、镗、铣、铰、攻丝等多种工序，因而大大减少了工件装夹时间、测量和机床调整等辅助工序时间，对加工形状比较复杂、精度要求较高、品种更换频繁的零件具有良好的经济效果。

二、加工中心的分类

（1）加工中心常按主轴在空间所处的状态分为立式加工中心和卧式加工中心，加工中心的主轴在空间处于垂直状态的称为立式加工中心，主轴在空间处于水平状态的称为卧式加工中心，如图 1-1 所示。同规模立式加工中心与卧式加工中心相比造价要低一些。主轴可作垂直和水平转换的，称为立卧式加工中心或五面加工中心，也称复合加工中心。按加工中心立柱的数量分有单柱式和双柱式（龙门式，图 1-2）。

（2）按加工中心运动坐标数和同时控制的坐标数分有三轴二联动、三轴三联动、四轴三联动、五轴四联动、五轴五联动（图 1-3）等。三轴、四轴是指加工中心具有的运动坐标数，联动是指控制系统可以同时控制运动的坐标数，从而实现刀具相对工件的位置和速度控制。

（3）按工作台的数量和功能分有单工作台加工中心、双工作台加工中心（图 1-4）和多工作台加工中心。

（4）按加工精度分有普通加工中心和高精度加工中心。普通加工中心分辨率为 1 μm，最大进给速度为 15~25 m/min，定位精度为 10 μm 左右。高精度加工中心分辨率为 0.1 μm，

图 1-1　立式加工中心和卧式加工中心

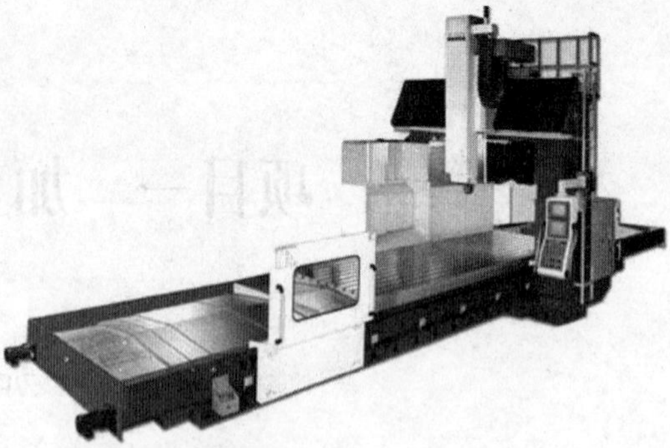

图 1-2　龙门式加工中心

图 1-3　五轴五联动加工中心

图 1-4　双工作台加工中心

最大进给速度为 15～100 m/min，定位精度为 2 μm 左右。介于 2～10 μm 之间的，以±5 μm 较多，可称为精密级。

(5) 按加工工序可分为车铣与镗铣两大类，如图 1-5 所示。

本书所涉及的加工中心是指镗铣类加工中心，它将铣削、钻削、铰削、镗削、攻螺纹

车铣加工中心

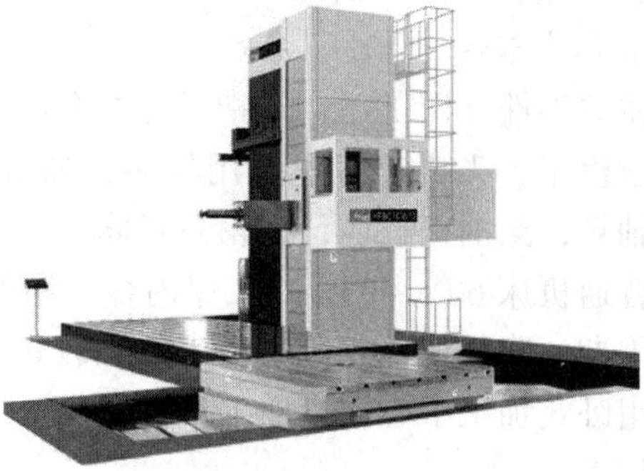

镗铣加工中心

图 1-5　车铣与镗铣加工中心

和切削螺纹等功能集中在一台设备上，使其具有多种工艺手段，工件经一次装夹后，能对两个以上的表面自动完成加工，并且具有多种换刀选刀功能或自动工作台交换装置。

三、加工中心的工艺特点

1. 加工精度高

在加工中心上加工零件，工序高度集中，一次装夹即可完成零件上大部分的加工内容，避免了零件多次装夹所产生的装夹误差。因此，加工表面之间能获得较高的位置精度。同时，加工中心多采用半闭环甚至闭环的位置补偿功能，有较高的定位精度和重复定位精度，在加工过程中产生的尺寸误差能及时得到补偿，与普通机床相比可获得较高的尺寸精度。

2. 精度稳定

整个加工过程由程序自动控制，不受操作者人为因素的影响；同时，没有凸轮、靠模等硬件，省去了制造和使用中磨损等所造成的误差；加上机床的位置补偿功能以及较高的定位精度和重复定位精度，加工出的零件尺寸一致性好。

3. 加工效率高

一次装夹能完成较多表面的加工，减少了多次装夹工作所需的辅助时间。同时，减少了工件在机床与机床之间、车间与车间之间的周转次数和运输工作量。

4. 加工表面质量好

加工中心主轴转速和各轴进给量均是无级调速，有的甚至具有自适应控制功能，能随刀具和工件材料及刀具参数的变化把切削参数调整到最佳数值，从而提高了各加工表面的质量。

5. 软件适应性大

零件每个工序的加工内容、切削用量、工艺参数都可以编入程序，可以随时修改，这给新产品试制，实行新的工艺流程和试验提供了方便。

四、加工中心的主要加工工艺范围

针对加工中心的工艺特点，加工中心适宜加工形状复杂、加工内容多、要求较高、需用多种类型的普通机床和众多的工艺装备，且经过多次装夹和调整才能完成加工的零件。

主要的加工对象有以下几种。

1. 箱体类零件

箱体类零件（图 1-6）是指具有一个以上的孔系，并有较多型腔的零件。这类零件在机械、汽车、飞机等行业应用较多，如汽车的发动机缸体、变速箱体，机床的床头箱、主轴箱，柴油机缸体，齿轮泵壳体等。箱体类零件在加工中心上加工，一次装夹可以完成普通机床 60% ~95% 的工序内容，零件各项精度一致性好，质量稳定，同时可缩短生产周期，降低成本。对于加工工位较多，工作台需多次旋转角度才能完成的零件，一般选用卧式加工中心；当加工工位较少，且跨距不大时，可选用立式加工中心，从一端进行加工。

2. 复杂曲面类零件

在航空航天、汽车、船舶、国防等领域的产品中，复杂曲面类零件占有较大比重，如叶轮（图 1-7）、螺旋桨、各种曲面成形模具等。就加工的可能性而言，在不出现加工干涉区或加工盲区时，复杂曲面一般可以采用球头铣刀进行三坐标联动加工，加工精度较高，但效率较低。如果工件存在加工干涉区或加工盲区，就必须考虑采用四坐标或五坐标联动的机床。

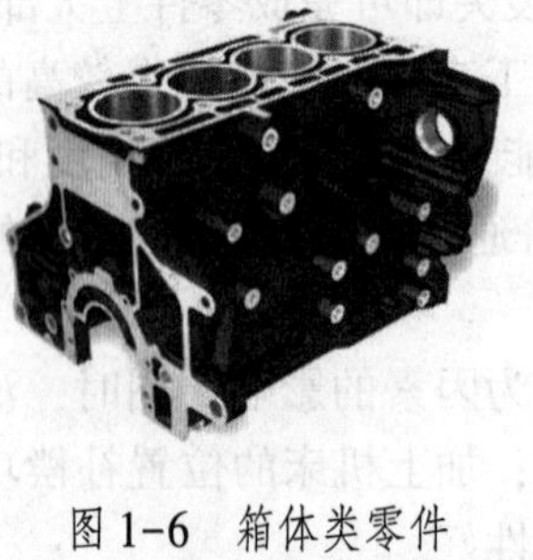

图 1-6　箱体类零件

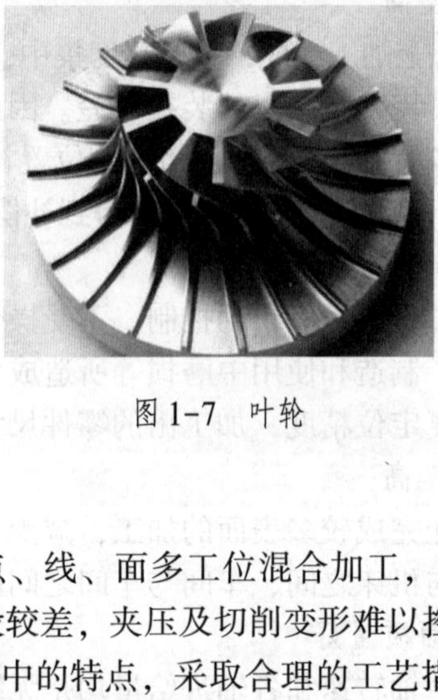

图 1-7　叶轮

3. 异形件

异形件是外形不规则的零件，大多需要点、线、面多工位混合加工，如支架（图 1-8）、基座、样板、靠模等。异形件的刚性一般较差，夹压及切削变形难以控制，加工精度也难以保证，这时可充分发挥加工中心工序集中的特点，采取合理的工艺措施，一次或两次装夹，完成多道工序或全部的加工内容。

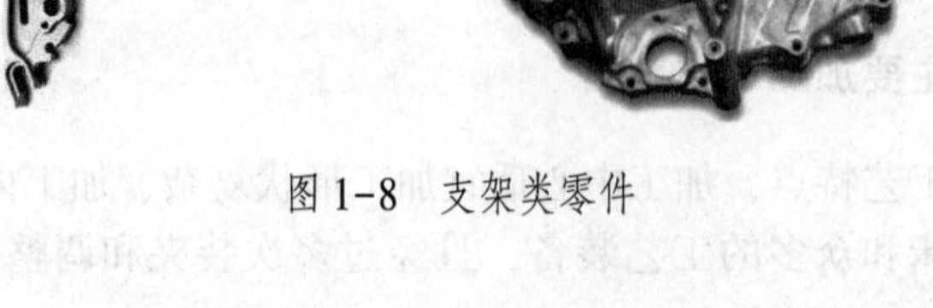

图 1-8　支架类零件

4. 盘、套、板类零件

带有键槽、径向孔或端面有分布孔系以及有曲面的盘、套（图 1–9）或轴类零件，还有具有较多孔的板类零件，适宜采用加工中心加工。端面有分布孔系、曲面的零件宜选用立式加工中心，有径向孔的可选卧式加工中心。

图 1–9 盘、套零件

【习题】

一、判断题

1. 加工中心的英文缩写是 MC。(　　)
2. 同规模立式加工中心与卧式加工中心相比造价高一些。(　　)
3. 加工中心适宜加工形状复杂、加工内容多、要求较高的工件。(　　)

二、选择题

1. 加工中心与数控铣床的主要区别是（　　）。

A. 数控系统复杂程度不同　　B. 机床精度不同　　C. 有无自动换刀系统

2. 加工中心常按主轴在空间所处的状态分为（　　）和卧式加工中心。

A. 立式加工中心　　B. 斜式加工中心　　C. 双立柱式加工中心

三、简答题

1. 加工中心主要的加工对象有哪些？

2. 加工中心工艺特点有哪些？

任务二　加工中心刀具知识

【任务描述】

学生通过学习需要掌握加工中心的刀具相关知识。

【任务分析】

本任务为理论知识，学生理解起来较为抽象，需要在以后的学习中反复强化刀具的相关知识。

【相关知识】

一、铣削用量要素

如图 1-10 所示，铣削用量要素有切削速度、进给量、背吃刀量与侧吃刀量。

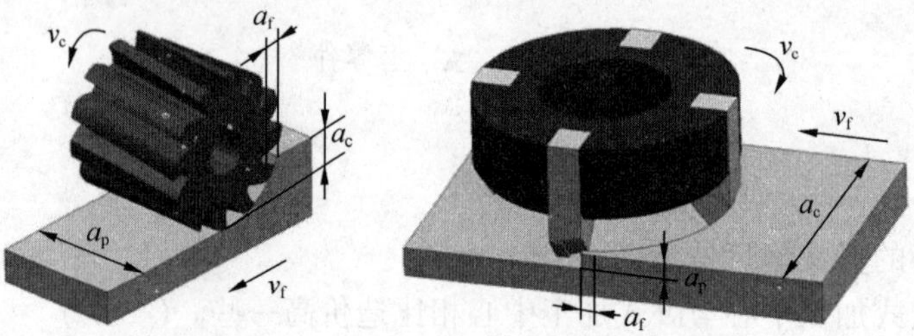

(a) 圆周铣　　(b) 端铣

a_p—铣削深度；a_c—铣削宽度；a_f—铣削厚度；

v_c—切削速度；v_f—进给速度

图 1-10　铣削用量要素

选择铣削用量的原则是：粗加工时，一般以提高生产率为主，但也要考虑经济性和成本；半精加工和精加工时，应在保证加工质量的前提下兼顾切削效率、经济性和成本，具体情况应根据实际加工条件参照切削手册，并结合加工经验而定。常用铣削要素计算公式见表 1-1。

表 1-1　铣削要素计算公式一览表

铣削要素	符号	单位	计算公式
切削速度	v_c	$\frac{m}{min}$	$v_c=\frac{\pi\times d_0\times n}{1000}$（$d_0$—铣刀直径）
主轴转速	n	$\frac{r}{min}$	$n=\frac{v_c\times 1000}{\pi\times d_0}$
每齿进给量	f_z	mm	$f_z=\frac{f}{Z}=\frac{v_f}{Z\times n}$（$Z$—铣刀齿数）
进给量	f	$\frac{mm}{r}$	$f=f_z\times Z$
进给速度	v_f	$\frac{mm}{min}$	$v_f=f_z\times Z\times n$

二、铣削刀具各部分名称

铣刀的组成如图 1-11 所示。

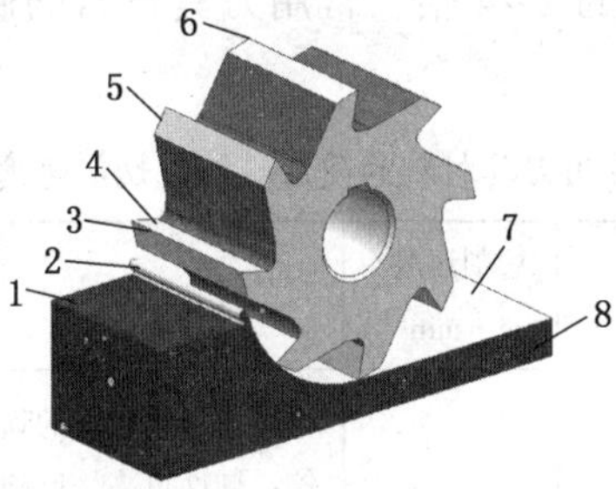

1—待加工表面；2—切屑；3—主切削刃；4—前刀面；
5—副切削刃；6—刀尖；7—已加工表面；8—工件

图 1-11　铣刀的组成

前刀面：刀具上切屑流经过的表面。

主后刀面：刀具上同前刀面相交形成主切削刃的表面。

副后刀面：刀具上同后刀面相交形成副切削刃的表面。

主切削刃：起始于切削刃上主偏角为零的点，并且至少有一段切削刃用来在工件上切出过渡表面的那条切削刃。

副切削刃：切削刃上除了主切削刃以外的切削刃。

刀尖：主切削刃与副切削刃的连接处相当少的一部分切削刃。

三、铣刀常用的材料

在切削过程中，刀具担负着切除工件上多余金属以形成加工表面的任务。刀具的切削性能取决于刀具切削部分的材料、几何参数以及结构的合理性等。刀具材料对刀具寿命、加工生产效率、加工质量以及加工成本都有很大影响，因此必须合理选择。

刀具在切削时要承受高温、高压、强烈的摩擦、冲击和振动，因此刀具材料必须具备以下性能：

（1）高的硬度和耐磨性。刀具应具备高的硬度和耐磨性。一般刀具材料的硬度越高，耐磨性越好。其常温硬度一般要求大于 60HRC。

（2）足够的强度和韧性。为承受切削负荷、振动和冲击，刀具材料必须具备足够的强度和韧性。

（3）高的热稳定性。刀具在高温下工作，要求刀具材料具备高的热稳定性，也称高的耐热性。即刀具材料在高温下硬度、耐磨性、强度和韧性变化很小，仍能保持正常切削。

（4）良好的物理特性。即刀具材料具备良好的导热性、大的热容量以及优良的热冲击性能。

（5）良好的工艺性。即刀具材料应具备良好的锻造性、机械加工性和热处理性。

除此之外，要求刀具材料的经济性要好。

常用刀具材料的种类有工具钢（包括碳素工具钢、合金工具钢和高速钢）、硬质合金等。碳素工具钢和合金工具钢因其耐热性很差，目前仅用于手工工具。下面对高速钢、硬质合金刀具材料进行介绍。无论何种刀具，在选择刀具时都要对刀具材料进行选择。要求刀具材料的硬度是被加工材料的 2~4 倍，常用刀具材料的硬度、适用切削速度及其特点见表 1-2。

表 1-2　常用刀具材料的硬度、适用切削速度及其特点

刀具材料	硬度 HV	适于被加工材料	切削速度/($m \cdot min^{-1}$)	特　点
高速钢（HSS）	880	碳钢及有色金属	30	高速钢有很高的强度，抗弯强度为一般硬质合金的 2~3 倍；韧性也高，比硬质合金高几十倍。且具有较好的耐热性，在切削温度达到 500~650 ℃时尚能进行切削。高速钢可加工性好，热处理变形较小
钴基高速钢	910	碳钢及有色金属	40	钴能促使碳化物在淬火加热时更多地溶解在基体内，利用高的基体硬度来提高耐磨性。这种高速钢硬度、热硬性、耐磨性及可磨性都很好。其切削性能（特别是间断切削）得到改善，冲击韧性提高。钴基高速钢可制成各种刀具，用于切削难加工材料效果很好，又因其磨削性能好，可制成复杂刀具，国际上用得很普遍。但中国钴资源缺乏，钴基高速钢价格昂贵，为普通高速钢的 5~8 倍
K 类硬质合金（YG）	1200~1500	铸铁、冷硬铸铁、短屑可锻铸铁、非钛合金	80~100	有色金属及其合金与非金属材料连续切削时的粗车，间断切削时的半精加工和精加工
P 类硬质合金（YT）	1200~1750	碳钢及长屑可锻铸铁	80~100	碳素钢及合金钢不平整断面于间断切削时的粗车，粗刨，半精刨，非连续面的粗铣及钻孔等
M 类硬质合金（YW）	1200~1750	奥氏体不锈钢、铸铁、高锰钢、合金铸铁等	80~100	一般适合加工耐热钢、高锰钢、不锈钢等难加工的钢材，普通钢和铸铁
S 类硬质合金（金属陶瓷）	1450~1800	各种钢和铸铁	400~600	一般可以干式切削，抗弯强度低些，但红硬性很高，当温度达到 1200 ℃时，硬度仍高达 1800HV，主要适合加工钢、铸铁、不锈钢、淬硬合金零件以及精铣大平面等
H 类硬质合金（CBN）	3700	各种钢和淬硬钢	300~400	立方氮化硼硬度略低于人造金刚石，但它的热稳定性和对铁的化学稳定性均高于人造金刚石，因此可用来加工各种黑色金属，如淬硬的工具钢、模具钢、冷硬铸铁以及硬度在 35HRC 以上的钴基和镍基高温合金
N 类硬质合金（PCD）	10000	有色金属、非铁族材料	2500~5000	一般都是人造聚晶金刚石，适用于加工活塞，汽缸，轴承的车削、镗削等，主要用于加工铝镁合金及其他有色金属

四、常见加工中心刀具刀柄

加工中心刀具是通过刀柄与加工中心主轴连接，加工中心刀柄一般采用 7∶24 锥面与主轴锥孔定位配合，通过拉钉使刀柄与主轴内部的拉紧机构连接。常用加工中心刀柄如图 1-12 所示，常用拉钉如图 1-13 所示。

(a) 钻夹头刀柄 (b) 侧固式刀柄 (c) 面铣刀刀柄 (d) 莫氏圆锥刀柄 (e) 弹簧套刀柄 (f) 强力套刀柄

图 1-12　加工中心刀柄

HSK 真空刀柄（图 1-14）靠刀柄的弹性变形，不但使刀柄的 1∶10 锥面与机床主轴孔的 1∶10 锥面接触，而且使刀柄的法兰盘面与主轴面也紧密接触。这种双面接触系统在高速加工、连接刚性和重合精度上均优于 7∶24 的通用刀柄，但其制造成本较高，后期维护需要格外细心。

图 1-13　拉钉

图 1-14　HSK 真空刀柄

五、锁刀座与其他装夹刀具工具

如果要将刀柄装入刀具，一般情况下需要把刀柄放在锁刀座上，使得刀柄键槽与锁刀座的键配合，刀柄无法转动，使用锁紧扳手将刀具牢固地安装在刀柄上，如图 1-15 所示。

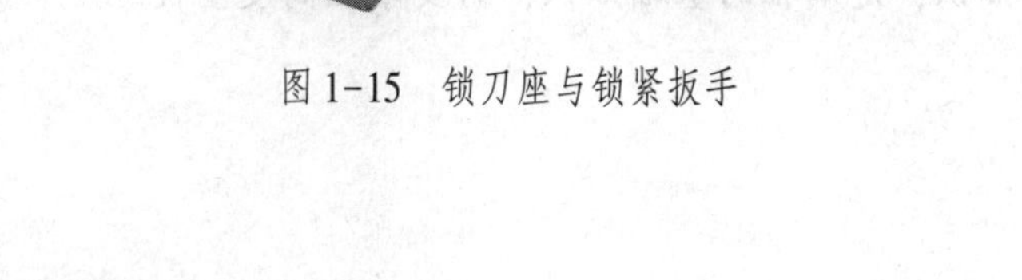

图 1-15　锁刀座与锁紧扳手

【习题】

一、判断题

1. 刀具上切屑流经过的表面是后刀面。(　　)

2. 刀具材料的种类有工具钢、硬质合金、陶瓷、聚晶金刚石等。(　　)

3. 切削用量的大小主要影响生产率的高低。(　　)

4. 铣削采用多刃刀具，切削速度高，所以铣削加工生产效率高。(　　)

5. 铣削时，无论刀具是正传还是反转，都可以进行切削加工。(　　)

6. 高速钢刀具可以切削各种难加工的材料。(　　)

二、选择题

1. 铣刀在一次进给中所切掉的工件表层的厚度称为（　　）。

A. 进给量　　B. 背吃刀量　　C. 侧吃刀量

2. 高速加工有色金属时优先选用（　　）刀具材料。

A. 高速钢　　B. 硬质合金　　C. 聚晶金刚石

3. 聚晶金刚石不宜加工（　　）工件材料。

A. 铝合金　　B. 铁族材料　　C. 钛合金

4. HSK 真空刀柄应用于（　　）工作场合。

A. 高速加工　　B. 重切　　C. 一般

三、简答题

1. 刀具材料必须具备哪些性能？

2. 数控加工刀具材料有哪些？

任务三　加工中心编程基础

【任务描述】

学生通过学习需要掌握加工中心的编程相关基础知识。

【任务分析】

本任务为理论知识，是编程的基础知识，需要学生高度重视。

【相关知识】

一、加工中心的坐标系

为了便于编程时描述机床的运动，简化编程以及保证记录数据的互换性，数控机床的坐标和运动方向均已标准化。

1. 坐标系的确定原则

根据 GB/T 19660—2005，加工中心坐标系的确定原则如下：①刀具相对静止工件而运动的原则；②标准坐标（机床坐标）系的规定。

确定数控机床上运动方向和距离的坐标系称为数控机床坐标系。

标准的机床坐标系是右手笛卡儿直角坐标系（也称标准坐标系），如图 1-16 所示。它规定了 *X*、*Y*、*Z* 三坐标轴的关系：用右手的拇指、食指和中指分别代表 *X*、*Y*、*Z* 三轴，三个手指互相垂直，所指方向分别为 *X*、*Y*、*Z* 轴的正方向。根据右手螺旋法则，可以很方便地确定 *A*、*B*、*C* 三个旋转坐标系的方向。

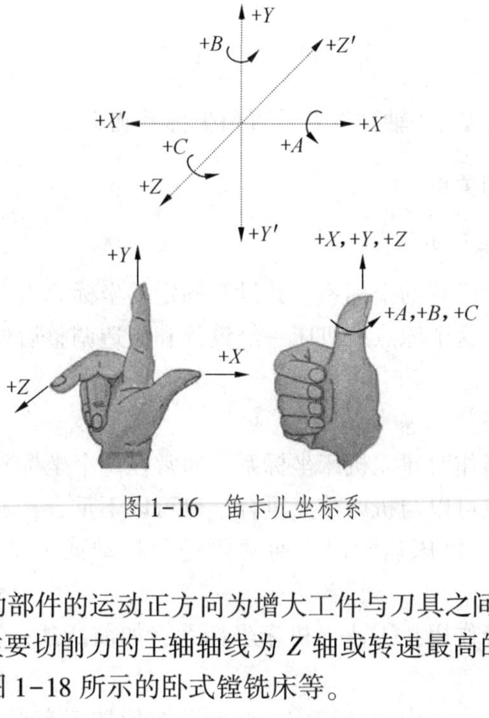

图 1-16　笛卡儿坐标系

2. 运动方向的确定

规定机床的某一运动部件的运动正方向为增大工件与刀具之间距离的方向。

Z 轴：一般取产生主要切削力的主轴轴线为 *Z* 轴或转速最高的主轴。如图 1-17 所示的立式升降台铣床、如图 1-18 所示的卧式镗铣床等。

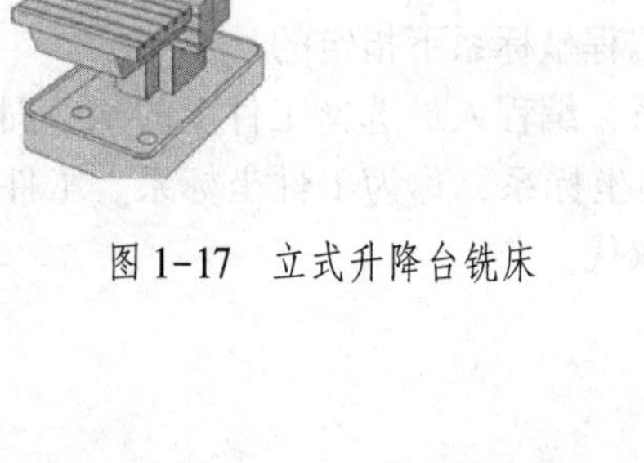

图 1-17　立式升降台铣床

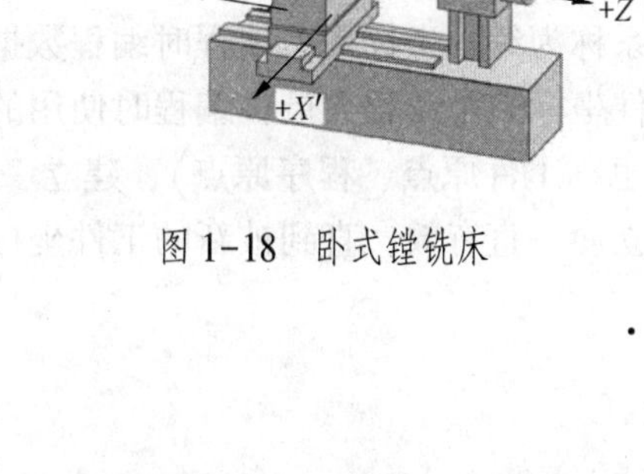

图 1-18　卧式镗铣床

*X*轴：一般位于平行工件装卡面的水平面内。对工件作回转切削运动的机床，在水平面内取垂直工件回转轴线（*Z*轴）的方向为*X*轴，对刀具作回转切削运动的机床，当*Z*轴竖直时，人面对主轴，向右为正*X*；当*Z*轴水平时，则向左为正*X*。对于龙门式数控铣床，由主要刀具的主轴向左侧立柱看时，*X*轴运动的正方向指向右方，如图1-19所示。

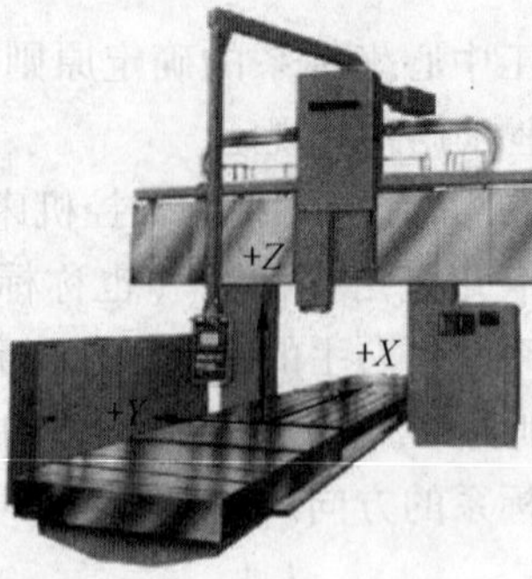

图1-19　龙门式数控铣床

*Y*轴：根据已确定的*X*、*Z*轴，按右手直角坐标系确定。

二、数控铣床上的相关点

1. 机床坐标系与机床原点

机床坐标系是机床上固有的坐标系，并设有固定的坐标原点。机床坐标系的原点也称为机械原点或机床零点。这个原点在机床一经设计和制造调整后便被确定下来，它是固定的点。

2. 机床参考点

为了正确地在机床工作时建立机床坐标系，通常在每个坐标轴的移动范围内设置一个机床参考点。机床参考点可以与机床零点重合，也可以不重合，通过数控系统参数指定参考点到机床零点的距离。机床启动时，通常要进行机动或手动回参考点，建立机床坐标系。

机床的参考点有两个作用：①建立机床坐标系，如前所述；②消除由于工作台漂移、变形等造成的误差。

机床使用一段时间后，工作台会造成一些漂移，使加工有误差。回一次机床参考点，就可以使机床的工作台回到准确位置，消除误差。所以在机床加工前，首先要进行回机床参考点操作。

3. 工件坐标系、程序原点和对刀点

编程时编程人员在零件上选择某一合理的基准点，作为编程原点进行编程，此时建立的坐标系称为编程坐标系。编程时编程数据是在编程坐标系下指定的。

工件坐标系是编程人员在编程时使用的坐标系，编程人员选择工件上的某一固定点为原点（也称工件原点、程序原点），建立一个新的坐标系，称为工件坐标系。工件坐标系一旦建立便一直有效，直到被新的工件坐标系所取代。

程序原点选择要尽量满足编程简单、尺寸换算少、引起的加工误差小等条件。一般情况下，以坐标式尺寸标注的零件，程序原点应选在尺寸标注的基准点；对称零件或以同心圆为主的零件，程序原点应选在对称中心线或圆心上。*Z* 轴的程序原点通常选在工件的上表面。

加工开始要设置工件坐标系，工件坐标系的建立和选择可用 G92 指令和 G54 ~ G59 指令。

三、数控程序的编制

在数控机床上加工零件时，首先要进行程序编制，简称编程。

编程就是将加工零件的加工顺序、刀具运动轨迹的尺寸数据、工艺参数（主运动和进给运动速度、切削深度等）以及辅助操纵（换刀，主轴正转、反转，冷却液开、关，刀具夹紧、松开等）等加工信息用规定的文字、数字、符号等组成的代码，按一定的格式编写成加工程序。

1. 编程过程

理想的加工程序应能保证加工出符合图纸要求的合格工件，同时应能使数控机床的功能得到合理的应用与充分的发挥，以使数控机床能安全可靠及高效地工作。在数控编程前，编程员应了解所用数控机床的规格、性能、CNC 系统所具备的功能及编程指令格式等。编制程序时，应对图纸规定的技术特性、零件的几何形状、尺寸及工艺要求进行分析，确定使用的刀具、切削用量及加工顺序和走刀路线；再进行数值计算，获得刀位数据；然后按数控机床规定的代码和程序格式，将工件的尺寸、刀具运动轨迹、位移量、切削参数（主轴转速、刀具进给量、切削深度等）以及辅助功能（换刀，主轴正转、反转，冷却液开、关等）编制成加工程序，并输入数控系统，由数控系统控制数控机床自动进行加工，如图 1-20 所示。

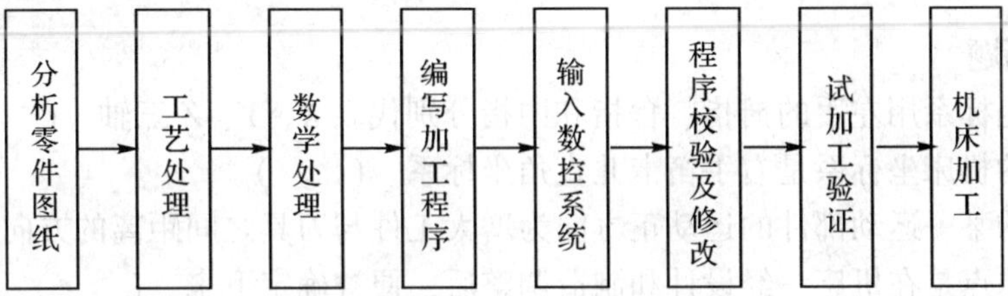

图 1-20　编程过程

2. 编程方法

1）手工编程

手工编程指编制零件加工程序的各个步骤均由手工来完成。

手工编程时，整个程序的编制过程均由人工完成。这要求编程人员不仅要熟悉数控代码及编程规则，而且还必须具备机械加工工艺知识和数值计算能力。对于点位加工或几何形状不太复杂的零件，数控编程计算较简单，程序段不多，手工编程即可实现。

2）自动编程

自动编程是用计算机把人们输入的零件图纸信息改写成数控机床能执行的数控加工程序，就是说数控编程的大部分工作由计算机来完成。目前常使用自动编程语言系统——APT（Automatical Programmed Tools）来实现自动编程，编程人员只需根据零件图纸及工艺要求，使用规定的数控编程语言编写一个较简短的零件程序，并将其输入计算机（或编程机），计算机（或编程机）自动进行处理，计算出刀具中心轨迹，输出零件数控加工程序。常见的自动编程系统还有图像仪编程系统、图形编程系统等。随着 CAD/CAM 集成软件的出现与推广，人们开始更多地使用 CAD/CAM 软件来完成复杂零件的加工编程工作。

对于不同的数控机床，加工程序有所不同，但基本方法和原理大体相同。对加工程序中所用的输入代码、坐标位移指令、坐标系命名、加工准备功能指令、辅助动作指令、主运动和进给速度指令、刀具指令以及程序和程序段格式等都已制定了一系列的国际标准，我国也参照国际标准制定了相应的标准，这样极大地方便了数控机床的使用和推广。但是在编程代码和编程规则上，各个厂家生产的数控机床并不完全相同，因此编程时还应按照具体机床编程手册中的有关规定来进行，这样编出的程序才能被该机床的数控系统所接受。

3）绝对编程与增量编程

绝对编程：终点位置由所在工件坐标系中的坐标值设置。

增量编程：终点位置用相对前一位置的增量值及移动方向给定。

混合编程：终点坐标指定中既有绝对值又有增量值。当为绝对方式时，坐标尺寸字用 *X*、*Y*、*Z* 表示；当为增量方式时，坐标尺寸字用 *U*、*V*、*W* 表示。

使用原则：尺寸换算少，编程方便。

绝对编程 G90：终点位置由所在工件坐标系中的坐标值设置。

增量编程 G91：终点位置用相对前一位置的增量值及移动方向给定。

【习题】

一、判断题

1. 机床坐标系用左手的拇指、食指和中指分别代表 *X*、*Y*、*Z* 三轴。(　　)
2. 标准的机床坐标系是右手笛卡儿直角坐标系。(　　)
3. 机床的某一运动部件的运动正方向为增大工件与刀具之间距离的方向。(　　)
4. 机械原点是在机床一经设计和制造调整后，便被确定下来。(　　)
5. 机床参考点与机械原点是一个点。(　　)

二、选择题

1. 在数控机床坐标系中平行机床主轴的直线运动为（　　）。

A. *X* 轴　　B. *Y* 轴　　C. *Z* 轴

2. 绕 *X* 轴旋转的回转运动坐标轴是（　　）。

A. *A* 轴　　B. *B* 轴　　C. *Z* 轴

3. 数控机床上有一个机械原点，该点到机床坐标零点在进给坐标轴方向上的距离可以在机床出厂时设定。该点称（　　）。

A. 工件零点　　B. 机床零点　　C. 机床参考点

4. 程序编制中首件试切的作用是（　　）。

A. 检验零件图样的正确性

B. 检验零件工艺方案的正确性

C. 检验程序单或控制介质的正确性，并检查是否满足加工精度要求

D. 仅检验数控穿孔带的正确性

三、简答题

1. 数控程序的编制有哪些步骤？

2. 常见的编程方法有哪些？

任务四　加工中心常用夹具与量具

【任务描述】

学生通过学习需要掌握加工中心常用夹具与量具相关基础知识。

【任务分析】

本任务为理论知识，但这是学习后面知识、技能的基础，所以学生需要重视起来。

【相关知识】

一、加工中心常用夹具

1. 用精密平口钳安装工件

精密平口钳适用于中小尺寸和形状规则的工件安装，它是一种通用夹具，一般有非旋转式和旋转式两种。前者刚性较好，应用较多。安装平口钳时必须先将底面和工作台面擦净，使用杠杆百分表校正平口钳的固定钳口，使固定钳口与相应的坐标轴平行，以保证铣削时的加工精度，如图 1-21 所示。

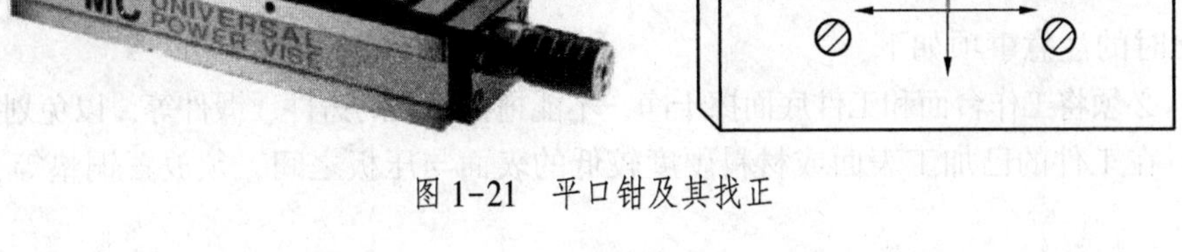

图 1-21　平口钳及其找正

加工中心上加工的工件多数为半成品，利用精密平口钳装夹的工件尺寸应不超过钳口宽度，所以加工部位不得与钳口发生干涉。平口钳安装好后，把工件放入钳口内，并在工件下方垫上比工件窄、厚度适当的精密等高垫铁块，然后把工件夹紧。为使工件与垫铁紧密接触以保证加工精度要求，应先将平口钳用适当的力夹紧工件，再用紫铜锤或尼龙锤轻轻地敲击工件，直到用手不能移动垫铁块为止，最后用力将工件夹紧在平口钳内。工件应当紧固在钳口中间位置，装夹高度以铣削尺寸高出钳口平面 3~5 mm 为宜。图 1-22 所示为平口钳装夹工件的情况。

(a) 正确的使用

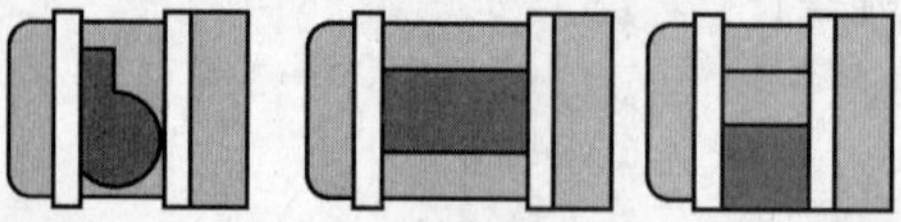

(b) 错误的使用

图 1-22　平口钳的使用

不加等高垫铁块时，可进行高出钳口 3~5 mm 以上部分的外形加工，非贯通的型腔及孔的加工。加等高垫铁块时，可进行高出钳口 3~5 mm 以上部分的外形加工，贯通的型腔及孔的加工。注意如果加工时有可能加工到等高垫铁块时，可以使用窄的等高垫铁块或取出等高垫铁块。

2. 直接装夹在工作台面上

对于体积较大的工件，大都将其直接放在工作台面上，用组合压板压紧。对图 1-23a 所示的装夹方式，只能进行不贯通的加工；也可以在工件下面垫上等高垫块后再将其压紧，这种装夹方法可进行贯通加工，如图 1-23b 所示。

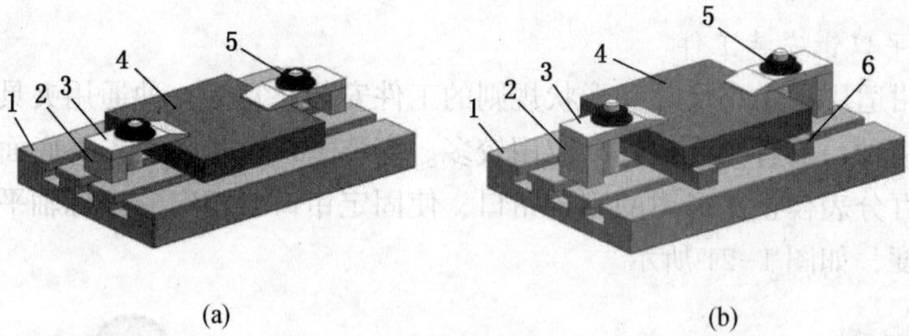

1—工作台；2—支承块；3—压板；4—工件；5—双头螺栓；6—等高垫块

图 1-23　工件直接装夹在工作台面上的方法

装夹时的注意事项如下：

（1）必须将工作台面和工件底面擦干净，不能拖拉粗糙的铸件、锻件等，以免划伤台面。

（2）在工件的已加工表面或材料硬度较低的表面与压板之间，须放置铜垫等，这样可以避免表面受压紧力而损伤。

(3) 压板的位置要安排得妥当，要压在工件刚性最好的地方，不得与刀具发生干涉。夹紧力的大小也要适当，不然会产生变形。

(4) 支承压板的支承块高度要与工件相同或略高于工件，压板螺栓须尽量靠近工件，并且螺栓到工件的距离应小于螺栓到支承块的距离，以便增大压紧力。

(5) 螺母必须拧紧，否则将会因压紧力不足而使工件移动，导致工件报废，损坏机床和刀具，甚至发生重大事故。

3. 组合夹具安装工件

组合夹具是由一套结构已经标准化、尺寸已经规格化的通用元件、组合元件所构成，可以按工件的加工需要组成各种功能的夹具。组合夹具有孔系组合夹具（图 1-24a）和槽系组合夹具（图 1-24b）。

(a) 孔系组合夹具　　(b) 槽系组合夹具

图 1-24　孔系组合夹具和槽系组合夹具

组合夹具具有标准化、系列化、通用化的特点，具有组合性、可调性、模拟性、柔性、应急性和经济性，使用寿命长，能适应产品加工周期短、成本低等要求，比较适合加工中心应用。在加工中心上应用组合夹具具有以下优点：节约夹具设计制造的时间；缩短生产准备周期；节约钢材和降低成本；提高企业工艺装备系数。但是，由于组合夹具是由各种通用标准元件组合而成的，各元件间相互配合的环节较多，夹具精度、刚性仍比不上专用夹具，尤其是元件连接的接合面刚度对加工精度影响较大。通常，采用组合夹具时其加工尺寸精度只能达到 IT8~IT9 级，这就使得组合夹具在应用范围上受到一定限制。此外，使用组合夹具首次投资较大，总体显得笨重，还有排屑不便等不足。中小批量、单件（新产品试制）或加工精度要求不十分严格的零件，在加工中心上加工时，应尽可能选择组合夹具。

二、加工中心常用量具

测量器具是测量仪器和测量工具的总称。通常把没有传动放大系统的测量器具称为量具，如游标卡尺、直角尺和量规等；把具有传动放大系统的测量器具称为量仪。

1. 量块

量块又叫块规，是无刻度的端面量具。常用铬锰合金或金属陶瓷制成，线胀系数小，不易变形，且耐磨性好。量块用途很广，除作为标准器具进行长度量值传递之外，也用来检定、校对和调整计量器具、精密机床等，如图 1-25 所示。

(a) 金属量块

(b) 陶瓷量块

图 1-25　量块

2. 直角尺和刀口尺

它们是用来检验零件形状和位置度的。直角尺在检测面与面垂直度时配合塞尺使用，以达到一定的测量目的；刀口尺在检测平面度和直线度时，配合塞尺使用可以达到一定的检测效果，如图 1-26 所示。

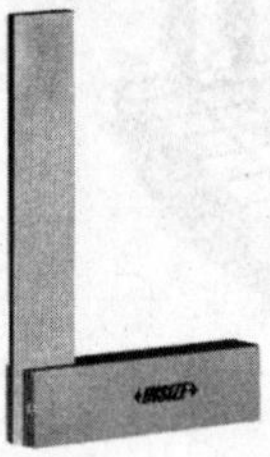
(a) 直角尺

(b) 塞尺

(c) 刀口尺

图 1-26　直角尺、塞尺和刀口尺

3. 游标卡尺

游标卡尺是一种结构简单、使用方便的精确量具，可用于测量工件的内径、外径和深度，如图 1-27 所示。

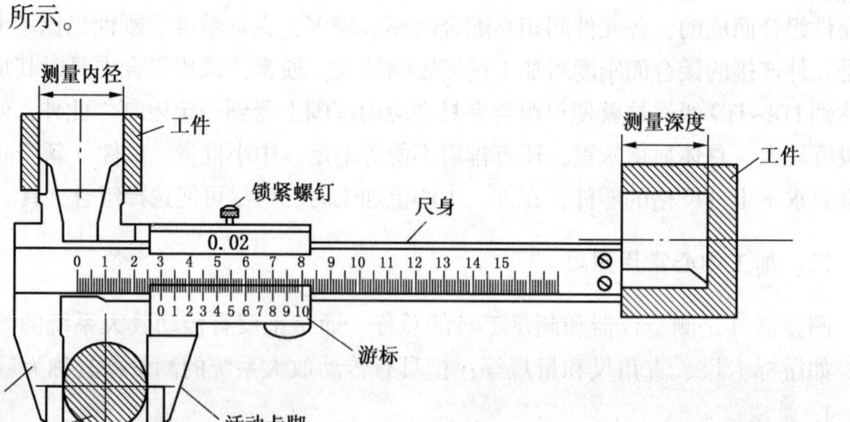

图 1-27　游标卡尺的使用

主尺以 1 mm 为格距，刻有尺寸线。其刻度全长即为游标卡尺的规格，常用的有 150 mm、200 mm 和 300 mm 等。

副尺可沿主尺移动，其活动卡脚和主尺上的固定卡脚相配合，以测量工件的尺寸。副尺上有游标刻度，其格距由测量精度而定。游标卡尺的测量精度有 0.1 mm、0.05 mm 和 0.02 mm 三种。常用的精度为 0.02 mm，其刻线原理及读数方法见表 1-3。

表 1-3　游标卡尺的刻线原理及读数方法

精度值/mm	刻 线 原 理	读数方法及示例
0.02	主尺 1 格＝1 mm 副尺 1 格＝49 mm/50＝0.98 mm 主、副尺每格之差＝1 mm－0.98 mm＝0.02 mm 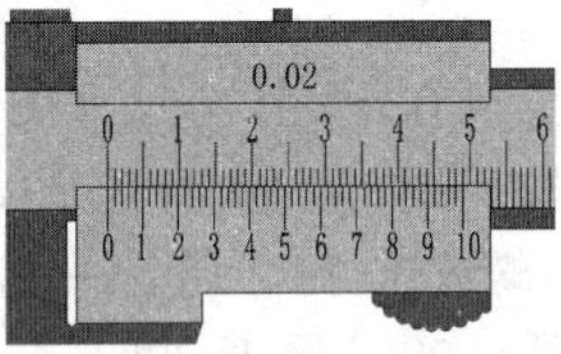	读数＝副尺 0 位指示的主尺整数+副尺与主尺重合线数×精度值 示例： 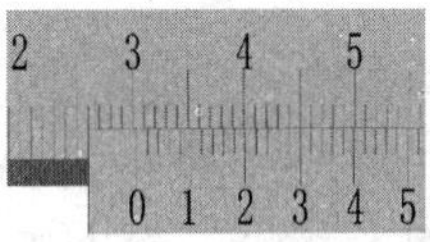 读数＝30 mm+16×0.02 mm＝30.32 mm

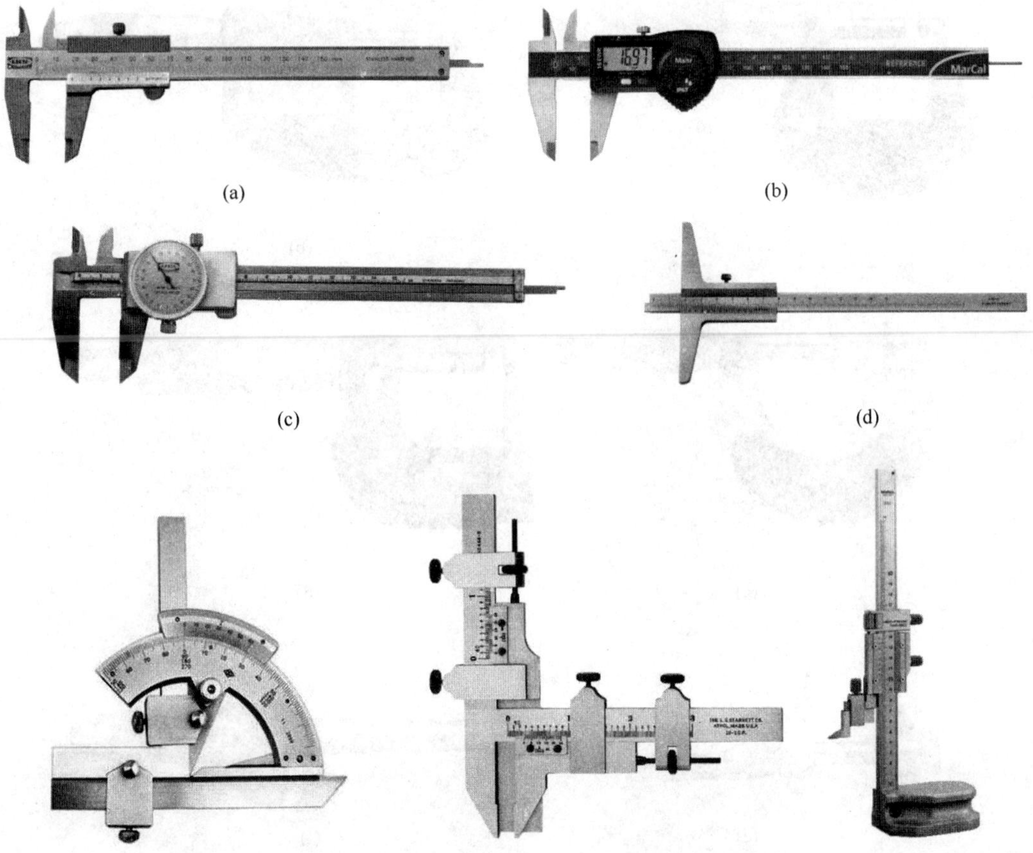

(a)　(b)　(c)　(d)　(e)　(f)　(g)

图 1-28　游标量具

图 1-28 所示为游标量具。根据测量用途把游标卡尺分为测量内外径和深度的一般游标卡尺（图 1-28a~图 1-28c）、测量深度的深度游标卡尺（图 1-28d）、测量角度的游标表量角器（图 1-28e）、测量齿轮齿厚的游标卡尺（图 1-28f）、测量高度的高度游标卡尺（图 1-28g）等。

根据游标卡尺的示值方式又可把游标卡尺分为普通游标卡尺（图 1-28a）、数显游标卡尺（图 1-28b）、带表游标卡尺（图 1-28c）等。

高度游标卡尺的测量部位还可以用来划线。卸下测量头，装上表架，在表架上装上各种量表，就可以测量平面与平面的平行度。

4. 千分尺

千分尺是测量精度比游标卡尺更高的精密量具，目前常用的千分尺测量精度为 0. 01 mm。

千分尺的种类繁多，加工中心加工时常见的千分尺有外径千分尺（图 1-29a 和图 1-29b）、公法线千分尺（图 1-29c）、壁厚千分尺（图 1-29d）、内测千分尺（图 1-29e）、内径千分尺（图 1-29f）、深度千分尺（图 1-29g）、螺纹千分尺（图 1-29h）等。按示值的方式分有刻线千分尺和数显千分尺（图 1-29b、图 1-29f、图 1-29h）。

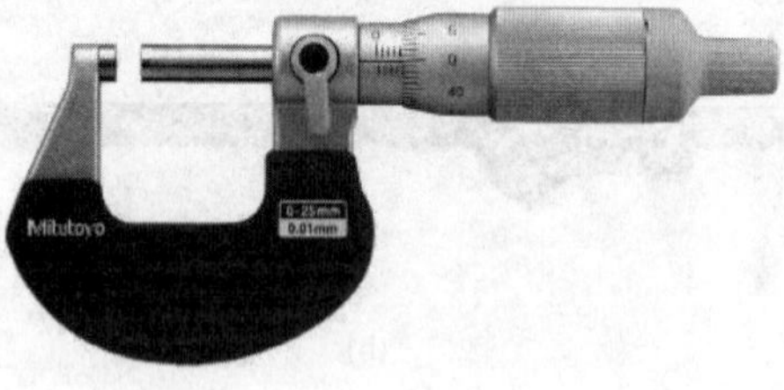

(a)

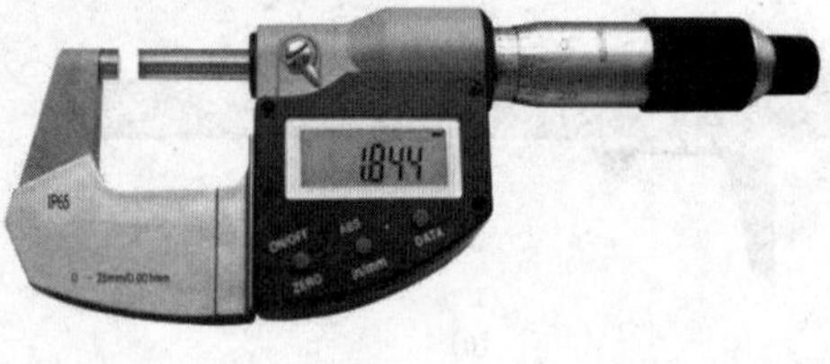

(b)

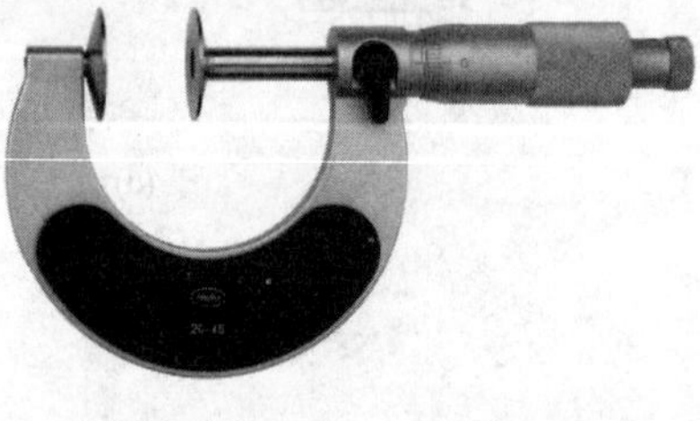

(c)

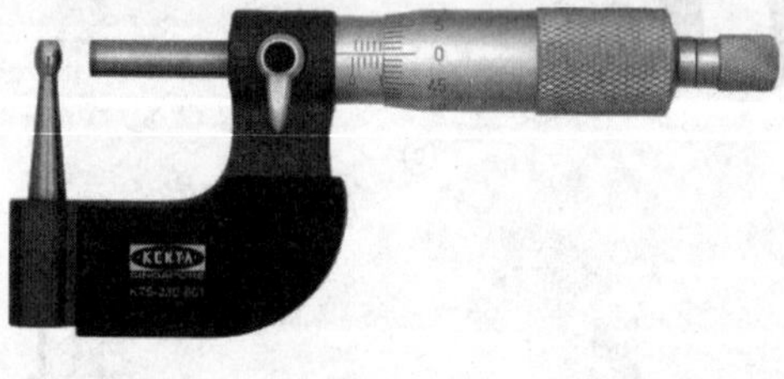

(d)

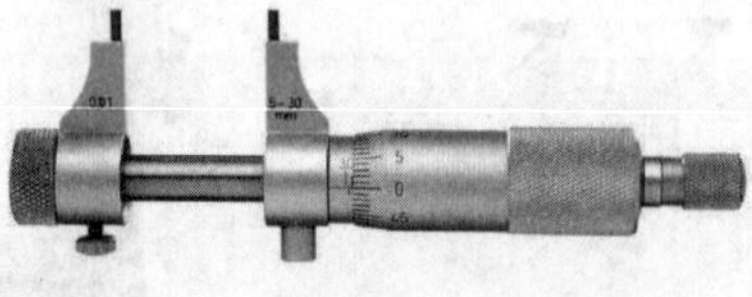

(e)

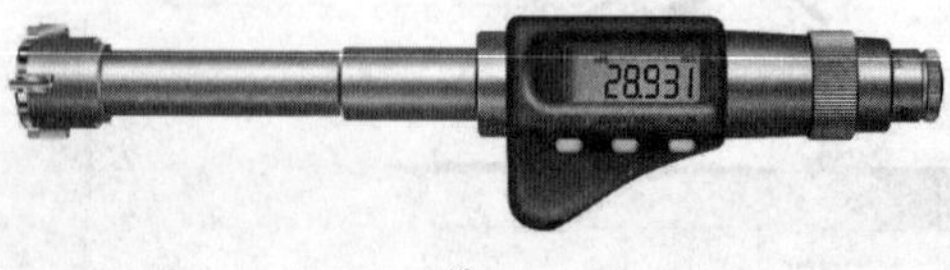

(f)

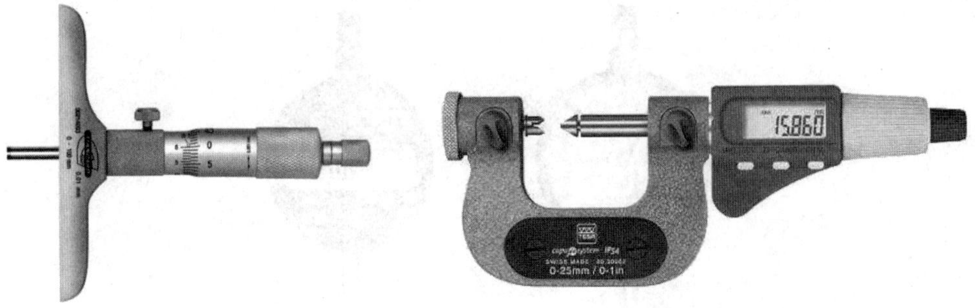

(g)　　　　(h)

图 1-29　千分尺量具

图 1-30 所示为测量范围是 0~25 mm 的外径千分尺，它的范围是 25 mm 一挡，如 0~25 mm、25~50 mm、50~75 mm、75~100 mm 等。图 1-30 中外径千分尺的左端装有砧座，右端有固定套筒，上面沿轴向刻有格距为 0.5 mm 的刻线（主尺部分）。固定套筒内孔是螺距为 0.5 mm 的螺孔，它与精密螺杆的螺纹相配合。螺杆右端通过棘轮与活动套筒相连。活动套筒沿圆周刻有 50 格刻线（副尺部分）。活动套筒转动一周，螺杆和活动套筒沿轴向移动一个螺距，即 0.5 mm。因此，活动套筒每转 1 格，轴向移动的距离为 0.5 mm/50 = 0.01 mm。

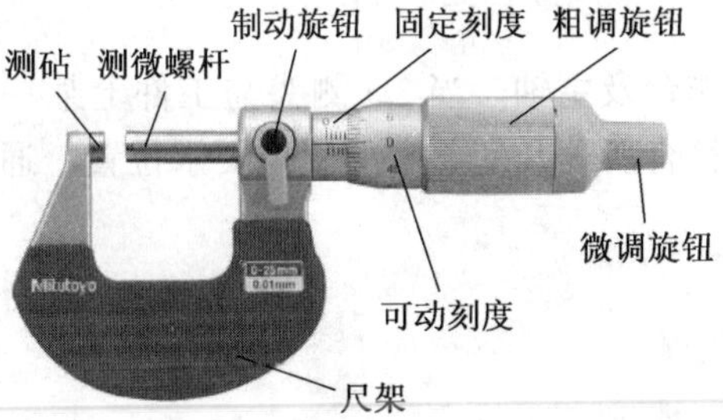

图 1-30　外径千分尺

5. 百分表

百分表是一种指示式量具，主要用于校正工件的安装位置，检验零件的形状和相互位置的精度。图 1-31a 所示为机械百分表，表盘上刻有 100 格刻度，小指针转数指示盘上刻有百分表的量程极限，常用的有 0~5 mm、0~10 mm 等。图 1-31b 所示为数显百分表。

内径百分表（图 1-32）是最常用的测量内尺寸的高精度量具。主要用比较法测量孔的直径或形状误差。内径百分表经一次调整后可测量多个基本尺寸相同的孔而中途不需要调整。在大批量生产中，用内径百分表测量很方便，内径百分表适合测量 IT8~IT9 级精度的孔。

6. 3D 测头

对于加工中心而言，我们还可以借助机床本身的位置显示功能进行工件的检测。图1-33 所示为常用的 3D 测头。使用时，把 3D 测头与相应刀柄组装后连接在加工中心的主轴

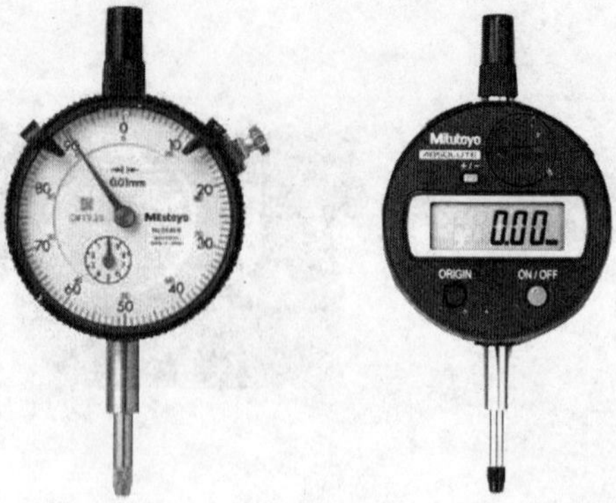

(a) 机械百分表　　(b) 数显百分表

图 1-31　百分表外形

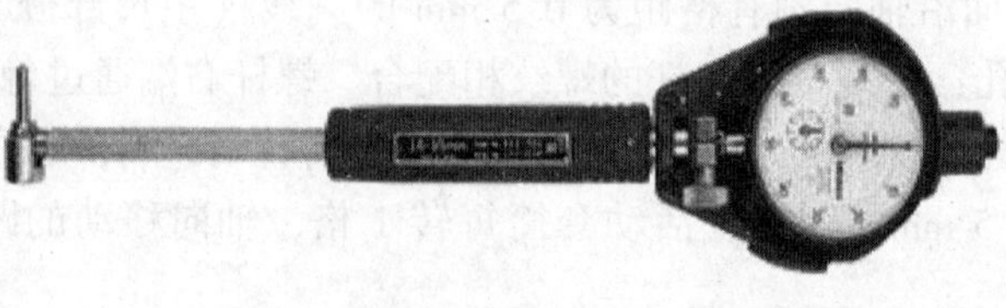

图 1-32　内径百分表外形

上，在手动方式下移动工作台及主轴。当 3D 测头与工件上某一点接触时记下当前位置坐标值；然后继续操作直到符合所测几何要素的基本要求位置，通过数学处理便可以得到工件所测几何要素的尺寸。

(a) 指针3D测头　　(b) 数显3D测头　　(c) 光电3D测头

图 1-33　3D 测头

7. 寻边器和 Z 轴设定器

对于加工中心上加工的具体工件来说，必须通过一定的方法把工件坐标系原点体现出来，这个过程称为“对刀”。常用的“对刀”方法有两种，分别是试切法“对刀”和工具法“对刀”。试切法“对刀”适用于工件侧面要求不高的场合。对于模具或精度要求较高的工件需使用工具法“对刀”，常用偏心式寻边器（图 1-34a）和光电式寻边器（图 1-34b）确定工件 X、Y 轴零点，利用 Z 轴设定器（图 1-34c）确认 Z 轴零点。相比偏心式寻边器，光电式寻边器更适用于更高精度的场合。

(a) 偏心式寻边器　　(b) 光电式寻边器　　(c) Z轴设定器

图 1-34　寻边器和 Z 轴设定器

【习题】

一、判断题

1. 工件被夹紧后，其位置不能移动，所以工件的自由度全部被限制了。(　　)

2. 在定位中，不完全定位是不允许的。(　　)

3. 在加工中心上常采用的平口钳是通用夹具。(　　)

4. 百分表是一种指示式量具，主要用于校正工件的安装位置，检验零件的形状和相互位置的精度。(　　)

5. 内径百分表适用于孔的大批量生产。(　　)

二、选择题

1. 在零件加工过程中进行的测量称为（　　）。

A. 被动测量　　B. 综合测量　　C. 主动测量

2. 用内径量表测量孔径属于（　　）。

A. 直接测量　　B. 间接测量　　C. 相对测量

3. 加工中心上用的各种平口钳都是（　　）夹具。

A. 专用　　B. 通用　　C. 组合

4. （　　）是一种指示式量具，主要用于校正工件的安装位置，检验零件的形状和相互位置的精度。

A. 游标卡尺　　B. 百分表　　C. 内径百分表

5. 夹紧力的大小、方向和（　　）是确定工件夹紧力的三要素。

A. 作用点　　B. 作用面　　C. 基准面　　D. 基准点

三、简答题

1. 加工中心上应用组合夹具，具有哪些优点？

2. 数控加工刀具材料有哪些？

3. 常见加工中心刀具刀柄有哪些？

任务五　加工中心使用注意事项

【任务描述】

学生通过学习掌握加工中心使用时的一般注意事项。

【任务分析】

本任务为理论知识，但这是学习后面知识、技能的基础，所以学生需要重视起来。

【相关知识】

一、加工中心安全操作规程

为了正确合理使用加工中心，保证加工中心正常运行，必须制定比较完善的加工中心操作规程，通常应做到：

（1）机床通电后，检查各开关、按钮和键是否正常、灵活及机床是否有异常情况，发现异常立即报告相关人员。

（2）机床各坐标轴回零，空运转 10~15 min 以上，方可操作。

（3）操作前检查所有压力表，检查操作面板上的开关、指示灯以及安全装置是否正常。在需手工润滑的地方添加润滑油。

（4）在手轮及手动进给时，一定要弄清正负方向，认准按键，方可操作。

（5）自动换刀前，首先检查显示器显示的主轴上的刀位号，刀库对应的刀座上不能安装有刀，其次检查刀库是否乱刀（即刀库上的标号与控制器内的刀号不对应），避免主轴与刀柄相撞。

（6）依工艺卡对应安装刀具到刀库上，检查是否定位好，并检查装在主轴孔上的刀是否在主轴孔内拉紧。

（7）对所要运行的程序要在计算机上模拟运行确认无误后，填写“数控机加工任务单”，并由指导教师检查、审阅后，方可输入机床。

（8）在运行任何程序之前，皆应对刀，使工件零点、编程零点重合，设置好刀补，并使刀具在工件的上表面以上。

（9）进行加工前，确认工件、刀具是否已稳固锁紧。

（10）操作机床前，应确认防护罩都锁紧。

（11）禁止将任何工具或量具随意放置于机床移动部位或控制面板上。

（12）导轨面、工作台严禁放置重物，如毛坯、手锤、扳手等，并严禁敲击。

（13）加工中，须自始至终监控机床的运行，发现异常情况应及时按下“急停开关”并报告相关人员，弄清异常原因，排除故障后方可重新运行加工。

（14）不准戴手套操作，严禁用气枪对人吹气及玩耍等。

（15）操作者应戴安全眼镜，穿戴适合操作的服装、安全鞋、安全帽及听力保护装置，禁止穿宽松外衣和佩戴戒指、手表等各种饰物。

（16）当气动、制冷、润滑系统出现异常情况时，要立即切断电源，终止机床工作。

（17）机床启动运转时，决不可将身体的任何部位靠近或放在机床的移动部件上。

（18）机床运转时，禁止在机床上检查零件，排除故障，手动换刀。

（19）机床零部件若有松动，应立即进行调整，否则可能造成零部件脱落而产生意外。

（20）在机床以自动模式运行时，不要随意触碰任何按钮。

（21）机床在自动运转过程中，严禁打开机床的防护门，以免发生危险。

（22）测量工件、清除切屑、调整工件、装卸刀具等必须在停机状态进行，以免发生事故。

（23）首件加工完成后进行自检，自检合格后再送检。检验员判定合格后再生产，如果判定的产品不合格，及时报告现场管理者进行调整。

（24）操作人员要每小时对产品进行自主检查，并填写检查表。

（25）加工完毕，应把刀库中的刀具卸下，按调整卡或程序编号入库，并加好防锈油。

（26）操作人员每天都要检查量具是否有损坏，是否符合测量要求，送检验员校验后才能使用。

（27）严禁对机床参数进行修改，以防机床不正确运行，造成不必要的事故。

（28）每天下班前要打扫干净工作场地，擦拭干净机床，应注意保持机床及控制设备的清洁，填日生产报表，做好交接班。

（29）每天要提前 10 min 进入车间和对班人员进行交接，如发现问题要及时反映，让下一个班的人员知道，以正确处理。

（30）关闭机床主电源前必须先关闭控制系统，非紧急状态不使用急停开关。只有切断系统电源、关好门窗后才能离开。

二、加工中心的日常维护与保养

1. 加工中心的维护保养目的

加工中心是机电一体化在机械加工领域内最典型的产品，它将电子、自动化控制、电动机、检测、计算机、机床、液压、气动和加工工艺等技术集于一体，具有高精度、高效率和高柔性的特点。

要发挥加工中心的高效益，就要保证它的开动率，这就对加工中心提出了稳定性和可靠性的要求。加工中心中传动部件等运动副的润滑良好，机床的磨损少，机床的精度得到了保证；电气部分没有灰尘积聚，电气短路的可能性小；液压和气压系统中没有泄漏等现象；加工中心的辅助动作产生误动作的可能性小。这样加工中心的故障发生率就低，从而保证加工中心的稳定性和可靠性。加工中心故障发生率的降低离不开加工中心平时的维护和保养。

对加工中心进行维护保养的目的就是要延长机械部件的磨损周期，延长元器件的使用寿命，保证加工中心长时间稳定可靠地运行。

2. 加工中心的维护保养内容

加工中心的维护保养要有科学的管理，要有计划、有目的地制定相应的规章制度，并严格遵守。对维护过程发现的故障隐患应及时清除，避免停机待修，从而延长平均无故障时间，增加机床的开启率。加工中心定期维护保养的项目见表1-4。

表1-4 加工中心定期维护保养的项目

维护保养周期	检查及维护保养内容
日常维护保养	1. 清除围绕在工作台、底座等周围的切屑灰尘及其他的外来物质； 2. 清除机床表面上下的润滑油、切削液与切屑； 3. 清除无防护盖保护导轨上的所有外来物质； 4. 清理导轨护盖； 5. 清理外露的极限开关及其周围； 6. 检查中央润滑油箱的油量，应时常维持油量在适当的液面位置； 7. 检查并确认空气过滤器的杯中积水已被排除干净； 8. 检查所需的压力值是否达到正确设定值； 9. 检查管路有无漏油，如发现漏油，应及时解决； 10. 检查切削液、切削液管，切削液箱中是否有外来物质； 11. 检查切削液容量，不足时及时补充液量； 12. 检查操作面板上的指示灯是否正常
每周维护保养	1. 完成日常保养； 2. 检查主轴前端、刀塔与其他附件是否出现锯齿状裂纹或其他损伤； 3. 清理主轴周围； 4. 检查液压系统的油液位，如有需要添加指定的液压油
每月维护保养	1. 完成每周保养； 2. 清理电气箱内部与NC设备，如果空气过滤器已脏则更换，不要使用溶剂清洗过滤网； 3. 检查机床水平，检查其他地脚螺栓的松紧度并调节； 4. 清理导轨的刮油片，如有损耗或破裂应更换； 5. 检查变频器与极限开关是否运行正常； 6. 清理主轴头润滑单元的油路过滤网； 7. 检查配线是否牢固，有无松脱或中断的情形； 8. 检查切削液的质量，及时更换变质切削液，清理切削液箱及其管路
半年维护保养	1. 完成每月与每周的保养； 2. 清理NC设备中电气控制单元与机床； 3. 更换液压油以及主轴头与工作台的润滑剂； 4. 清理所有电动机； 5. 检查电动机的轴承有无噪声，如有噪声及时修理； 6. 冲洗润滑泵，清洗主轴系统润滑过滤器

3. 维护保养时应注意的事项

(1) 进行维护保养与检查工作之前，应按下紧急停止开关或关闭主电源。

(2) 为了使加工中心维持最高效率的运转，以及随时得以安全操作，维护保养与检查工作必须持续不断地进行。

(3) 事先妥善规划保养与检查计划。

(4) 不要用压缩空气清理加工中心，这样会导致油污、切屑、灰尘或砂粒从细缝侵入导轨配合面或轴承内部，影响精度及稳定性。

(5) 尽量少开电气控制柜门，以防车间的灰尘、油污、金属粉末落在电气元件上引发故障。

4. 其他维护保养内容

1) 加工中心电气柜的散热通风

应定期检查控制柜上热交换器或轴流风扇的工作状况，检查风道是否堵塞，风道堵塞会导致控制柜温度过高而引起系统报警。

2) 电池的定期更换

数控系统存储参数用的存储器采用 CMOS 器件，其存储内容在数控系统断电期间靠支持电池供电保持。一般情况下，即使电池尚未耗尽，也应每年更换一次，以确保系统能正常工作。电池的更换应在 CNC 系统通电状态下进行。

3) 加工中心长期不使用时的保养

如加工中心处于长期闲置的情况下，则应经常给系统通电，在加工中心锁住不动的情况下让系统空运行。系统通电有利于电气元件发热而驱散电气柜内的潮气，保证电气元件性能的稳定可靠。

【习题】

一、判断题

1. 加工中心正常开机后要根据设备点检表逐项进行设备点检，对发现的异常问题及时上报班组长。(　　)

2. 操作者应佩戴安全眼镜，穿戴适合操作的服装、安全鞋、安全帽及听力保护装置，可以佩戴戒指、手表等各种饰物。

3. 进行交接班后，只要上个班次说正常，我可以对所加工的工件不进行首检。(　　)

4. 卧式加工中心的工作台定位处没必要每班清理。(　　)

5. 加工过程中途停机，再启动时可以不取消刀补、固定循环等。(　　)

6. 日常维护保养有检查切削液容量，及时补充液量。(　　)

二、简答题

1. 简述加工中心的维护保养目的。

2. 叙述加工中心每月维护保养的内容。

3. 加工中心长期不使用时如何进行保养？

项目二　操作 FANUC Series 0i-MD 数控系统加工中心及加工平面类零件和内、外轮廓零件

任务一　FANUC Series 0i-MD 数控系统操作面板的组成及功能

【任务描述】

学生通过学习需要掌握 VDF-850new 加工中心 FANUC Series 0i-MD 数控系统操作面板的组成及各个按键的功能。

【任务分析】

本任务为理论知识，但这是学习后面知识、技能的基础，所以学生需要重视起来。

【相关知识】

一、加工中心面板总览

VDF-850new 加工中心 FANUC Series 0i-MD 数控系统操作面板如图 2-1 所示。该面板由两部分组成：LCD/MDI 单元和机床操作面板。LCD/MDI 单元也称数控系统操作面板，作用是手动输入程序、手动输入数控系统控制指令、显示数控系统的输出结果。机床操作面板的作用控制机床的动作。

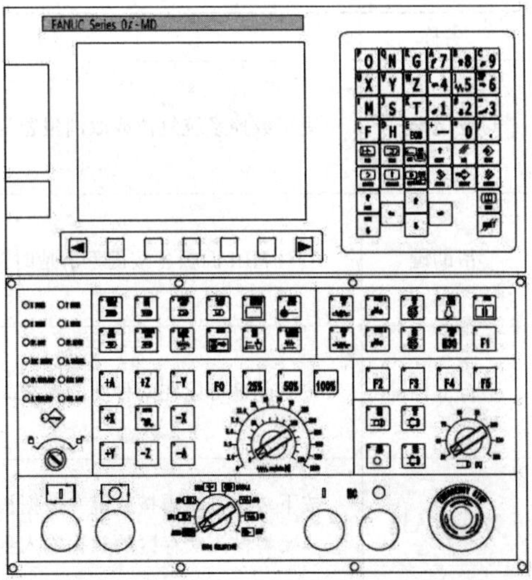

图 2-1　FANUC Series 0i-MD 数控系统操作面板

二、数控系统操作面板的组成

操作面板的右侧是MDI键盘，MDI键盘上的按键按用途不同可分为功能键、数据输入键和程序编辑键等，MDI键盘上的各键位置如图2-2所示。操作面板左侧是显示器，设在显示器下面的一行键称为软键。软键的用途是可以变化的，在不同的界面下随屏幕最下一行的软键功能提示而有不同的用途。

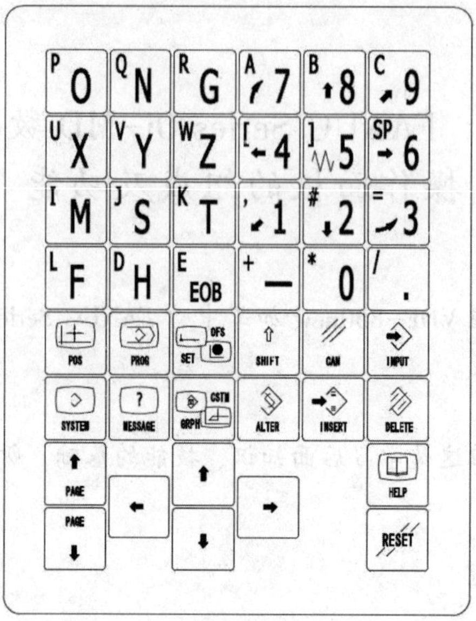

图2-2　MDI操作面板

MDI键盘上各种按键的标识及用途见表2-1。

表2-1　数控系统操作面板各键的标识及用途

键的标识符	名称	用　途
	复位键	用于数控系统复位或取消报警等
	帮助键	当对MDI面板各按键不清楚时按下此键可获得帮助
	字符上档键	按下此键可以在两种功能键之间进行切换
	数据输入键	按下数字键时再按此键，数据被输入到缓存区，并显示在屏幕上。要将输入缓存区的数据输入到偏置寄存器中必须按下此键

表 2-1（续）

键的标识符		名称	用　　途
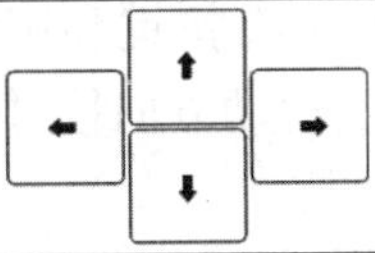		光标移到键	光标移到键共有 4 个，按下此键时光标按所示方向移到
		页面翻页键	按下此键，可在屏幕上选择不同的页面
切换不同功能的显示界面		坐标显示键	按下此键显示刀具位置界面。可用于机床坐标系、工件坐标系、增量坐标系和刀具运动中指定位置的剩余行程等四种不同方式显示刀具当前位置
		程序键	按下此键在编辑模式下显示用户程序，进行编辑、检索和通信；在 MDI 模式下执行 MDI 程序；在自动加工模式下显示运行的程序和指令监控
	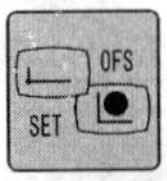	偏置键	按下此键显示配置/设置 SETFING 界面，如工件坐标系设定界面和刀具磨损补偿量设定界面以及系统参数和宏程序
	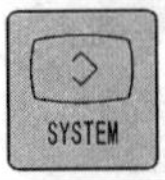	系统键	按下此键设定和显示运行参数表，这些参数供维修使用；显示自诊断信息
		信息键	按下此键显示各种报警信息
		图形显示键	按下此键以显示欲执行程序的刀具轨迹以及宏程序屏幕
程序编辑按键		删除键	编辑时，用于删除程序中光标所在位置字符或程序
		替换键	编辑时，用于替换程序中光标所在位置字符
		插入键	编辑时，用于插入程序中光标所在位置字符
		取消键	按下此键删除最后一个进入输入缓存区的字符
		段结束符键	按下此键一段程序结束
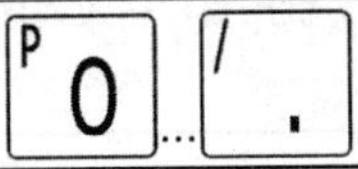		地址和字符键	输入数字、字母或其他字符

三、机床操作面板的组成及操作

机床操作面板上配置了操作机床所用的各种开关。开关的主要形式有按键和旋钮两种，包括机床操作方式旋钮、进给倍率旋钮、主轴倍率旋钮、进给轴及运动方向按键、程序检查按键等。为方便使用，面板上的按键依据其用途有相应的标识。

生产厂家不同，机床的类型不同，其面板上开关的配置不同，开关的功能及安放位置也会有所差异。VDF-850new 加工中心机床操作面板的配置如图 2-3 所示。该面板上的按键采用了标准符号标识和英文标识。表 2-2 至表 2-4 中列出了面板上按键的中英文标识及其用途。

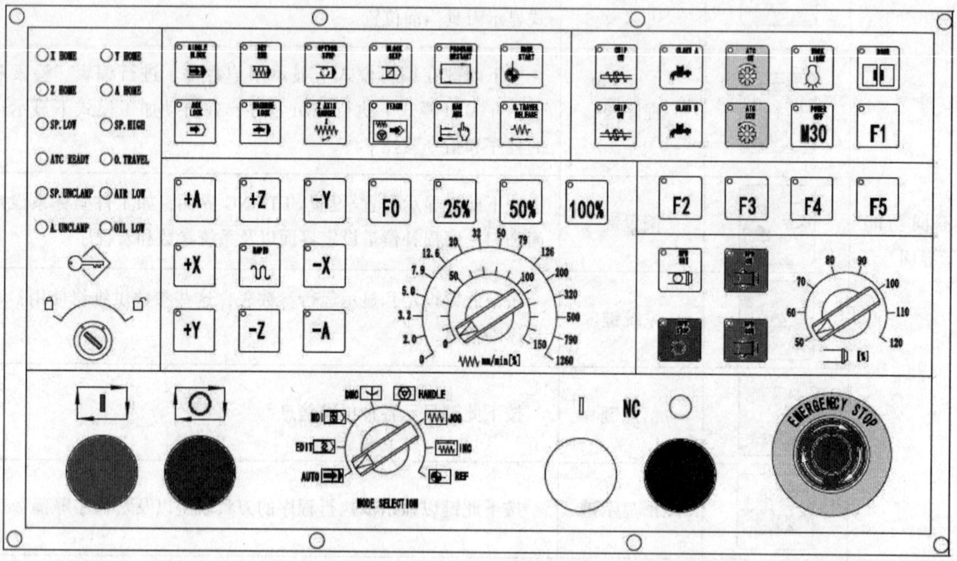

图 2-3 机床操作面板

表 2-2 操作模式选择及其用途

按键标准符号	英文标识	中文标识	用途
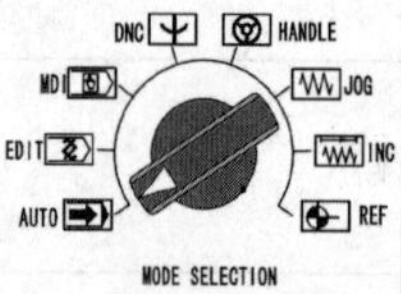	MODE SELECTION	操作模式选择旋钮	此旋钮用于数控系统不同模式的切换
	EDIT	编辑方式	用于检索、检查、编辑加工程序
	AUTO	自动运行方式	程序存到 CNC 存储器后，机床可以按程序指令运行，该操作为自动运行方式
	MDI	手动数据输入方式	从 MDI 键盘上输入一组程序指令，机床根据输入程序指令运行，称为 MDI 方式

表 2-2（续）

按键标准符号	英文标识	中文标识	用　　途
	DNC	计算机直接数控	DNC 运行方式是指加工程序不存储到 CNC 的存储器中，而是从外部输入，数控系统直接读取并运行
	HANDLE	手轮进给方式	手轮进给，刀具按手轮转过的方向和角度移到相应工作轴的距离或角度
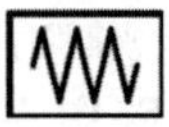	JOG	手动连续进给方式	手动连续进给，当一个进给轴按键被按下时刀具连续移到，抬起按键进给运动停止
	INC	手动增量进给方式	手动增量进给，每按一次进给轴按键，刀具移动一个固定距离，移到距离由进给当量选择键确定
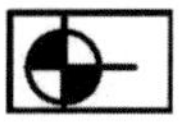	REF	返回参考点方式	CNC 机床上确定机床位置的基准点称为参考点，在这一点上进行换刀和设定机床坐标系。通常机床上电后要返回机床参考点，手动返回参考点就是用操作面板上的开关或者按钮将刀具移动到参考点。也可以用程序指令将刀具移动到参考点，称为自动返回参考点

表 2-3　用于程序检查的按键及其用途

按键标准符号	英文标识	中文标识	用　　途
	SINGLE BLOCK	单段运行	按下单程序段开关进入单程序段工作方式，在单程序段方式中按下循环启动按钮，刀具在执行完程序中的一段程序后停止，单段方式一段一段地执行程序，仔细检查程序
	DRY RUN	空运行	将工件卸下，只检查刀具的运动轨迹。在自动运行期间按下空运行开关，刀具按参数中指定的快速速度进给运动，也可以通过操作面板上的快速速率调整开关选择刀具快速运动的速度
	OPTION STOP	选择停止	按下选择停止开关，程序中的 M01 指令使程序暂停，否则 M01 不起作用
	BLOCK SKIP	选择性程序段跳过	按下程序段跳过开关，程序运行中跳过开头标有“/”，结束标有“;”的程序段
	PROGRAM RESTART	程序重新启动	由于刀具破损等原因，程序自动运行停止后，按此键程序可从指定的程序段重新开始运行
	HOME START	返回机床原点启动	当模式旋钮激活回零模式时，在选择要回零的轴后，按下此键执行回零操作
	AUX LOCK	机床辅助功能锁定	
	MACHINE LOCK	机床锁定	

表 2-3（续）

按键标准符号	英文标识	中文标识	用　　途
	Z AXIS CANCEL	Z 轴锁	
	TEACH	示教方式	结合手动操作，编制程序。TEACH IN JOG 手动进给示教和 TEACH IN HANDLE 手轮示教方式是通过手动操作获得的刀具沿 X、Y、Z 轴的位置，并将其存储到内存中作为创建程序的位置坐标。除了 X、Y、Z 外，地址 O、N、G、R、F、C、M、S、T、P、Q 和 EOB 也可以用于 EDIT 方式同样的方法存储到内存
	MAN ABS	手动绝对值	
	O. TRAVEL RELEASE	超程解除	按下此键时，可以解除超程引起的急停状态

表 2-4　其他按键及其用途

按键标准符号	英文标识	中文标识	用　　途
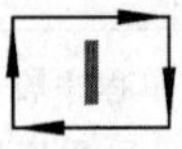	CYCLE START	循环启动	按下循环启动键，程序开始自动运行。当一个加工过程完成后自动运行停止
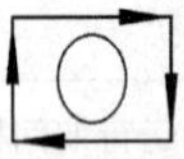	FEED HOLD	进给保持	在程序运行中按下进给保持键，自动运行暂停，可在程序中指定程序停止或中止程序命令。进给保持后，再次按下循环启动键，程序可以从停止处继续运行
	RAPID	快速进给	在手动进给方式下按下此键，执行手动快速进给
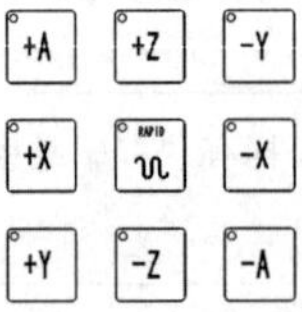		手动进给轴	手动进给轴选择，在手动进给方式或手动增量进给方式下，此键用于选择进给运动轴，即 X、Y、Z 轴及 A 轴
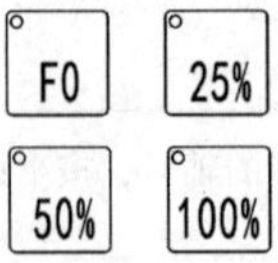	RAPID OVERRIDE %	快速倍率	按照系统设置的快速进给速度乘以按键所示的百分比，注意 F0 键执行系统设定的最小轴移动速度
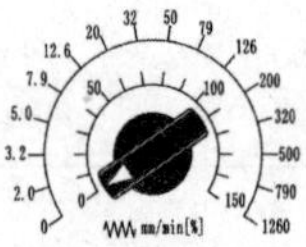	FEED OVERRIDE %	进给速度倍率调整	进给倍率用于在操作面板上调整程序中指定的进给速度，此键用于改变程序中指定的进给速度，进行试切削，以便检查程序或调整切削用量

表 2-4（续）

按键标准符号	英文标识	中文标识	用　　途
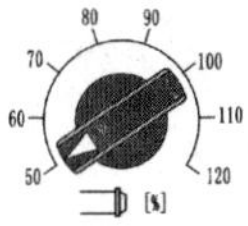	SPINDLE OVERRIDE %	主轴速度倍率调整	主轴速度倍率用于在操作面板上调整程序中指定的主轴转速，此键用于改变程序中指定的主轴转速，进行试切削，以便检查程序或调整切削用量
	SPINDLE STOP	手动主轴停止	按下此键使主轴停止旋转
	SPINDLE CW	手动主轴正转	按下此键使主轴顺时针旋转
	SPINDLE CCW	手动主轴反转	按下此键使主轴逆时针旋转
	SPINDLE ORI	手动主轴定位	按下此键使主轴按系统设置准确停止，一般精镗孔或将刀具放入刀库时使用
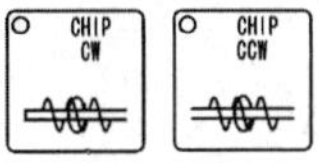	CHIP CW&CCW	排削器正转和反转	按下此键将切屑排除时使用
	CLANT A&B	切削液 A 和 B	按下此键将切削液打开或关闭
	ATC CW&CCW	刀库正转和反转	按下此键可以顺时针或逆时针调整刀库
	WORK LIGHT	工作照明灯	按下此键将机床照明打开或关闭
	DOOR	防护门	按下此键防护门可以在打开状态进行手动操作，方便操作人员对刀及找正工件使用
	POWER OFF	自动关闭	机台会在 8 min 后自动关闭
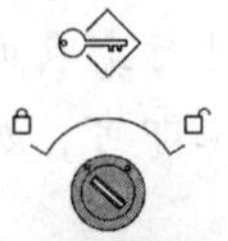	ON OFF	数据保护开关	数据保护锁用于保护零件程序、刀具补偿量、设置数据和用户宏程序等
	EMERGENCY STOP	紧急停止	进给停，断电。用于发生意外紧急情况时的处理

【习题】

一、判断题

1. 如果中途停止或结束 MDI 的运行，只有按下 MDI 面板上的“RESET”键才能停止 MDI 的运行。(　　)

2. 若在 CNC 中删除一个程序，只要在程序界面键入要删除的程序号 O××××，按下“DELETE”键，即可完成。(　　)

3. “JOG”工作方式运行时，其速度不可以通过修调开关调整。(　　)

4. 机床在空载运行一段时间，达到热平衡后再进行加工。(　　)

二、选择题

1. FANUC Series 0i-MD 数控系统加工中心中的“MDI”表示(　　)。

A. 自动加工　　B. 手动数据输入　　C. 手动进给方式

2. FANUC Series 0i-MD 数控系统中，当系统出现报警，可以通过(　　)键来消除报警。

A. HELP　　B. INPUT　　C. RESET

3. FANUC Series 0i-MD 数控系统中，进入图形显示界面的功能键是(　　)。

A. PROG　　B. CUSTON GRAPH　　C. SYSTEM

4. FANUC Series 0i-MD 数控系统中，显示刀偏/设定界面的功能键是(　　)。

A. PROG　　B. OFFSET SETTING　　C. MESSAGE

5. FANUC Series 0i-MD 数控系统中，显示程序界面的功能键是(　　)。

A. PROG　　B. OFFSET SETTING　　C. MESSAGE

6. FANUC Series 0i-MD 数控系统中，显示位置界面的功能键是(　　)。

A. OFFSET SETTING　　B. MESSAGE　　C. POS

三、简答题

加工中心的“机床锁住”按钮和“进给保持”按钮的作用是什么？两者有什么区别？

任务二　加工平面类零件

【任务描述】

加工图 2-4 所示的平面工件，材料为 45 号钢，各表面基本平整，需要进行上表面的加工。该平面较大，有平面度要求，但其他的精度要求一般，采用行切法加工即可，加工程序编制较为简单。

【任务分析】

平面是构成机器零件的基本表面之一，铣床工作台、机床导轨和垫铁等都是较为典型的平面。铣削平面是数控铣工基本的工作内容，也是进一步铣削其他复杂表面的基础。

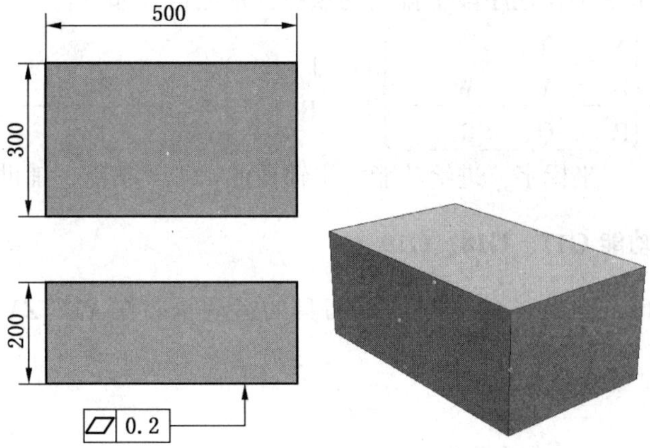

图 2-4　平面工件

【相关知识】

一、加工程序的构成

加工程序由若干程序段组成，而程序段由一个或若干个指令字组成，指令字由地址符和数字组成，它代表机床的一个位置或一个动作。程序段结束处以 EOB、CR、LF 标志，显示为“;”或不显示，具体由不同的数控系统决定。常用地址符含义见表 2-5。

表 2-5　常用地址符含义

地址符	功　能	取值范围
%	零件程序号	%0000～%9999
N	程序段顺序号	N1～N9999
G	准备功能，指定运动方式（直线、圆弧等）	G00～G99
X，Y，Z U，V，W A，B，C	坐标轴的移动指令	±9999.999
R	圆弧半径	
I，J，K	圆弧中心坐标	
F	进给功能，进给速度或螺距	F0～F15000 mm/min（mm/r）
S	主轴功能	S0～S9999 r/min（mm/min）
T	刀具功能	T0000～T9999
M	辅助功能	M00～M99
H，D	刀具补偿号	00～99
P，X	暂停时间	1～9999.999S
P，L	子程序号和子程序调用次数	P1～P9999，L1～L99
P，Q，R	固定循环参数	

程序段格式是指令字在程序段中排列的顺序，常见格式如下：

$$N\_\_\_\ G\_\_\_\begin{Bmatrix}X\_\_\ Y\_\_\ Z\_\_\\U\_\_\ V\_\_\ W\_\_\\P\_\_\ Q\_\_\ R\_\_\end{Bmatrix}\begin{Bmatrix}I\_\ J\_\ K\_\\R\_\end{Bmatrix}F\_\_\_\ S\_\_\_\ T\_\_\_\ M\_\_\_;$$

顺序号，G 指令，坐标字，进给功能，主轴功能，刀具功能，辅助功能。

二、平面选择功能 G17、G18、G19

用平面指令 G17、G18、G19 分别表示刀具的运动轨迹在 *XY*、*ZX*、*YZ* 平面内，如图 2-5 所示。

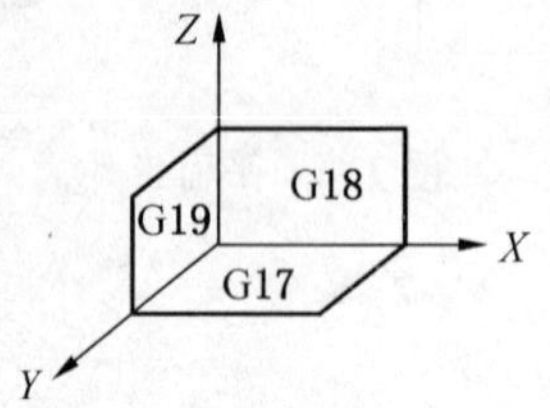

图 2-5　平面选择功能指令

三坐标的数控铣床常用这些平面指令命令机床在哪一平面内进行运动，在二坐标联动时必须考虑平面选择问题。系统通电时为 G17 状态。

三、准备功能代码概述

用指令字 G 和两位数字表示，共有 G00~G99 一百种。用来规定刀具和工件的相对运动轨迹、工件坐标系、坐标平面、刀具补偿、坐标偏置等操作。

G 指令按功能分成若干组，其中 00 组的 G 指令称为非模态 G 指令，其余 G 指令属于模态指令。

在同一程序段中可有不同组的多个 G 指令，同组 G 指令若有多个，以最后一个为准。

指令的模态与非模态：非模态指令，仅在本程序段内有效的指令；模态指令，模态指令一旦指定便保持有效，直到同组指令取代或取消为止。

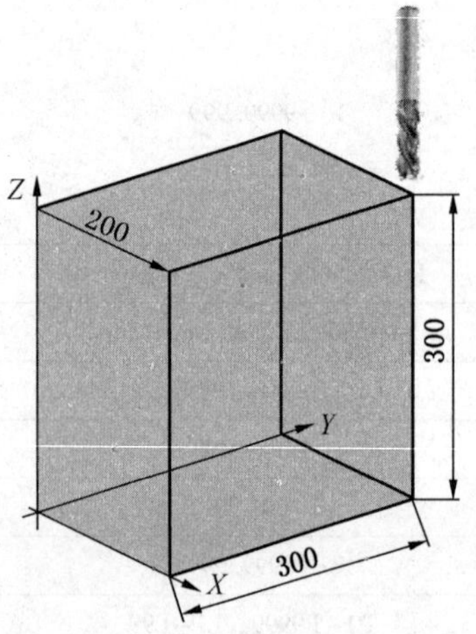

图 2-6　实例工件

1. G92 工件坐标系设定

G92 指令通过设定刀具相对于工件坐标系原点的相对位置，建立一个新的工件坐标系。

例（图 2-6）　G92　X200.0　Y300.0　Z300.0。

执行此段程序，只是建立刀具起点在工件坐标系中的位置，刀具并不产生运动。如果刀具起点选在工件坐标系原点，则建立工件坐标系的程序段应为：G92　X0　Y0　Z0。

G92 指令后续坐标值用于建立当前工件坐标系，因此必须用一个单独程序段指定。在使用 G92 指令前，必须保证刀具处于加工起始点，一般 G92 指令段放在一个零件程序的开头。

2. 工件坐标系选择 G54～G59

用 G54～G59 指令可以在加工程序中选择预设的 6 个工件坐标系。这 6 个工件坐标系的原点距机床原点在 *X*、*Y*、*Z* 向的距离（该距离称为工件原点偏置或零点偏置），预先用 MDI 方式输入数控系统中，在加工时，数控系统自动接收工件原点的零点偏置值，使机床在选定的工件坐标系中加工。

如在机床上安装几个托板时，或在一个零件上通过变换坐标系原点位置来简化编程与提高精度时，就可能需要设定几个工件坐标系。

例（图 2-7）　设定 G54 和 G59 两个坐标系，可用 MDI 功能在坐标系项中输入工件原点偏置值：G54　X^1　Y^1　Z^1；G59　X^1　Y^1　Z^1。

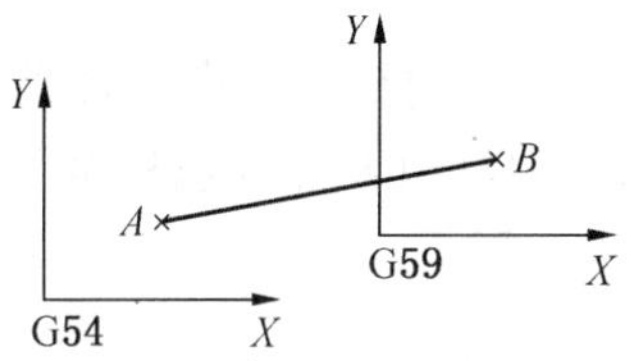

图 2-7　工件坐标系示例

一旦指定了 G54～G59 之一，则该工件坐标系原点即为当前程序原点，后续程序段中的工件绝对坐标均为相对此程序原点的值。例如以下程序：

N01　G54　G90　G00　X30　Y40；

N02　G59；

N03　G00　X30　Y30；

……

执行 N01 段时，系统会先选定 G54 坐标系作为当前工件坐标系，然后再执行 G00 移动到该坐标中的 *A* 点；执行 N02 段时，系统又会选择 G59 坐标系作为当前工件坐标系；执行 N03 段时，机床就会移动到刚设定的 G59 坐标系中的 *B* 点。

3. G92 与 G54～G59 的区别

（1）G92 需要起刀点在当前工件坐标系的坐标值来建立工件坐标系，故必须用一个单独程序段指定，该程序段中位置指令仅用来确定工件坐标系原点位置，并不产生运动。使用 G92 前，刀具必须处于正确的对刀点（起刀点）位置。

（2）G54～G59 坐标系原点在程序执行前已由 MDI 方式输入系统，一旦指定便有效，故 G54～G59 可不必使用单独程序段指定，使用前只要机床曾回过参考点，则机床坐标系已正确建立，刀具处于任意点均可保证工件正确加工。

对刀点就是机床加工的起始点，一般是指刀具相对于工件的起始位置。对刀的目的是确定程序原点在机床坐标系中的位置，对刀点可与程序原点重合，也可在任何便于对刀之处。

4. 快速定位指令 G00

格式：G00　IP____；

式中：IP___为定位终点的位置。

执行 G00 指令时，刀具从当前点快速移动到程序段指定的定位点，各轴运动速度均为其快移速度，该参数由系统参数决定，F 指令无效。

执行 G00 时，运动轨迹为一折线。

5. 直线进给指令 G01

格式：G01　IP___ F___；

式中：IP___为终点的位置。

G01 为直线插补指令，它指定刀具从当前位置以联动的方式，按程序段中 F 指令规定的合成进给速度，以斜线或直线运动方式，移动到程序段中指定的位置。

G01 与 F 代码都是模态代码，如果后续程序段不改变加工的线型和进给速度，可以不再书写这些代码。

G01 指令各轴以线性方式联动，同时到达终点，合成轨迹为直线。

图 2-8 中，*P* 点为刀具起点。刀具由 *P* 点快速移至 *A* 点，沿 *AB*、*BO*、*OA* 切削，再快速返回 *P* 点。其程序如下：

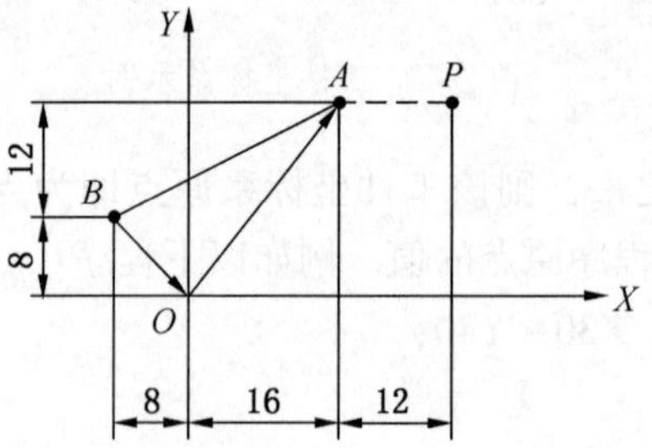

图 2-8　G01 指令示例

用绝对值编程：

O0001；

N01　G92　X28　Y20；

N02　G90　G00　X16　M03；

N03　G01　X-8　Y8　F100；

N04　X0　Y0；

N05　X16　Y20；

N06　G00　X28；

N07　M30；

用增量值编程：

O0002；

N01　G91　G00　X-12　Y0　M03；

N02　G01　X-24　Y-12　F100；

N03　X8　Y-8；

N04　X16　Y20；

N05　G00　X12　Y0;

N06　M02;

6. 刀具长度补偿 G43、G44、G49

格式：$\left.\begin{matrix}G17\\G18\\G19\end{matrix}\right\}\begin{Bmatrix}G43\\G44\end{Bmatrix}\begin{Bmatrix}Z\\Y\\X\end{Bmatrix}H\_$；

式中　G43/G44——刀具长度正/负补偿；

Z/Y/X——补偿轴的终点坐标，而补偿轴垂直于指定平面（G17、G18、G19）；

H——长度补偿偏置号。

刀具长度的补偿指令一般用于刀具的轴向补偿。其作用是使补偿轴的刀具实际坐标大于或小于程序指令值，即输入的补偿量与程序段给定的坐标值相加（G43）或相减（G44）（实际位移量=程序给定值±补偿值），如图 2-9 所示。

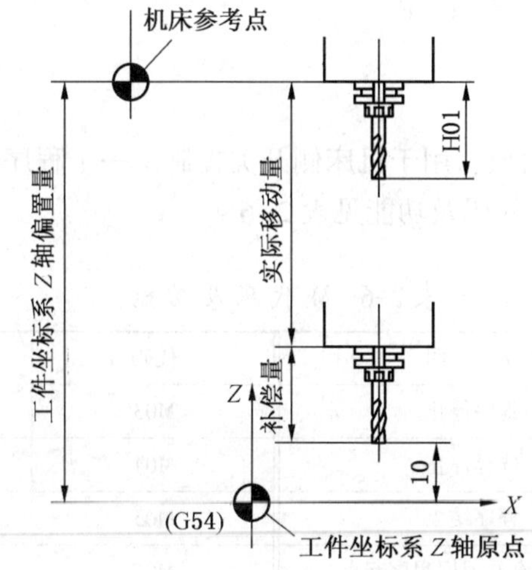

图 2-9　G43/G44 指令图解

G43 时，Z 实际值=Z 指令值+H；

G44 时，Z 实际值=Z 指令值-H。

取消刀具长度补偿用 G49 或 H00。

采用 G43 和 G44 指令编程时，先按假定的刀具长度或标准刀的长度进行编程，在实际加工时，将实际使用的刀具长度与标准刀的长度相减，其偏差值作为补偿量输入数控系统的 H 存储器中即可。

长度补偿的确定方法有如下 4 种：

（1）长度刀具法。即刀具长度零点在主轴锥孔端面，也就是标准刀具长度为零。实际使用时，每把刀的长度补偿值就是刀具（含铣夹头）的工作长度，并使用 G43 指定。

（2）最长刀具法。以所有刀具中最长的刀作为标准刀，该刀的长度补偿值为 0，其他刀具的长度补偿值=L 标准刀-L 刀，长度补偿值为正，补偿时刀具应向下移动，故使用

G44 指定。

（3）最短刀具法。以所有刀具中最短的刀作为标准刀，该刀的长度补偿值为 0，长度补偿值为正，补偿时刀具应向上移动，故使用 G43 指定。

（4）标准刀具法。以对整个加工影响最大的刀具作为标准刀具，该刀的长度补偿值为 0，其他刀具的长度补偿值=| L标准刀-L刀 |。如该刀比标准刀长，用 G43 指定，反之用 G44 指定；也可在求长度补偿值时不求绝对值，而统一用 G43 指定。

四、进给速度 F 指令

用 F 指令规定刀具相对工件运动时各轴的合成运动速度。本系统上电时默认的切削进给速度 F 的单位为 mm/min。可使用操作面板上的进给速度修调开关对进给速度 F 进行一定范围内的调整。

指定刀具的进给速度单位，有两种形式：

每转进给量 mm/r　G95　F；

每分钟进给量 mm/min　G94　F。

五、辅助机能

由地址 M 和两位数字组成，用于机床侧开关控制。一个程序段仅可指定一个 M 代码，否则，仅最后一个有效。M 代码及功能见表 2-6。

表 2-6　M 代码及功能

代码	功能说明	代码	功能说明
M00	程序停止	M03	主轴正转启动
M01	选择停止	M04	主轴反转启动
M02	程序结束	M05	主轴停止转动
M30	程序结束并返回程序起点	M06	换刀
M98	调用子程序	M07	切削液打开
M99	子程序结束	M09	切削液停止

M00　程序停止（暂停）

功能：机床所有动作均被切断（本系统仅能切断工作台运动），现存模态信息保持不变，重按循环启动按钮，继续执行后续程序段。

用于加工中测量刀具和工件的尺寸、夹具调整、手动变速等固定手工操作。

M01　选择停止

功能同 M00，但必须在机床“选择停止”按钮接通时才有效。

用于首件检测及工件关键尺寸抽检。

M02、M30　主程序结束

M02 功能：切断机床所有动作，并使系统复位，加工结束。

M30 功能：切断机床所有动作，系统复位，加工结束。再按“循环启动”按钮，程序重新开始执行。

说明：不同的数控系统 M02、M30 解释不完全一致。

M03、M04、M05　主轴正、反转，停止

M06　自动换刀指令

用于加工中心自动换刀。

M06 只负责刀具的自动交换，而刀具的选择用 T 指令指定。

M07（M08）、M09　切削液开、关

【任务实施】

一、图样分析

图 2-4 所示的零件由 6 个平面组成，表面粗糙度为 *Ra*6.3 μm，平面之间尺寸未注公差，按 GB/T 1804—2000 确定±0.2 mm。

零件的几何公差：该零件只有形状公差要求，即平面度要求，为 0.2 mm。

平面度▱：平面度表示面的平整程度，指测量平面具有的宏观凹凸高度相对理想平面的偏差。一般来讲，有平面度要求的就不必有直线度要求了，因为平面度包括了面上各个方向的直线度。

标注含义：被测加工表面必须位于距离为公差值 t（$t=0.01$）的两平行平面内，如图 2-10 所示区域。

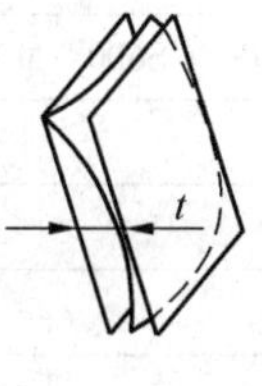

图 2-10　平面度误差

从上面分析可知，该零件的平面可以用 ϕ60 mm 的面铣刀加工出来。

未注公差查国家标准 GB/T 1804—2000，表 2-7 列出了未注公差线性尺寸的极限偏差数值。

表 2-7　未注公差线性尺寸的极限偏差数值　　mm

公差等级	基本尺寸分段							
	0.5~3	>3~6	>6~30	>30~120	>120~400	>400~1000	>1000~2000	>2000~4000
f 精密级	±0.05	±0.05	±0.1	±0.15	±0.2	±0.3	±0.5	—
m 中等级	±0.1	±0.1	±0.2	±0.3	±0.5	±0.8	±1.2	±2
c 粗糙级	±0.2	±0.3	±0.5	±0.8	±1.2	±2	±3	±4
v 最粗级	—	±0.5	±1	±1.5	±2.5	±4	±6	±8

二、程序编制

采用 $\phi60$ mm 的面铣刀，主轴转速选择 600 r/min，进给速度为 200 mm/min，背吃刀量为 1~2 mm。加工路线如图 2-11 所示。

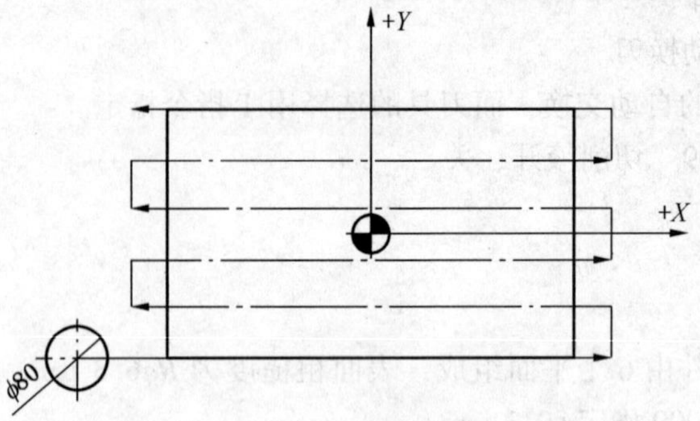

图 2-11 加 工 路 线

编制的加工程序如下：

程 序	注 解
O0001;	程序名
N10 G0 G17 G40 G49 G80 G90;	程序初始化
N20 T1 M6;	换 1 号刀（面铣刀）
N30 G0 G90 G54 X-338. Y-149. 998. S600 M3;	建立工件坐标系，快速定位到下刀点
N40 G43 H01 Z26.;	建立刀具长度正补偿
N50 Z11.;	
N60 G1 Z0. F200;	
N70 X298. F200;	
N80 Y-89.999;	
N90 X-298.;	
N100 Y-30.;	
N110 X298.;	
N120 Y30.;	
N130 X-298.;	
N140 Y89.999;	
N150 X298.;	
N160 Y149.998;	
N170 X-338.;	
N180 G0 Z25.;	
N190 M5;	
N200 M30;	

三、装夹刀具

数控铣床/加工中心刀具在刀柄上大多采用弹簧夹套装夹方式。此种装夹方式有利于悬空换刀。在装夹刀具时，首先应确定数控铣床要求配备的刀柄及拉钉的标准和尺寸，根据加工工艺选择刀柄、拉钉和刀具，并将它们装配好，然后装夹在数控铣床的主轴上。

手动在主轴上装卸刀柄的方法如下：

(1) 确认刀具和刀柄的重量不超过机床规定的许用最大重量。

(2) 清洁刀柄锥面和主轴锥孔。

(3) 左手握住刀柄，将刀柄的键槽对准主轴端面键垂直伸入主轴内，不可倾斜。

(4) 右手按下换刀按钮，压缩空气从主轴内吹出以清洁主轴和刀柄，按住此按钮，直到刀柄锥面与主轴锥孔完全贴合后，松开按钮，刀柄即被自动夹紧，确认夹紧后方可松手。

(5) 刀柄装上后，用手转动主轴检查刀柄是否正确装夹。

(6) 卸刀柄时，先用左手握住刀柄，再用右手按换刀按钮（否则刀具从主轴内掉下，可能会损坏刀具、工件和夹具等），取下刀柄。

四、装夹工件

使用平口钳装夹工件，注意要将工件装平、夹紧。

知识拓展

一、加工顺序的安排

零件的加工工序通常包括切削加工工序、热处理工序和辅助工序等，这些工序的顺序直接影响到零件的加工质量、生产率和加工成本。

1. 切削加工工序的安排原则

1）基面先行原则

用作精基准的表面应优先加工。因为定位基准的表面越精确，装夹误差就越小，所以任何零件的加工过程总是先对定位基准面进行粗加工和半精加工，必要时还要进行精加工。

2）先粗后精原则

各个表面的加工顺序一般是按照粗加工→半精加工→精加工→光整加工的顺序进行，这样才能逐步提高加工表面的精度和减小表面粗糙度。

3）先主后次原则

零件上的工作面及装配精度要求较高的表面，属于主要表面，应先加工。自由表面、键槽、紧固用的螺孔和光孔等表面，精度要求较低，属于次要表面，可穿插进行，一般安排在主要表面达到一定精度后，最终精加工之前加工。

4）先面后孔原则

对于箱体类、支架类、机体类零件，一般先加工平面，后加工孔。这样安排加工顺序，一方面是用加工过的平面定位，稳定可靠；另一方面是在加工过的平面上加工孔，比较容易，并能提高孔的加工精度。

2. 走刀路线的确定原则

影响走刀路线的因素很多，有工艺方法、工件材料及状态、加工精度及表面粗糙度要求、工件刚度、加工余量、刀具的刚度及耐用度、机床类型和工件的轮廓形状等。在确定走刀路线时，主要应遵循以下原则：

(1) 保证产品质量，应将保证工件的加工精度和表面粗糙度要求放在首位。

(2) 在保证工件加工质量的前提下，应力求走刀路线最短，并尽量减少空行程时间，提高加工效率。

(3) 在满足工件加工质量、生产效率等条件下，尽量简化数学处理的数值计算工作量，以简化编程工作。

此外，在确定走刀路线时，还要综合考虑工件、机床与刀具等多方面因素，确定一次走刀还是多次走刀，以及设计刀具的切入点与切出点、切入方向与切出方向。在铣削加工中，还要确定是采用顺铣还是逆铣等。

二、铣削方式的选择

铣削有顺铣（图 2-12a）和逆铣（图 2-12b）两种方式。铣削加工中是采用顺铣还是逆铣，对工件表面粗糙度有较大影响。确定铣削方式应根据工件的加工要求，材料的性质、状态，使用的机床及刀具等条件综合考虑。由于采用顺铣方式，工件加工表面质量较好，刀齿磨损小，因此，一般情况下尽可能采用顺铣。尤其是精铣内外轮廓、精铣铝镁合金、钛合金或耐热合金时，应尽量按顺铣方式安排走刀路线。

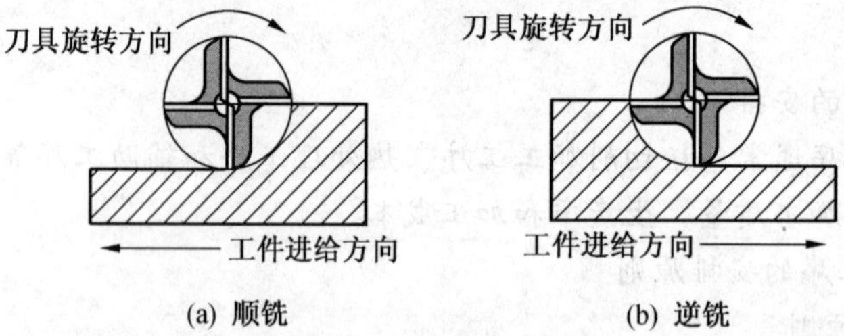

图 2-12　顺铣与逆铣

加工面为空间曲面的零件称为曲面类零件。在机械加工中，常会遇到各种曲面类零件，如模具或螺旋桨叶片等。由于这类零件型面复杂，需用多坐标联动加工，因此多采用数控铣床或数控加工中心进行加工。规划这类曲面的粗、精加工刀具运动轨迹时，常用球头铣刀采用行切法及环切法进行加工，可选择环切走刀方式或行切走刀方式。所谓“行切法”是指刀具与零件轮廓的切点轨迹是一行一行平行的，而行间距离是按零件加工精度的要求确定的。

三、平面铣削方法的选择

在铣床上铣削平面的方法有两种，即圆周铣（图 2-13a）和端铣（图 2-13b）。图 2-14 所示为大端面铣采用行切法时的进给路线示意图。

四、夹具的选择原则

数控加工对夹具主要有两大要求：一是夹具应具有足够的精度和刚度；二是夹具应有可靠的定位基准。选用夹具时，通常考虑以下几点：

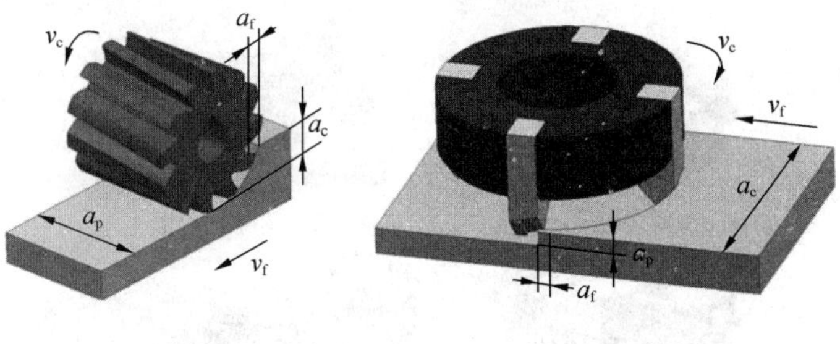

(a) 圆周铣　　(b) 端铣

图 2-13　圆周铣与端铣

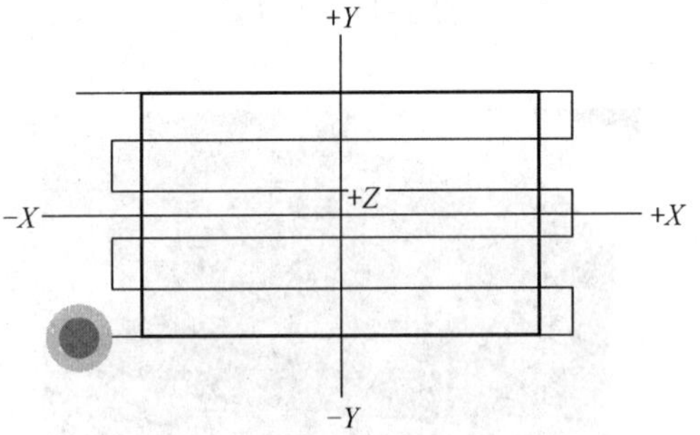

图 2-14　用行切法铣削平面

(1) 尽量选用可调整夹具、组合夹具及其他通用夹具，避免采用专用夹具，以缩短生产准备时间。

(2) 在成批生产时才考虑采用专用夹具，并力求结构简单。

(3) 装卸工件要迅速方便，以减少机床的停机时间。

(4) 夹具在机床上安装要准确可靠，以保证工件在正确的位置上加工。

五、夹具的类型

加工中心上的夹具一般安装在工作台上，其形式根据被加工工件的特点可多种多样，如通用台虎钳、数控分度转台等。

1. 平口钳

在数控铣床或加工中心上加工小型工件时，一般采用平口钳进行装夹。平口钳又称机用虎钳，它具有较强的通用性和经济性，适用于尺寸较小的矩形工件的装夹。常见平口钳如图 2-15 所示。

2. 压板

对大中型工件，通常采用压板进行装夹。在数控铣床上用压板装夹工件时所使用的工具比较简单，主要有压板、垫铁、T 型螺母及螺栓等，如图 2-16 所示。

3. 零件的安装

数控机床上零件的安装方法与普通机床一样，要合理选择定位基准和夹紧方案，应注意以下两点：

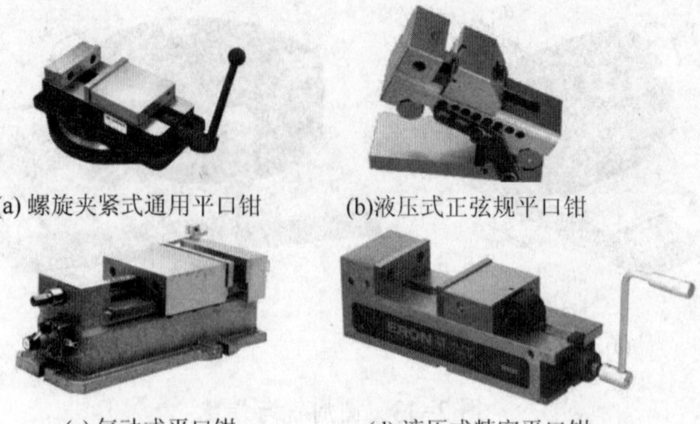

(a) 螺旋夹紧式通用平口钳　(b)液压式正弦规平口钳

(c) 气动式平口钳　(d) 液压式精密平口钳

图 2-15　平口钳

图 2-16　用压板装夹工件时所用的工具

(1) 力求设计、工艺与编程计算的基准统一，这样有利于编程时数值计算的简便性和精确性。

(2) 尽量减少装夹次数，尽可能在一次定位装夹后，加工出全部待加工表面。

六、刀具的选择

与普通机床加工方法相比，数控加工对刀具提出了更高的要求，不仅需要刚性好、精度高，而且要求尺寸稳定，耐用度高，断屑和排屑性能好；同时要求安装调整方便，以满足数控机床高效率的要求。数控机床上所选用的刀具常采用适应高速切削的刀具材料（如高速钢、超细粒度硬质合金），并使用可转位刀片。

1. 面铣刀

面铣刀主要用于立式数控铣床上加工平面和台阶面等。面铣刀的主切削刃分布在铣刀的圆柱面或圆锥面上，副切削刃分布在铣刀的端面上。面铣刀按结构可以分为整体式和机夹式等。图 2-17 所示为常见面铣刀。

2. 立铣刀

立铣刀是数控铣削加工中应用最广泛的铣刀，主要用于在立式数控铣床上加工凹槽、台阶面等。立铣刀的主切削刃分布在铣刀圆柱表面上，副切削刃分布在铣刀端面上，并且端面中心有中心孔。因此，铣削时一般不沿铣刀轴向作进给运动，而只能沿铣刀径向作进

(a) 45° 机夹面铣刀　　(b) 75°机夹面铣刀　　(c) 90°机夹面铣刀

图 2-17　常见面铣刀

给运动。立铣刀有粗齿和细齿之分，粗齿铣刀的齿数为 3~6 个，一般用于粗加工；细齿铣刀的齿数为 5~10 个，适用于精加工。立铣刀的直径为 2~80 mm；其柄部有直柄、莫氏锥柄和 7∶24 工具锥柄等形式。图 2-18 所示为常见立铣刀。

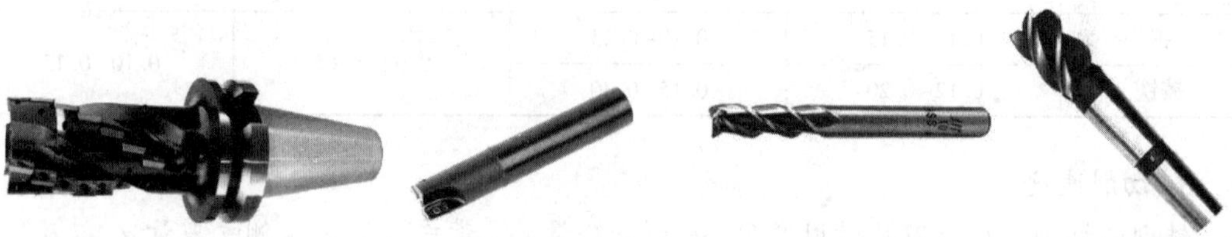

(a) 可转位锥柄立铣刀　　(b) 可转位直柄立铣刀　　(c) 直柄立铣刀　　(d) 锥柄立铣刀

图 2-18　常见立铣刀

为了提高生产效率，除采用普通高速工具钢立铣刀，数控铣削还普遍使用硬质合金立铣刀和波形刃立铣刀。

七、铣削用量

数控铣床的切削用量包括切削速度 v_c、进给速度 v_f、背吃刀量 a_p 和侧吃刀量 a_c。切削用量的选择方法是考虑刀具的耐用度，首先选取背吃刀量或侧吃刀量，其次确定进给速度，最后确定切削速度。

1. 背吃刀量 a_p（端铣）或侧吃刀量 a_c（圆周铣）

如图 2-13 所示，背吃刀量 a_p 为平行于铣刀轴线测量的切削层尺寸，单位为 mm。端铣时 a_p 为切削层深度，圆周铣削时 a_p 为被加工表面的宽度。侧吃刀量 a_c 为垂直于铣刀轴线测量的切削层尺寸，单位为 mm。端铣时 a_c 为被加工表面宽度，圆周铣削时 a_c 为切削层深度。端铣背吃刀量和圆周铣侧吃刀量的选取主要由加工余量和对表面质量的要求决定。

（1）工件表面粗糙度要求为 Ra3.2~12.5 μm，分粗铣和半精铣两步铣削加工，粗铣后留半精铣余量 0.5~1.0 mm。

（2）工件表面粗糙度要求为 Ra0.8~3.2 μm，可分粗铣、半精铣、精铣三步铣削加工。半精铣时端铣背吃刀量或圆周铣侧吃刀量取 1.5~2 mm；精铣时圆周铣侧吃刀量取 0.3~0.5 mm，端铣背吃刀量取 0.5~1 mm。

2. 进给速度 v_f

进给速度指单位时间内工件与铣刀沿进给方向的相对位移，单位为 mm/min。它与铣刀转速 n、铣刀齿数 Z 及每齿进给量 f_z（单位为 mm）有关。

进给速度的计算公式：

$$v_f = f_z Zn$$

式中，每齿进给量 f_z 的选用主要取决于工件材料和刀具材料的机械性能、工件表面粗糙度等因素。当工件材料的强度和硬度高，工件表面粗糙度的要求高，工件刚性差或刀具强度低，f_z 值取小值。硬质合金铣刀的每齿进给量高于同类高速钢铣刀的选用值，每齿进给量的选用见表 2-8。

表 2-8　铣刀每齿进给量 f_z 选用

工件材料	每齿进给量 f_z/mm			
	粗铣		精铣	
	高速钢铣刀	硬质合金铣刀	高速钢铣刀	硬质合金铣刀
钢	0. 10~0. 15	0. 10~0. 25	0. 02~0. 05	0. 10~0. 15
铸铁	0. 12~0. 20	0. 15~0. 30		

3. 切削速度 v_c

铣削的切削速度与刀具耐用度 T、每齿进给量 f_z、背吃刀量 a_p、侧吃刀量 a_c 以及铣刀齿数 Z 成反比，与铣刀直径 d 成正比。其原因是 f_z、a_p、a_c、Z 增大时，同时工作的齿数增多，刀刃负荷和切削热增加，加快了刀具磨损，因此刀具耐用度限制了切削速度的提高。如果加大铣刀直径则可以改善散热条件，相应提高切削速度。表 2-9 列出了铣削切削速度的参考值。

表 2-9　铣削时的切削速度参考值

工件材料	硬度 HBS	切削速度 v_c/(m · min^{-1})	
		高速钢铣刀	硬质合金铣刀
钢	<225	18~42	66~150
	225~325	12~36	54~120
	325~425	6~21	36~75
铸铁	<190	21~36	66~150
	190~260	9~18	45~90
	160~320	4. 5~10	21~30

【技能训练】

一、机床操作及程序输入

1. 开机

在操作机床前必须检查机床是否正常，并使机床通电，开机顺序如下：

（1）先开机床总电源。

（2）然后开机床稳压器电源。

（3）开机床电源。

（4）开数控系统电源（按控制面板上的POWER　ON按钮）。

（5）最后把系统急停键旋起。

2. 机床手动返回参考点

CNC机床上有一个确定机床位置的基准点，这个点叫作参考点。通常机床开机以后，第一件要做的事情就是使机床返回参考点位置。如果没有执行返回参考点就操作机床，机床的运动将不可预料。行程检查功能在执行返回参考点之前不能执行。机床的误动作有可能造成刀具、机床本身和工件的损坏，甚至伤害操作者。所以机床接通电源后必须正确地使机床返回参考点。机床返回参考点有手动返回参考点和自动返回参考点两种方式。一般情况下都是使用手动返回参考点。

手动返回参考点就是用操作面板上的开关或者按钮将刀具移动到参考点位置。具体操作如下：

（1）先将机床工作模式旋转到方式。

（2）选择机床控制面板上的+Z轴，按键使Z轴回到参考点（指示灯亮）。

（3）选择+X轴和+Y轴，按两轴可以同时返回参考点（指示灯亮）。

自动返回参考点就是用程序指令将刀具移动到参考点。

例如执行程序：G91　G28　Z0；（Z轴返回参考点）

X0　Y0；（X、Y轴返回参考点）

注意：为了安全起见，一般情况下机床回参考点时，必须先使Z轴回到机床参考点后才可以使X、Y轴返回参考点。X、Y、Z三个坐标轴的参考点指示灯亮起时（图2-19），说明三条轴分别回到了机床参考点。

○X HOME　○Y HOME

○Z HOME　○A HOME

图2-19　参考点指示灯

3. 关机

关闭机床顺序如下：

（1）首先按下数控系统控制面板的急停按钮。

（2）按下POWER OFF按钮关闭系统电源。

（3）关闭机床电源。

（4）关闭稳压器电源。

（5）关闭总电源。

注：在关闭机床前，尽量将 X、Y、Z 轴移动到机床的大致中间位置，以保持机床的重心平衡。同时也方便下次开机后返回参考点时，防止机床移动速度过大而超程。

二、手动模式操作

手动模式操作有手动连续进给和手动快速进给两种。

在手动连续进给（JOG）方式中，按住操作面板上的进给轴（+X、+Y、+Z 或者-X、-Y、-Z），会使刀具沿所选轴的所选方向连续移动。JOG 进给速度可以通过进给速率按钮进行调整，如图 2-20 所示。

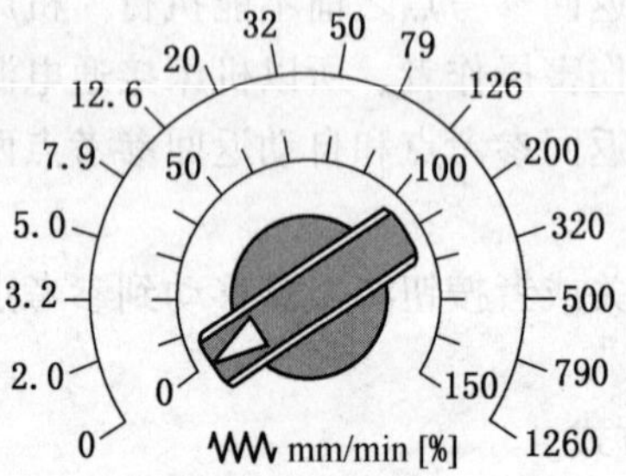

图 2-20　JOG 进给速率按钮

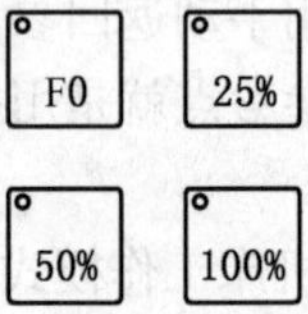

图 2-21　RIPID 快速进给速率按钮

在快速移动进给（RIPID）模式中，按住操作面板上的进给轴，会使刀具快速移动。RIPID 移动速度通过快速进给速率按钮进行调整（图 2-21）。

手动连续进给（JOG）操作的步骤如下：

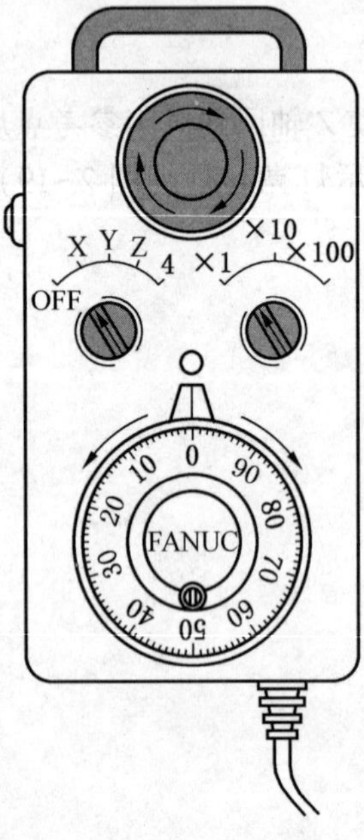

图 2-22　手轮

（1）按下方式选择开关的手动连续进给（JOG）选择开关。

（2）通过进给轴（+X、+Y、+Z 或者-X、-Y、-Z），选择将要使刀具沿其移动的轴和方向。按下相应的按钮时，刀具以参数指定的速度移动。释放按钮，移动停止。

快速移动进给（RIPID）的操作与 JOG 方式相同，只是移动的速度不一样，其移动的速度与程序指令 G00 的一样。

注：手动进给和快速进给时，移动轴的数量可以是 XYZ 中的任意一个轴，也可以是 XYZ 三个轴中的任意两个轴一起联动，甚至是三个轴一起联动，这是根据数控系统参数设置而定。

三、手轮模式操作

在 FANUC Series 0i-MD 数控系统中，手轮是一个与数控系统以数据线相连的独立个体。它由控制轴旋钮、移动量旋钮和手摇脉冲发生器组成（图 2-22）。

在手轮进给方式中，刀具可以通过旋转机床操作面板上的手摇脉冲发生器微量移动。手轮旋转一个刻度时，刀具移动的距离有 3 种，分别为 0.001 mm、0.01 mm、0.1 mm。具体操作如下：

(1) 将机床的工作模式拧到手轮（MPG）模式。

(2) 在手轮中选择要移动的进给轴，并选择移动一个刻度移动轴的移动量。

(3) 旋转手轮以手轮转向对应的方向移动刀具，手轮转动一周时刀具的移动相当于 100 个刻度的对应值。

注：手轮进给操作时，一次只能选择一个轴的移动。手轮旋转操作时，请按每秒 5 转以下的速度旋转手轮。如果手轮旋转的速度超过了每秒 5 转，刀具有可能在手轮停止旋转后还不能停止下来或者刀具移动的距离与手轮旋转的刻度不相符。

四、手动数据输入（MDI 模式）

在 MDI 方式中，通过 MDI 面板，可以编制最多 10 行的程序并被执行，程序的格式和普通程序一样。MDI 运行使用于简单的测试操作，比如：检验工件坐标位置，主轴旋转等一些简短的程序。MDI 方式中编制的程序不能被保存，运行完 MDI 上的程序后，该程序会消失。

使用 MDl 键盘输入程序并执行的操作步骤如下：

(1) 将机床的工作方式设置为 MDI 方式。

(2) 按下 MDI 操作面板上的“PROG”功能键选择程序屏幕。通过系统操作面板输入一段程序，例如使主轴转动程序输入：S1000　M03。

(3) 按下 EOB 键，再按下 INPUT 键，则程序结束符号被输入。

(4) 按循环启动按钮，则机床执行之前输入的程序。如 S1000　M03，该程序段的意思是主轴顺时针旋转 1000 r/min。

五、程序创建和删除

(1) 程序的创建：首先进入 EDIT 编辑方式，然后按下 PROG 键，输入地址键 O，输入要创建的程序号，如 O0001，最后按下“INSERT”键，输入的程序号被创建。然后再按编制好的程序输入相应的字符和数字，再按下 INPUT 键，程序段内容被输入。

(2) 程序的删除：使系统处于 EDIT 方式，按下功能键“PROG”，进入程序显示画面，输入要删除的程序名，如 O0001；再按下“DELETE”键，则程序 O0001 被删除。如果要删除存储器里的所有程序则输入 O-9999，再按下“DELETE”键即可。

六、刀具补偿参数的输入

刀具长度补偿量和刀具半径补偿量由程序中的 H 或者 D 代码指定。H 或者 D 代码的值可以显示在画面上（图 2-23），并进行设定。设定和显示刀具补偿值的步骤如下：

(1) 按下功能键“OFFSET/SETTING”。

(2) 按下软键“OFFSET”或者多次按下“OFFSET/SETTING”键直到显示刀具补偿画面。

(3) 通过页面键和光标键将光标移到要设定和改变补偿值的地方，或者输入补偿号码。

(4) 要设定补偿值，输入一个值并按下软键“INPUT”。要修改补偿值，输入一个将要加到当前补偿值的值（负值将减小当前的值）并按下“+INPUT”。或者输入一个新值，并按下“INPUT”键。

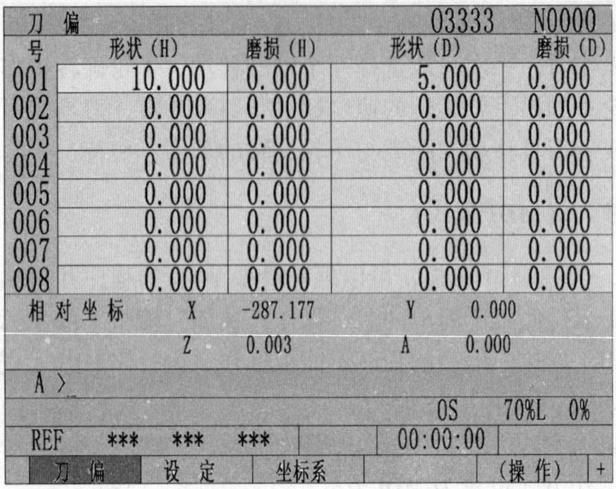

图 2-23　H 和 D 补偿的显示界面

七、对刀

在加工程序执行前，调整每把刀的刀位点，使其尽量重合于某一理想基准点，这一过程称为对刀。对刀的目的是通过刀具或对刀工具确定工件坐标系与机床坐标系之间的空间位置关系，并将对刀数据输入到相应的存储位置。它是数控加工中最重要的工作内容，其准确性将直接影响零件的加工精度。对刀操作分为 X 、Y 向对刀和 Z 向对刀。

1. 对刀方法

根据现有条件和加工精度要求选择对刀方法，可采用试切法、寻边器对刀、机内对刀仪对刀、自动对刀等。其中试切法对刀精度较低，加工中常用寻边器和 Z 轴设定器对刀，效率高，能保证对刀精度。

2. 对刀工具

1）寻边器

寻边器主要用于确定工件坐标系原点在机床坐标系中的 X、Y 值，也可以测量工件的简单尺寸。

寻边器有偏心式和光电式等类型，如图 2-24 所示。其中以偏心式较为常用。偏心式寻边器的测头一般为 10 mm 或 4 mm 的圆柱体 ，用弹簧拉紧在偏心式寻边器的测杆上。光电式寻边器的测头一般为 10 mm 的钢球，用弹簧拉紧在光电式寻边器的测杆上，碰到工件时可以退让，并将电路导通，发出光信号。通过光电式寻边器的指示和机床坐标位置可得到被测表面的坐标位置。

2）Z 轴设定器

Z 轴设定器主要用于确定工件坐标系原点在机床坐标系的 Z 轴坐标，或者说确定刀具在机床坐标系中的高度。

Z 轴设定器有光电式和指针式等类型，如图 2-25 所示。通过光电指示或指针判断刀具与对刀器是否接触，对刀精度一般可达 0.005 mm。Z 轴设定器带有磁性表座，可以牢固地附着在工件或夹具上，其高度一般为 50 mm 或 100 mm。

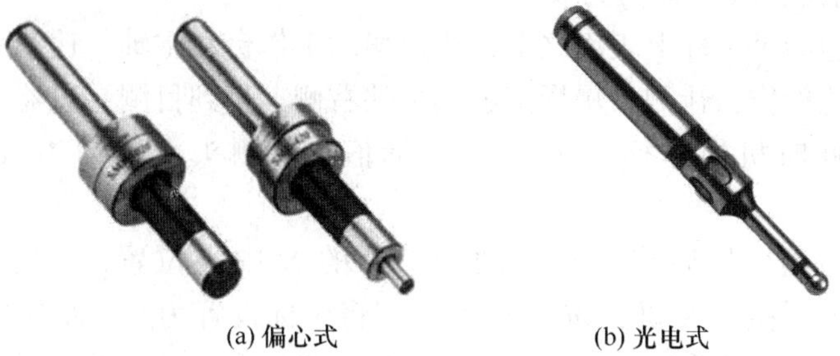

(a) 偏心式　　(b) 光电式

图 2-24　寻边器

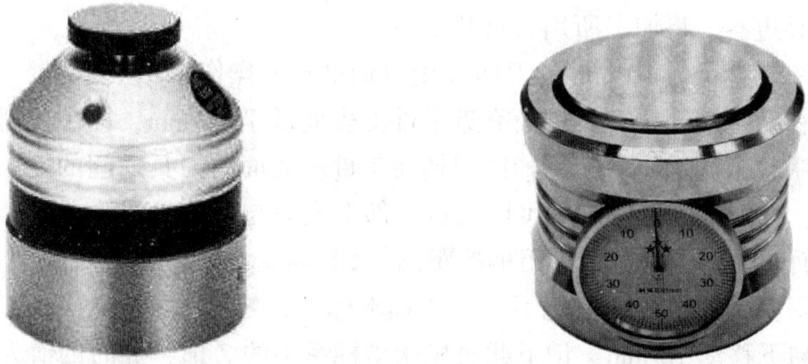

(a) 光电式　　(b) 指针式

图 2-25　Z 轴设定器

3. 对刀实例

以精加工过的零件毛坯（图 2-26）为例，采用寻边器对刀，其详细步骤如下。

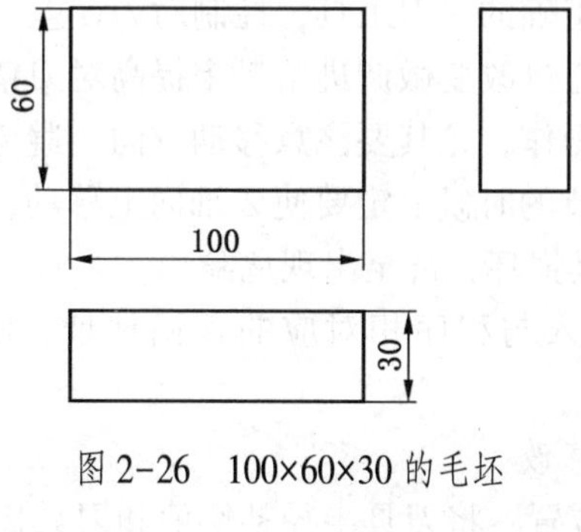

图 2-26　100×60×30 的毛坯

1）X、Y 向对刀

（1）将工件通过夹具装在机床工作台上，装夹时，工件的四个侧面都应留出寻边器的测量位置。

(2) 快速移动工作台和主轴，让寻边器测头靠近工件左侧。

(3) 改用手轮操作，让测头慢慢接触到工件左侧，直到目测寻边器的下部测头与上固定端重合，将机床坐标设置为相对坐标值显示，按 MDI 面板上的按键 X，然后按下 INPUT，此时当前位置 X 坐标值为 0。

(4) 提起寻边器至工件上表面之上，快速移动工作台和主轴，让测头靠近工件右侧。

(5) 改用手轮操作，让测头慢慢接触到工件右侧，直到目测寻边器的下部测头与上固定端重合，记下此时机械坐标系中的 X 坐标值，若测头直径为 10 mm，则坐标显示为 110.000。

(6) 提起寻边器，然后将刀具移动到工件的 X 中心位置，中心位置的坐标值为 110.000/2=55，然后按下 X 键，按 INPUT 键，将坐标设置为 0，查看并记下此时机械坐标系中的 X 坐标值。此值为工件坐标系原点在机械坐标系中的 X 坐标值。

(7) 同理可测得工件坐标系原点在机械坐标系中的 Y 坐标值。

2）Z 向对刀

(1) 卸下寻边器，将加工所用刀具装上主轴。

(2) 准备一支直径为 10 mm 的刀柄（用以辅助对刀操作）。

(3) 快速移动主轴，让刀具端面靠近工件上表面低于 10 mm，即小于辅助刀柄直径。

(4) 改用手轮微调操作，使用辅助刀柄在工件上表面与刀具之间的地方平推，一边用手轮微调 Z 轴，直到辅助刀柄刚好可以通过工件上表面与刀具之间的空隙，此时的刀具断面到工件上表面的距离为一把辅助刀柄的距离（10 mm）。

(5) 在相对坐标值显示的情况下，将 Z 轴坐标“清零”，将刀具移开工件正上方，然后将 Z 轴坐标向下移动 10 mm，记下此时机床坐标系中的 Z 值，此时的值为工件坐标系原点在机械坐标系中的 Z 坐标值。

将测得的 X、Y、Z 值输入机床工件坐标系存储地址中（一般使用 G54~G59 代码存储对刀参数）。

4. 注意事项

在对刀过程中需注意以下问题：

(1) 根据加工要求采用正确的对刀工具，控制对刀误差。

(2) 在对刀过程中，可通过改变微调进给量来提高对刀精度。

(3) 对刀时需小心谨慎操作，尤其要注意移动方向，避免发生碰撞危险。

(4) 对 Z 轴时，微量调节的时候一定要使 Z 轴向上移动，避免向下移动时刀具、辅助刀柄和工件相碰撞，造成刀具损坏，甚至出现危险。

(5) 对刀数据一定要存入与程序相对应的存储地址，防止因调用错误而产生严重后果。

5. 刀具补偿值的输入和修改

根据刀具的实际尺寸和位置，将刀具半径补偿值和刀具长度补偿值输入与程序相对应的存储位置。

需注意的是，补偿的数据正确性、符号正确性及数据所在地址正确性都将威胁到加工，从而导致撞车危险或工件报废。

八、程序自动运行操作

机床的自动运行也称为机床的自动循环。确定程序及加工参数正确无误后，选择自动加工模式，按下数控启动键运行程序，对工件进行自动加工。程序自动运行操作如下：

（1）按下“PROG”键显示程序屏幕。

（2）按下地址键“O”以及用数字键输入要运行的程序号，并按下“检索”键。

（3）按下机床操作面板上的循环启动键（CYCLE START）。所选择的程序会启动自动运行，启动键的灯会亮。当程序运行完毕，指示灯会熄灭。

中途停止或者暂停自动运行时，可以按下机床控制面板上的暂停键（FEED HOLD），暂停进给指示灯亮，并且循环指示灯熄灭。执行暂停自动运行后，如果要继续自动执行该程序，则按下循环启动键（CYCLE START），机床会接着之前的程序继续运行。

要终止程序的自动运行操作时，可以按下 MDI 面板上的“RESET”键，此时自动运行被终止，并进入复位状态。当机床在移动过程中，按下复位键“RESET”时，机床会减速直到停止。

九、测量检验

检测工具：平板、带百分表的测量架等。

检测时，将被测零件放在平板上，带百分表的测量架放在平板上，并使百分表测量头垂直地指向被测零件表面，压表并调整表盘，使指针指在零位。然后，按图 2-27 所示，将被测平板沿纵横方向均布画好网格，四周离边缘 10 mm，其画线的交点为测量的 9 个点。同时记录各点的读数值。全部被测点的测量值取得后，按对角线法求出平面度误差值。

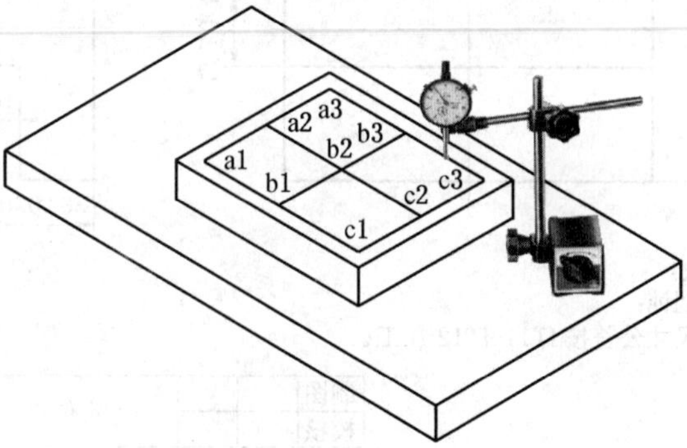

图 2-27　平面检测

【习题】

一、判断题

1. M02 与 M30 功能完全一样，都表示程序结束。（　　）

2. G00 指令与进给速度指令 F 无关。（　　）

3. G00 和 G01 指令都可以使机床坐标准确定位，因此它们都是插补指令。（　　）
4. 编制数控程序时一般以机床坐标系作为编程坐标系。（　　）
5. 执行 M30 指令时，机床所有运动都将停止。（　　）
6. G43 在编程时只可作为长度补偿使用。（　　）

二、选择题

1. 用加工中心加工较大平面时，应选择（　　）。
A. 立铣刀　　B. 面铣刀　　C. 球头铣刀
2. 加工中心上，在不考虑滚珠丝杠反向间隙的情况下，宜采用（　　）。
A. 外轮廓顺铣，内轮廓逆铣　　B. 外轮廓逆铣，内轮廓顺铣
C. 内、外轮廓均为逆铣　　D. 内、外轮廓均为顺铣
3. 机床坐标系原点也称为（　　）。
A. 工件零点　　B. 编程零点　　C. 机械零点
4. 在 G00 程序段中，（　　）值将不起作用。
A. X　　B. S　　C. F
5. 编程中，不能任意移动的坐标系为（　　）。
A. 工件坐标系　　B. 绝对坐标系　　C. 相对坐标系

三、技能实训题

试编写图 2-28 所示零件的加工程序。

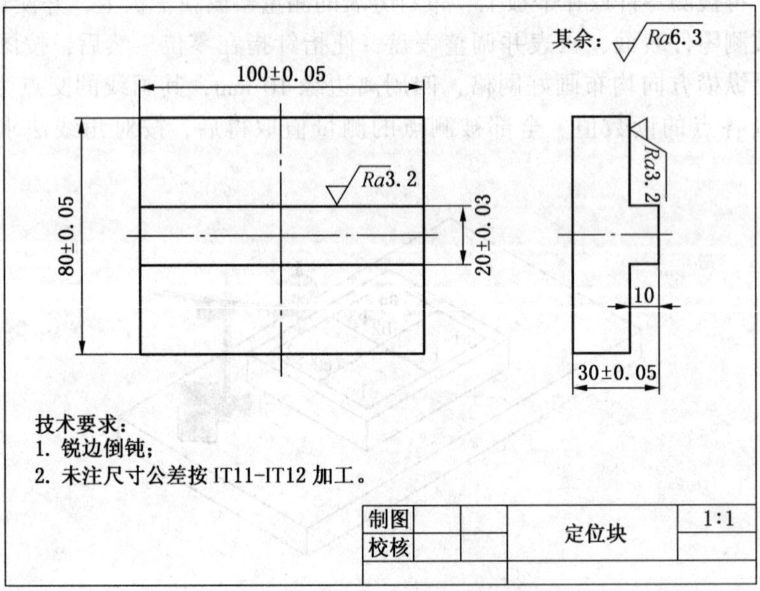

图 2-28　定位块

任务三　加工外轮廓类零件

【任务描述】

图 2-29 所示零件的轮廓较为复杂，如果直接计算刀具刀位点的轨迹进行编程，则计算复杂，容易出错，且效率较低。如果使用刀具半径补偿方式进行编程，则较为方便快捷。零件为 60 mm×60 mm×20 mm 的 45 钢，四周与上下表面均已加工好，只需对零件外轮廓进行加工。

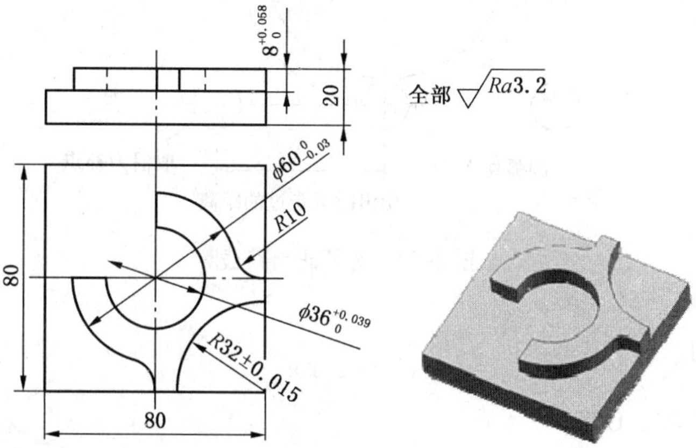

图 2-29　外轮廓零件的加工

【任务分析】

通过学习和训练掌握外轮廓零件进给路线的确定方法、圆弧插补指令的应用和刀具半径补偿的使用及使用注意事项。

【相关知识】

一、外轮廓零件的进给路线

铣削平面类零件的外轮廓时，一般采用立铣刀的侧刃切削加工。刀具切入工件时，应避免沿零件外轮廓的法向切入和切出，而应沿外轮廓曲线延长线的切向切入和切出，如图 2-30 所示，以避免在切入和切出处产生刀具的接刀痕迹而影响表面质量，从而保证零件外轮廓曲线平滑过渡。

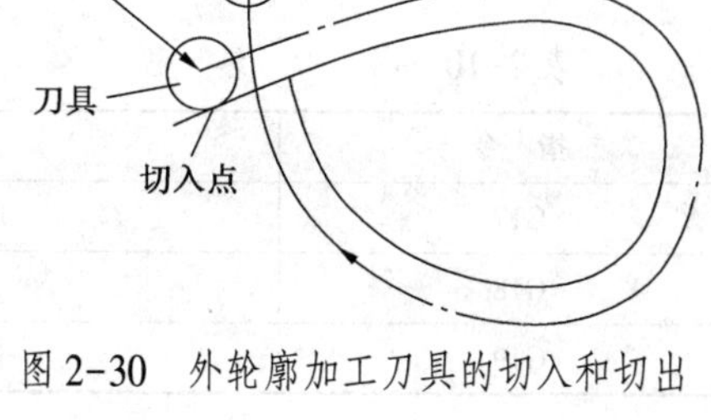

图 2-30　外轮廓加工刀具的切入和切出

图 2-31 所示为以圆弧插补方式铣削外圆时的进给路线。当整圆加工完毕时，不要在切点处直接退刀，而应让刀具沿切线方向多移动一段距离，以避免在取消刀补时，刀具与工件表面过切，造成工件报废。

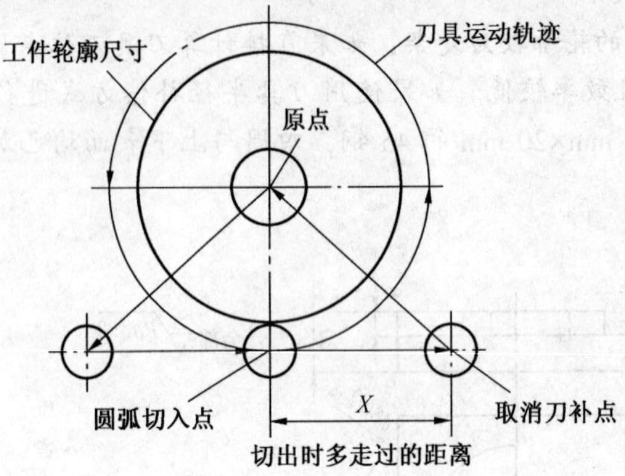

图 2-31　外圆进给路线

二、指令学习

1. 圆弧插补 G02、G03

对于加工中心来说，编写圆弧加工程序与在数控铣床上类似，也要先选择平面，如图 2-32 所示。编写程序段常采用两种方式：圆心法和半径法。

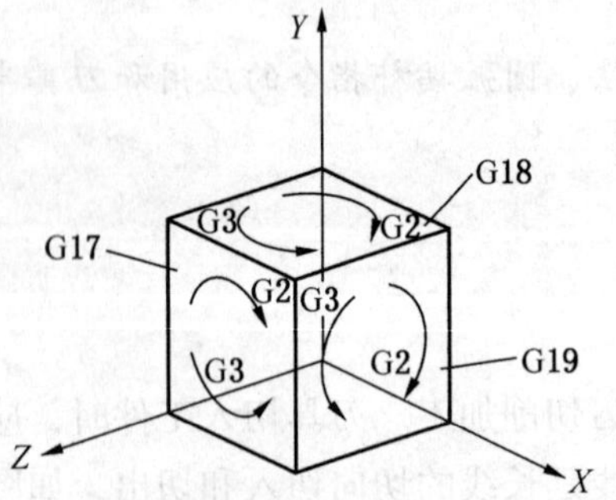

图 2-32　圆弧插补

1）书写格式

（1）XY 平面圆弧：

G17　G02/G03　X_ Y_ $\begin{Bmatrix} R\_ \\ I\_\ J\_ \end{Bmatrix}$ F_ ；

（2）ZX 平面圆弧：

G18　G02/G03　X_ Z_ $\begin{Bmatrix} R\_ \\ I\_\ K\_ \end{Bmatrix}$ F_ ；

（3）YZ 平面圆弧：

G19　G02/G03　Y_ Z_ $\begin{Bmatrix} R\_ \\ J\_\ K\_ \end{Bmatrix}$ F_ ；

2）圆心编程

与圆弧加工有关的指令说明见表 2-10，用圆心编程的情况如图 2-33 所示。

表 2-10　圆　心　编　程

条　件	指　令	说　明
平面选择	G17	圆弧在 XY 平面上
	G18	圆弧在 XZ 平面上
	G19	圆弧在 YZ 平面上

表 2-10（续）

条件		指令	说明
旋转方向		G02	顺时针圆弧
		G03	逆时针圆弧
终点位置	G90 时	X、Y、Z	终点数据是工件坐标系中的坐标值
	G91 时	X、Y、Z	指定从起点到终点的距离
圆心的坐标		I、J、K	圆弧起点到圆心的距离

3）半径编程

用 R 指定圆弧插补时，圆心可能有两个位置，这两个位置由 R 后面值的符号区分：当圆弧所含弧度不大于 180°时，R 为正值；大于 180°时，R 为负值。

图 2-34 所示为用半径编程时的情况。

（1）对于编程对象为以 C 圆心的圆弧，其程序段格式为：

G17　G02　X____　Y____　R+Q；

（2）对于编程对象为以 D 圆心的圆弧，其程序段格式为：

G17　G02　X____　Y____　R-P；

其中，P、Q 为半径值。

4）整圆编程

如图 2-35 所示，整圆程序的编写方法如下：

（1）绝对值方式：G02　I-20. 0；

（2）增量值方式：G91　G02　I-20. 0；

在圆弧插补时，I0、J0、K0 可省略。

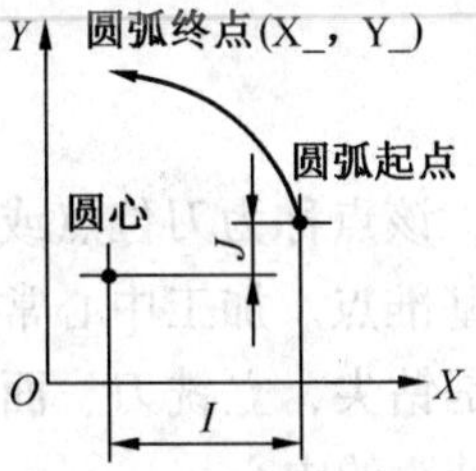

图 2-33　圆心编程

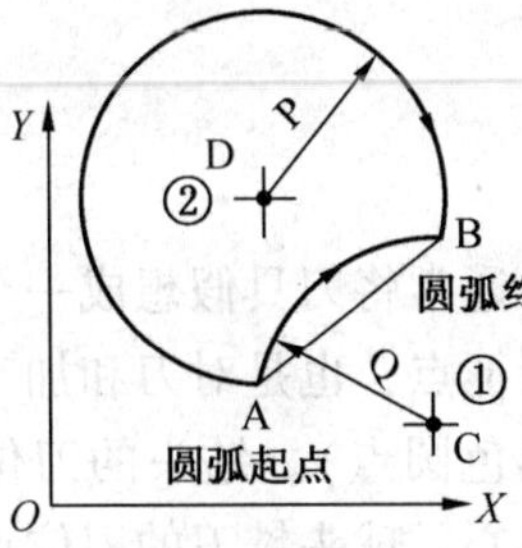

图 2-34　半径编程

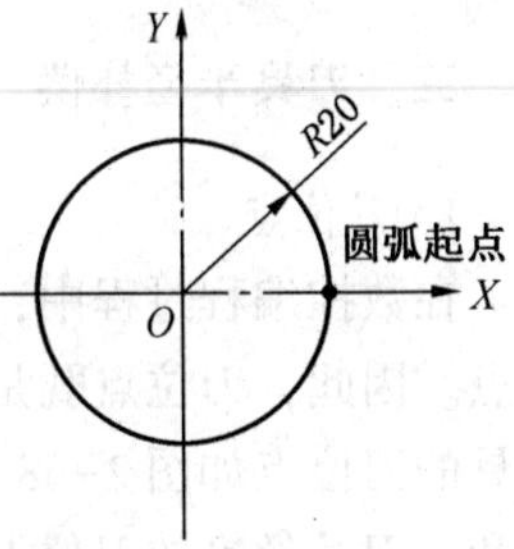

图 2-35　整圆编程

5）注意事项

（1）在编写整圆程序时，只能用 I、J、K 指定圆心。

（2）圆弧插补时，若半径 R 为 0，数控系统将报警。

2. 任意角度倒棱角 C/倒圆角 R

可在任意的直线插补和直线插补、直线插补和圆弧插补、圆弧插补和直线插补、圆弧插补和圆弧插补间，自动插入倒棱角或倒圆角指令。

直线插补（G01）及圆弧插补（G02、G03）程序段最后附加 C 则自动插入倒棱角，附加 R 则自动插入倒圆角。上述指令只在平面选择（G17、G18、G19）指定的平面有效。

C 后的数值为假设未倒角时，指令由假想交点到倒角开始点、终止点的距离，如图 2-36 所示。

在倒棱角/倒圆角过程中，有时在倒棱角/倒圆角前加“，”，有时不加“，”。主要根据系统的具体要求而定。

N0010　G91　G01　X100.0　C10.0；

N0020　X100.0　Y100.0；

R 后的数值指定了倒圆角 R 的半径值，如图 2-37 所示。

N0010　G91　G01　X100.0　R10.0；

N0020　X100.0　Y100.0；

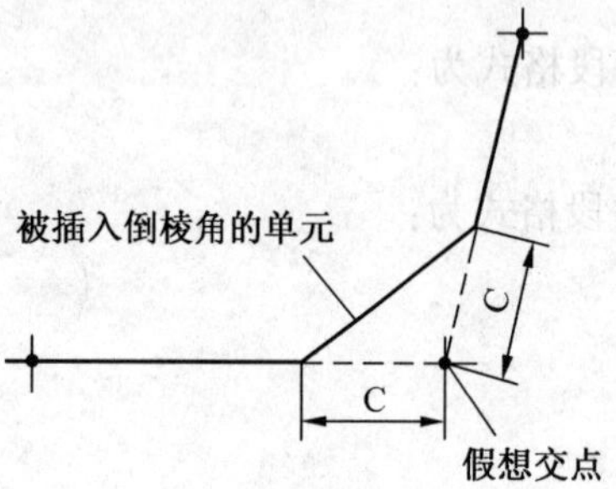

图 2-36　倒棱角

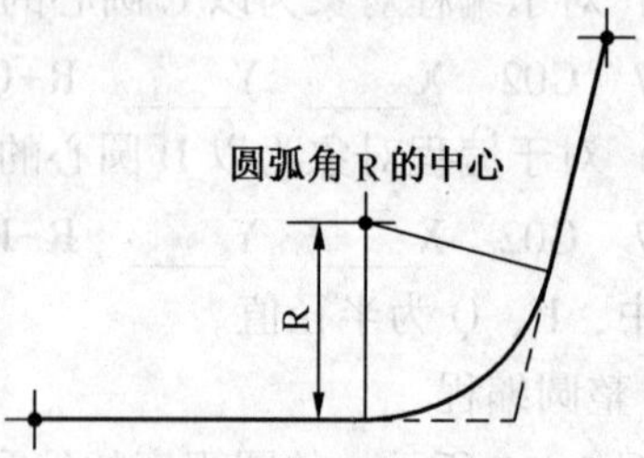

图 2-37　倒圆角

但上述倒棱角 C 及倒圆角 R 程序段之后的程序段，必须是直线插补（G01）或圆弧插补（G02、G03）的移动指令；若为其他指令，则系统出现报警。

三、刀具半径补偿

1. 刀位点

在数控编程过程中，为了方便编程，通常将刀具假想成一个点，该点称为刀位点或刀尖点。因此，刀位点既是用于表示刀具特征点，也是对刀和加工的基准点。加工中心常用刀具的刀位点如图 2-38 所示（图中的黑色圆点）。钻头的刀位点是钻尖，立铣刀、面铣刀和铰刀及丝锥的刀位点是刀具底面的中心，球头铣刀的刀位点是球头的中心。

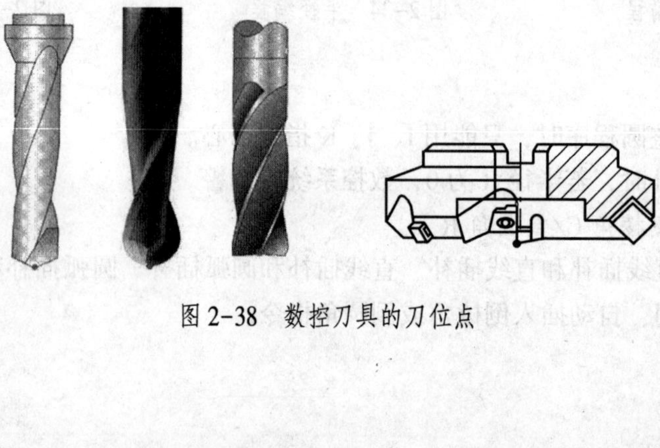

图 2-38　数控刀具的刀位点

2. 刀具半径补偿的概念

在进行工件轮廓的铣削加工时，由于刀具半径的存在，刀具中心轨迹和工件轮廓不重合。刀具半径补偿功能是系统根据给的刀具半径值和刀具补偿方向自动计算刀具中心运动轨迹，并控制刀具按刀具中心轨迹运动。编程人员只需按被加工零件的轮廓编程，可以实现简化编程的目的。有些高档多轴数控机床已具有空间三维刀具补偿功能。刀具半径补偿指令均为模态指令。

3. 刀具半径补偿功能

1）刀具半径补偿指令

刀具半径补偿分为刀具半径左补偿（G41）和刀具半径右补偿（G42）。如图 2-39 所示，顺着刀具运动方向看，刀具位于零件轮廓左边时称为刀具半径左补偿，反之称为刀具半径右补偿。

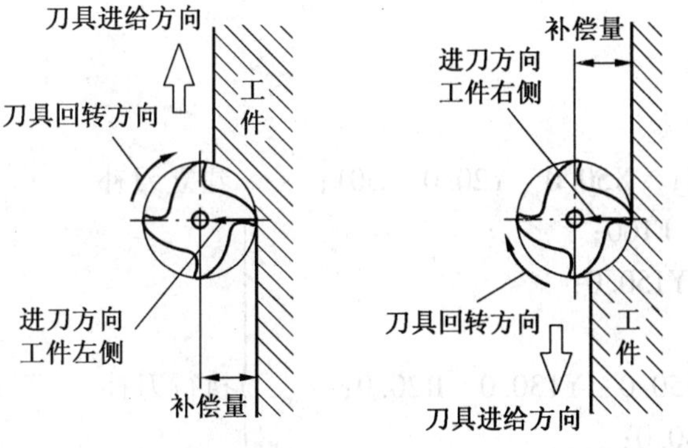

(a) 刀具半径左补偿 (G41)　　(b) 刀具半径右补偿 (G42)

图 2-39　半径补偿的方向

（1）指令格式：

G17　G00/G01 $\left\{\begin{matrix}G41\\G42\end{matrix}\right\}$ X_ Y_ D_ ;

G18　G00/G01 $\left\{\begin{matrix}G41\\G42\end{matrix}\right\}$ X_ Z_ D_ ;

G19　G00/G01 $\left\{\begin{matrix}G41\\G42\end{matrix}\right\}$ Y_ Z_ D_ ;

（2）指令说明。地址 D 所对应的偏置存储器中存入的偏置值通常指刀具的半径值。和刀具长度补偿一样，刀具号与刀具偏置存储器号可以相同，也可以不同。一般情况下，为防止出错，最好采用相同的刀具号与刀具偏置号。

G41、G42 为模态指令，可以在程序中保持连续有效。G41、G42 的取消可以使用 G40 指令。

2）刀具半径补偿过程

刀具半径补偿过程如图 2-40 所示。

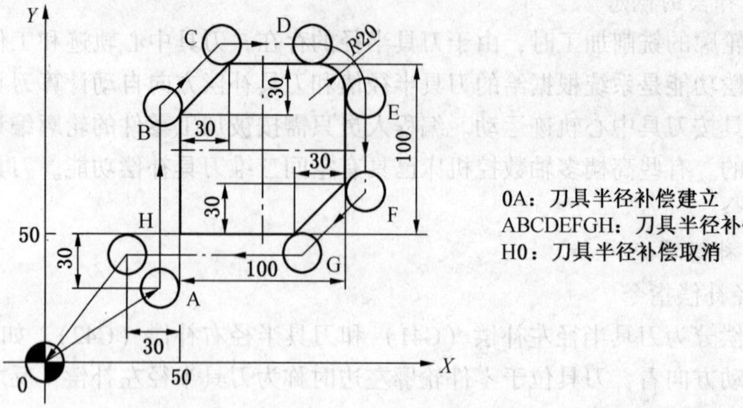

图2-40　刀具半径补偿过程

程序如下：

```
O0001;
……
N0010  G01  G41  X50.0  Y20.0  D01;        建立刀补
N0020  Y120.0  F100;                        ⎫
N0030  X80.0  Y150.0;                       ⎪
N0040  X130.0;                              ⎪
N0050  G02  X150.0  Y130.0  R20.0;          ⎬ 执行刀补
N0060  G01  Y80.0;                          ⎪
N0070  X120.0  Y50.0;                       ⎪
N0080  X20.0;                               ⎭
N0090  G00  G40  X0  Y0;                    取消刀补
……
```

（1）建立刀补。建立刀补是指刀具从起点接近工件时，刀具中心从与编程轨迹重合过渡到与编程轨迹偏离一个偏置的过程。该过程的实现必须在 G00 或 G01 程序段内才有效。

刀具补偿过程通过 N0010 程序段建立。执行 N0010 程序段时，机床刀具的坐标位置由以下方法确定：将包含 G41 语句下边的两个程序段（N0020、N0030）预读，连接在补偿平面内最近两移动语句的终点坐标（图中的 AB 连线），其连线的垂直方向为偏置方向，根据 G41 或 G42 来确定偏向哪一侧，偏置数值的大小由 D01 地址中的数值决定。进过补偿后，刀具中心位于图中 A 点处，即坐标点［（50-刀具半径），50-30］处。

（2）执行刀补。在 G41 或 G42 程序段后，程序进入补偿模式，此时刀具中心与编程轨迹始终偏置一个相应的偏置量（大小由 D01 地址中的数值决定），直到取消刀补。

在补偿模式下，数控系统要预读两段程序，找出当前程序段刀位点轨迹与下一程序段刀位点轨迹的交点，以确保机床把下一个工件轮廓向外补偿一个偏置量，如图 2-40 中的 B 点、C 点等。

（3）取消刀补。刀具离开工件，刀具中心轨迹过渡到与编程轨迹重合的过程称为取消刀补，如图 2-40 中的 HO 程序段。

取消刀补用 G40 指令来执行，要注意，G40 必须与 G41 或 G42 成对使用。

【任务实施】

一、加工准备

1. 选择数控机床

本任务选用的机床为 VDF-850new 加工中心 FANUC　Series　0i-MD 数控系统。

2. 选择刀具及切削用量

加工本任务工件时，选择立铣刀（刀具材料为高速工具钢），其直径为 16 mm（刀具选择主要根据所加工工件最小凹圆弧为 $R10$ mm，故选择铣刀直径为 16 mm）。切削用量的推荐值如下：主轴转速 $n=500\sim700$ r/min；进给速度取 $v_f=100\sim200$ mm/min；背吃刀量的取值等于台阶高度，即 $a_p=8$ mm。

二、编写加工程序

1. 设计加工路线

加工本任务工件时，采用刀具半径补偿进行编程，编程时采用延长线上切入的方式，其刀具刀位点的轨迹如图 2-41 所示。

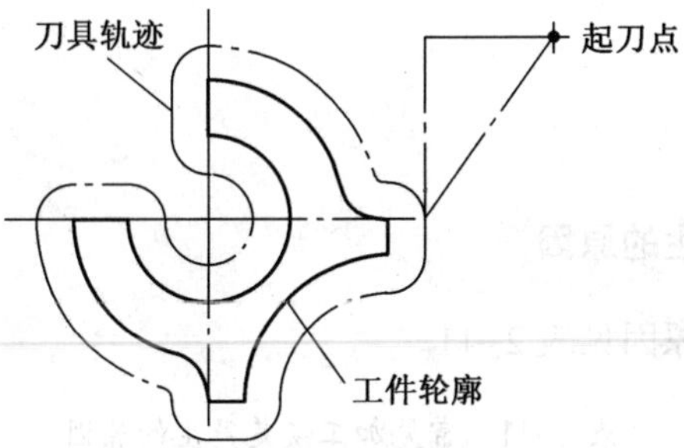

图 2-41　采用刀具半径补偿后的刀具轨迹

2. 分析基点坐标

采用 CAD 软件进行基点坐标分析。构成零件轮廓的不同几何素线的交点或切点称为基点。当采用不具备非圆曲线插补功能的数控机床加工非圆曲线轮廓时，在加工程序的编制中常常需要用多个直线段或圆弧段去近似地代替非圆曲线，这称为拟合，拟合线段的交点或切点称为节点。

3. 编制加工程序

```
O0001;
N0010   G90   G40   G17;
N0020   T1   M6;
N0030   G90   G54   G0   X70. Y30. ;
```

```
N0040  G43  Z100. H01;
N0050  Z5. ;
N0060  G01  Z-8. F100;
N0070  G01  G41  X40. Y0. D01  F200;
N0080  Y-8. ;
N0090  G03  X8. Y-40. R32. ;
N0100  G01  X0. ;
N0110  Y-38. 73;
N0120  G03  X-7. 5  Y-29. 047  R10. ;
N0130  G02  X-30. Y0. R30. ;
N0140  G01  X-18. ;
N0150  G03  X0. Y18. R-18. ;
N0160  G01  Y30. ;
N0170  G02  X29. 047  Y7. 5  R30. ;
N0180  G03  X38. 73  Y0. R10. ;
N0190  G01  X40. ;
N0200  G00  G40  X70. Y30. ;
N0210  Z5. ;
N0220  G00  Z100. ;
N0230  M05;
N0240  M30;
```

三、常见加工误差产生的原因

常见加工误差产生的原因见表 2-11。

表 2-11　常见加工误差产生的原因

尺寸精度误差常见原因		轮廓误差常见原因	
影响因素	原　因	影响因素	原　因
装夹与找正	1. 工件装夹不牢固，加工过程中松动	垂直度的因素	1. 夹具定位支承面与工作台面不垂直，工件表面不清洁
	2. 工件找正不正确		2. 非对称端铣时，主轴轴线与进给方向不垂直
刀具	1. 刀具尺寸不正确或产生磨损		3. 圆周铣时铣刀轴线与基面不垂直或铣刀的圆柱度有误差
	2. 对刀有误，工件产生位置误差	平行度的因素	1. 基准面与工作台或被加工平面不平行
	3. 刀具刚度差，加工时产生振动		2. 装夹时，基准平面与夹具支承面之间有毛刺或杂物

表 2-11（续）

尺寸精度误差常见原因		轮廓误差常见原因	
影响因素	原　因	影响因素	原　因
加工	1. 背吃刀量过大，导致刀具发生弹性变形，加工面呈锥形	尺寸精度的因素	1. 测量不准确或测量读数不准确
	2. 刀具补偿参数设置不正确		2. 调整尺寸不准确
	3. 精加工余量选择过大或过小		3. 测量面平行度不准确及平面度差
	4. 切削用量选择不当，导致产生热变形和内应力		4. 对刀时，切深掌握不好
工艺系统	1. 加工中心机床原理误差		5. 加工时产生让刀现象
	2. 加工中心机床几何误差		6. 组合夹具使用时未调零位
	3. 定位元件精度误差及工件定位有误		7. 程序编制或输入错误

知识拓展

一、刀具半径补偿注意事项

（1）数控机床通电后，数控系统默认为取消刀具半径补偿的状态。

（2）G41、G42、G40 不能在 G02、G03 程序段使用，只能在 G00 或 G01 程序段使用，且刀具必须要有移动。

（3）程序中使用 G42 指令建立右刀补，铣削时对于工件将产生逆铣效果，故常用于粗铣；用 G41 指令建立左刀补，铣削时对于工件将产生顺铣效果，故常用于精铣。

（4）在建立刀具半径补偿以后，不能出现连续两个程序段无补偿坐标平面内的移动指令，否则数控系统因无法正确计算程序中刀具轨迹交点坐标，可能产生过切现象。如图2-42所示，铣削外轮廓时，在 G17 坐标平面建立半径补偿后因连续出现三个程序段没有产生 X、Y 坐标平面移动指令，加工中将出现过切现象。图 2-43 表示在铣内轮廓建立刀具半径补偿后，在程序中出现连续两个程序段没有 X、Y 坐标平面移动指令，加工中将出现过切现象。非 X、Y 坐标平面移动指令常见的有 M05（M 代码）；S300（S 代码）；G04　P1200（暂停指

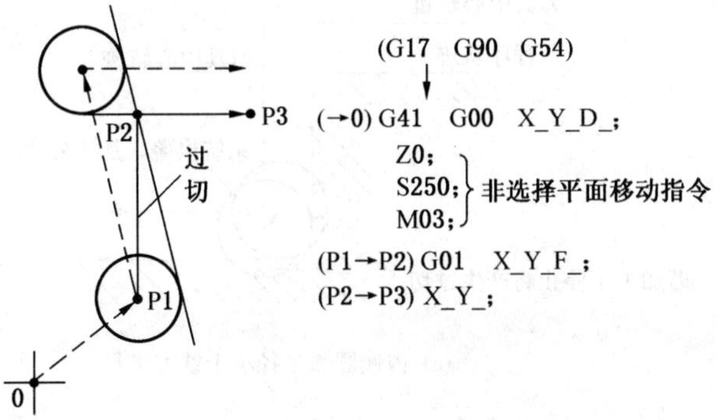

图 2-42　铣削外轮廓过切

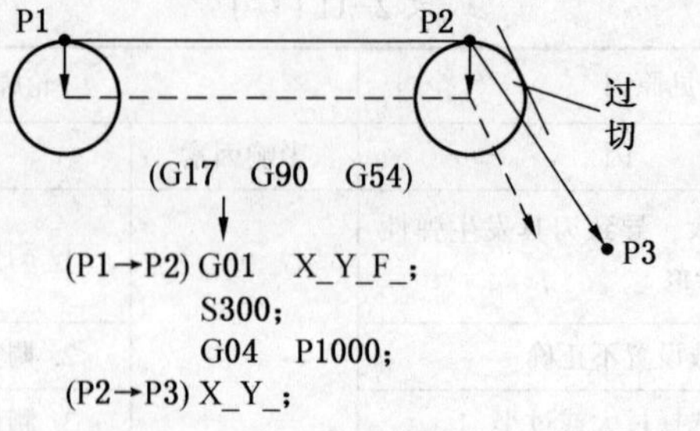

图 2-43 铣削内轮廓过切

令); G17 G01 Z100.0 (X、Y 轴无移动指令); G90; G91 G01 Y0 (移动量为 0)。

(5) 在补偿状态下，铣刀的直线移动量及铣削内侧圆弧的半径值要大于或等于刀具半径，否则补偿时会产生干涉，系统在执行相应程序段时将会产生报警，停止执行。如图2-44a 所示为直线移动量小于铣刀半径发生干涉过切的情况，图 2-44b 所示为铣刀半径大于加工沟槽底部移动量的情况，图 2-44c 所示为内侧圆弧半径小于铣刀半径的

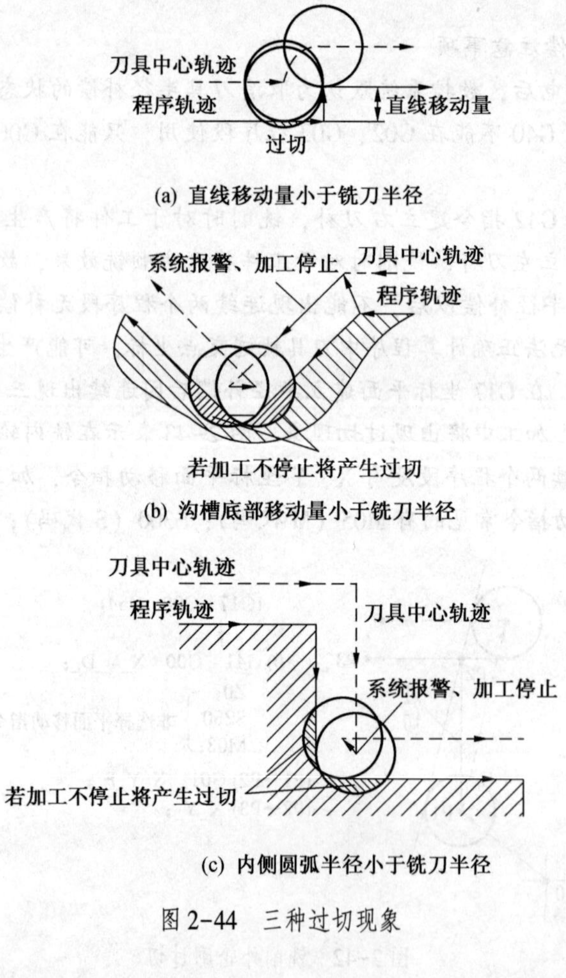

图 2-44 三种过切现象

情况。

二、刀具半径补偿的应用技巧

（1）采用同一段程序对零件进行粗、精加工。如图 2-45 所示，编程时按实际轮廓 ABCD 编程，在粗加工时，将偏置量设为 D=R+Δ（式中，R 为铣刀半径，Δ 为精加工余量）。这样，在粗加工完成之后，形成的工件轮廓加工尺寸要比实际加工轮廓 ABCD 每边都大。在精加工时，将偏置量设为 D=R。这样，零件加工完成后，即得到实际加工轮廓 ABCD。同理，当工件加工后，如果测量尺寸比图样要求尺寸大，也可用同样的办法进行修整。

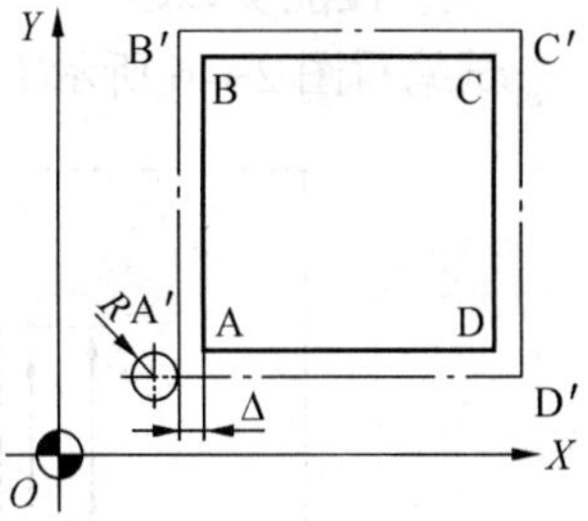

图 2-45　采用刀具半径补偿保留精加工余量

（2）采用同一段程序加工同一公称尺寸的凹、凸型面。对于同一公称尺寸的凹、凸型面，内外轮廓编写同一程序，加工外轮廓时，将偏置量设为+D，铣刀中心将沿轮廓的外侧切削加工；加工内轮廓时，将偏置量设为-D，铣刀中心将沿轮廓的内侧切削加工，这种编程与加工方法在模具加工中应用较多。

【习题】

一、判断题

1. 当用 G02 或 G03 指令进行圆弧编程时，圆心坐标 I、J 为圆弧终点到圆弧圆心增量值。（　　）

2. 用 G02 指令铣削圆弧时一定是顺铣。（　　）

3. 圆弧插补指令不是模态指令。（　　）

4. 同一个零件上的过渡圆弧尽量一致，避免换刀。（　　）

5. 判断顺、逆圆弧时，沿与圆弧所在平面相互垂直的另一个坐标轴的正向观察，顺时针 G02，逆时针 G03。（　　）

6. 刀具半径补偿功能包括建立刀补、执行刀补、取消刀补 3 个阶段。（　　）

7. 沿刀具前进方向观察，刀具在被加工表面右侧为右刀补。（　　）

二、选择题

1. 用立铣刀铣削凹圆弧工件的外轮廓时，立铣刀的半径必须（　　）凹圆弧半径。

A. 等于或小于　　B. 等于　　C. 等于或大于

2. 切削刃选定点相对于工件的主运动瞬时速度是（　　）。

A. 工件速度　　B. 相对速度　　C. 切削速度

3. 选择 XZ 平面由（　　）指令执行。

A. G17　　B. G18　　C. G19

4. 采用半径编程方法编制圆弧插补程序段时，当圆弧所对应的圆心角（　　）180°时，该半径值取负值。

A. 大于　　B. 小于　　C. 大于或等于

5. 逆时针圆弧插补指令是（　　）。

A. G04　　B. G03　　C. G02

三、技能实训题

试编写图 2-46 所示零件的加工程序。

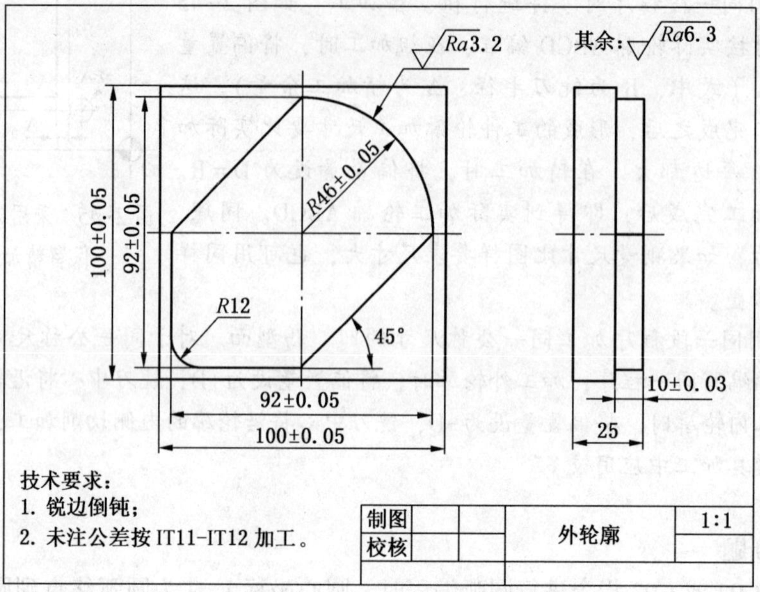

图 2-46　外轮廓

任务四　加工内轮廓类零件

【任务描述】

图 2-47 所示的零件为封闭内轮廓，如何进行刀具的 Z 向进给是加工本零件的关键。对于侧面轮廓，需将工件竖立起来重新装夹并找正后再进行加工。零件为 60 mm×60 mm×20 mm 的 45 钢，四周与上下表面均已加工好，只需对零件内轮廓进行加工。

【任务分析】

通过学习和训练掌握内轮廓零件加工工艺的设计方法、程序的编制方法及螺旋类加工指令的应用。

【相关知识】

一、内轮廓的加工工艺

1. 加工内轮廓时的 Z 向进刀方法

与加工外轮廓相比，内轮廓加工过程中的主要问题是如何进行 Z 向进给。通常，选择刀具的种类不同，其进给方式也各不相同。在数控加工中，常用的内轮廓加工 Z 向进刀方

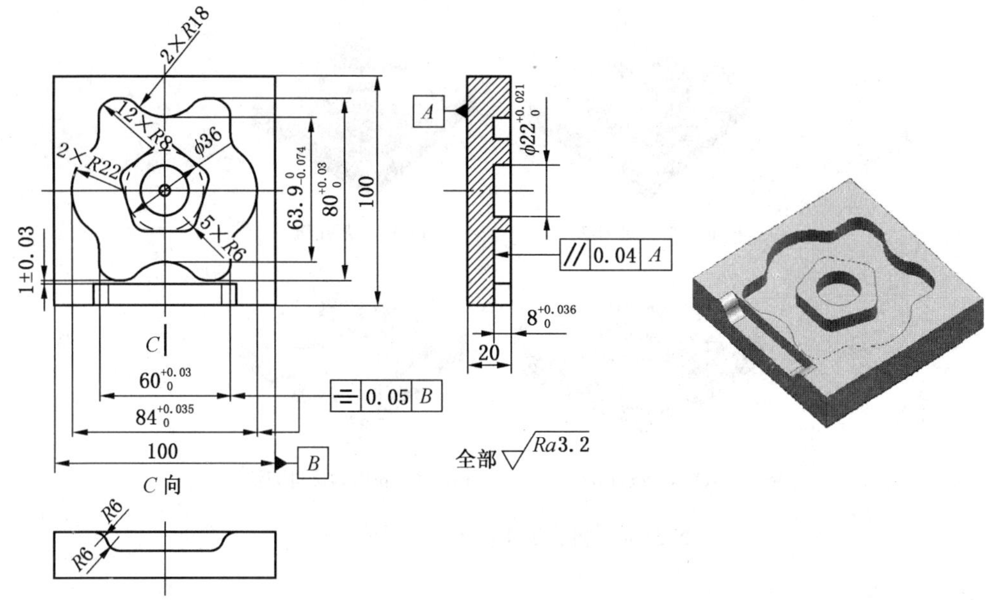

图 2-47　内轮廓零件的加工

法主要有以下几种。

（1）垂直进刀法（图 2-48a）。采用垂直进刀法时，必须选择切削刃过中心的键槽铣刀或立铣刀进行加工，而不能采用中心处没有切削刃的立铣刀进行加工。另外，由于采用这种进给方式切削时，刀具中心处的切削速度为零，因此，应选择较低的 Z 向切削进给速度。

（2）钻工艺孔法（图 2-48b）。在内轮廓加工过程中，有时需要使用立铣刀来加工内轮廓，以保证刀具强度。由于立铣刀无法进行 Z 向垂直进刀，此时可选用直径稍小的钻头先加工出预钻工艺孔（预钻孔的深度要小于工件深度 0.1～0.2 mm），使用立铣刀在预钻工艺孔的位置进行 Z 向垂直进刀。

（3）斜线渐切法（图 2-48c）。采用立铣刀加工内轮廓时，可采用三轴联动斜线渐切法进给，从而避免刀具中心部分参与切削。但这种进刀方式无法实现 Z 向进给与轮廓加工的平滑过渡，容易产生加工痕迹。

（4）零件轮廓螺旋进刀法（图 2-48d）。采用三轴联动的另一种进给方法是螺旋进刀法。这种进刀方法容易实现 Z 向进刀与轮廓加工的自然平滑过渡，不会产生加工过程中的刀具接痕。因此，自动编程的内轮廓加工时广泛采用这种进刀方法。手工编程采用这种进刀方式计算量较大不宜采用，但加工孔时可采用螺旋进刀的方法。

2. 平面切削

加工封闭的内轮廓表面时，进给路线也是沿切向切入与切出，若内轮廓曲线允许外延，则应沿切线方向切入与切出。若内轮廓曲线不允许外延，则刀具只能沿内轮廓曲线的法向切入与切出，此时刀具的切入与切出点应尽量选择在内轮廓曲线两几何元素的交点处。

为防止刀补取消时在轮廓拐角处留下凹口（图 2-49a），刀具的切入与切出点应远离零件拐角处（图 2-49b）。

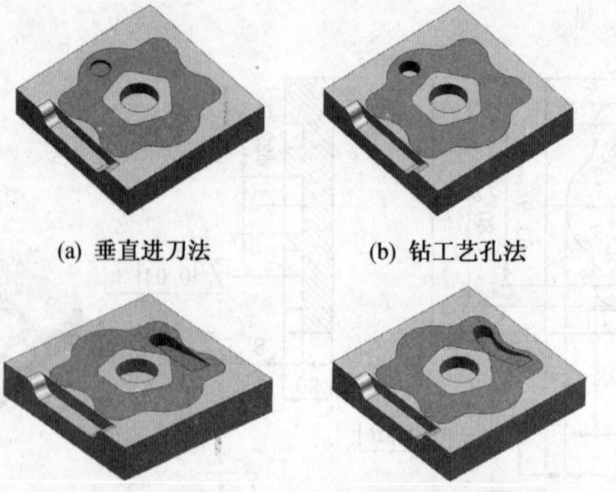

(a) 垂直进刀法　(b) 钻工艺孔法

(c) 斜线渐切法　(d) 零件轮廓螺旋进刀法

图 2-48　内轮廓零件 Z 向进刀的方法

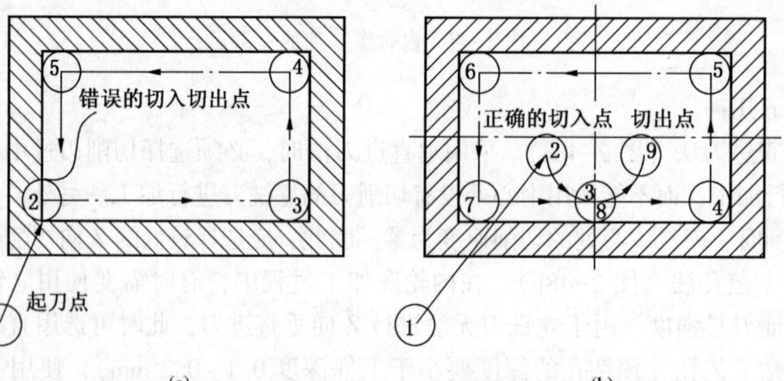

(a)　(b)

图 2-49　内轮廓工件平面的切入与切出

加工内圆弧时也要遵循从切线方向切入与切出的原则，最好按照从圆弧过渡到圆弧的加工路线（图 2-50），这样可以提高内孔孔壁的表面粗糙度质量和加工精度。

二、螺旋类加工

螺旋类加工的螺旋插补指令与圆弧插补指令相同，即 G02 和 G03 分别表示顺时针和逆时针螺旋线插补，其方向的定义与圆弧插补相同。在进行圆弧插补时，垂直于插补平面的坐标同时运动，构成螺旋线插补运动，如图 2-51 所示。

螺旋线的形成是刀具做圆弧插补运动的同时与之同步地做轴向运动，其指令格式为：

$$G17\begin{Bmatrix}G02\\G03\end{Bmatrix}X\_\ Y\_\ Z\_\ \begin{Bmatrix}I\_\ J\_\\R\_\end{Bmatrix}K\_\ F\_\ ;$$ （X—Y 平面内的螺旋线插补）

其中：G02、G03——螺旋线的旋向，其定义同圆弧；

X、Y、Z 指令后的数值——螺旋线的终点坐标；

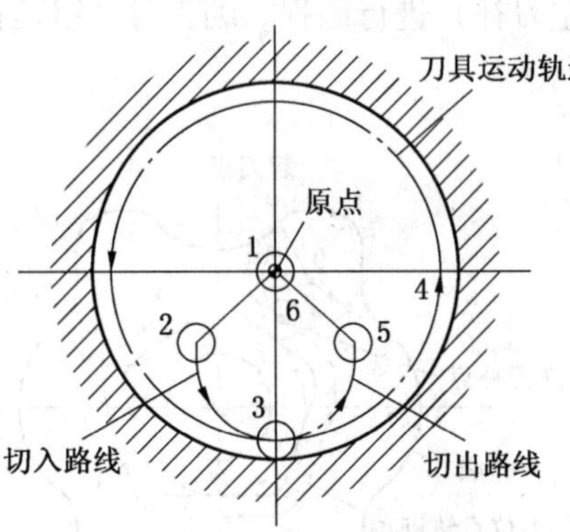

图 2-50 铣削内孔的加工路线

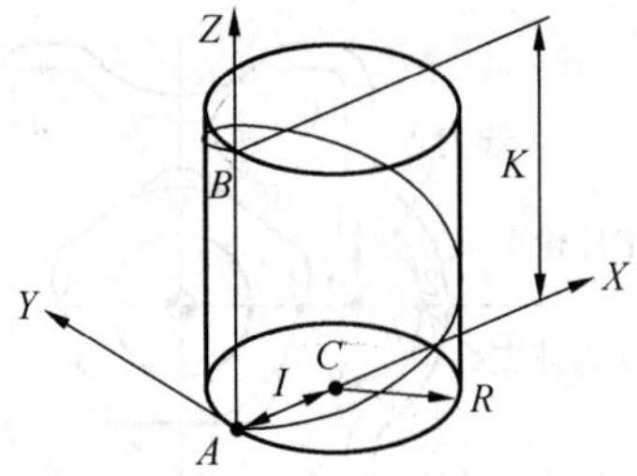

图 2-51 螺旋线插补

I、J 指令后的数值——圆弧圆心在 X—Y 平面上 X 轴、Y 轴上相对于螺旋线起点的增量坐标；

R 指令后的数值——螺旋线在 X—Y 平面上的投影半径；

K 指令后的数值——螺旋线的导程。

$$G18\begin{Bmatrix}G02\\G03\end{Bmatrix}X\_\ \ Y\_\ \ Z\_\ \begin{Bmatrix}I\_\ \ K\_\\R\_\end{Bmatrix}J\_\ \ F\_\ ;$$（Z—X 平面内的螺旋线插补）

$$G19\begin{Bmatrix}G02\\G03\end{Bmatrix}X\_\ \ Y\_\ \ Z\_\ \begin{Bmatrix}J\_\ \ K\_\\R\_\end{Bmatrix}I\_\ \ F\_\ ;$$（Y—Z 平面内的螺旋线插补）

【任务实施】

一、加工准备

1. 选择加工中心

本任务选用的机床为 VDF-850new 加工中心 FANUC Series 0i-MD 数控系统。

2. 选择刀具及切削用量

加工本任务工件时，选择图 2-52 所示的键槽铣刀（Z 向垂直进刀）或立铣刀（Z 向螺旋进刀）（刀具材料为高速工具钢），受工件轮廓的限制，选择刀具直径为 8 mm。切削用量的推荐值如下：主轴转速 $n=500\sim700$ r/min；进给速度取 $v_f=100\sim200$ mm/min；Z 向进给速度 $v_f=50$ mm/min；背吃刀量的取值等于台阶高度，即 $a_p=8$ mm。

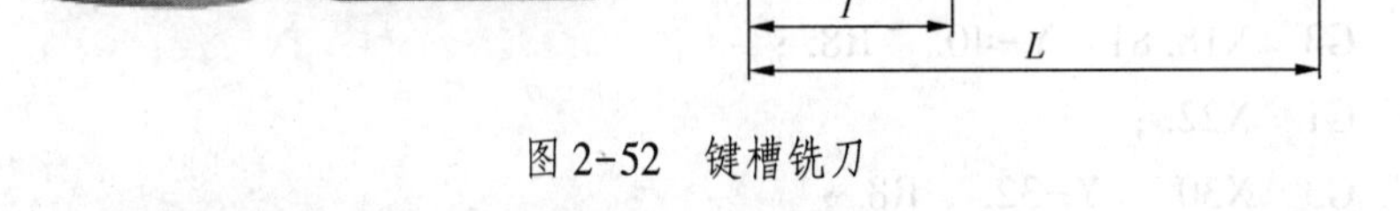

图 2-52 键槽铣刀

二、编写数控加工程序

1. 设计加工路线

加工本任务工件时，采用刀具半径补偿（左刀补）进行编程。编程时采用延长线上切入的方式，其刀具刀位点的轨迹如图 2-53 所示。

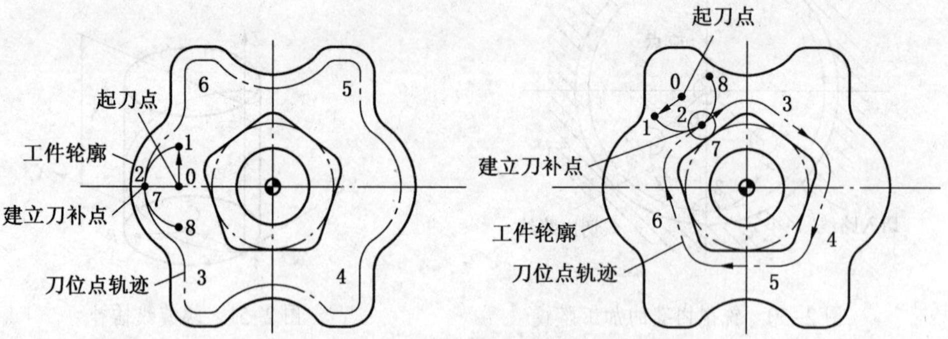

图 2-53　采用刀具半径补偿后的刀具轨迹

2. 基点坐标分析

采用 CAD 软件进行基点坐标分析。本例采用 CAXA 制造工程师软件。

3. 编制加工程序

O0003（大轮廓程序）

N0010　T1　M6；（8 mm 立铣刀）

N0020　G17　G90　G0　G54　X-27. 914　Y0. ；

N0030　G43　Z100. 0　H01；

N0040　Z3. ；

N0050　G1　Z-8.　F100；

N0060　G41　X-29. 13　Y12. 87　D01　F200；

N0070　G3　X-42.　Y0.　R12. 87；

N0080　G3　X-33. 2　Y-17. 6　R22. ；

N0090　G2　X-30.　Y-24.　R8. ；

N0100　G1　Y-32. ；

N0110　G3　X-22.　Y-40.　R8. ；

N0120　G1　X-18. 81；

N0130　G3　X-13. 022　Y-37. 523　R8. ；

N0140　G2　X13. 022　R18. ；

N0150　G3　X18. 81　Y-40.　R8. ；

N0160　G1　X22. ；

N0170　G3　X30.　Y-32.　R8. ；

N0180　G1　Y-24. ；

N0190　G2　X33. 2　Y-17. 6　R8. ；

N0200　G3　Y17. 6　R22. ；

```
N0210  G2  X30.  Y24.  R8. ;
N0220  G1  Y32. ;
N0230  G3  X22.  Y40.  R8. ;
N0240  G1  X18.81;
N0250  G3  X13.022  Y37.523  R8. ;
N0260  G2  X-13.022  R18. ;
N0270  G3  X-18.81  Y40.  R8. ;
N0280  G1  X-22. ;
N0290  G3  X-30.  Y32.  R8. ;
N0300  G1  Y24. ;
N0310  G2  X-33.2  Y17.6  R8. ;
N0320  G3  X-42.  Y0.  R22. ;
N0330  G3  X-29.13  Y-12.87  R12.87;
N0340  G1  G40  X-27.914  Y0. ;
N0350  Z3.  F2000;
N0360  G0  Z100. ;
N0370  M05;
N0370  M30;
O0004（五边形轮廓）
N0010  T1  M6;（8 mm 立铣刀）
N0020  G17  G90  G0  G54  X-18.809  Y25.889;
N0030  G43  Z100.0  H01;
N0040  Z3. ;
N0050  G1  Z-8.  F100;
N0060  G41  X-24.548  Y16.775  D01  F200;
N0070  G3  X-10.58  Y14.562  R10. ;
N0080  G1  X-3.527  Y19.687;
N0090  G2  X3.527  R6. ;
N0100  G1  X17.634  Y9.438;
N0110  G2  X19.813  Y2.729  R6. ;
N0120  G1  X14.425  Y-13.854;
N0130  G2  X8.719  Y-18.  R6. ;
N0140  G1  X-8.719;
N0150  G2  X-14.425  Y-13.854  R6. ;
N0160  G1  X-19.813  Y2.729;
N0170  G2  X-17.634  Y9.438  R6. ;
N0180  G1  X-10.58  Y14.562;
N0190  G3  X-8.368  Y28.53  R10. ;
```

```
N0200 G1 G40 X-18.809 Y25.889;
N0210 Z3. F2000;
N0220 G0 Z100.;
N0230 M05;
N0240 M30;
O0005（螺旋铣削内孔）
N0010 T1 M6;（8 mm 立铣刀）
N0020 G17 G90 G0 G54 X0 Y0;
N0030 G43 Z100.0 H01;
N0040 Z5;
N0050 G1 Z0 F100;
N0060 G41 G1 X10.0 D01;
N0070 G3 I-10.0 Z-8.0;
N0080 G3 I-10.0;
N0090 G40 X0;
N0100 G0 Z100.0;
N0110 M05;
N0120 M30;
```

知识拓展

轮廓铣削精度主要包括尺寸精度、几何精度及表面粗糙度。数控铣削加工过程中导致精度下降的原因是多方面的，在实际加工过程中，造成表面粗糙度值增大的常见原因见表2-12。

表2-12 表面粗糙度影响原因分析

影响原因	产生原因
装夹与校正	工件装夹不牢固，加工过程中产生振动
刀具	刀具磨损后没有及时修磨
	刀具刚度差，刀具加工过程中产生振动
	主偏角、副偏角及刀尖圆弧半径选择不当
加工	进给量选择过大，残留高度增大
	切削速度选择不合理，产生积屑瘤
	背吃刀量（精加工余量）过大或过小
	Z 向分层切深后没有进行精加工，留有接刀痕迹
	切削液选择不当或使用不当
	加工过程中刀具停顿
加工工艺	工件材料热处理不当或热处理工艺安排不合理
	采用了不适当的进给路线

【技能训练】

图 2-54 所示的螺旋槽由两条螺旋线组成，前半圆 *AmB* 为左旋螺旋面，后半圆 *AnB* 为右旋螺旋面。螺旋槽最深处在 *A* 点（4 mm），最浅处在 *B* 点（1 mm）。使用直径为8 mm的立铣刀加工该螺旋槽，编制加工中心程序。刀具半径补偿号为 D01，长度补偿号为 H01。

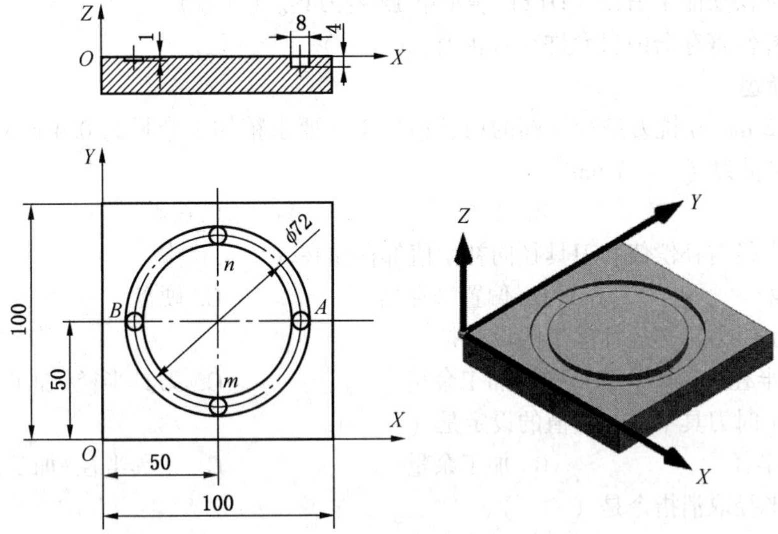

图 2-54　螺旋槽的加工练习

示例程序：

```
O0001;
N0010　G54　G90　G17;
N0020　T1　M6;
N0030　G00　G43　Z50.0　H01;
N0040　G00　X14.0　Y60.0;
N0050　G00　Z2.0;
N0060　M3　S500;
N0070　G01　Z-1.0　F50　M8;
N0080　G03　X86.0　Y60.0　Z-4.0　I36.0　J0;
N0090　G03　X14.0　Y60.0　Z-1.0　I36.0　J0;
N0100　G01　Z2.0　M9;
N0110　G00　G49　Z100.0　M5;
N0120　G53　Y0;
N0130　M5;
N0140　M30;
```

【习题】

一、判断题

1. 对于没有刀具补偿功能的数控系统，编程时不需要计算刀具中心的运动轨迹，可

按工件轮廓编程。(　　)

2. 编程时，刀具半径补偿号必须与刀号一一对应。(　　)

3. 在刀补程序段内，对被补偿轴在程序段中的位置无须定义。(　　)

4. 所谓的刀具半径补偿是指刀具中心偏离工件轮廓一段距离。(　　)

5. 刀具补偿功能字 H12（D12）表示第 12 号刀具。(　　)

6. 刀具补偿寄存器内只允许存入正值。(　　)

二、选择题

1. 用 ϕ12 mm 立铣刀进行轮廓的粗、精加工，要求精加工余量为 0.4 mm，则粗加工刀具半径偏移量为（　　）mm。

A. 12.4　　B. 11.6　　C. 6.4

2. 刀具半径右补偿值和刀具径向补偿值都存储在（　　）中。

A. 缓存器　　B. 偏置寄存器　　C. 硬盘

3. 粗加工时刀具半径补偿值的设定是（　　）。

A. 刀具半径　　B. 加工余量　　C. 刀具半径+加工余量

4. 精加工时刀具半径补偿值的设定是（　　）。

A. 刀具半径　　B. 加工余量　　C. 刀具半径+加工余量

5. 刀具半径取消指令是（　　）。

A. G41　　B. G42　　C. G40

三、技能实训题

试编写图 2-55 所示零件的加工程序。

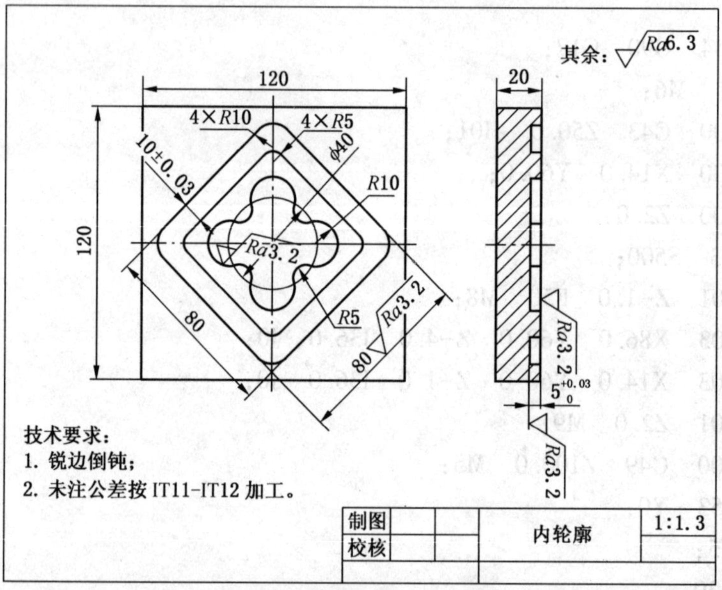

图 2-55　内轮廓

任务五　加工内外轮廓复合零件

【任务描述】

图 2-56 所示的零件为复合轮廓零件。零件上具有形状相同或相似的部分，并具有一定的角度关系。这样的零件可以采用之前学过的方法加工，但相对来说比较烦琐，使用坐标变换的方法编程较为方便快捷。零件为 60 mm×60 mm×20 mm 的 45 钢，四周与上下表面均已加工好，只需对零件内外轮廓进行加工。

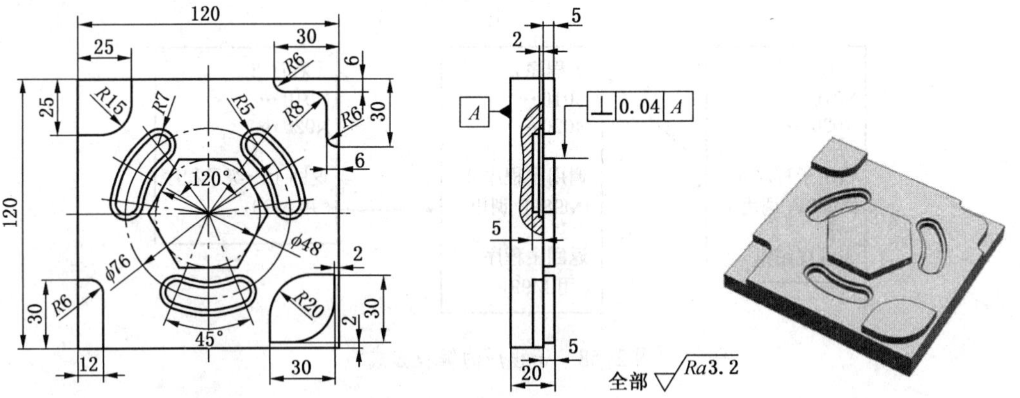

图 2-56　内轮廓复合零件的加工

【任务分析】

通过学习和训练掌握子程序的调用，掌握坐标系变换的使用，掌握内外复合轮廓的编程方法及加工方法。

【相关知识】

一、子程序

程序分为主程序和子程序。一般情况下，数控系统是按主程序的指令工作的。在程序中把某些固定顺序或重复出现的程序段单独抽出来，编成一个程序供重复使用，这个程序就被称为子程序。子程序可以有效地简化程序编制。

当程序中有调用子程序的指令时，数控系统就按照子程序的指令进行工作。当遇到子程序返回到主程序的指令时，数控系统返回主程序，继续按主程序的指令进行工作。子程序的调用与返回如图 2-57 所示。

1. 子程序的嵌套

子程序可以被主程序调用，同时，子程序也可以调用另一个子程序，其编程方式如图 2-58 所示。子程序调用另一个子程序的编程方式称为子程序嵌套。编程中较多使用的是二重嵌套，也有多重嵌套的。图 2-59 所示为子程序嵌套的应用实例。FANUC Series 0i-MD 数控系统最多允许 8 级子程序嵌套。

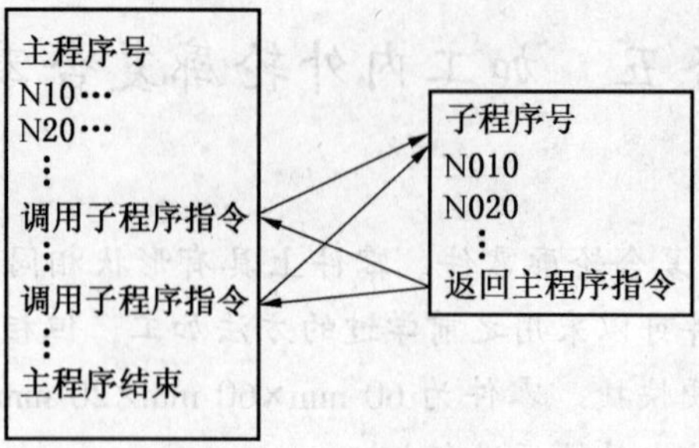

图 2-57　子程序的调用与返回

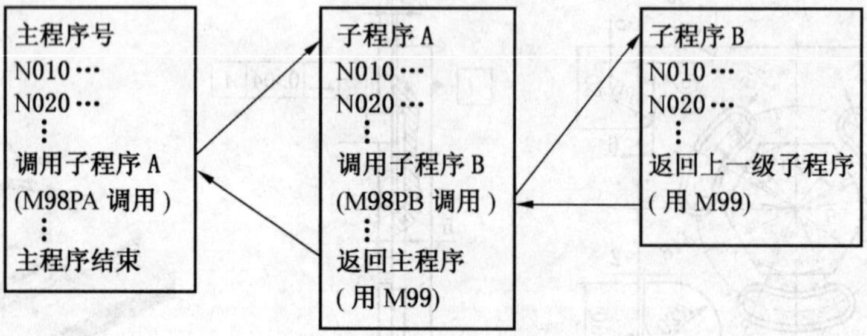

图 2-58　子程序的编程方式

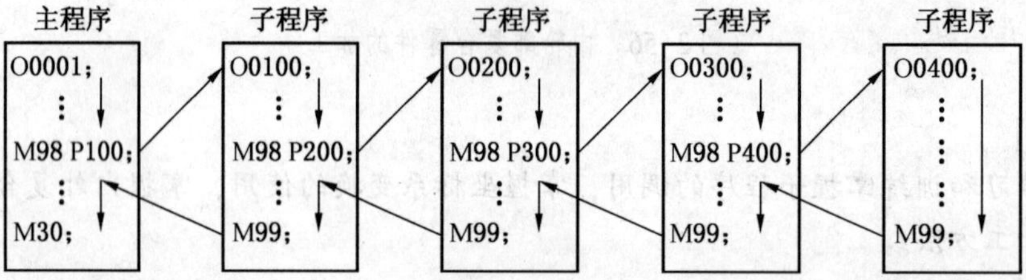

图 2-59　子程序多重嵌套

2. 子程序的调用

在 FANUC Series 0i-MD 数控系统中，子程序的调用可通过辅助功能代码 M98 进行，且在调用格式中将子程序的程序号地址改为 P，其常用的子程序调用格式有两种。

（1）格式一：M98　Pxxxx　Lxxxx。如 M98　P300　L3 或 M98　P400。

其中，地址“P”后面的四位数字为程序号。地址“L”后面的数字表示重复调用的次数，子程序号及调用次数前缀 0 可以省略不写。如果只调用一次，则地址“L”及其后的数字可以省略。M98　P300　L3 表示调用子程序 O300 三次，M98　P400 表示调用子程序 O400 一次。

（2）格式二：M98　Pxxxxxxxx。如 M98　P50010 或 M98　P510。

在地址“P”后面的八位数字中，前四位表示调用次数，后四位表示调用子程序号。采用此种调用格式时，调用次数前缀 0 可以省略不写，但子程序号前的 0 不可以省略。M98　P50010 表示调用子程序 O10 五次，M98　P510 表示调用子程序 O510

一次。

3. 子程序的应用

（1）完成相同轮廓的加工。在一次装夹中，若完成多个相同轮廓形状工件的加工，可在编程时只编写一个轮廓形状加工程序，再用主程序来调用子程序。

（2）实现零件的分层切削。有时零件在某个方向上的总切削深度比较大，要进行分层切削，需要编写该轮廓加工的刀具轨迹子程序，再通过调用子程序实现分层切削。

（3）实现程序的优化。加工中心的程序往往由多个独立的工序组成，为了优化加工程序，可把每一个独立的工序编成一个子程序，主程序只有换刀和调用子程序的指令，从而实现优化程序的目的。

二、坐标变换

1. 比例缩放

在数控编程中，有时对应坐标轴上的数值是按固定的比例系数进行放大或缩小的，这时为了编程方便，可采用比例缩放指令来编程。

1）指令格式

（1）格式一：G51　I____ J____ K____ P____。如 G51　I0　J10.0　P2000。

格式中 I、J、K 值的作用有两个：一是选择要进行比例缩放的轴，其中 I 表示 X 轴，J 表示 Y 轴，K 表示 Z 轴，以上例子表示在 X、Y 轴上进行比例缩放，而在 Z 轴上不进行比例缩放；二是指定比例缩放的中心，“I0　J10.0”表示缩放中心在坐标（0，10.0）处，如果省略 I、J、K，则 G51 指定刀具的当前位置作为缩放中心。P 为进行缩放的比例系数，不能用小数点来指定该数值，“P2000”表示缩放比例为 2 倍。

（2）格式二：G51　X____ Y____ Z____ P____。如 G51　X20.0　Y10.0　P2000。

格式中 X、Y、Z 值与格式一中 I、J、K 值的作用相同。

（3）格式三：G51　X____ Y____ Z____ I____ J____ K____。如 G51　X0　Y0　Z0　I1.2　J1.5　K1.0。

该格式用于 FANUC series 0i-MID 数控系统中，表示各坐标轴允许以不同比例进行缩放。本例表示缩放中心坐标点为（0，0，0），X 轴方向的缩放比例为 1.2，Y 轴方向上的缩放比例为 1.5，Z 轴方向上的缩放比例为 1.0。

取消缩放格式：G50。

2）比例缩放编程说明

（1）比例缩放中的刀补问题。在编写比例缩放程序过程中，要特别注意建立刀补程序段的位置，一般情况下，刀补程序段写在缩放程序段内。

如 G51　X____ Y____ Z____ P____；

　　G41　G01…D01　F100；

执行上述程序段时，机床能正确运行；如果执行如下程序，则会产生机床报警，因为比例缩放对刀具半径补偿值、刀具长度补偿值及刀具偏置值无效：

G41　G01…D01　F100；

G51　X____ Y____ Z____ P____；

（2）比例缩放中的圆弧插补。在比例缩放中进行圆弧插补时，如果进行等比例缩放，则圆弧半径也相应缩放相同比例；如果缩放比例不相同，则有的系统刀具不会加工出相应的椭圆轮廓，仍将进行圆弧的插补，圆弧半径根据 I、J 的较大值进行缩放。

2. 可编程镜像

使用编程的镜像指令可实现沿某一坐标轴或某一坐标点的对称加工。在 FANUC series 0i-MD 数控系统中使用 G51 或 G51. 1 来实现镜像加工。

1）指令格式

（1）格式一：

G17　G51. 1　X____　Y____；

G50. 1　X____　Y____；　　　　表示取消镜像

格式中的 X、Y 值用于指定对称轴或对称点。当 G51. 1 指令后仅有一个坐标值时，该镜像以某一坐标轴为镜像轴。

如 G51　X10. 0；

该指令表示以某一轴线为对称轴，该轴线与 Y 轴平行，且与 X 轴在 X=10. 0 处相交。

当 G51. 1 指令后有两个坐标值时，表示该镜像是以某一点作为对称点进行镜像。如下指令表示其对称点为（10. 0，10. 0）：

G51. 1　X10. 0　Y10. 0；

G50. 1　X____　Y____；　　　　表示取消镜像

（2）格式二：

G17　G51　X____　Y____　I____　J____；

G50；　　　　表示取消镜像

使用此种格式时，指令中的 I、J 值一定是负值，如果其值为正值，则该指令将执行比例缩放功能。另外，如果 I、J 值虽为负值但不等于-1，则执行该指令时，既进行镜像又进行缩放。

如 G17　G51　X10. 0　Y10. 0　I-1. 0　J-1. 0；

执行该指令时，程序以坐标点（10. 0，10. 0）进行镜像，不进行缩放。

如 G17　G51　X10. 0　Y10. 0　I-2. 0　J-1. 5；

执行该指令时，程序以坐标点（10. 0，10. 0）进行镜像的同时，还要进行比例缩放，其中 X 轴方向的缩放比例为 2. 0，Y 轴方向的缩放比例为 1. 5。

同样，“G50”表示取消镜像。

3. 坐标系旋转

对于某些围绕中心旋转得到的特殊轮廓加工，如果根据旋转后的实际加工轨迹进行编程，可能使坐标计算的工作量成倍增加，而用坐标系旋转功能可以简化坐标计算的工作量。

1）指令格式

G17　G68　X____　Y____　R____；

G69；

其中，G68 表示加工轮廓旋转生效，指令 G69 表示加工轮廓旋转取消。

格式中的 X、Y 值用于指定加工轮廓旋转的中心；R 用于表示加工轮廓旋转的角度，该角度一般取 0°～360°的正值，旋转角度的零度方向为第一坐标轴的正方向，逆时针方向为角度的正方向，不足 1°用小数点表示（10°54′用 10.9°表示）。

如 G68　X15.0　Y20.0　R30.0；

该指令表示加工轮廓以坐标点（15.0，20.0）为旋转中心逆时针旋转 30°。

2）坐标系旋转编程说明

（1）坐标系旋转取消指令（G69）以后的第一个移动指令必须用绝对值编程；如果采用增量值编程，则不执行正确的移动。

（2）CNC 数据处理的顺序是从程序镜像到比例缩放，再到坐标系旋转到刀具半径补偿。所以，在指定这些指令时，应按照顺序进行，取消反之。如果坐标系旋转指令前有比例缩放指令，则在比例缩放过程中不缩放旋转角度。

（3）在坐标系旋转功能方式中，返回参考点的 G 代码（G27～G30）和改变坐标系指令（G52～G59，G92）不能指定。若一定要指定这些 G 代码指令，必须在取消坐标系旋转功能后再指定。

4. 坐标系变换指令的组合原则

在执行坐标系旋转指令以前，执行镜像指令或比例缩放指令是允许的；反之被禁止。

【任务实施】

一、加工步骤

（1）选用直径为 10 mm 的立铣刀依次精加工六方形凸台、两个倒圆角凸台、一个 L 形凹槽和一个直线凹槽。

（2）选用直径为 8 mm 的立铣刀依次精加工三个圆弧凹槽。

二、加工程序

本任务选用的机床为 VDF-850new 加工中心 FANUC Series 0i-MD 数控系统。

刀具包括 T1（10 mm 立铣刀）、T2（8 mm 立铣刀）；工件材料为 45 钢。

只列举精加工三个圆弧凹槽的程序，其他程序可参照之前的学习内容让学生独立完成程序编制。

主程序

```
O0001;
N0010  G90  G40  G49  G17  G54;
N0020  T1  M6;
N0030  M3  S800;
N0040  G0  X0  Y-38.0;
N0050  G43  Z10.0  H01;
N0060  G1  Z-10.0  F150;
N0070  M98  P0002;
N0080  G68  X0  Y0  R120.0;
```

```
N0090 G1 Z-10.0 F150;
N0100 M98 P0002;
N0110 G68 X0 Y0 R240.0;
N0120 G1 Z-10.0 F150;
N0130 M98 P0002;
N0140 G1 Z-7.0;
N0150 G68 X0 Y0 R0;
N0160 G51 X0 Y0 P1.4;
N0170 M98 P0002;
N0180 G50;
N0190 G1 Z-7.0;
N0200 G68 X0 Y0 R120.0;
N0210 G51 X0 Y0 P1.4;
N0220 M98 P0002;
N0230 G50;
N0240 G1 Z-7.0;
N0250 G68 X0 Y0 R240.0;
N0260 G51 X0 Y0 P1.4;
N0270 M98 P0002;
N0280 G50;
N0290 G0 Z100.0;
N0300 G53 Y0;
N0310 M5;
N0320 M30;
子程序
O0002;
N0010 G41 X16.455 Y-39.727 D01;
N0020 G3 X12.629 Y-30.488 R5.0;
N0030 G2 X-12.629 Y-30.488 R33.0;
N0040 G3 X-16.455 Y-39.727 R5.0;
N0050 G2 X16.455 Y-39.727 R43.0;
N0060 G1 G40 X0 Y-38.0;
N0070 G0 Z10.0
N0080 G69;
N0090 M99;
```

知识拓展

一、使用子程序的注意事项

（1）注意子程序之间G91/G92代码的转换。

（2）在半径补偿模式中的程序不能被分支。

二、比例缩放中的注意事项

（1）比例缩放对固定循环中的Q值与d值无效。比例缩放过程中，有时不希望进行Z轴方向的比例缩放，这时可以修改系统参数，从而禁止在Z轴方向上进行比例缩放。

（2）比例缩放对刀具偏置值和刀具补偿值无效。

（3）在缩放状态下，不能指定返回参考点的G代码（G27~G30）指令，也不能指定坐标系的G代码（G52~G59，G92）指令。若一定要指定这些G代码指令，应在取消缩放功能后再指定。

三、镜像编程注意事项

（1）在指定平面内执行镜像指令时，如果程序中有圆弧指令，则必要时圆弧的旋转方向相反，即G02变为G03，G03变为G02。

（2）在指定平面内执行镜像指令时，如果程序中有刀具半径补偿指令，则必要时刀具半径补偿的偏置方向相反，即G41变为G42，G42变为G41。

（3）在指定平面内执行镜像指令时，如果程序中有坐标系旋转指令，则必要时坐标系旋转方向相反，即顺时针变为逆时针，逆时针变为顺时针。

（4）CNC数据的处理顺序是从程序镜像到比例缩放再到坐标系旋转。所以，在指定这些指令时，应按照系统处理顺序进行，取消时顺序相反。在旋转方式或比例缩放方式下不能指定镜像指令G50.1或G51.1，但在镜像指令中可以指定比例缩放指令或坐标系旋转指令。

（5）在可编程镜像功能方式中，返回参考点的G代码（G27~G30）和改变坐标系指令（G52~G59，G92）不能指定。若一定要指定这些G代码指令，应在取消可编程镜像功能后再指定。

（6）使用镜像功能时，由于加工中心的Z轴安放刀具，所以Z轴一般不进行镜像加工。

【技能训练】

（1）加工图2-60所示的具有相同外形轮廓的工件。

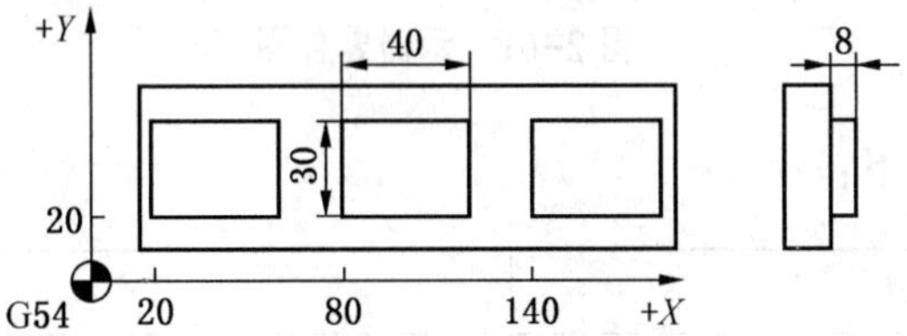

图2-60 子程序的应用

主程序：

O0001；

N0010 G90 G40 G54；

N0020 M3 S1000；

```
N0030  G0  X0  Y0;
N0040  G43  Z5.0  H01;
N0050  G1  Z-8.0  F100;
N0060  M98  P100  L3;
N0070  G90  G0  X0  Y0;
N0080  G49;
N0090  G0  Z100.0;
N0100  M5;
N0110  M30;
```

子程序：

```
O0100;
N0010  G91  G1  G41  X20.0  Y10.0  D01;
N0020  Y40.0;
N0030  X40.0;
N0040  Y-30.0;
N0050  X-50.0;
N0060  G40  X-10.0  Y-20.0;
N0070  X60.0;
N0080  M99;
```

(2) 编写图 2-61 所示零件的加工程序。

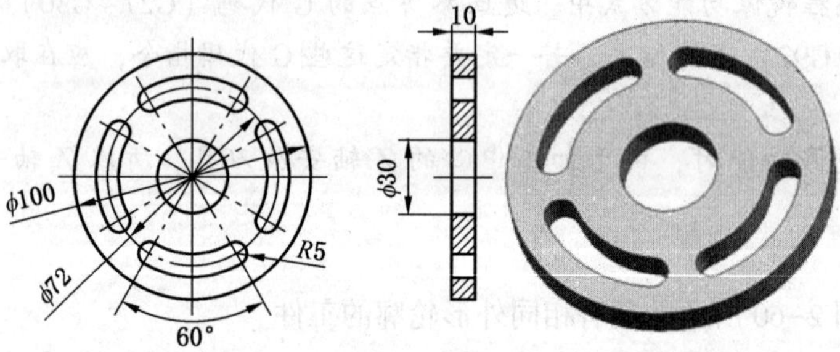

图 2-61 示例零件图

编制的加工程序如下：

程　序	注　解
O0002;	主程序号
N0010 G90 G40 G49 G17 G54;	程序初始化
N0020 T1 M6;	调用使用刀具
N0030 G43 G0 Z100.0 H01;	
N0040 S700 M3 F100;	主轴正转，600 r/min

（续）

程　序	注　解
N0050　G0　X0　Y0；	快速定位到起始位置坐标（0，0）
N0060　M98　P0300；	调用铣削子程序，子程序号为O0300
N0070　G68　X0　Y0　R90.0；	X0　Y0为旋转中心，旋转90°
N0080　M98　P0300；	调用铣削子程序，子程序号为O0300
N0090　G68　X0　Y0　R180.0；	X0　Y0为旋转中心，旋转180°
N0100　M98　P0300；	调用铣削子程序，子程序号为O0300
N0110　G68　X0　Y0　R270.0；	X0　Y0为旋转中心，旋转270°
N0120　M98　P0300；	调用铣削子程序，子程序号为O0300
N0130　G0　Z100.0；	
N0140　M5；	
N0150　M30；	
O0300；	子程序号
N0010　G90　G00　X36.0　Y0；	绝对坐标，快速定位到（36.0，0）
N0020　Z10.0；	快速Z向下刀到指定安全位置
N0030　G1　Z-11；	切削至工件加工深度
N0040　G41　X41.0；	建立刀具半径补偿
N0050　G3　X35.507　Y20.5　R41.0；	铣削圆弧轮廓
N0060　G3　X26.847　Y15.5　R5.0；	铣削圆弧轮廓
N0070　G2　X26.847　Y-15.5　R31.0；	铣削圆弧轮廓
N0080　G3　X35.507　Y-20.5　R5.0；	铣削圆弧轮廓
N0090　G3　X41.0　Y0　R41.0；	铣削圆弧轮廓
N0100　G1　G40　X36.0；	取消刀具半径补偿
N0110　G69；	取消旋转功能
N0120　M99；	子程序结束，返回主程序

【习题】

一、判断题

1. 程序M98　P51002，是将子程序号为5100的子程序连续调用两次。（　　）
2. 一个主程序中只能有一个子程序。（　　）
3. 子程序结束后只能返回主程序。（　　）
4. 子程序的编写格式必须是增量方式。（　　）
5. 子程序调用不是数控系统的ISO标准，不同的系统所使用的指令格式不

同。(　　)

6. 对于同一轮廓零件进行粗、精加工时，可以使用不同的刀具半径补偿多次调用子程序来实现多工序加工。(　　)

7. 在 FANUC Series 0i-MD 数控系统中，子程序是以 M02 执行程序结束的。(　　)

二、**选择题**

1. 程序中含有某些固定顺序或重复出现的程序时，这些程序可作为（　　）。

A. 主程序　　B. 子程序　　C. 程序

2. 在 FANUC Series 0i-MD 数控系统中，结束子程序调用的指令是（　　）。

A. M98　　B. M99　　C. M97

3. 从子程序返回到主程序的指令是（　　）。

A. M98　　B. M99　　C. M97

4. 子程序也可以调用子程序，最多可以嵌套（　　）层。

A. 3　　B. 5　　C. 8

5. 子程序适用于（　　）工件的编程加工。

A. 相同轮廓较多、分布均匀，或同一轮廓多工序的加工

B. 结构复杂　　C. 轮廓少且简单

三、**技能实训题**

试编写图 2-62 所示零件的加工程序。

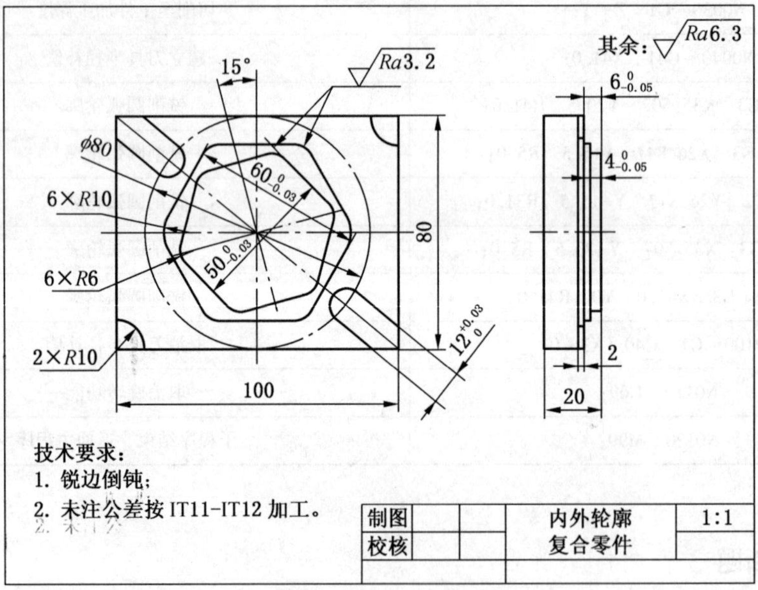

图 2-62　内外轮廓复合零件

项目三　加工孔系类零件和箱体类零件

任务一　钻孔、扩孔、镗孔、铰孔及锪孔

【任务描述】

图 3-1 所示连接盘零件的外形轮廓已锻造成型，加工该零件时，首先应根据零件的批量选择合适的装夹方式（大批量可选择专用夹具进行装夹，本例是小批量生产采用压板装夹)，然后根据所加工孔的精度选择加工刀具和加工方法。

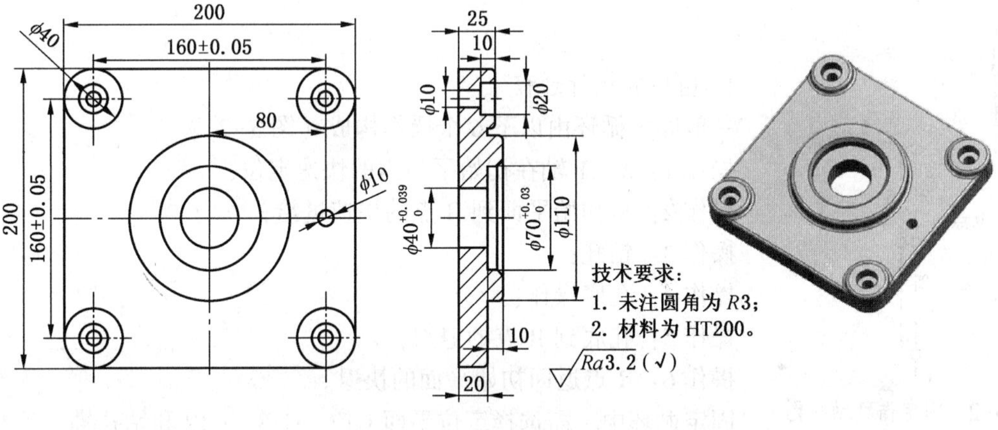

图 3-1　连接盘零件

【任务分析】

通过学习和训练掌握孔加工进给路线的确定方法，孔加工方法的选择原则，刀具的合理选择及钻孔、扩孔、锪孔、铰孔、镗孔的编程方法和加工方法。

【相关知识】

一、孔加工固定加工指令

对钻孔等固定加工，可用固定循环功能完成多个程序段才能完成的操作，以简化编程，常用固定循环指令见表 3-1。

表 3-1　孔 加 工 指 令

功能	代码	钻孔操作-Z	孔底操作	退刀操作+Z
高速深孔钻	G73	间歇进给	—	快速进给
反攻丝	G74	切削进给	暂停→主轴正转	切削进给

表 3-1（续）

功能	代码	钻孔操作-Z	孔底操作	退刀操作+Z
精镗	G76	切削进给	主轴准确停止	快速进给
取消固定循环	G80	—	—	—
钻孔、锪孔	G81	切削进给	—	快速进给
钻孔、镗阶梯孔	G82	切削进给	暂停	快速进给
深孔钻	G83	间歇进给	—	快速进给
攻丝	G84	切削进给	暂停→主轴反转	切削进给
镗削	G85	切削进给	—	快速进给
镗削	G86	切削进给	主轴停止	快速进给
背削	G87	快速进给	主轴正转	切削进给
镗削	G88	切削进给	暂停→主轴停止	手动
镗削	G89	切削进给	暂停	切削进给

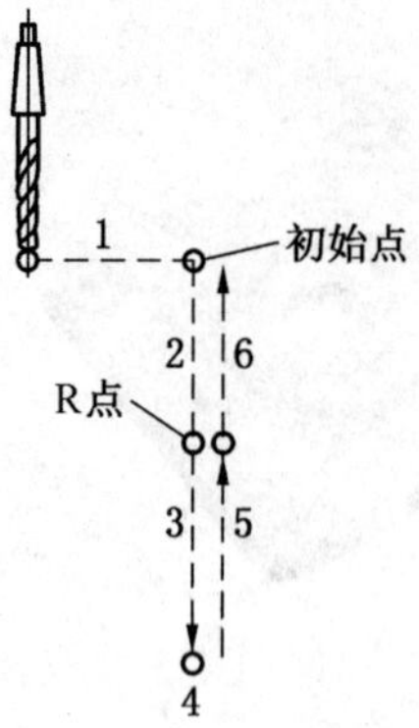

图 3-2　固定循环动作图

1. 循环的执行过程

一般固定循环由以下 6 个操作构成（图 3-2）：

操作 1：*X*、*Y* 轴在初始平面内的快速定位；

操作 2：从初始平面到 R 点的快速进给；

操作 3：钻孔；

操作 4：孔底操作；

操作 5：孔底到 R 点的退刀；

操作 6：R 点返回初始平面的快退。

固定循环中，需选择定位平面 G17、G18、G19 和钻孔轴。

2. 循环的通用格式

$$\begin{Bmatrix}G90\\G91\end{Bmatrix}\underset{\text{返回方式}}{\begin{Bmatrix}G98\\G99\end{Bmatrix}}\begin{Bmatrix}G73\\G76\\G81\\G82\\G83\\G85\\G86\\G87\\G88\\G89\end{Bmatrix}\underbrace{X\_\ Y\_\ Z\_}_{\text{孔位置数据}}\ \underbrace{R\_\ Q\_\ K\_\ P\_\ F\_}_{\text{孔加工数据}}\ ;$$

1）返回方式

G98——加工完成后，返回初始平面；

G99——加工完成后，返回 R 点平面。

2）孔加工方式

用 G73、G76、G81~G89 指定模态代码，后续程序段不需再指定。

取消固定循环加工方式可用 G80 或 01 组 G 代码（G00、G01、G02、G03）。

注：执行固定循环时，原有 01 组 G 代码系统仍保存，但不起作用，当用 G80 取消固定循环时，执行固定循环之前的 01 组 G 代码恢复作用。

3）孔位置数据

X、Y 用于孔的定位（轴线），G90 时为孔位置坐标，G91 时为孔位置相对前一位置的增量。

X、Y 数据为模态，后续固定循环中相同时可不指定。

4）孔加工数据

Z 用于指定孔底位置，G90 时为孔底坐标，G91 时为孔底到 R 点的增量。

R 用于指定 R 点平面位置，G90 时为 R 点坐标，G91 时为 R 点到起始平面的增量。

Q 用于指定深孔加工（G73、G83）时的每次钻进量，也可用于指定精镗 G76 中提刀时的让刀量，或反精镗 G87 中下至孔底时的让刀量。Q 值用增量方式指定。

K 用于指定固定循环的重复次数，如果不指定 K，则只进行一次循环。K=0 时，机床不动作。

P 用于指定在孔底的暂停时间，最小单位为 1 ms。

F 用于指定切削进给的速度。

Z、R、F、P、Q 数据为模态，后续固定循环中相同时可不指定。

3. 钻孔类固定循环 G73、G81、G82、G83（图 3-3）

1）高速深孔钻循环 G73

该固定循环用于 Z 轴的间歇进给，以进行高效率的钻孔加工，其排屑退刀量由 K 指定。

2）深孔钻循环 G83

其动作与 G73 类似，区别为：排屑退刀返回 R 点平面。

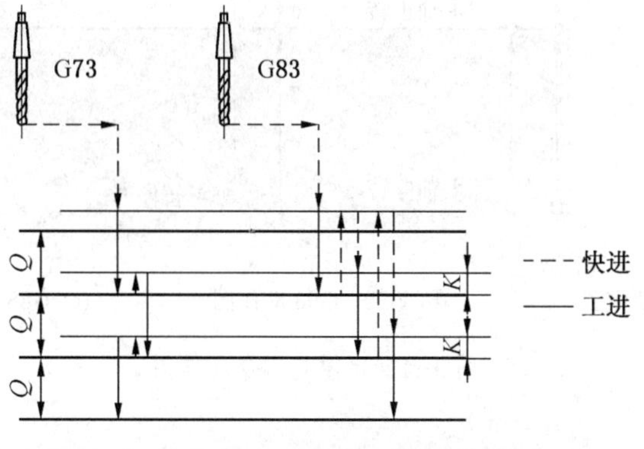

图 3-3 G73/G83 钻孔指令动作图

3）钻孔（中心钻孔、锪孔）循环 G81

该固定循环一次钻进，然后快速返回。

4）钻孔、镗阶梯孔循环 G82

该固定循环一次钻进，在孔底暂停（由 P 指定暂停时间），然后快速返回。

4. 镗孔类固定循环 G76、G85、G86、G87、G88、G89（图 3-4、图 3-5）

1）精镗循环 G76（图 3-5a）

在 R 点进刀，精镗至孔底定向停止，刀尖回退（让刀），再退刀，以避免划伤工件表面。刀尖回退量由 Q 指定。

2）镗削循环 G85

从 R 点开始镗削至孔底，然后快退。镗削前后刀具无进刀与让刀。

3）镗削循环 G86（图 3-4a）

从 R 点开始镗削至孔底，主轴停止然后快退。镗削前后刀具无进刀与让刀。

4）反镗循环 G87（图 3-5b）

从初始平面刀具让刀，再快下至孔底（R 点）定位，刀具进刀反镗至 Z 点，定位并退刀，再快速退回。

注意：返回平面只能用 G98 指定，即刀具应退回至初始点平面。

5）镗削循环 G88（图 3-4c）

从 R 点开始镗削至孔底，暂停，主轴停止然后进入程序暂停，手工将主轴退回至初始平面后，主轴正转，再进行下一程序段加工。镗削前后刀具无进刀与让刀。

6）镗削循环 G89（图 3-4b）

从 R 点开始镗削至孔底，暂停，主轴停止然后快退。镗削前后刀具无进刀与让刀。

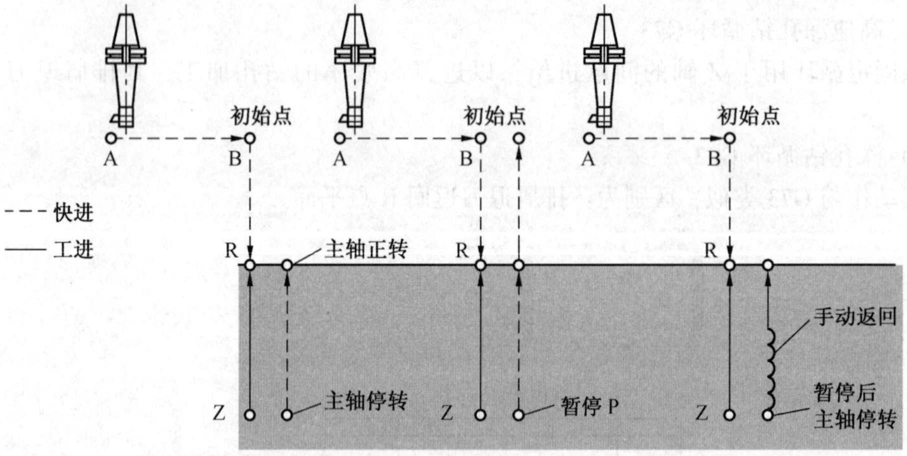

(a) G86、G99 动作图　　(b) G89、G98 动作图　　(c) G88 动作图

图 3-4　粗镗孔指令动作图

二、极坐标指令

极坐标指令包括极坐标生效指令 G16 和极坐标取消指令 G15。使用极坐标指令后，坐标值以极坐标的方式指定，即以极坐标半径和极坐标角度来确定点的位置。

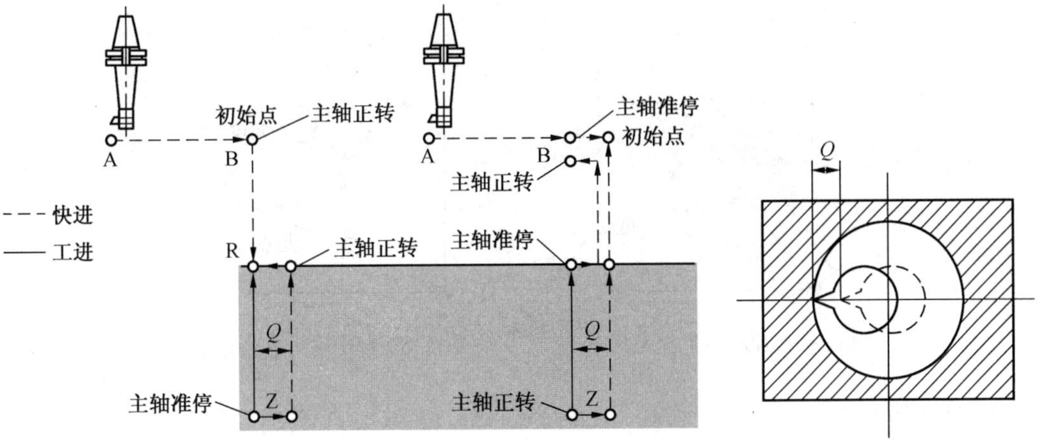

(a) G76、G99 动作图　　(b) G87、G98 动作图　　(c) 主轴准停图

图 3-5　精镗孔指令动作图

(1) 极坐标半径。当使用 G17、G18、G19 选择好加工平面后，用所选平面的第一轴地址来指定极坐标半径。

(2) 极坐标角度。用所选的第二坐标地址来指定极坐标角度，极坐标的零度方向为第一坐标轴的正方向，逆时针方向为角度方向的正向。

圆周孔系的加工中经常遇到极坐标，比如法兰盘等零件的加工。加工这样的零件若采用直角坐标的编程方法，就需要计算各孔的坐标，计算量有时相当大，因此一般采用极坐标编程。

1. 极坐标系原点

极坐标系原点的指定方向有两种：一种是以工件坐标系的零点为极坐标系原点，另一种是以刀具当前位置为极坐标系原点。

当以工件坐标系零点为极坐标系原点时，用绝对值编程方式来指定。例如，程序“G90　G17　G16”，其极坐标半径值是指终点到编程原点的距离，角度值是指终点与编程原点的连线与 *X* 轴的夹角，如图 3-6 所示。

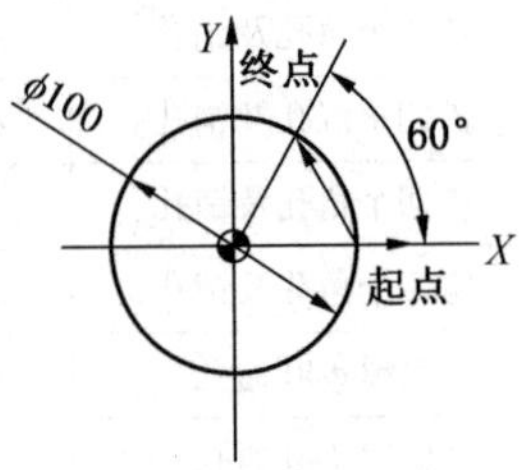

图 3-6　极坐标示意图

当以刀具当前位置为极坐标系原点时，用增量值编程方式来指定。例如，程序“G90　G17　G16”，其极坐标半径值是指终点到刀具当前位置的距离，角度值是指前一坐标系原点与当前极坐标系原点的连线与当前轨迹的夹角。如图 3-7 所示，在点 *A* 处进行 G90 方式极坐标编程，则点 *A* 为当前极坐标系原点，而前一坐标系的原点为编程原点（*O* 点）。半径为当前编程原点到轨迹终点的距离（图 3-8 中 *AB* 线段的长度），角度为前一坐标系原点与当前极坐标系原点的连线与当前轨迹的夹角（图 3-8 中 *OA* 与 *AB* 的夹角）。*BC* 段编程时，点 *B* 为当前极坐标系原点，角度与半径的确定与 *AB* 段类似。

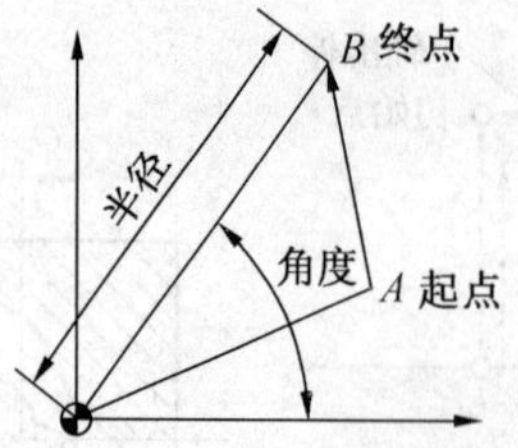

图 3-7 G90 确定极坐标系

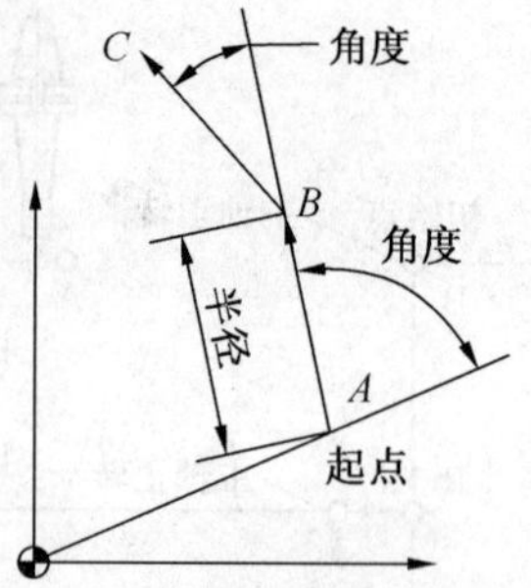

图 3-8 G91 确定极坐标系

2. 极坐标的应用

采用极坐标编程，可以大大减少编程时的计算工作量，因此其在编程中得到了广泛应用。通常情况下圆周分布的孔类零件（如法兰类零件）以及图样尺寸以半径与角度形式标注的零件（如正多边形外形铣），采用极坐标系编程较为合适。

【任务实施】

一、加工准备

1. 加工设备

本任务使用的机床为 VDF-850new 加工中心 FANUC Series 0i-MD 数控系统。

2. 刀具清单

刀具清单见表 3-2。

表 3-2 连接盘零件刀具清单

加工内容	刀具规格	刀具材料	$n/(\mathrm{r\cdot min^{-1}})$	$v_f/(\mathrm{mm\cdot min^{-1}})$	a_p/mm
钻四个角孔及销孔划窝	A3 中心钻	高速钢	1600	50	$D/2$
钻四个角孔及销孔	ϕ8 麻花钻	高速钢	800	70	$D/2$
扩四个角孔及销孔	ϕ9.8 扩孔钻	高速钢	800	70	$(D_2-D_1)/2$
扩四个沉孔及销孔	ϕ20 扩孔钻	高速钢	600	60	$(D_2-D_1)/2$
铰四个角孔及销孔	ϕ10 铰刀	高速钢	500	40	$(D_2-D_1)/2$
锪四个角孔及销孔	ϕ18 锪孔钻	高速钢	500	40	
粗镗 ϕ40 通孔	ϕ39.8 镗刀	硬质合金	600	50	
精镗 ϕ40 通孔	ϕ40 镗刀	硬质合金	800	50	
粗镗 ϕ70 台阶孔	ϕ69.8 镗刀	硬质合金	600	50	
精镗 ϕ70 台阶孔	ϕ70 镗刀	硬质合金	800	50	

注：1. 工件中间的孔已提前粗加工出 1 mm 余量。
2. 表中的 D 指刀具（钻头）直径，D_2 指扩孔直径，D_1 指钻孔直径（扩孔前的孔径）。

二、加工工艺步骤

加工工艺步骤见表 3-3。

表3-3　加工工艺步骤

数控加工工序卡			产品名称		零件名称		零件图号
					法兰盘		
工序号	程序编号	夹具名称	夹具编号		设备名称		系统名称
001	O0077	平口钳			VDF-850new		FANUC Series 0i-MD
工步号	工步内容	切削用量			刀具		备注
		$n/(r\cdot min^{-1})$	$v_f/(mm\cdot min^{-1})$	a_p/mm	编号	名称	
1	划窝	1600	50	1.5	T01	A3 中心钻	
2	钻孔	800	70	4	T02	ϕ8 麻花钻	
3	扩孔	800	70	0.9	T03	ϕ9.8 扩孔钻	
4	扩孔	600	60	10	T04	ϕ20 扩孔钻	
5	铰孔	500	40	0.2	T05	ϕ10 铰刀	
6	锪孔	500	40		T06	ϕ22 锪孔钻	
7	粗镗孔	600	50	1	T07	ϕ39.8 镗刀	
8	精镗孔	800	50	0.2	T08	ϕ40 镗刀	
9	粗镗孔	600	50	1	T09	ϕ69.8 镗刀	
10	精镗孔	800	50	0.2	T10	ϕ70 镗刀	

三、编制程序

编制的加工程序如下：

程　序	解　释
O0020;	程序名
T1;	A3 中心钻
M6;	
M3　S1600;	
G0　G54　X0　Y0;	
G43　Z30　H01;	
G99　G81　X80　Y0　Z-12.5　R5　F50;	
Y80　Z-7.5　R5;	
X-80;	
Y-80;	
X80;	
G0　Z100;	
M05;	
T2;	ϕ8 麻花钻
M6;	

(续)

程 序	解 释
M3 S800;	
G0 G54 X0 Y0;	
G43 Z30 H02;	
G99 G73 X80 Y0 Z-35 R5 F70;	
Y80;	
X-80;	
Y-80;	
X80;	
G0 Z100;	
M05;	
T3;	ϕ9.8 扩孔钻
M6;	
M3 S800;	
G0 G54 X0 Y0;	
G43 Z30 H03;	
G99 G81 X80 Y0 Z-35 R5 F70;	
Y80;	
X-80;	
Y-80;	
X80;	
G0 Z100;	
M05;	
T4;	ϕ20 扩孔钻
M6;	
M3 S600;	
G0 G54 X0 Y0;	
G43 Z30 H04;	
G99 G81 X80 Y80 Z-15 R5 F60;	
X-80;	
Y-80;	
X80;	
G0 Z100;	
M05;	
T5;	ϕ10 铰刀
M6;	

（续）

程　　序	解　　释
M3　S500;	
G0　G54　X0　Y0;	
G43　Z30　H05;	
G99　G81　X80　Y0　Z-35　R5　F40;	
Y80;	
X-80;	
Y-80;	
X80;	
G0　Z100;	
M05;	
T6;	ϕ22 锪孔钻
M6;	
M3　S500;	
G0　G54　X0　Y0;	
G43　Z30　H06;	
G99　G81　X80　Y0　Z-13.5　R5　F40;	
Y80　Z-8.5　R5;	
X-80;	
Y-80;	
X80;	
G0　Z100;	
M05;	
T7;	ϕ39.8 镗刀
M6;	
M3　S600;	
G0　G54　X0　Y0;	
G43　Z30　H07;	
G99　G86　X0　Y0　Z-32　R5　F50;	
G0 Z100;	
M05;	
T8;	ϕ40 镗刀
M6;	
M3　S800;	
G0　G54　X0　Y0;	
G43　Z30　H08;	

（续）

程　　序	解　　释
G99　G76　X0　Y0　Z-35　R5　Q1　P1000　F50；	
G0　Z100；	
M05；	
T9；	ϕ69.8 镗刀
M6；	
M3　S600；	
G0　G54　X0　Y0；	
G43　Z30　H09；	
G99　G86　X0　Y0　Z-10　R5　F50；	
G0　Z100；	
M05；	
T10；	ϕ70 镗刀
M6；	
M3　S800；	
G0　G54　X0　Y0；	
G43　Z30　H10；	
G99　G76　X0　Y0　Z-10　R5　Q1　P1000　F50；	
G0　Z100；	
M05；	
M30；	

知识拓展

一、孔加工进给路线的规划

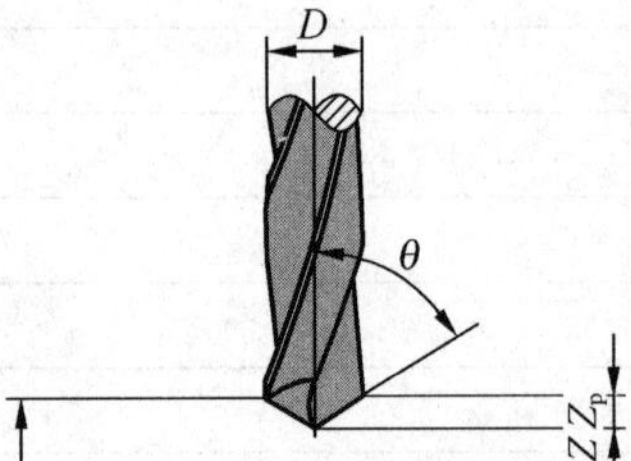

图 3-9　加工中心上加工孔的尺寸关系

1. 引入量的确定

加工中心适合多孔类工件的加工，特别是孔数量较多并且每个孔需要多道工序加工的工件。

对于钻孔类零件的加工，只要求定位精度较高，定位过程尽可能快，而刀具相对于工件的运动路线是无关紧要的，因此这类加工应按最短空行程来安排加工路线。除此之外，还要确定刀具轴向的运动尺寸，其大小主要由被加工零件的孔深来决定，但也要考虑一些辅助尺寸，如刀具的引入距离和超越量。加工中心上加工孔的尺寸关系如图 3-9 所示。图中 Z_d 为被加工孔的深度；ΔZ 为刀具的轴向引入距离（表 3-4）；$Z_p=(D/2)\cos\theta\approx0.3D$ 为刀具钻尖的轴向尺寸；Z_f 为刀具轴向位移量，即程序中的 Z 坐标尺寸，

$Z_f = Z_d + \Delta Z + Z_p$。

表3-4　刀具的轴向引入距离 ΔZ 的经验数据

对　　象	ΔZ 或超越量/mm
已加工面钻孔、镗孔、铰孔	1~3
毛坯上钻孔、镗孔、铰孔	5~8
攻螺纹、铣削	5~10
钻通孔	刀具超越量为 1~3

2. 孔精度的保证

图 3-10a 是精镗 4 个 ϕ30H7 的孔的示意图。由于孔的位置精度要求较高，因此安排镗孔路线问题显得比较重要，安排不当有可能将机床进给机构的反向间隙误差带入加工过程中，造成工件孔的位置精度超差。

精镗 4×ϕ30H7 的孔，由于孔的位置精度要求较高，采用图 3-10b 的方案时，由于Ⅳ孔与Ⅰ孔、Ⅱ孔、Ⅲ孔的定位方向相反，X 向间隙会使工件的定位误差加大，而影响Ⅳ孔与Ⅲ孔的位置精度。采用图 3-10c 方案在工件外增加一个刀具折返点，这样，几个孔的定位方向就一致，可以避免滚珠丝杠反向间隙的带入，从而提高孔的定位精度。

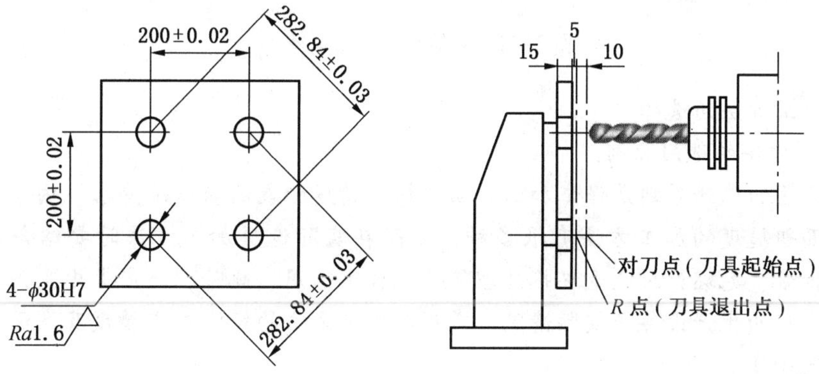

(a) 加工示意图

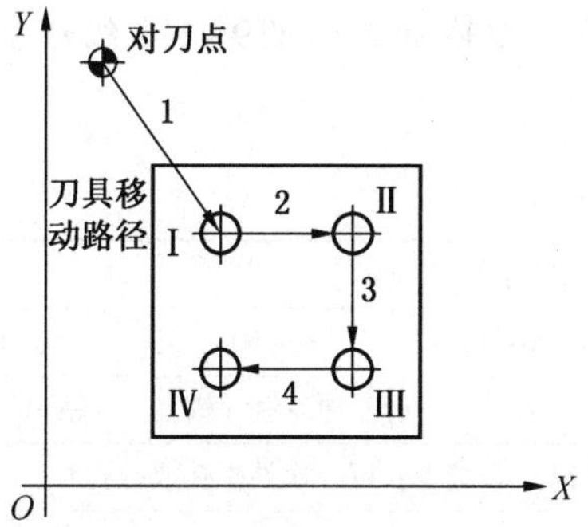

(b) 方案 1 加工路线

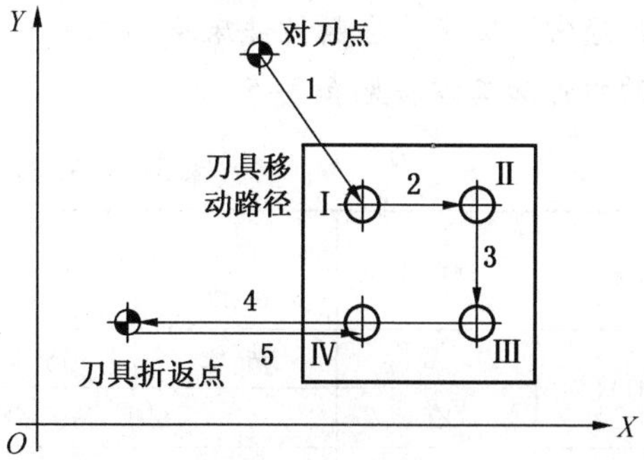

(c) 方案 2 加工路线

图 3-10　镗孔加工

3. 进给路线最短化

在保证加工精度的前提下，应减少刀具空行程时间，提高加工效率。图 3-11a 所示是正确选择钻孔加工路线的例子。按照一般习惯，总是先加工分布在同一圆周上的 8 个孔，然后加工另一圆周上的孔，如图 3-11b 所示。但是对点位控制的数控机床而言，要求定位过程尽可能快，空行程最短，其进给路线如图 3-11c 所示。

对于孔系零件的加工，其空行程执行时间对生产效率的提高影响较大。例如在加工中心完成图 3-11a 所示零件时，图 3-11c 所示的空行程路线要比图 3-11b 所示的常规空行程路线缩短一半左右。

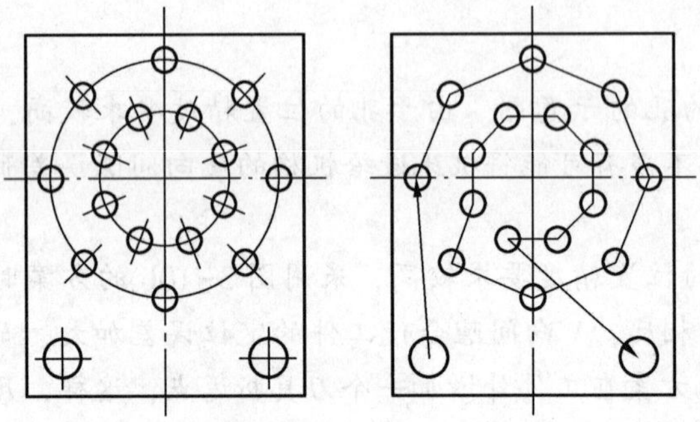

(a) 工件示意图　　(b) 方案 1 加工路线　　(c) 方案 2 加工路线

图 3-11　最短进给路线选择

二、孔加工方法的选择

1. 孔加工方法的选用原则

孔加工方法的选择原则是保证加工表面的加工精度和表面粗糙度要求。由于获得同一级精度及表面粗糙度的加工方法有很多种，因而在实际选择加工方法时要结合零件的形状、尺寸、批量、毛坯材料及毛坯热处理等情况合理选用。此外，还应考虑生产率和经济性的要求及工厂的生产设备等实际情况。常用孔加工方法的经济加工精度及表面粗糙度可查阅相关工艺手册。

2. 孔加工方法的确定条件

在数控铣床及加工中心上，常用加工孔的方法有钻孔、扩孔、铰孔、粗/精镗孔及攻螺纹等。通常情况下，在数控铣床及加工中心上能较方便地加工出 IT9~IT7 级精度的孔，这些孔的推荐加工方法见表 3-5。

表 3-5　孔的加工方法

孔精度	预钻孔	孔尺寸范围/mm				
		0~12	12~20	20~30	30~60	60~80
IT9~IT11	无	钻-铰	钻-扩	钻-扩	钻-扩-镗（铰）	钻-扩-镗
	有	粗扩-精扩或粗镗—精镗（余量少，可一次性扩孔或镗孔）				
IT8	无	钻-扩-铰	钻-扩-精镗（铰）		钻-扩-粗镗-精镗	
	有	粗镗-半精镗-精镗（铰）				

表 3-5（续）

孔精度	预钻孔	孔尺寸范围/mm				
		0~12	12~20	20~30	30~60	60~80
IT7	无	钻-粗铰-精铰	钻-扩-粗铰-精铰或钻-扩-粗镗-半精镗-精镗			
	有	粗镗-半精镗-精镗（若达不到精度要求可进一步进行精细镗）				

说明：

（1）加工直径小于 30 mm 且没有预孔的毛坯孔时，为了保证钻孔加工的定位精度，可选择在钻孔前先将孔口端面铣平或采用钻中心孔的加工方法。

（2）对于表 3-5 中扩孔及粗镗加工，也可采用立铣刀铣孔的加工方法。

（3）加工螺纹孔时，应先加工出螺纹底孔，对于公称直径在 M6 以下的螺纹，通常不在加工中心上加工；对于公称直径在 M6~M20 的螺纹，通常采用攻螺纹的加工方法；对于公称直径在 M20 以上的螺纹，可采用螺纹铣刀铣削加工。

三、孔加工刀具选择

1. 钻孔刀具

钻孔刀具类型较多，主要有普通麻花钻、可转位浅孔钻及扁钻、深孔钻等。加工中心上的钻孔刀具主要是麻花钻。按刀具材料不同，麻花钻分为高速钢钻头和硬质合金钻头两种。按柄部分类有直柄（圆柱柄）和莫氏锥柄两种。直柄一般用于 0.1~13 mm 的小直径钻头；锥柄一般用于 14~80 mm 的大直径钻头；中等尺寸麻花钻的柄部，两种形式均有采用。硬质合金麻花钻有整体式、镶片式和无横刃式三种，直径较大时还可以采用可转位式结构。按长度分类有基本型和加长型。为了提高钻头刚性，应尽量使用较短的钻头，但麻花钻的工作部分应大于孔深，以便排屑和输送切削液。钻孔精度一般可达到 IT10~IT11 级，表面粗糙度值为 Ra50~12.5 μm。

麻花钻的组成如图 3-12 所示，主要由工作部分和柄部组成。工作部分包括切削部分和导向部分。切削部分担负主要的切削工作；导向部分起导向、修光、排屑和输送切削液的作用，也是钻头重磨的储备部分。

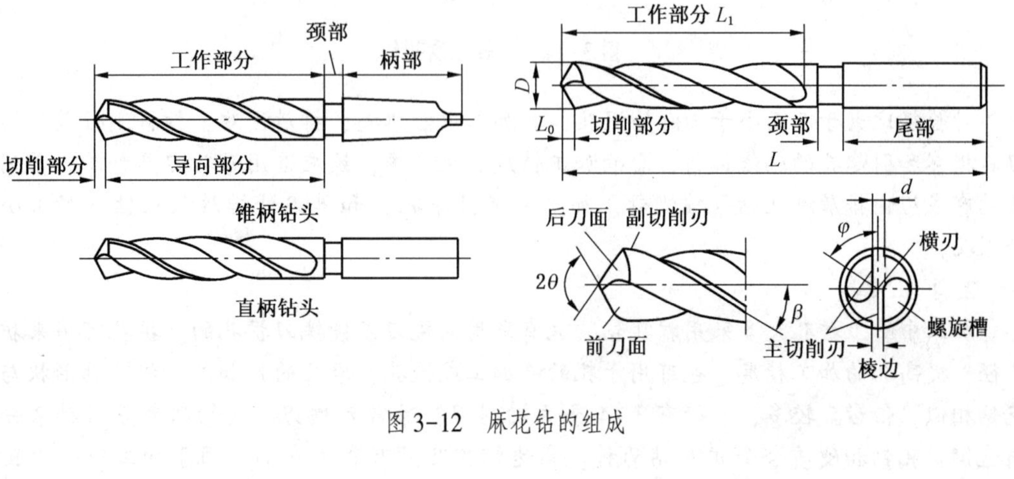

图 3-12　麻花钻的组成

在加工中心上钻孔无钻模进行定位和导向，考虑钻头刚性的因素，一般钻孔深度应小于孔径的5倍左右。为保证孔的位置精度，除提高钻头切削刃的精度外，在钻孔前最好先用中心钻钻一中心孔，或用刚性较好的短钻头进行划窝加工。划窝一般采用 ϕ8~15 mm 的钻头或用中心钻先钻一中心孔。常见的中心钻有两种，以解决在铸、锻件毛坯表面钻孔引正问题，如图 3-13 所示。

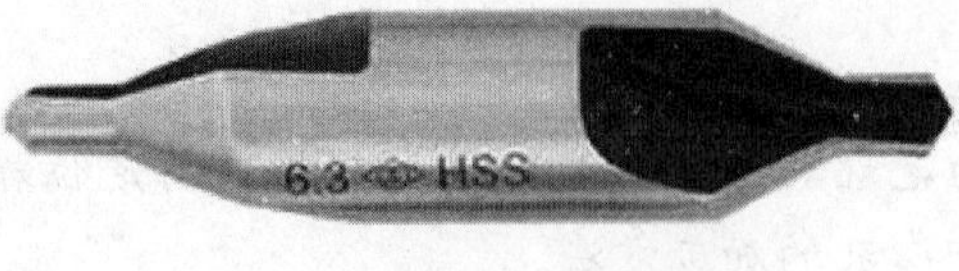

(a) 不带护锥中心钻

(b) 带护锥中心钻

图 3-13　中心钻

钻削直径在20~60 mm、孔的内径比小于3的中等浅孔时，可选用图3-14所示的可转位浅孔钻，其结构是在带排屑槽及内冷却通道钻头的头部装有一组刀片（多为凸多边形、菱形或四边形，采用深孔刀片），通过刀片中心孔压紧刀片。靠近钻心的刀片选用韧性较好的材料，靠近钻头外径的刀片选用较为耐磨的材料。这种钻头具有切削效率高、加工质量好的特点，适用于箱体类零件的钻孔加工。为了提高刀具的使用寿命，可以在刀片上涂镀碳化钛涂层。使用这种钻头钻箱体孔，比普通麻花钻效率提高4~6倍。

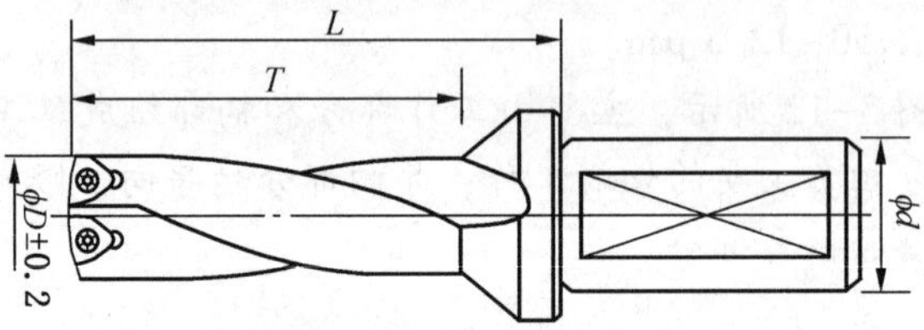

图 3-14　可转位浅孔钻

对长径比大于5而小于100的深孔，其加工中散热差，排屑困难，钻杆刚性差，易使刀具损坏和引起孔的轴线偏斜，影响加工精度和生产率，故应选用深孔刀具加工。常用深孔钻有多刃内排屑深孔钻（喷吸钻、加工大直径深孔）和单刃外排屑深孔钻（加工小直径深孔）。

2. 扩孔刀具

加工中心上扩孔大多采用扩孔钻，也有采用立铣刀或镗铣刀扩孔的。扩孔可用来扩大孔径，提高孔的加工精度，也可用于孔的终加工或铰孔、磨孔的预加工。扩孔钻形状与麻花钻相似，但齿数较多，一般有3~4条主切削刃，通常无横刃。按切削部分材料来分有高速钢扩孔钻和硬质合金扩孔钻两种。高速钢扩孔钻有整体直柄（用于加工较小的孔）、整体锥柄（用于加工中等直径的孔，见图 3-15a）和套式（用于加工直径较大的孔，见图 3-15b）三种。

硬质合金扩孔钻也有直柄、锥柄和套式等形式。对于扩孔钻直径在 20~60 mm 之间的孔，常采用机夹可转位式。它的两个可转位刀片的外刃位于同一外圆直径上，并且可以微量（±0.1 mm）调整，以控制扩孔直径。

扩孔钻由于结构和加工上的特点，其加工质量及效率优于麻花钻。扩孔钻的加工余量小，主切削刃短，容屑槽浅，因而刀体的强度和刚度好。由于扩孔钻中心不切削，无麻花钻的横刃，加之刀齿多，所以导向性好，切削平稳，加工精度比钻孔高 2~3 级，并可修正钻孔的形位偏差。扩孔精度一般可达到 IT9~IT10 级，表面粗糙度值 *Ra* 为 6.3~3.2 μm，扩孔的加工余量为 0.4~0.5 mm。

(a) 整体锥柄扩孔钻

(b) 套式扩孔钻

图 3-15　扩孔钻

3. 镗孔刀具

镗孔是加工中心的主要加工内容，它能精确保证孔系的尺寸精度和形位精度，并纠正上道工序误差。加工中心用的镗刀，就其切削部分而言，与外圆车刀没有本质区别，但在加工中心上进行镗孔通常采用悬臂式加工，因此要求镗刀有足够的刚性和较好的精度。为适合不同切削条件，镗刀有多种类型。按镗刀的切削刃数量可分为单刃镗刀和双刃镗刀。镗孔加工精度等级可达 IT7 级，表面粗糙度值 *Ra* 为 1.6~0.8 μm，精镗孔的加工余量一般单边小于 0.4 mm。

1）单刃镗刀

单刃镗刀大多制成可调结构。图 3-16a、图 3-16b 和图 3-16c 所示分别为用于镗削通孔、阶梯孔和不通孔的单刃镗刀，螺钉 1 用于调整尺寸，螺钉 2 起锁紧作用。

单刃镗刀刚性差，切削时易引起振动，所以镗刀的主偏角选得较大，以减少径向力。上述结构通过调整镗刀来保证加工尺寸，调整麻烦，效率低，只用于单件小批生产。但单刃镗刀结构简单，适应性较广，粗、精加工都适用，因而应用广泛，如图 3-17 所示。

2）双刃镗刀

简单的双刃镗刀就是镗刀两端有一对对称的切削刃同时参加与切削，其优点是可以消

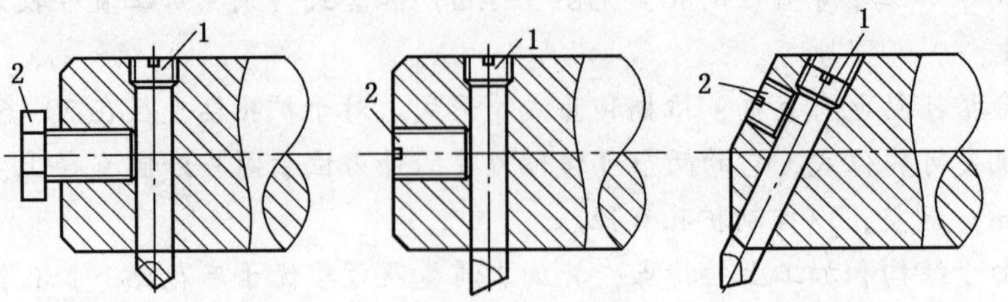

(a) 通孔镗刀　(b) 阶梯孔镗刀　(c) 不通孔镗刀

图 3-16　单刃镗刀

除径向力对镗杆的影响，可以用较大的切削用量，对刀杆刚度要求低，不易振动，所以切削效率高。图 3-18 所示为近年来广泛使用的双刃机夹镗刀，其刀片更换方便，不需重磨，易于调整，对称切削镗孔的精度较高。同时，与单刃镗刀相比，每转进给量可提高一倍左右，生产效率高。

大直径的镗孔加工可选用可调双刃镗刀，其可更换的镗刀头部可作大范围调整，且调整方便，最大镗孔直径可达 1000 mm。

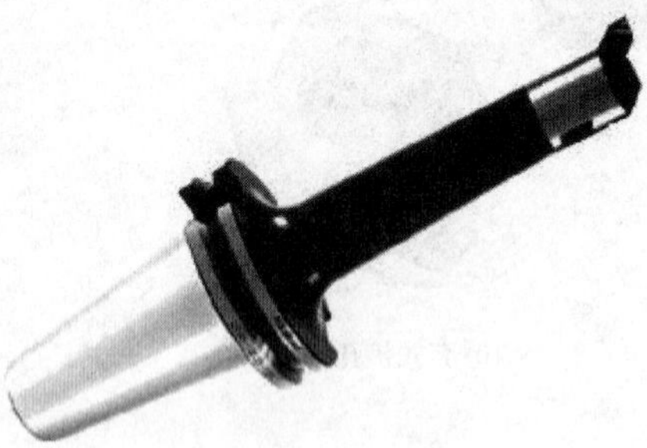

图 3-17　单刃粗镗刀

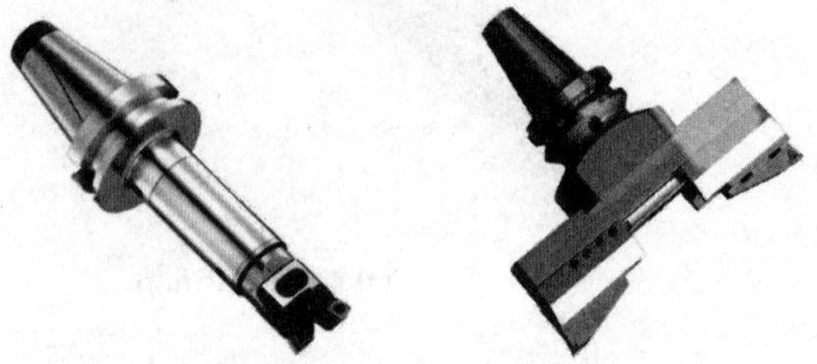

图 3-18　双刃机夹镗刀

图 3-19　微调镗刀

3）微调镗刀

加工中心常用图 3-19 所示的精镗微调镗刀进行孔的精加工。这种镗刀的径向尺寸可以在一定范围内调整，其读数值可达 0.01 mm。调整尺寸时，先松开拉紧螺钉，然后转动带刻度盘的调整螺母，待刀头调整至所需尺寸再拧紧螺钉。此种镗刀的结构比较简单，精度较高，通用性强，刚性好。

4. 铰孔刀具

铰孔是用铰刀对已粗加工的孔进行精加工，也用于磨孔或研孔前的预加工。铰孔只能提高孔的尺寸精度、形状精度和减小表面粗糙度值，而不能提高孔的位置精度。因此，对于精度要求高的孔，在铰削前应先进行减少和消除位置误差的预加工，才能保证铰孔质量。铰孔精度等级可达到 IT7～IT8 级，表面粗糙度值 *Ra* 为 1.6～

0.8 μm。

在加工中心上铰孔时，多采用通用标准铰刀。此外，还有机夹硬质合金刀片的单刃铰刀和浮动铰刀。通用标准铰刀（图 3-20a）有直柄、锥柄和套式（图 3-20b）三种。直柄铰刀直径为 6~20 mm，锥柄铰刀直径为 10~32 mm，小孔直柄铰刀直径为 1~6 mm，套式铰刀直径为 25~80 mm。铰刀工作部分包括切削部分与校准部分。切削部分呈锥形，承担主要的切削工作；切削部分的主偏角为 5°~15°，前角一般为 0°，后角一般为 5°~8°。校准部分的作用是校正孔径、修光孔壁和导向。校准部分包括圆柱部分和倒锥部分。圆柱部分保证铰刀直径和便于测量，倒锥部分可减少铰刀与孔壁的摩擦和减少孔径扩大量。

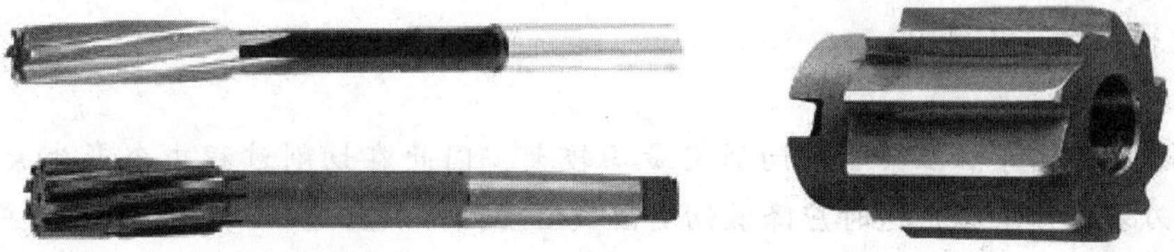

(a) 通用标准铰刀　　(b) 套式铰刀

图 3-20　铰孔刀具

铰刀齿数取决于孔径及加工精度。标准铰刀有 4~12 齿。齿数过多，刀具的制造刃磨较困难，刀具直径一定时刀齿的强度会降低，容屑空间小，容易造成切屑堵塞和划伤孔壁甚至崩刃。齿数过少，则铰削时的稳定性较差，刀齿的切削负荷增大，且容易产生几何形状误差。

5. 锪孔刀具

锪孔是指用锪钻或锪刀刮平孔口平面以及沉孔的加工方法。锪孔时切削速度不宜过高，以免产生直径方向上的振动影响加工精度。锪钻一般有柱形锪钻、锥形锪钻和端面锪钻三种，如图 3-21 所示。

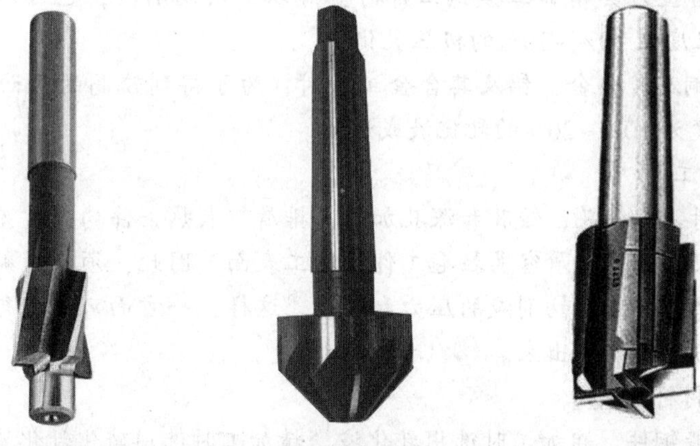

(a) 柱形锪钻　　(b) 锥形锪钻　　(c) 端面锪钻

图 3-21　锪钻

（1）柱形锪钻：主要用于对沉孔的加工，锪钻前端的导柱与工件已有孔为适当间隙配合，以保证良好的定心作用。

（2）锥形锪钻：主要用于对已有孔的倒角加工，常见的锥度锪钻角度有60°、90°、120°等。

（3）端面锪钻：主要用于锪平孔口平面，其端面刀齿为切削刃，小直径的端面锪钻前端有导柱来导向定心，以保证端面与孔轴线的垂直度。

四、切削液的选用

切削液的种类繁多，性能各异，在加工过程中应根据加工性质、工艺特点、工件和刀具材料等具体条件合理选用。

1. 根据加工性质选用

1）粗加工

粗加工时，由于加工余量和切削用量均较大，因此在切削过程中会产生大量的切削热，易使刀具迅速磨损，这时应降低切削区域温度，所以应选择以冷却作用为主的乳化液或合成切削液。

（1）用高速工具钢刀具粗车或铣碳素钢时，应选用浓度为3%~5%的乳化液，也可以选用合成切削液。

（2）用高速工具钢刀具粗车或粗铣合金钢、铜及其合金工件时，应选用浓度为5%~7%的乳化液。

（3）粗车或粗铣铸铁时，一般不用切削液。

2）精加工

精加工时，为了减少切屑、工件与刀具间的摩擦，保证工件的加工精度和表面质量，应选用润滑性能较好的极压切削油或高浓度极压乳化液。

（1）用高速工具钢刀具精加工碳钢工件时，可以不用切削液，也可以用浓度为10%~25%的乳化液或浓度为10%~20%的极压乳化液。

（2）用硬质合金刀具精加工碳钢工件时，可以不用切削液，也可以用浓度为10%~25%的乳化液或浓度为10%~20%的极压乳化液。

（3）精加工铜及其合金、铝及其合金工件时，为了得到较高的表面质量和较高的精度，可以选用浓度为10%~20%的乳化液或煤油。

3）半封闭加工

半封闭加工时，如钻孔、铰孔和深孔加工，排屑、散热条件均非常差，不仅使刀具磨损严重，容易退火，而且切屑容易拉毛工件已加工表面。因此，须选用黏度较小的极压乳化液或极压切削油，并加大切削液的压力和流量。这样，一方面可以进行冷却、润滑，另一方面可以将部分切屑冲刷出来。

2. 根据工件材料选用

（1）对于一般钢件，粗加工时选用乳化液，精加工时选用硫化乳化液。

（2）加工铸铁、铸铝等脆性金属时，为了避免细小切屑堵塞冷却系统或黏附在机床上难以清除，一般不用切削液。但在精加工时，为了提高工件表面加工质量，可选用润滑性好、黏度小的煤油或浓度为7%~10%的乳化液。

（3）加工非铁金属或铜合金时，不宜采用含硫的切削液，以免腐蚀工件。

（4）加工镁合金时，不能用切削液，以免燃烧起火。必要时，可以用压缩空气冷却。

（5）加工难加工材料，如不锈钢、耐热钢等，应选用浓度为10%～15%的极压切削油或极压乳化液。

3. 根据刀具材料选用

（1）高速工具钢刀具。粗加工时选用乳化液；精加工钢件时，选用极压切削油或浓度较高的极压乳化液。

（2）硬质合金刀具。为避免刀片因骤冷或骤热而产生崩裂，一般不使用切削液。如果要使用，必须保证切削液连续充分供应。例如，加工某些硬度高、强度大、导热性差的工件时，由于切削温度较高，会造成硬质合金刀片与工件材料发生黏结和扩散磨损，应加注冷却为主、浓度为2%～5%的乳化液或合成切削液。若采用喷雾加注法，则切削效果更好。

【技能训练】

加工图3-22所示工件上的四个均布中心孔，毛坯尺寸为100 mm×100 mm×20 mm，试编写加工程序。

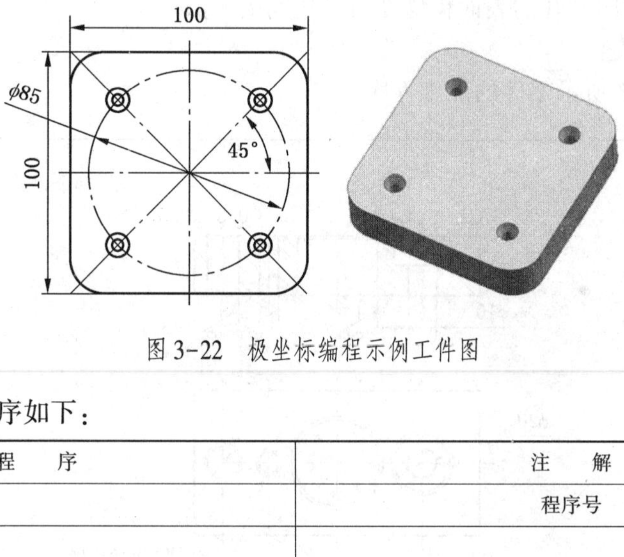

图3-22　极坐标编程示例工件图

编制的加工程序如下：

程　　序	注　　解
O0010;	程序号
N0010　T1　M6;	
N0020　G17　G40　G80　G49;	
N0030　G0　G54　X0　Y0;	
N0040　G0　G43　Z20.0　H01;	
N0050　M3　S1600;	
N0060　G16;	建立极坐标原点
N0070　G81　X42.5　Y45.0　Z-10.0　R5.0　F100;	第一点，极半径42.5　mm，极角45.0°
N0080　Y135.0;	第二点，极半径42.5 mm，极角135.0°
N0090　Y225.0;	第三点，极半径42.5 mm，极角225.0°

（续）

程　序	注　解
N0100　Y315.0；	第四点，极半径 42.5 mm，极角 315.0°
N0110　G15；	取消极坐标
N0120　G80；	取消固定循环
N0130　M05；	
N0140　M30；	

【习题】

一、判断题

1. G73、G83 指令为镗孔循环指令（　　）

2. G81 为钻孔循环指令。（　　）

3. G83 与 G81 指令的区别是，G83 指令用于进行深孔加工，采用间歇进给，有利于断屑。（　　）

4. 在固定循环中，G99 指令是抬刀到起始平面，G98 指令是抬刀到参考平面。（　　）

5. 麻花钻加工时，孔的表面粗糙度值可达到 1.6 μm。（　　）

二、技能实训题

试编写图 3-23 所示零件的加工程序。

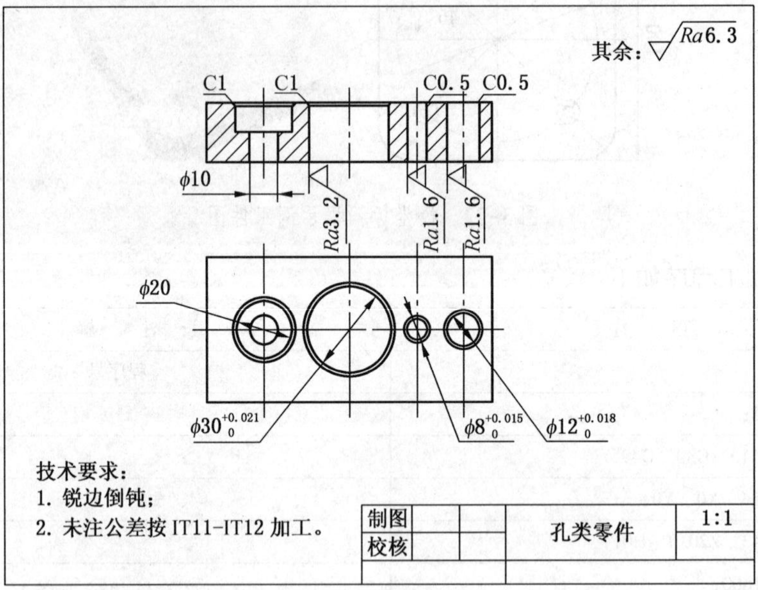

图 3-23　孔类零件

任务二　内外螺纹加工（攻、铣）

【任务描述】

图 3-24 所示零件的外形轮廓以及上下表面均已加工完成，本任务只加工螺纹部分，注意螺纹底孔的确定。为防止丝锥在攻丝时折断，必须选用专用攻丝夹头刀柄。

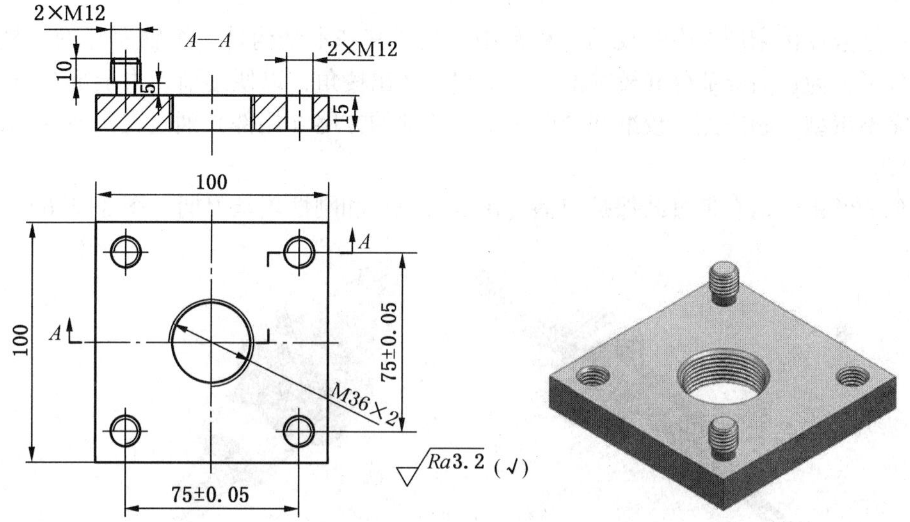

图 3-24　螺纹类工件图

【任务分析】

通过学习和训练掌握螺纹加工的常用指令，螺纹加工常用刀具的结构特点；可以根据所加工的螺纹独立选择合理的刀具，并掌握内螺纹底孔直径的确定方法。

【相关知识】

一、攻螺纹

攻螺纹是内螺纹常见的加工方法，丝锥是用高速工具钢或碳素工具钢制成的多刃成形刀具。在 FANUC Series 0i-MD 数控系统中一般使用固定循环来完成攻螺纹加工，特殊情况下也可以使用 G01 指令完成攻螺纹加工。

1. 丝锥的一般结构

丝锥上开有 3～4 条排屑槽，排屑槽形成了切削刃和前角，如图 3-25 所示。

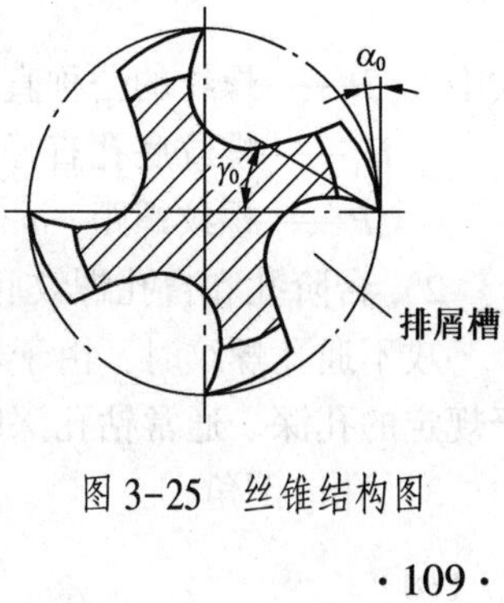

图 3-25　丝锥结构图

2. 丝锥及其刀柄的种类

丝锥的种类很多，主要可分为手用丝锥（图 3-26a）、机用丝锥（图 3-26b）及刚性攻丝丝锥（图 3-26c）三种。机用丝锥是数控机床常用的内螺纹加工刀具，机用丝锥与手用丝锥相比外形基本相同，只是尾柄部和工作部分的同轴度比手用丝锥要求高，另外机用丝锥的尾部有一环槽，用以防止丝锥从夹头中脱落。

(a) 手用丝锥　　(b) 机用丝锥　　(c) 刚性攻丝丝锥

图 3-26　常见丝锥

丝锥是数控机床加工内螺纹的一种常用刀具，其基本结构是一个轴向开槽的外螺纹。螺纹部分可分为切削锥部分和校准部分。切削锥磨出棱角，以便逐渐切去全部余量；校准部分有完整齿型，起修光、校准和导向作用。柄部的方尾（尾部）通过夹头或标准锥柄与机床连接。

常见的丝锥刀柄有带过载保护刀柄（图 3-27a）和刚性攻丝刀柄（图 3-27b）等。

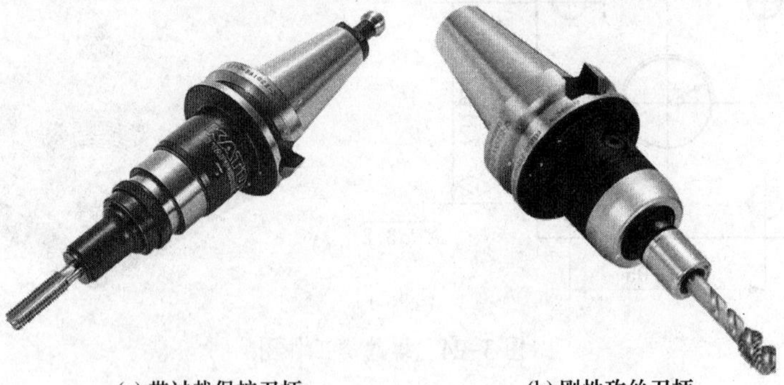

(a) 带过载保护刀柄　　(b) 刚性攻丝刀柄

图 3-27　常见丝锥刀柄

3. 螺纹底孔的工艺要求

1）攻螺纹前孔径 D_1 的确定

为了减少切削抗力和防止丝锥折断，攻螺纹前的孔径必须比螺纹小径稍大一些，普通螺纹攻螺纹前的孔径可根据经验公式计算：

加工塑性材料（如中碳钢）

$$D_1 \approx D-P$$

加工脆性材料（如铸铁）

$$D_1 \approx D-1.05P$$

式中　D——螺纹的公称直径，mm；

D_1——螺纹底孔直径，mm；

P——螺纹螺距，mm。

2）台阶孔和盲孔螺纹底孔深度确定

攻不通孔螺纹时，由于丝锥前端的切削刃不能加工出完整的牙型，所以钻孔深度要大于规定的孔深。通常钻孔深度等于螺纹的有效长度加上螺纹公称直径的 7/10 倍。

3）孔口倒角

孔口处的倒角直径应稍大于螺纹的公称直径。

4. 切削用量的确定

对于塑性材料切削速度 $v_c=2\sim4$ m/min；对于脆性材料 $v_c=4\sim6$ m/min。

5. 攻螺纹时 Z 轴方向起点和终点的确定

在加工中心上攻螺纹时，沿 Z 轴方向应选择安全合理的导入距离 δ_1 和导出距离 δ_2，如图 3-28 所示。一般情况下，根据加工中心传动系统的动态响应特性及螺纹的螺距和加工精度来选择 δ_1 和 δ_2 的数值。一般 δ_1 取（2~3）P，对大螺距和精度高的螺纹取值较大；δ_2 一般取（1~2）P。另外，加工通孔螺纹时，要考虑丝锥前端导向部分的长度和。

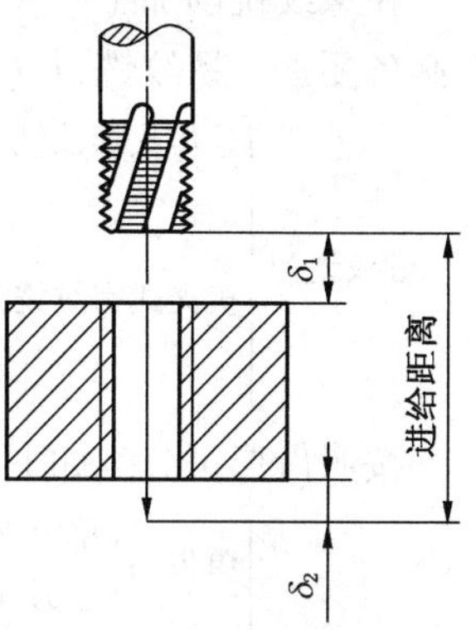

图 3-28 攻螺纹时 Z 轴方向起点和终点的确定图示

6. 攻螺纹指令

格式如下：

$$\begin{Bmatrix}G90\\G91\end{Bmatrix}\underbrace{\begin{Bmatrix}G98\\G99\end{Bmatrix}}_{\text{返回方式}}\begin{Bmatrix}G74\\G84\end{Bmatrix}\underbrace{X\_\ Y\_}_{\text{孔位置数据}}\ \underbrace{Z\_\ R\_\ P\_}_{\text{孔加工数据}}\ ;$$

1）反攻丝循环 G74（图 3-29a）

反攻丝时主轴反转，攻丝至孔底时主轴正转，然后进给至 R 点平面，再快退。

2）攻丝循环 G84（图 3-29b）

攻丝时主轴正转，攻丝至孔底时主轴反转，然后进给至 R 点平面，再快退。

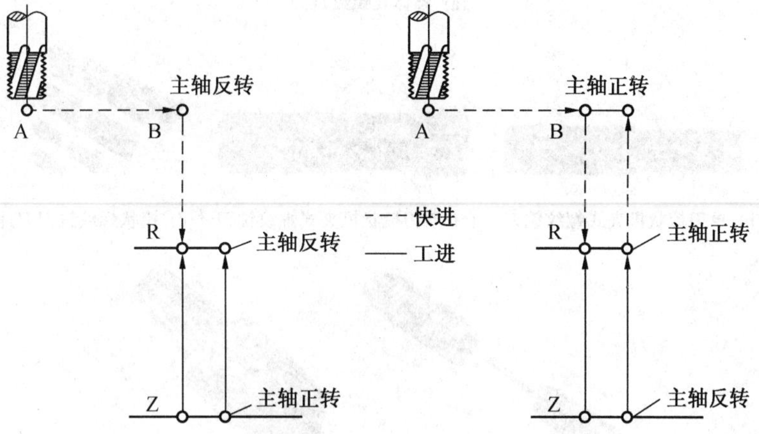

(a) G99、G74 运动过程 (b) G98、G84 运动过程

注：1. 进给量 F=转速(r/min)×螺距(mm)，根据经验 R 点应在工件表面 7 mm 以上的地方。

2. 在指定 G74 之前，应先使用主轴反转。另外，在 G74 与 G84 攻螺纹时，进给率、进给保持功能将被忽略

图 3-29 G74/G84 指令动作图

3）攻螺纹时进给量 F 的确定

当采用 G94 每分钟进给（mm/min）模式时，进给量 F=导程×转速；若采用 G95 每转进给量（mm/r）模式时，进给量 F=导程。

二、螺纹的铣削加工

1. 螺纹铣削常用刀具

在螺纹铣削加工中，加工中心的三种联动功能（X、Y、Z 轴）和螺纹铣削刀具是两个必备要素。螺纹铣刀（图 3-30）的种类纷繁复杂，按照刀具的结构可分类如下：

- 螺纹铣刀
  - 整体式螺纹铣刀→一定为多刃（2、3、4 刃）多齿（如图 3-30a 所示）
  - 机夹式螺纹铣刀→
    - 配单齿刀片→
      - 单刃（类似螺纹车刀，如图 3-30g 所示）
      - 多刃（如图 3-30h 所示）
    - 配梳状多齿刀片→
      - 单刃（单边装一粒刀片，如图 3-30b 所示）
      - 双刃（对称装两粒刀片，如图 3-30c 所示）

按照齿形可分类如下：

- 螺纹铣刀
  - 单齿→
    - 单刃（类似螺纹车刀，如图 3-30g 所示）
    - 多刃（如图 3-30h 所示）
  - 多齿→
    - 整体式螺纹铣刀→一定为多刃（2、3、4 刃，如图 3-30a 所示）
    - 机夹式螺纹铣刀→
      - 单刃（单边装一粒刀片，如图 3-30b 所示）
      - 双刃（双边装两粒刀片，如图 3-30c 所示）

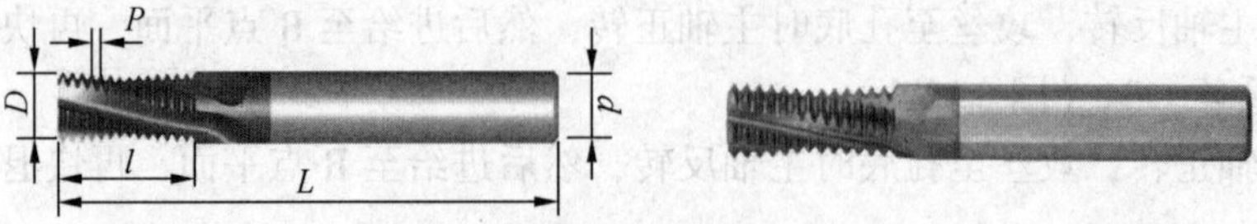

(a) 整体式螺纹铣刀

(b) 单刃梳状机夹式螺纹铣刀

(c) 双刃梳状机夹式螺纹铣刀

(d) 梳状螺纹铣刀刀片

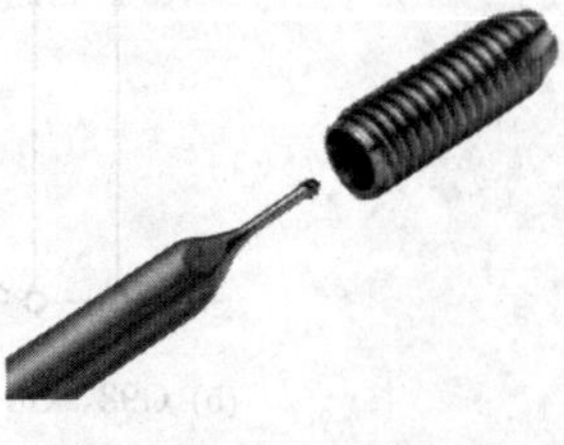

(e) 小直径整体螺纹铣刀

(f) 侧固刀柄

(g) 单刃单齿螺纹铣刀

(h) 单刃多齿螺纹铣刀

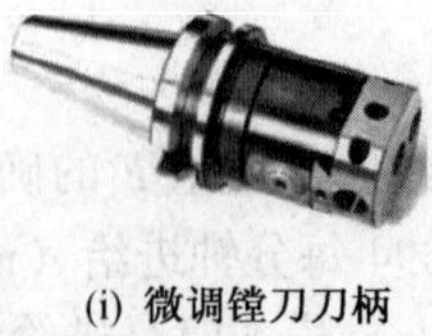

(i) 微调镗刀刀柄

图 3-30　常见螺纹铣刀及刀柄

首先按照刀具的结构分类做一下说明：

(1) 整体式螺纹铣刀。整体式螺纹铣刀最常见的是圆柱螺纹铣刀，其外形很像圆柱立铣刀与丝锥的结合体，但它的螺纹切削刃丝锥截然不同，刀具上没有螺旋角，加工时螺纹螺距完全依靠加工中心的 X、Y、Z 三轴联动来实现，刀具上相邻齿尖之间的距离即为该刀具所能加工的螺纹螺距。

由于结构上的这种特性，整体式螺纹铣刀既可以加工右旋螺纹，也可以加工左旋螺纹，但不适合加工大螺距螺纹；另外，整体式螺纹铣刀的切削刃长度通常应大于被加工螺纹长度。

常用的整体式圆柱螺纹铣刀可分为粗牙螺纹刀和细牙螺纹刀两种。出于对加工效率和寿命的考虑，刀具采用硬质合金制造，并涂覆涂层来提高刀具的使用寿命，可以更好地适应特殊材料的加工需要。该种刀具适合加工钢、铸铁和有色金属的中小直径螺纹，切削状态稳定，使用寿命长。缺点是刀具价格昂贵。

(2) 机夹式螺纹铣刀及其刀片。机夹式螺纹铣刀适用于加工较大直径（$D>25$ mm）的螺纹，其特点是易于制造，价格较低，在一般情况下只有刀片的损耗，刀杆使用寿命较长，具有良好的经济性。少数螺纹铣刀刀片可以双向切削（M3、M4），但由于结构上的限制，其抗冲击性能较整体式螺纹铣刀稍差，因此，双向切削的螺纹铣刀刀片常用于加工铝合金材料。

其次按照刀具的齿形分类说明如下：

表 3-6 为单齿和多齿两种齿形螺纹铣刀的加工特点对比。

表 3-6　单齿和多齿两种齿形螺纹铣刀的加工特点对比

项　目	齿形分类	
	单　齿	多　齿
铣刀中心的旋转角度	N×360°（N—螺纹圈数）	360°
被加工螺纹螺距 P	在一定范围内连续可变（可加工变螺距螺纹）	固定
被加工螺纹的有效长度 H	受刀杆的限制	应小于螺纹铣刀的切削刃长度
进/退刀方式	推荐采用圆弧方式	必须采用圆弧方式

2. 螺纹铣削加工工艺分析

1) 螺旋线插补（G2/G3）

螺纹铣刀有单向切削（M3）与双向切削（M3、M4）之分，它们在加工内、外螺纹时有不同要求和特点，具体见表 3-7 至表 3-10。

表 3-7　单向切削螺纹铣刀加工内螺纹的工艺分析

主轴转向	Z 轴移动方向	螺纹类别			
		右旋螺纹		左旋螺纹	
		插补指令	铣削方式	插补指令	铣削方式
正转（M3）	自上而下	G02	逆铣	G03	顺铣
	自下而上	G03	顺铣	G02	逆铣

表 3-7（续）

说明	1. 单向螺纹铣刀只允许单方向切削（M3）； 2. 机夹式螺纹铣刀适用于较大直径的螺纹加工 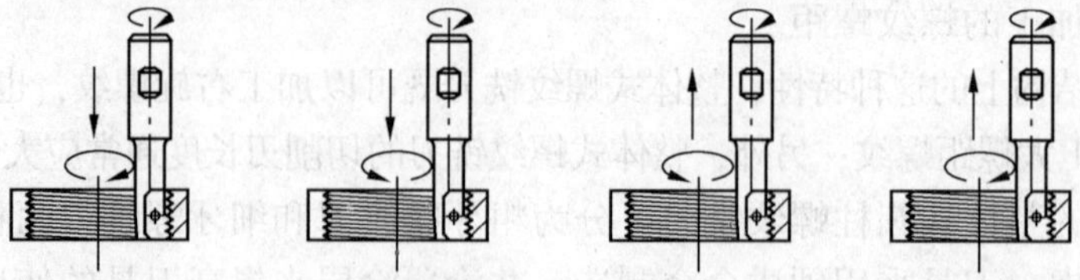 (a) 自上而下 G02 方式加工右旋螺纹　(b) 自上而下 G03 方式加工左旋螺纹　(c) 自下而上 G03 方式加工右旋螺纹　(d) 自下而上 G02 方式加工左旋螺纹

表 3-8　双向切削螺纹铣刀加工内螺纹的工艺分析

主轴转向	Z 轴移动方向	螺纹类别			
		右旋螺纹		左旋螺纹	
		插补指令	铣削方式	插补指令	铣削方式
正转（M3）	自上而下	G03	顺铣		
反转（M4）				G02	顺铣
说明	双向螺纹铣刀允许双方向切削（M3、M4）				

表 3-9　单向切削螺纹铣刀加工外螺纹的工艺分析

主轴转向	Z 轴移动方向	螺纹类别			
		右旋螺纹		左旋螺纹	
		插补指令	铣削方式	插补指令	铣削方式
正转（M3）	自上而下	G02	顺铣	G03	逆铣
	自下而上	G03	逆铣	G02	顺铣
说明	1. 单向螺纹铣刀只允许单方向切削（M3）； 2. 机夹式螺纹铣刀适用于较大直径的螺纹加工 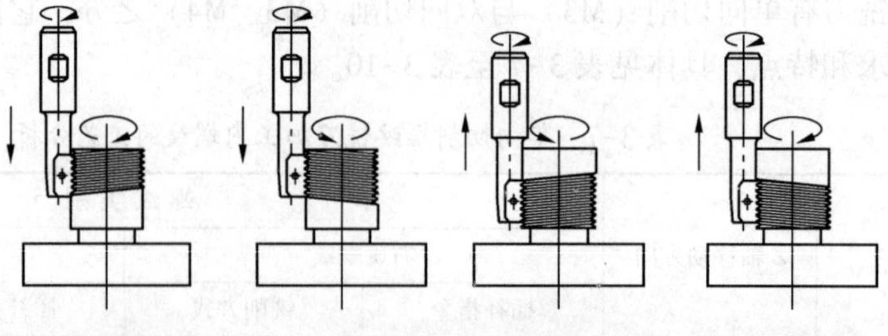 (a) 自上而下 G02 方式加工右旋螺纹　(b) 自上而下 G03 方式加工左旋螺纹　(c) 自下而上 G03 方式加工右旋螺纹　(d) 自下而上 G02 方式加工左旋螺纹				

表 3-10　双向切削螺纹铣刀加工外螺纹的工艺分析

主轴转向	Z 轴移动方向	螺纹类别			
		右旋螺纹		左旋螺纹	
		插补指令	铣削方式	插补指令	铣削方式
正转（M3）	自上而下	G02	顺铣		
反转（M4）				G03	顺铣
说明	双向螺纹铣刀允许双方向切削（M3、M4）				

螺旋线插补的工作过程见表 3-11。

表 3-11　螺旋线插补的工作过程

整体式硬质合金螺纹铣刀或机夹式螺纹铣刀					
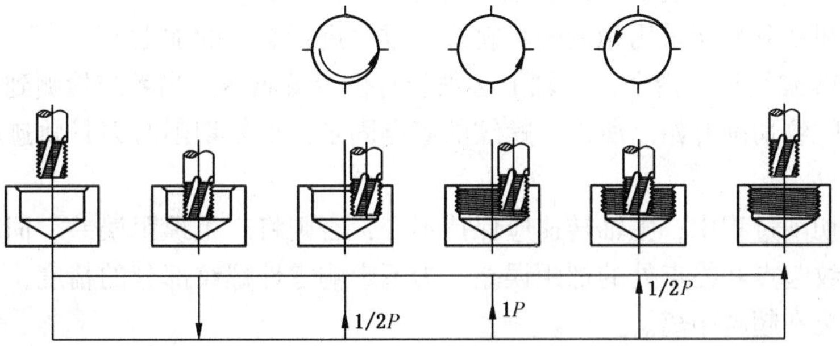					
螺纹底孔	Z 向进给至指定深度	圆弧切入 180°	螺旋铣削 360°，Z 向上升一个螺距	圆弧退出 180°	从已完成的螺纹中退出
为避免螺纹轮廓失真，用于加工标准粗牙螺纹刀具的最大直径一般为被加工螺纹公称直径的 2/3；用于加工标准细牙螺纹刀具的最大直径一般为被加工螺纹公称直径的 3/4					

例　采用单刃梳状螺纹铣刀自下而上加工 M36×1.5 的外螺纹，螺纹大径及退刀槽均已加工完成，试对螺纹部分进行编程。编写的加工程序如下：

程　序	注　解
O0020; N0010　T14　M6; N0020　M3　S2000; N0030　G0　G54　G90　X0　Y0; N0040　G43　Z30　H01　M8; N0050　X32.175　Y0; N0060　G1　Z-17.5　F150; N0070　G1　G41　X32.175　Y15.0; N0080　G3　X17.175　Y0　R15.0; N0090　G2　I-17.175　Z1.5; N0100　G3　X32.175　Y-15　R15.0; N0110　G40　G1　X32.175　Y0;	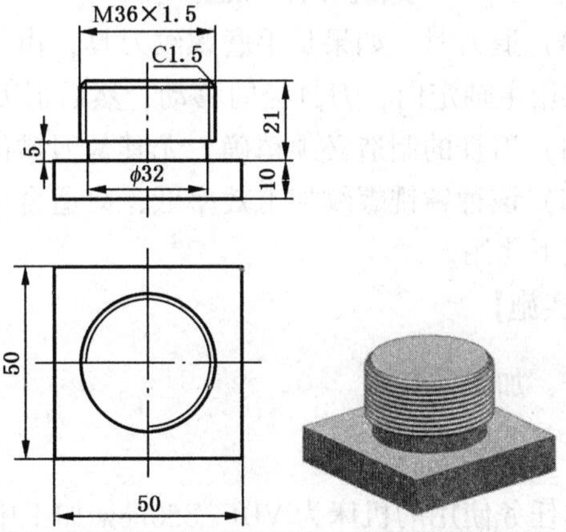

（续）

程　序	注　解
N0120　Z100.0　M9 N0130　G0　G53　Y0; N0140　M5; N0150　M30;	螺纹小径 D_1 = 螺纹公称直径 $D-1.1\times P=34.35$； 单刃梳状螺纹铣刀有效直径为 20 mm，所以圆弧引入半径取 15 mm； 程序起刀点的 X 向坐标为 $34.35/2+15=32.175$

2）等导程螺纹切削方式（G33）

（1）指令格式。G33 指令可以加工等导程螺纹，其指令格式如下，它以 F 代码后所附的数值为螺纹的导程：

G33 IP____F____；

其中，IP 为终点的坐标，F 为 Z 轴方向的导程。

通常，从粗切到精切采用相同刀具轨迹，重复进行螺纹的加工。

要执行 G33 螺纹加工指令，主轴上必须装有位置编码器。当系统检测到位置编码器的一转信号时，螺纹切削开始。所以，螺纹的起点固定，重复切削时刀具轨迹不变，保证不乱扣。

注意：在切削过程中，主轴转速应保持不变，否则将产生螺距误差。伺服系统的迟滞现象会导致螺纹起点和终点处的螺距误差，为不影响零件螺纹部分的精度，在实际应用中要加上引入距离和超越距离。

螺纹切削时，进给速度倍率无效，系统自动强行固定在 100%，而且进给暂停也无效。若在切削过程中进给保持按钮被按下，刀具将在指令段的终点停止，以保证完成螺纹加工的指令段。

（2）G33 指令对主轴转速有以下限制：

$$1 \leqslant n \leqslant \frac{v_{\mathrm{fmax}}}{P_{\mathrm{h}}}$$

式中　n——主轴转速，r/min；

v_{fmax}——最大进给速度，mm/min；

P_{h}——螺纹导程，mm。

（3）退刀时，如果是手磨螺纹刀具，由于刀具不可能刃磨对称，不能采用反转退刀，必须采用主轴定向，刀具径向移动，然后退刀。

（4）刀杆的制造必须精确，尤其是刀槽位置要保证一致，否则会产生乱扣现象。

（5）该种镗铣螺纹加工效率低，只适合单件生产或有特殊要求的螺纹抑或没有相应刀具情况下使用。

【任务实施】

一、加工准备

1. 加工设备

本任务使用的机床为 VDF-850new 加工中心 FANUC Series 0i-MD 数控系统。

2. 刀具清单

刀具清单见表 3-12。

表 3-12　螺纹类工件刀具清单

加工内容	刀具规格	刀具材料	$n/(r \cdot min^{-1})$	$v_f/(mm \cdot min^{-1})$	a_p/mm
钻中心孔	A3 中心钻	高速钢	1600	100	$D/2$
钻削螺纹底孔	ϕ10.3 mm 麻花钻	高速钢	1000	150	$D/2$
铣削螺纹底孔	ϕ16 mm 立铣刀	高速钢	1200	240	
攻 M12 内螺纹	M12 丝锥	高速钢	200	350	1.14
铣削 M12 外螺纹	P1.75 螺纹梳刀	硬质合金	2000	160	1.14
镗削 M36×2 内螺纹	单齿螺纹刀	硬质合金	400	600	分 4 次进给

注：1. 工件中间的孔已提前粗加工出 1 mm 余量。

2. 表中的 D 指刀具（钻头）直径。

二、加工步骤

本例两处 M12 外螺纹的圆柱体均已提前加工完毕，只对其进行外螺纹的铣削加工，加工工序见表 3-13。

表 3-13　外螺纹铣削加工工序

序号	加 工 内 容	工序示意图
1	采用 A3 中心钻进行孔的定位，以保证各孔之间的位置精度	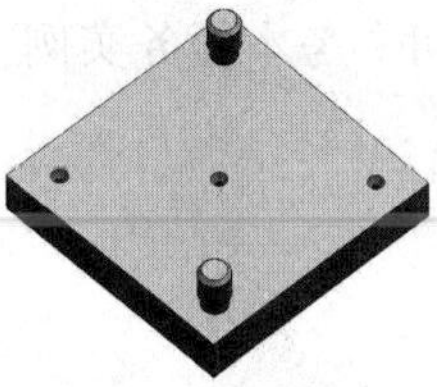
2	直接用 ϕ10.3 mm 麻花钻加工出 M12 内螺纹底孔	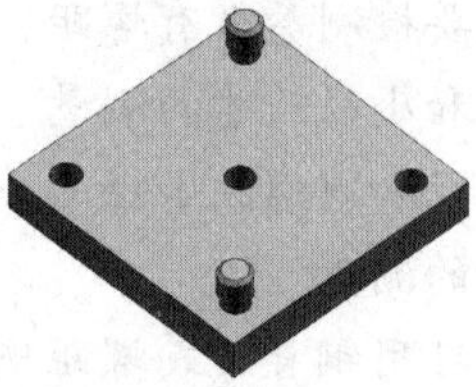
3	用 ϕ16 mm 立铣刀铣孔至 ϕ34 mm	

表 3-13（续）

序号	加 工 内 容	工序示意图
4	用 M12（$P=1.75$ mm）的丝锥攻螺纹	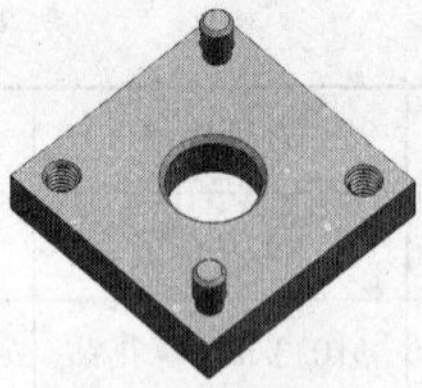
5	用 $\phi20$ mm 螺纹梳刀（$P=1.75$ mm）铣削 M12 外螺纹	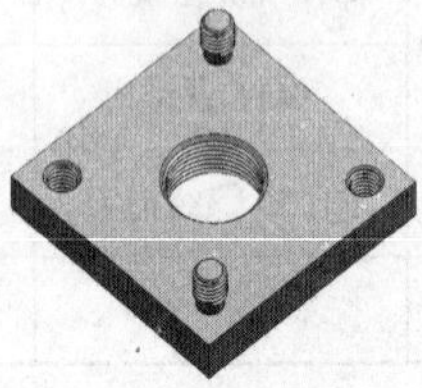
6	用单齿螺纹刀加微调镗刀的组合镗削 M36×2 的内螺纹	

三、编制数控加工程序

程序编制可参考本任务实例，这里不再复述。

知识拓展

螺纹零件检验

螺纹的主要检测参数有螺距、大径、小径和中径尺寸。

一、大径和小径尺寸的测量

外螺纹大径和内螺纹小径的公差一般较大，所以可选用游标卡尺或千分尺测量。

二、螺距的测量

螺距一般可用钢直尺或螺距规测量。普通螺纹的螺距一般较小，所以采用钢直尺测量时最好测量 10 个螺距的长度，然后除以 10 得出一个螺距的准确值。

三、中径的测量

对于精度高的普通螺纹，可用螺纹千分尺（图 3-31）直接测量，所测的读数即是螺纹中径的实际尺寸。

四、综合测量

综合测量是指使用螺纹塞规或螺纹环规的通止规（图 3-32）综合检测内、外普通螺纹是否合格。使用螺纹量规时，应根据所加工螺纹精度等级选择量规。

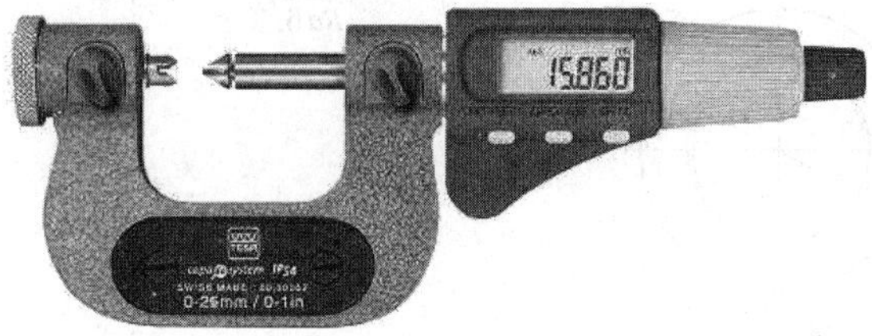

图 3-31　螺纹千分尺

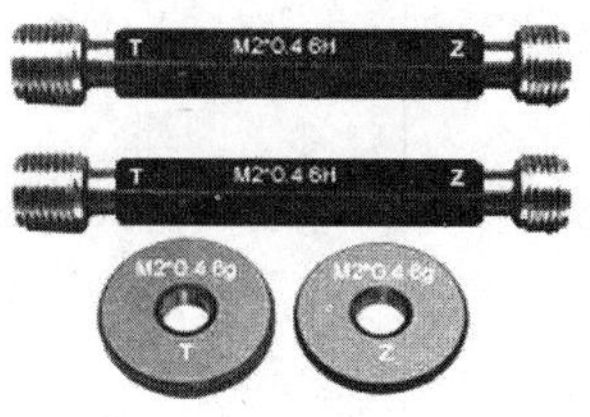

图 3-32　螺纹通止规

【技能训练】

例　使用微调镗刀应用 G33 指令编写 M40×1.5 深度 30 mm 的内螺纹程序。

（1）数值计算。M40×1.5 内螺纹的牙型工作高度为 $0.6495\times P=0.97425\approx0.98$ mm，螺纹刀尖半径约为 0.22 mm，内螺纹底孔直径为 38.5 mm。为防止刀尖损坏，本例分四次镗削螺纹，单边侧吃刀量依次为 0.4 mm、0.3 mm、0.2 mm 和 0.08 mm。

（2）编制程序。

程　　序	注　　解
O0021；	程序号
N0010 T1 M6；	换螺纹镗刀
N0020 G17 G40 G80 G49；	程序初始化
N0030 G0 G54 X0 Y0；	刀具快速定位到螺纹孔上方
N0040 G0 G43 Z10.0 H01 M8；	建立刀具长度补偿，刀具快速定位到工件上表面 10 mm 处，切削液开
N0050 M3 S400；	主轴正转，400 r/min
N0060 G04 X2.0；	延时 2 s，使主轴达到要求转速
N0070 G33 Z-35.0 F1.5；	第一次粗镗削螺纹，背吃刀量为 0.4 mm
N0080 M19；	主轴准停，刀尖指向 X 正向
N0090 G0 X-2.0；	让刀
N0100 Z10.0；	退刀
N0110 X0 M0；	程序暂停，调整刀具，为第二次粗镗作准备
……	
N0300 M05；	主轴停止
N0310 M30；	程序结束

【习题】

一、判断题

1. 使用 G84 指令攻螺纹时，进给速度要根据零件材料确定。（　　）

2. 用 G84 指令攻螺纹时，没有 Q 参数。（　　）

二、技能实训题

试编写图 3-33 所示零件的加工程序。

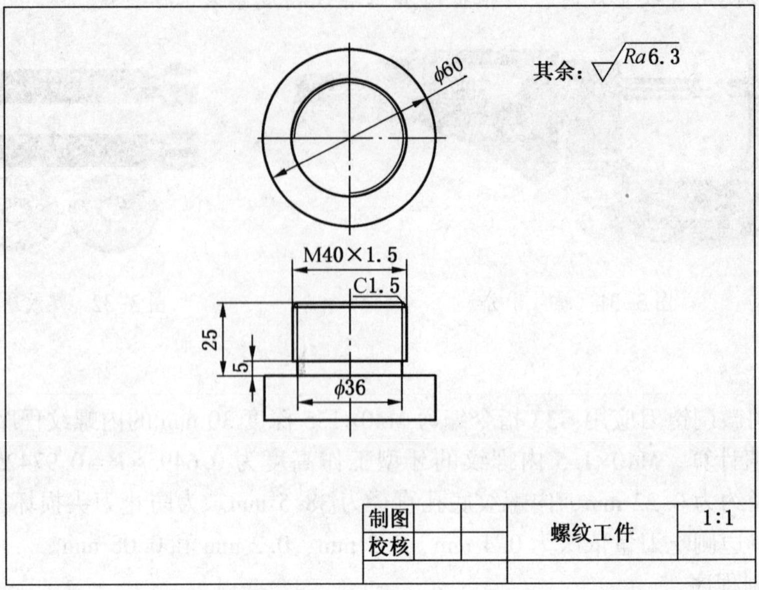

图 3-33　螺纹工件

任务三　槽类零件加工

【任务描述】

图 3-34 所示是一传动轴，传动轴车削工艺已完成，在加工中心上只完成键槽的粗、精加工。其中，键槽的加工工艺、刀具的合理选用及切削用量的优化是本任务的重点和难点。

【任务分析】

通过学习和训练掌握手动分度头的使用方法；掌握键槽加工工序的安排路线和程序编制及键槽的检测方法。

【相关知识】

一、手动分度头

手动分度头是安装在铣床或加工中心上用于将工件分成任意等份的机床附件，利用分度刻度环和游标、定位销和分度盘以及交换齿轮，将装卡在顶尖间或卡盘上的工件分成任意角度，可将圆周分成任意等份，辅助机床利用各种不同形状的刀具进行各种沟槽、正齿轮、螺旋正齿轮、阿基米德螺线凸轮等的加工工作，如图 3-35 所示。

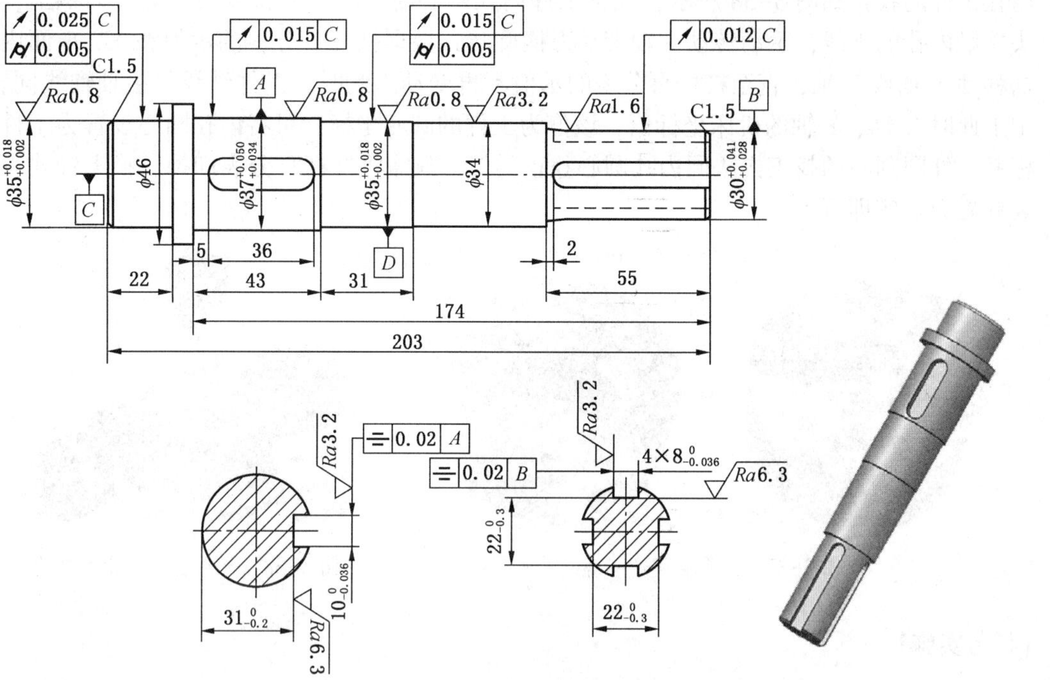

图 3-34　传动轴零件图

二、数控分度头

数控分度头采用 AC 或 DC 伺服器马达驱动，复节距蜗杆蜗轮组机构传动，使用油压环抱式锁紧装置，再加上扎实的刚性密封结构。数控分度头广泛适用于铣床、钻床及加工中心。配合加工中心数控系统四轴操作界面，可作联动四轴加工，如图 3-36 所示。

图 3-35　手动分度头

图 3-36　数控分度头

三、三爪自定心卡盘（图 3-37）

在加工中心上，圆柱毛坯的工件一般采用三爪自定心卡盘进行装夹，利用压板将三爪自定心卡盘压紧在工作台面上，使其轴线与机床工作台面垂直。三爪自定心卡盘装夹圆柱内孔工件的找正如图3-38所示，找正工件内孔圆心时，将杠杆百分表装夹在刀柄上，触头接触内孔的素线，手动转动主轴带动刀柄旋转，根据杠杆百分表的示值在XY平面内手摇移动X轴或Y轴，直至杠杆百分表的示值不再变动。此时，工件轴线与主轴轴线同轴，记下此时X轴、Y轴的机床坐标值，该值为工件的圆心坐标，可将内孔圆心设置为工件坐标系。外圆圆心的找正方法同内孔圆心找正类似，只需将杠杆百分表卸掉，换上钟式百分表和磁力表座即可。

图3-37　三爪自定心卡盘

图3-38　三爪自定心卡盘找正

【任务实施】

一、加工准备

1. 加工设备

本任务使用的机床为VDF-850new加工中心FANUC Series 0i-MD数控系统。

2. 刀具清单

刀具清单见表3-14。

表3-14　槽类零件刀具清单

加工内容	刀具规格	刀具材料	$n/(\mathrm{r\cdot min^{-1}})$	$v_f/(\mathrm{mm\cdot min^{-1}})$	a_p/mm
钻中心孔	A3中心钻	高速钢	1600	100	$D/2$
封闭键槽预钻孔	ϕ9.6 mm麻花钻	高速钢	1000	150	$D/2$
铣削封闭键槽	ϕ8 mm立铣刀	高速钢	1000	240	
铣削4个轴端键槽	ϕ6 mm立铣刀	高速钢	1200	350	

注：表中D指刀具（钻头）直径。

二、工件的装夹

1. 夹具的选取

本任务的工件使用三爪自定心卡盘和万能分度头以及尾座进行装夹，如图3-39所示。

2. 夹具的调整

安装图3-39所示的三爪自定心卡盘和万能分度头以及尾座。

(1) 清理干净工作台面，擦拭干净三爪自定心卡盘、万能分度头、尾座底面和紧固螺栓等。

(2) 将三爪自定心卡盘按图 3-39 所示的方式安放在分度头上。

(3) 用紧固螺栓将分度头连接在工作台上，然后将紧固螺栓紧到稍感阻力的状态，为找正作准备。

(4) 用三爪自定心卡盘夹持住检验棒，夹紧力适中。尾座安装距离根据被加工工件长度确定。

(5) 把钟式百分表通过磁力表座吸附到主轴端面上，通过移动 X 轴找正检验棒上母线和相隔 90°的侧母线。在找正过程中使用铜棒调整分度头和尾座在机床中的位置，如图 3-40 所示。

(6) 设定工件左端面与回转轴线的交点处为工件坐标系原点。

图 3-39　三爪自定心卡盘和万能分度头以及尾座的装夹

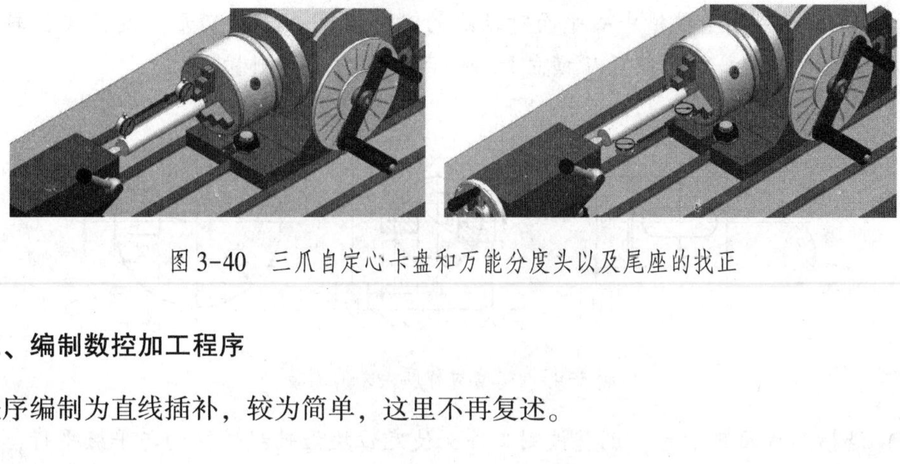

图 3-40　三爪自定心卡盘和万能分度头以及尾座的找正

三、编制数控加工程序

程序编制为直线插补，较为简单，这里不再复述。

知识拓展

对称度误差的检验

一、壁厚测量法

如图 3-41 所示，在零件两端分别测量出壁厚尺寸 A、B、C、D，一端的误差为 $f_1=|A-B|$，另一端的误差为 $f_2=|C-D|$，以 f_1、f_2 中较大值作为该零件的对称度误差。

二、在检验平台上打表法

图 3-42 所示为用打表法测量面对面的对称度误差。用百分表对被测表面的各点进行测量，翻转零件后，用同样的方法测量另一面，测量截面内的对应两测量点最大示值的差

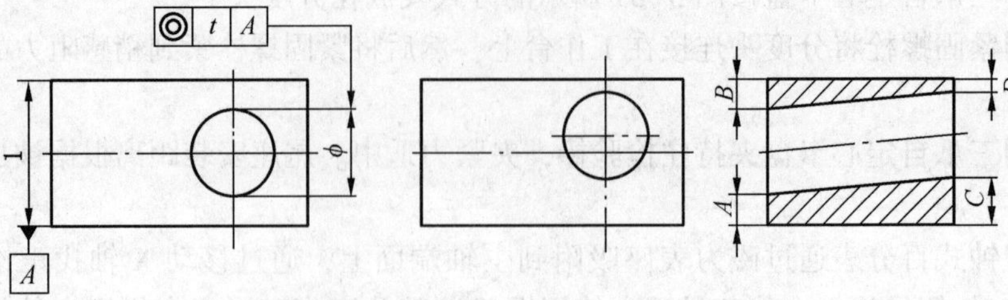

图 3-41　用壁厚测量法测量对称度误差

就是对称度误差。

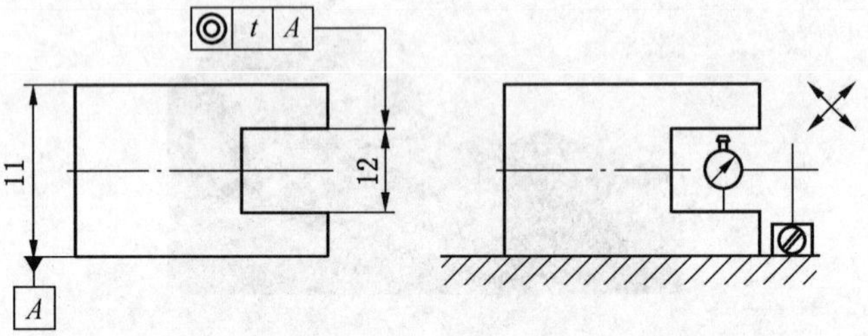

图 3-42　用打表法测量面对面的对称度误差

图 3-43 所示为测量键槽中心平面对轴线的对称度误差。用 V 形架定位工件轴线，用定位块模拟被测中心平面，然后从横向和轴向两个方向进行测量。

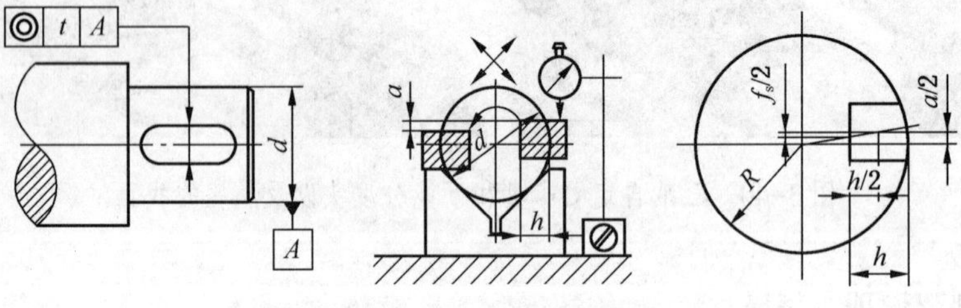

图 3-43　键槽对称度误差的测量

（1）沿横向截面测量时，调整被测工件，使定位块沿轴线的径向与平板平行，测量定位块上表面各点的值。将被测工件旋转 180°后重复上述测量，得到该截面上、下两对应点的高度差 a，则该截面的对称度误差为

$$f_s = \frac{ah}{d-h}$$

式中　h——槽深，mm；

　　　d——轴的直径，mm。

（2）沿轴向测量时，以定位块表面沿键槽长度方向两点的最大读数作为轴向的对称度误差，即

$$f_1 = a_{max} - a_{min}$$

取 f_1、f_s 中的较大者作为该工件的对称度误差。

【习题】

一、判断题

1. 数控机床一般分为开环和闭环两种方式。(　　)

2. 在数控加工中心编程指令中，不一定只有采用 G91 方式才能实现增量方式编程。(　　)

3. M19 是加工中心自动换刀主轴准停控制代码。(　　)

4. 由于数控铣削加工零件时，加工过程是自动的，所以选择毛坯余量时要考虑充足的余量和尽可能均匀。(　　)

5. 固定循环是预先存储一系列运动操作，用来控制机床的位移或主轴运转。(　　)

6. 数控机床回参考点用 G28 指令。通常先回 X、Y 轴再回 Z 轴。(　　)

7. 板类取料零件的加工，先加工内部所有尺寸到位、调整压板锁紧工件再取下外轮廓。(　　)

8. G0、G1、G2、G3、G4 指令全是模态的。(　　)

9. 绝对编码器数控机床开机后，必先进行返回参考零点操作。(　　)

10. 卧式加工中心不适宜加工箱体类零件。(　　)

11. 数控铣床取消刀补应采用 G40 代码，例如 G40　G02　X20.0　Y0　R10.0，该程序段执行后刀补被取消。(　　)

12. 铣削零件轮廓时进给路线对加工精度和表面质量无直接影响。(　　)

二、选择题

1. FANUC Series 0i-MD 数控系统中，程序段 G04　P1000 中，P 指令是（　　）。

A. 子程序号　　B. 缩放比例　　C. 暂停时间　　D. 循环参数

2. FANUC Series 0i-MD 数控系统中，已知 G54.00 中的值为 10，执行程序段 G90　G54　Z-18.0 后，刀具实际运动到的位置是（　　）。

A. Z-8.0　　B. Z-7.0　　C. Z-29.0　　D. Z-25.0

3. 用 FANUC Series 0i-MD 数控系统编程，对一个厚度为 15 mm，Z 轴坐标零点位于零件下表面上，在（30，30）坐标点位置处钻一个深 10 mm 的孔，则指令为（　　）。

A. G85　X30.0　Y30.0　Z5.0　R15　Q4　F50

B. G81　X30.0　Y30.0　Z5.0　R20　Q4　F50

C. G81　X30.0　Y30.0　Z5.0　R15　F50

D. G83　X30.0　Y30.0　Z5.0　R22　Q4　F50

4. 铣螺旋槽时，必须使工件作等速转动的同时，再作（　　）移动。

A. 匀速直线　　B. 变速直线　　C. 匀速曲线　　D. 变速曲线

5. 同一被测平面的平面度和平行度公差值之间的关系，一定是平面度公差值（　　）平行度公差值。

A. 等于　　B. 大于　　C. 小于　　D. 大于或小于

6. 数控机床适于（　　）生产。

A. 大型零件　B. 小型零件　C. 小批复杂零件　D. 高精度零件

7. 加工中心上加工的既有平面又有孔系的零件常见的是（　　）零件。

A. 支架类　B. 箱体类　C. 盘、套、板类　D. 凸轮类

8. 数控机床的旋转轴之一 A 轴是绕（　　）直线轴旋转的轴。

A. X 轴　B. Y 轴　C. Z 轴　D. W 轴

9. 加工中心加工的外形不规则异形零件是指（　　）零件。

A. 拔叉类　B. 模具类　C. 凸轮类　D. 支架类

10. 数控加工编程前要对零件的几何特征如（　　）等轮廓要素进行分析。

A. 平面　B. 直线　C. 轴线　D. 曲线

11. 电风扇的叶片扭曲面的加工属于（　　）。

A. 二轴半联动加工　B. 三轴联动加工

C. 四轴联动加工　D. 五轴联动加工

12. 曲率变化不大，精度要求不高的曲面轮廓，宜采用（　　）。

A. 两轴联动加工　B. 两轴半加工

C. 三轴联动加工　D. 四轴联动加工

任务四　支架箱体零件加工

【任务描述】

加工图 3-44 所示的支架箱体类零件。支架箱体类零件是机器或部件的基础零件，支架箱体类零件装有轴、轴承、齿轮等相关部件，将其连接成部件或机器。因此，支架箱体类零件的加工质量至关重要，它直接影响机器的装配精度、工作精度、使用性能和机器使用寿命。

【任务分析】

通过学习和训练掌握支架箱体类零件加工工艺的制定方法；掌握支架箱体类零件的加工方法和轴架类零件的测量方法。

【相关知识】

一、支架箱体类零件的结构特点和技术要求

图 3-44 所示零件属于中小批量生产，零件的材料为 HT200。轴架类零件与箱体类零件的结构较为相似，其结构复杂，加工表面主要是平面和孔。因此，主要对平面和孔的技术要求进行分析。

1. 平面的精度要求

该零件的设计基准是其底平面，它有较高的平面度和较小的表面粗糙度值要求。

2. 孔系的主要技术要求

轴架上有孔间距和同轴度要求的一系列孔称为孔系。本轴架的孔系是三组轴承支承孔，用于安装轴承。为保证轴架孔与轴承外圈的配合精度及轴的回转精度，孔的尺寸精度为 IT6，孔的同轴度应由尺寸精度控制；为保证箱体中轴和轴之间的位置精度，对轴架孔

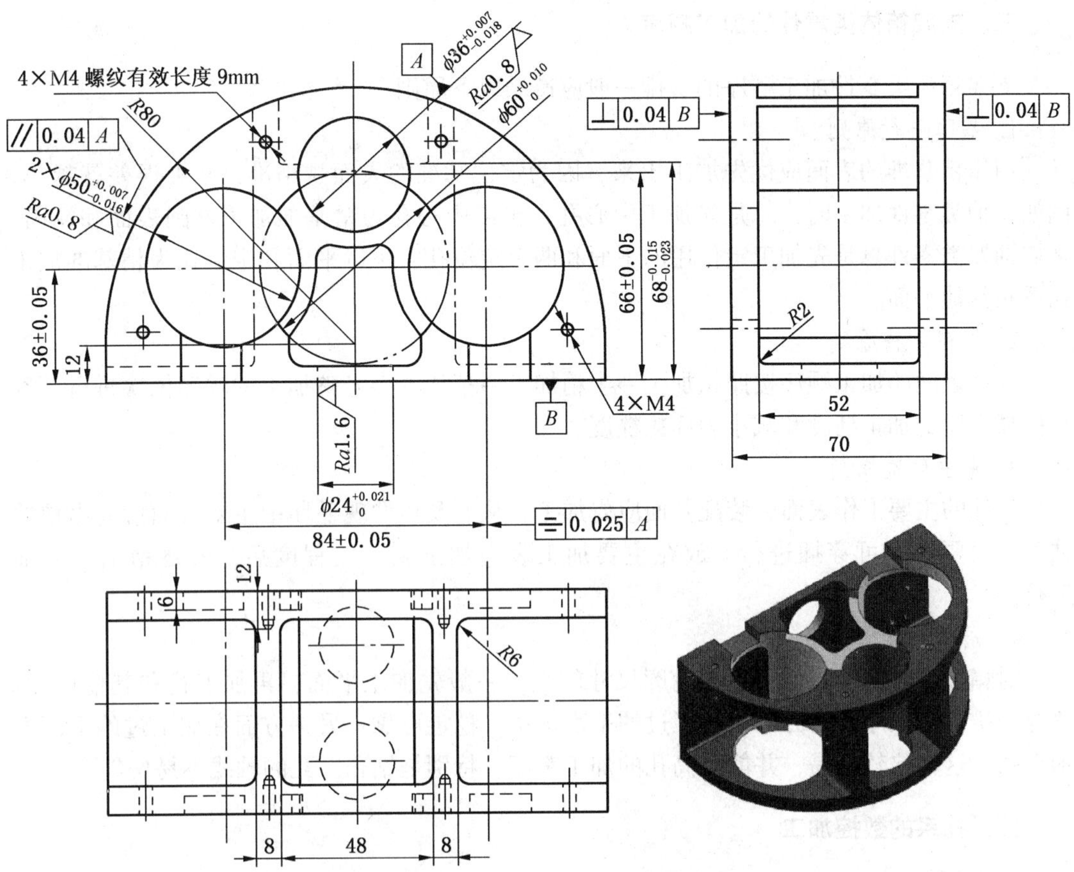

图 3-44　支架箱体类零件

轴线间距尺寸及各孔轴线的平行度都有较高的要求。

3. 孔系与平面间的位置精度

孔系的位置精度由尺寸（84±0.05）mm、（65±0.05）mm、（36±0.05）mm 控制。

二、支架箱体类零件加工定位基准的选择

1. 粗基准的选择

选择粗基准时，必须达到以下两个基本要求：其一应保证所有加工表面都有足够的加工余量；其二应保证工件的加工表面和不加工表面之间具有一定的位置精度。粗基准选择原则如下：

（1）当加工表面与不加工表面有位置精度要求时，应选择不加工表面为粗基准。

（2）对所有表面都需要加工的工件，应选用余量小的表面找正，这样不会因位置的偏移而造成余量太少的部位加工不出来。

2. 精基准的选择

选择精基准主要是为了保证加工精度，一般优先考虑基准重合原则，本零件的设计基准是底平面和 ϕ36 孔的轴线。根据基准重合原则，选设计基准为精基准。

三、支架箱体类零件的加工顺序

支架箱体类零件加工顺序的安排一般应遵循以下原则。

1. 基面先行原则

用作精基准的表面应优先加工出来，因为定位基准的表面越精准，装夹误差就越小。例如，轴类零件加工时，总是先加工中心孔，再以中心孔为精基准加工外圆表面和端面。又如轴架类零件总是先加工定位用的平面和两个定位孔，再以平面和定位孔为精基准加工孔系和其他平面。

2. 先粗后精原则

各个表面的加工顺序按照粗加工→半精加工→精加工→光整加工的顺序依次进行，逐步提高表面的加工精度和减小表面粗糙度。

3. 先主后次原则

零件的主要工作表面、装配基面应先加工，从而及早发现毛坯中主要表面可能出现的缺陷。次要表面可穿插进行，放在主要加工表面加工到一定程度后，最终精加工之前进行。

4. 先面后孔原则

对箱体、轴架类零件，平面轮廓尺寸较大，一般先加工平面，再加工孔和其他尺寸。这样安排加工顺序，一方面用加工过的平面定位，稳定可靠；另一方面在加工过的平面上加工孔，这样比较容易，并能提高孔的加工精度，特别是钻孔，孔的轴线不易偏斜。

四、孔系的数控加工

选择在立式加工中心上加工减速箱体的孔系，加工中心的自动换刀系统使得一次装夹可完成钻、扩、铰、镗、铣、攻螺纹等加工，减少了装夹次数，符合工序集中的原则，提高了生产率。

五、加工箱体的工艺过程

支架箱体类零件的加工工艺过程见表 3-15。

表 3-15　支架箱体类零件的加工工艺过程

工序号	工序名称	工序内容	定位基准	设备
1	铸造			
2	热处理	人工时效处理		
3	划线			
4	铣削	铣削底平面、两个孔及两侧面	轴孔	普通铣床
5	铣、钻孔及槽加工	加工其余平面及孔	底平面	加工中心
6	钳	去毛刺		钳工工作台
7	清洗			清洗机
8	检验			三坐标测量机

【任务实施】

一、加工设备

本任务使用的机床为 VDF-850new 加工中心 FANUC Series 0i-MD 数控系统。

二、确定工件坐标系及其原点

采用螺钉、压板、直角弯板等装夹工件（图 3-45）。工件的底平面及其两个孔均已加工完毕。首先将直角弯板和加工中心工作台擦拭干净，将直角弯板用适当力固定在工作台上；然后把钟式百分表通过磁力表座吸附在主轴上，移动各轴调整百分表接触直角弯板。移动 X 轴，根据指针的指示用铜锤轻轻敲击弯板调整至弯板与 X 轴平行，与工作台垂直即可。最后拧紧各螺栓，防止直角弯板在加工过程中受到切削力而松动。轴架工件装夹采用开口插板方便了工件的装卸，提高了工作效率，图 3-46 所示的夹具为开口插板。工件坐标系设置在底平面与上表面交线的中点处，如图 3-47 所示。

图 3-45　支架箱体类零件装夹

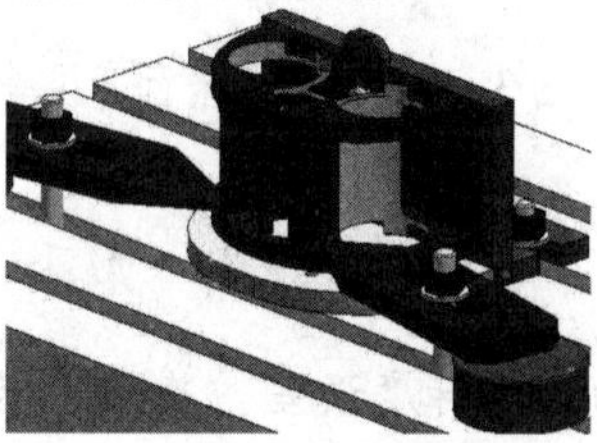

图 3-46　开口插板

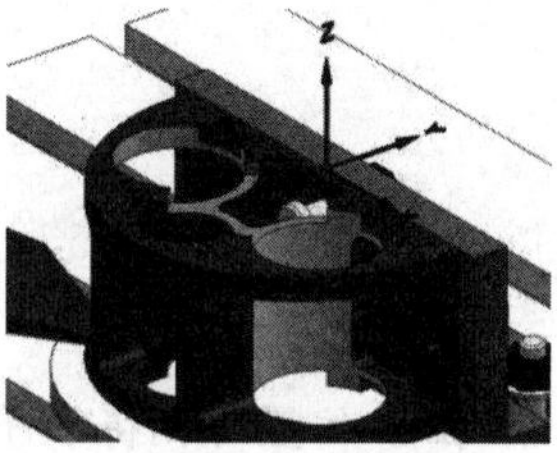

图 3-47　工件坐标系设置

知识拓展

零件的检测

一、平行度误差检测

（1）面对面平行度误差检测。如图 3-48a 所示，将被测工件置于检验平板上，使指示器沿各个方向移动，其最大与最小读数之差即为平行度误差。其中，检验平板用以模拟理想的基准。

（2）线对面平行度误差检测。如图 3-48b 所示，用心轴模拟被检测轴线，平板模拟理想基准平面，指示器距离在 L_2 的两处测得 M_1 和 M_2 值，则线对面的平行度误差为

$$f = \frac{L_1}{L_2}|M_1 - M_2|$$

（3）面对线平行度误差检测。如图 3-49 所示，用心轴模拟基准轴线，用两等高 V 形架作固定支承（也可以用两等高顶尖支承）。转动零件，使 $L_3 = L_4$（确定理想平面的位置）。沿各个方向移动指示器，其最大与最小读数之差为该零件的平行度误差。

（4）线对线平行度误差检测。如图 3-50 所示，用两心轴分别模拟被测轴线与基准轴线，用两等高 V 形架支承基准心轴，在 90°位置可以测得垂直方向的平行度误差，其值 f_1 为

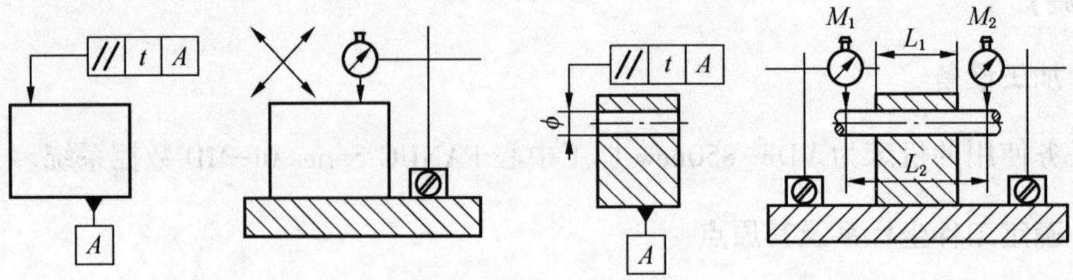

(a) 面对面平行度误差检测　　(b) 线对面平行度误差检测

图 3-48　平行度误差检测

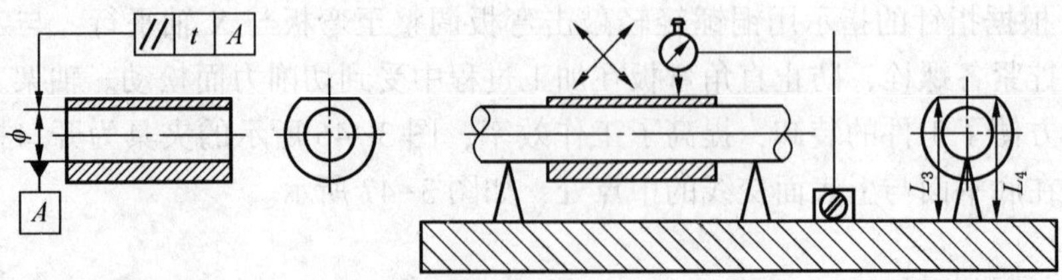

图 3-49　面对线平行度误差检测

$$f_1 = \frac{L_1}{L_2}|M_1 - M_2|$$

在 0°位置可测得水平方向的平行度误差，其值 f_2 为

$$f_2 = \frac{L_1}{L_2}|M_3 - M_4|$$

而任意方向的平行度误差可按下式近似计算：

$$f = \sqrt{f_1^{\,2} + f_2^{\,2}} = \frac{L_1}{L_2}\sqrt{(M_1 - M_2)^2 + (M_3 - M_4)^2}$$

若用 V 和 H 分别表示垂直和水平测位符号，则

$$f = \frac{L_1}{L_2}\sqrt{(M_{1V} - M_{2V})^2 + (M_{1H} - M_{2H})^2}$$

任意方向上平行度误差的检测，在 0°～180°的范围内测量比较准确，按上述方法在若干不同的角度位置进行测量，以其中最大值作为任意方向的平行度误差。

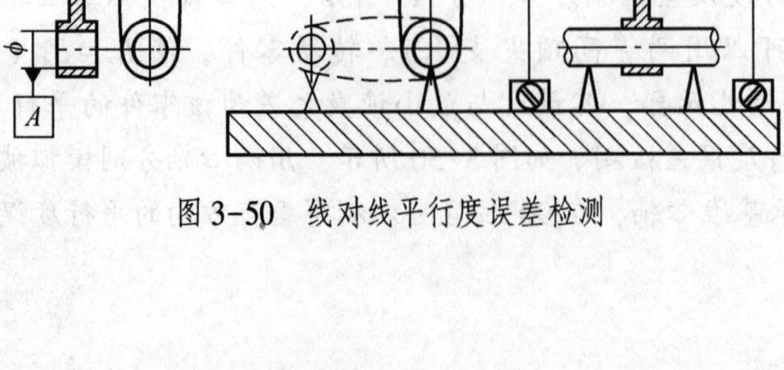

图 3-50　线对线平行度误差检测

二、垂直度误差检测

(1) 面对面垂直度误差检测。如图 3-51 所示，将被检测工件用直角座（或方箱）靠紧，此时直角座为垂直面模拟基准。调整被测面，使靠近基准处的读数为最小，固定工件，然后沿各个被测面测量，指示器的最大与最小读数之差即为所测垂直度误差。

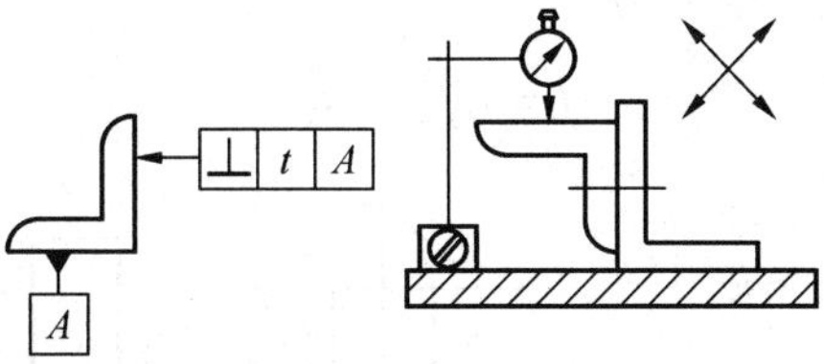

图 3-51　面对面垂直度误差检测

(2) 线对线垂直度误差检测。如图 3-52 所示，线对线垂直度误差的检测与线对线平行度误差的检测方法类似，只是基准方向不同。

$$f = \frac{L_1}{L_2}\left| M_1 - M_2 \right|$$

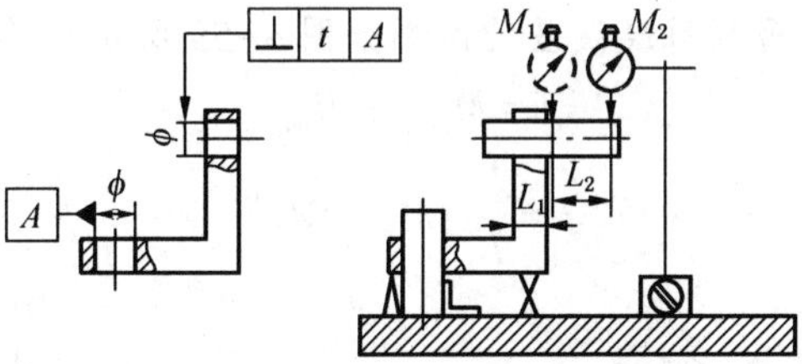

图 3-52　线对线垂直度误差检测

(3) 面对线垂直度误差检测。如图 3-53 所示，用导向块（或 V 形架）模拟基准轴线（注意孔、轴间应无间隙，工件台阶面不得与导向块端面接触），用指示器测出整个表面的最大读数差，该值即为所测垂直度误差。

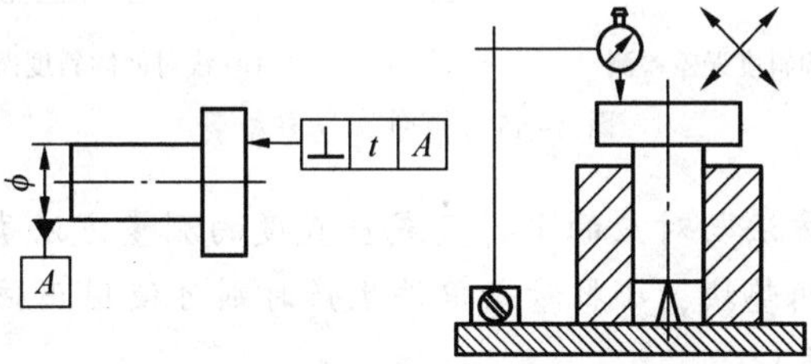

图 3-53　面对线垂直度误差检测

(4) 线对面垂直度误差检测。如图 3-54 所示，用平板模拟基准面，直角座的垂直工作面体现理想轴线的方向。将表座置于直角垂面，在距离为 L_2 的两直径 d_1 和 d_2 处进行测量，读数为 M_1 和 M_2，并测出相应的轴径 d_1 和 d_2，则 X 方向的垂直度误差为

$$f_x = \frac{L_1}{L_2}\left| (M_1 - M_2) + \frac{d_1 - d_2}{2} \right|$$

将工件旋转 90°，按同样的方法可测出 Y 方向的垂直度误差为

$$f_y = \frac{L_1}{L_3}\left|(M_3 - M_4) + \frac{d_3 - d_4}{2}\right|$$

式中　M_3、M_4——指示器在直径 d_3、d_4 处的读数值。

轴线在任意方向的垂直度误差为

$$f = \sqrt{f_x^{\ 2} + f_y^{\ 2}}$$

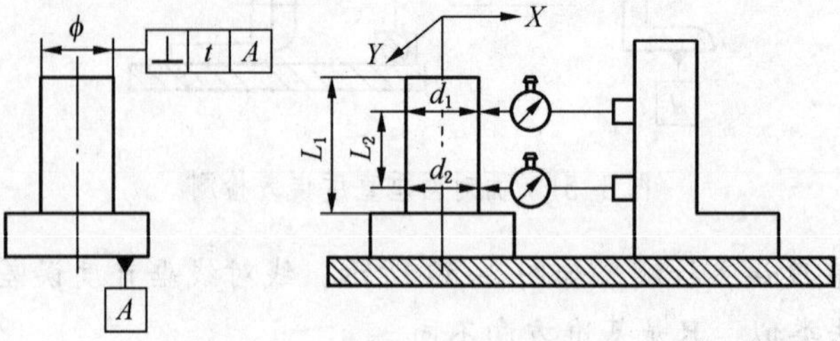

图 3-54　线对面垂直度误差检测

三、倾斜度误差检测

面对面倾斜度及线对面倾斜度误差的检测如图 3-55 所示。其误差的计算公式为

$$f = M_{\max} - M_{\min}$$

$$f = \frac{L_1}{L_2}\left|M_1 - M_2\right|$$

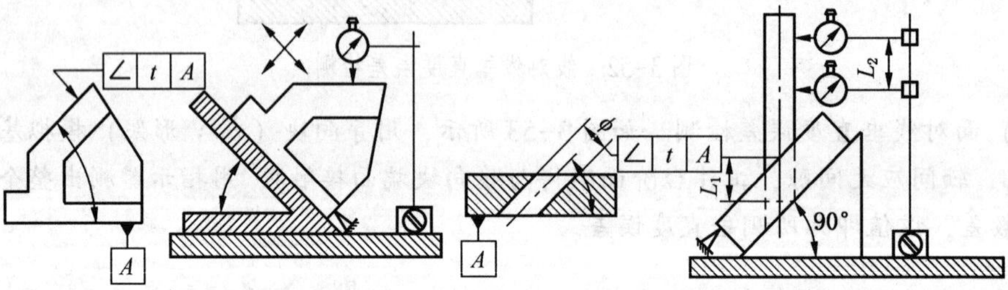

(a) 面对面倾斜度误差检测　　(b) 线对面倾斜度误差检测

图 3-55　倾斜度误差检测

倾斜度误差的测量方法与对应的平行度或垂直度的测量方法类似。调整倾斜角度时，大批量生产时可使用定角垫块，小批量或单件生产时则可使用正弦规（小于 30°的角）或精密转台（大于 30°的角）。

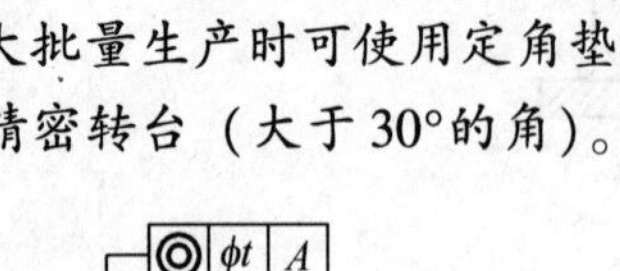

图 3-56　同轴度误差检测

四、同轴度误差检测

1. 测量壁厚法

如图 3-56 所示，当孔和外圆的形状误差很小时，其同轴度误差为

$$f = L_1 - L_2$$

2. 在平板上打表法

(1) 轴线为基准时的测量。如图 3-57 所示，将心轴插入孔内（无间隙配合并调整被测零件)，使其基准轴线与平板平行。在靠近被测孔端 A、B 两点处测量，并求出该两点分别与高度（$L+d_2/2$）的差值 f_{AX} 和 f_{BX}。将零件反转 90°，测得 f_{AX} 和 f_{BY}，则 A、B 两点的同轴度误差为

$$f_A = \sqrt{(f_{AX})^2 - (f_{AY})^2}$$

$$f_B = \sqrt{(f_{BX})^2 - (f_{BY})^2}$$

取 f_A 和 f_B 中较大者作为同轴度误差。

(2) 公共轴线为基准时的测量。如图 3-58 所示，将被测零件基准轮廓的中截面放置在两个等高的刃口状 V 形架上，再将两指示器在沿垂截面上调零。沿轴向进行测量，读取各位置上对应的读数差值 $|M_A-M_B|$；转动被测件，按上述方法再在若干个界面上进行测量，将各截面读数差中的最大值作为该零件的同轴度误差。

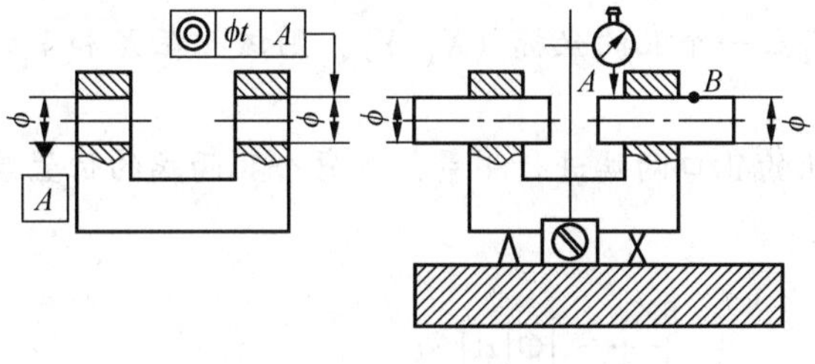

图 3-57　利用心轴测量

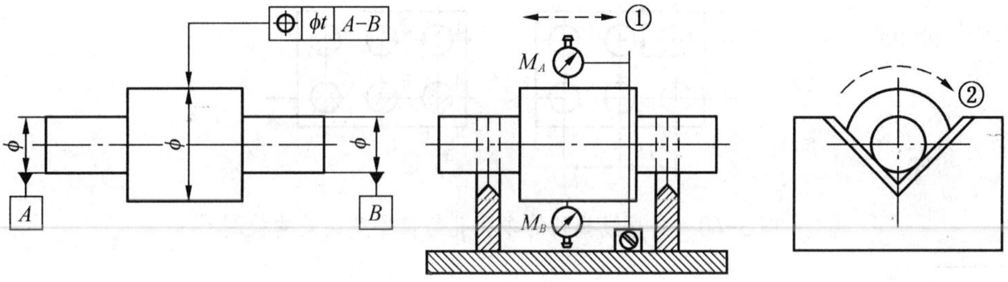

图 3-58　V 形架测量

五、位置度误差检测

位置度误差的测量，通常是先测出实际被测要素的坐标值，再与理想要素的位置相比较，求得位置度误差。

图 3-59 所示为测量单个孔轴线位置度误差。被测轴线用心轴模拟，分别测出 X_1、X_2 和 Y_1、Y_2，则实际轴线的坐标为

$$X = \frac{X_1 + X_2}{2}$$

$$Y = \frac{Y_1 + Y_2}{2}$$

该孔轴线位置度误差为

$$f = 2\sqrt{f_x^2 + f_y^2} = 2\sqrt{(X-a)^2 + (Y-b)^2}$$

式中 f_x——X 方向的位置度误差；

f_y——Y 方向的位置度误差。

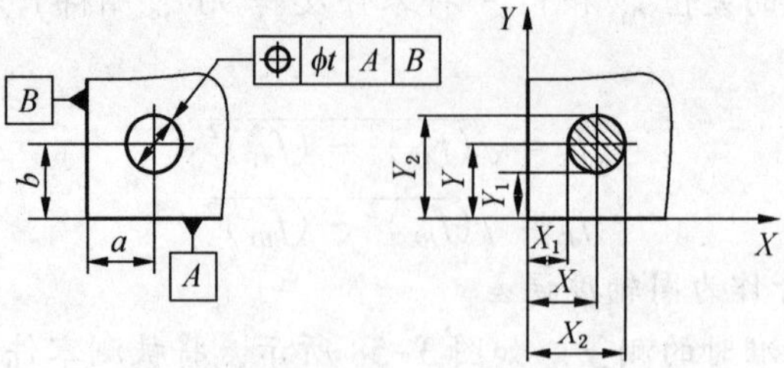

图 3-59　测量单个孔轴线位置度误差

成直线排列的多孔孔组位置度误差的检测如图 3-60 所示。在各孔中插入无间隙配合的心轴，因 6 个孔轴线互为基准，故可用任意两孔中心连线建立直角坐标系。按单个孔位置度的测量方法，测得第一个孔的坐标（X，Y），则该孔在 X 和 Y 方向的位置度误差分别为 $f_1=2f_x$、$f_2=2f_y$。

按此方法在 6 个孔的孔口两端进行测量，若每个孔两端的位置度 $f_1 \leqslant t_1$、$f_2 \leqslant t_2$，则该零件的位置度合格。

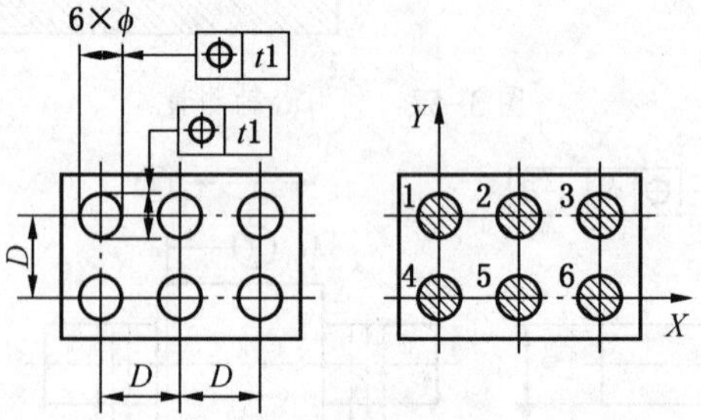

图 3-60　成直线排列的多孔孔组位置度误差的检测

图 3-61 所示为圆周分布的多孔孔组位置度误差的检测。以心轴模拟基准轴线和被测轴线，基准心轴与分度头相连，用指示器和分度头分别测出各孔的角度误差 f_a 和径向误差 f_R，则各孔的位置度误差为

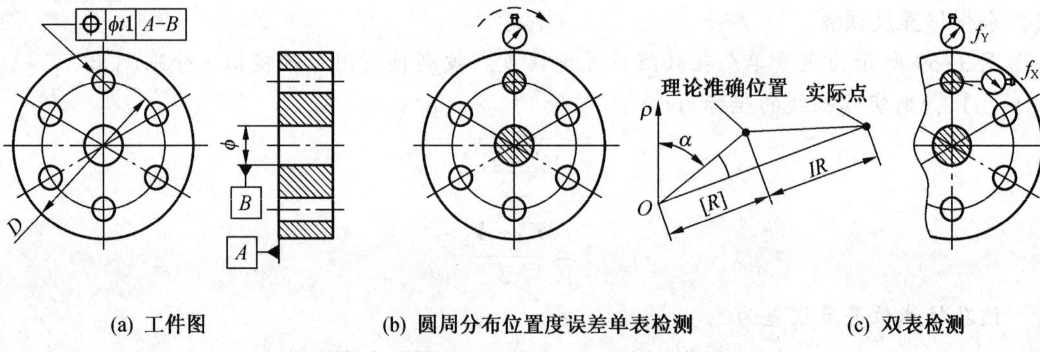

(a) 工件图　(b) 圆周分布位置度误差单表检测　(c) 双表检测

图 3-61　圆周分布的多孔孔组位置度误差的检测

$$f = 2\sqrt{f_R^{\ 2} + (Rf_a)^2}$$

式中的 f_a 取弧度值，$R=D/2$。

这种零件还可以用两指示器沿互相垂直的两方向测量出各孔在 X 和 Y 方向的位置度误差 f_x 和 f_y，如图 3-61c 所示，其位置度误差为

$$f = 2\sqrt{f_x^{\ 2} + f_y^{\ 2}}$$

【习题】

一、选择题

1. 夹紧力通过工件传至（　　）造成工件变形和定位基准位移。

A. 平面　　B. 外平台　　C. 内圆　　D. 支承元件

2. 铸造内应力是灰铸铁在（　　）℃从塑性向弹性状态转变时，由于壁厚不均、冷却收缩不匀而造成的。

A. 100~220　　B. 700~800　　C. 400~620　　D. 170

3. 跨距大箱体的同轴孔加工，尽量采取（　　）加工方法。

A. 装夹和联动　　B. 调头　　C. 平动　　D. 双爪卡盘装夹

4. 基准不重合误差由前后（　　）不同而引起。

A. 设计基准　　B. 环境温度　　C. 工序基准　　D. 形位误差

5. 减少毛坯误差的办法是（　　）。

A. 粗化毛坯并增大毛坯的形状误差　　B. 增大毛坯的形状误差

C. 精化毛坯　　D. 增加毛坯的余量

二、判断题

1. 当工件轮廓的加工余量较大且不均匀时，为提高加工效率和减少加工成本，其粗加工或半精加工时一般采用数控铣削。(　　)

2. 对于位置精度要求很高的孔系，或换刀次数不多时，其加工顺序应选择顺序方式，即在连续换刀全部加工完一个区域后，再加工另一个区域。(　　)

3. 若某轴的轴线直线度误差未超过直线度公差，则此轴的同轴度误差亦合格。(　　)

4. 端面全跳动公差和平面对轴线垂直度公差两者控制的效果完全相同。(　　)

5. 端面圆跳动公差和端面对轴线垂直度公差两者控制的效果完全相同。(　　)

项目四　宏程序的加工应用

任务一　非 圆 曲 线 加 工

【任务描述】

试编写图 4-1 所示工件外轮廓的加工程序并将程序手工输入数控系统中，以提高学生对机床面板的熟悉程度，完成该工件的加工。

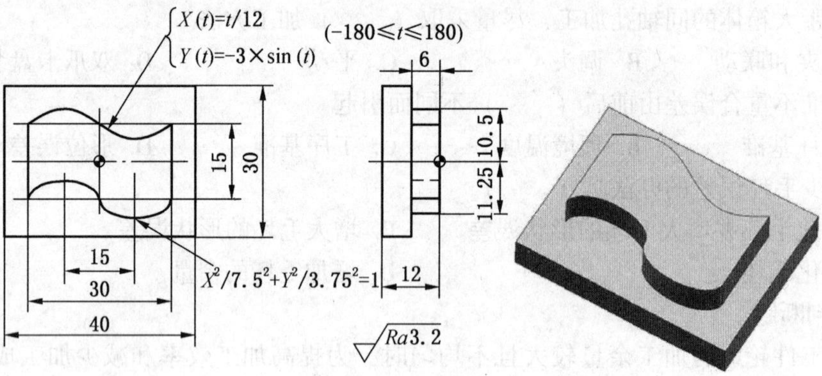

图 4-1　非圆曲线工件图

该任务的工件虽然是外轮廓类工件，但由于组成外轮廓的几何元素中有正弦曲线、椭圆曲线，采用原有的指令直接加工无法实现，需要使用宏程序编程加工。另外，该任务使用的是 FANUC Series 0i-MD 数控系统的加工中心，所以选用 B 类宏程序进行编程。

【任务目标】

通过学习和训练掌握非圆曲线的加工原理、宏程序及变量的概念；掌握非圆曲线程序的编制方法及加工方法。

【相关知识】

一、用户宏程序

1. 宏程序的概念

将能完成某一功能的一系列指令如同子程序一样存入存储器，用一个总指令来调用指令，使用时只需给出该指令，就能执行其功能。总指令称为宏指令，存入存储器的一系列指令称为用户宏程序。

使用时，操作人员只需会使用用户宏程序指令即可，而不必去理会宏程序的主体。用户宏程序的特征有以下几个：

（1）可以在用户宏程序中使用变量。

（2）可以进行变量之间的运算。

（3）可以用用户宏程序指令对变量进行赋值。

使用用户宏程序的方便之处在于可以用变量代替具体数值，因此，在加工同一类零件时，只需将实际的数值赋予变量即可，而不需要对每一个零件都编程。

用户宏程序分为 A、B 两类。通常情况下，FANUC 0T 数控系统采用 A 类宏程序，FANUC 0i 数控系统使用 B 类宏程序。

2. 变量

宏程序与普通程序相比较，普通程序的程序字为常量，一个程序只能描述一个几何形状，缺乏适应性；而在使用宏程序主体中，可以使用变量进行编程，还可以用宏程序指令对这些变量进行赋值、运算处理。

按变量号码可将变量分为空变量、局部变量（local）、公共变量（common）和系统变量（system），见表 4-1。

表 4-1　变量类型说明

变量号	变量类型	功　能
#0	空变量	该变量总是空，没有值能赋给该变量
#1～#33	局部变量	局部变量只能用在宏程序中存储数据，例如，运算结果。当断电时，局部变量被初始化为空。调用宏程序时，自变量对局部变量赋值
#100～#199 #500～#999	公共变量	公共变量在不同宏程序中的意义相同。 当断电时，变量#100～#199 初始化为空，通电时复位到“0”；而变量#500～#999 的数据保存，即使断电也不丢失
#1000 以上	系统变量	系统变量用于读和写 CNC 运行时各种数据的变化，例如刀具的当前位置和补偿值

系统变量是根据用途而被固定的变量，见表 4-2。

表 4-2　系　统　变　量

变量号码	用　途	变量号码	用　途
#1000～#1035	接口信号 DI	#3007	镜像
#1100～#1135	接口信号 DO	#4001～#4018	G 代码
#2000～#2999	刀具补偿量	#4107～#4120	D、H、F、S、T 等
#3000	P/S 报警	#5001～#5006	各轴程序段终点位置
#3001，#3002	时钟	#5021～#5026	各轴现时位置
#3003，#3004	单步，连续控制	#5221～#5315	工件偏置量
#3005，#3006	设定数据，信息显示		

二、B 类宏程序编程

1. B 类宏程序变量的赋值

1）直接赋值

变量可以在操作面板上用 MDI 方式直接赋值，也可以在程序中以等式方式赋值，但等号左边不能用表达式。例如：

#100=100.0；√

#100=20.0+30.0；×

2）引数赋值

宏程序以子程序的方式出现，所用的变量可在宏程序调用时赋值。例如：

G65　F1000　X100.0　Y30.0　Z20.0；

此处的 X、Y、Z 不代表坐标地址，F 也不代表进给地址，而是对应宏程序中的变量号，变量的具体数值由赋值地址后的数值决定。引数与宏程序本体中的变量对应关系有两种，这两种赋值方法可以混用，其中，G、L、N、O、P 不能作为引数变量赋值；大部分无顺序要求，但 I、J、K 作为赋值地址赋值时必须按字母顺序使用，见表 4-3。

表 4-3　FANUC Series 0i-MD 数控系统地址与局部变量的对应关系

变量赋值 Ⅰ地址	用户宏程序本体中的变量	变量赋值 Ⅱ地址	变量赋值 Ⅰ地址	用户宏程序本体中的变量	变量赋值 Ⅱ地址
A	#1	A	R	#18	K_5
B	#2	B	S	#19	I_6
C	#3	C	T	#20	J_6
I	#4	I_1	U	#21	K_6
J	#5	J_1	V	#22	I_7
K	#6	K_1	W	#23	J_7
D	#7	I_2	X	#24	K_7
E	#8	J_2	Y	#25	I_8
F	#9	K_2	Z	#26	J_8
—	#10	I_3	—	#27	K_8
H	#11	J_3		#28	I_9
—	#12	K_3		#29	J_9
M	#13	I_4		#30	K_9
—	#14	J_4		#31	I_{10}
—	#15	K_4		#32	J_{10}
—	#16	I_5		#33	K_{10}
Q	#17	J_5			

例如，变量赋值方法Ⅰ：

G65　P0200　A5.0　X40.0　F100.0；

经赋值后，#1 = 50. 0，#24 = 40. 0，#9 = 100. 0。

变量赋值方法Ⅱ：

G65　P0300　A50. 0　I40. 0　J100. 0　K0　I20. 0　J10. 0　K40. 0;

经赋值后，#1 = 50. 0，#4 = 40. 0，#5 = 100. 0，#6 = 0，#7 = 20. 0，#8 = 10. 0，#9 = 40. 0。

变量赋值方法Ⅰ、Ⅱ混合：

G65　P0300　A50. 0　D40. 0　I10. 0　K0　I20. 0;

经赋值后，D40. 0 与 I20. 0 同时分配给变量#7，则最后一个#7 有效，所以变量#7 = 20. 0。该种方法在使用时需要格外谨慎，防止赋值错误。建议不使用该种方法赋值。

2. B 类宏程序运算指令

等式右边的表达式可包含常量或由函数或运算符组成的变量。表达式中的变量#j 和#k 可以用常量赋值。等式左边的变量也可以用表达式赋值。其中算术运算主要指加减乘除函数等，逻辑运算可以理解为比较运算，见表 4-4。

表 4-4　FANUC Series 0i-MD 数控系统算数和逻辑运算一览表

功　能		格　式	备　注
定义、置换		#i = #j	
算术运算	加法	#i = #j + #k	
	减法	#i = #j − #k	
	乘法	#i = #j * #k	
	除法	#i = #j/#k	
	正弦	#i = SIN [#j]	三角函数及反三角函数的数值均以度为单位指定，如 90°30′表示为 90. 5°
	反正弦	#i = ASIN [#j]	
	余弦	#i = COS [#j]	
	反余弦	#i = ACOS [#j]	
	正切	#i = TAN [#j]	
	反正切	#i = ATAN [#j]/[#k]	
	平方根	#i = SQRT [#j]	
	绝对值	#i = ABS [#j]	
	四舍五入	#i = ROUND [#j]	
	指数函数	#i = EXP [#j]	
	自然对数	#i = LN [#j]	
	上取整	#i = FIX [#j]	
	下取整	#i = FUP [#j]	
逻辑运算	与	#i AND #j	
	或	#i OR #j	
	异或	#i XOR #j	
从 BCD 转为 BIN		#i = BIN [#j]	用于与 PMC 的信号交换
从 BIN 转为 BCD		#i = BCD [#j]	

宏程序计算说明如下：

1）反正弦运算 #i=ASIN［#j］

（1）取值范围：当参数（No. 6004#0）NAT 位设置为 0 时，在 270°~90°范围内取值；当参数（No. 6004#0）NAT 位设置为 1 时，在-90°~90°范围内取值。

（2）当#j 超出-1 到 1 的范围，触发程序错误 P/S 报警 No. 111。

（3）常数可代替变量#j。

2）反余弦运算 #i=ACOS[#j]

（1）取值范围：180°~0°。

（2）当#j 超出-1 到 1 的范围，触发程序错误 P/S 报警 No. 111。

（3）常数可代替变量#j。

3）反正切运算 #i=ATAN[#j]/[#k]

（1）采取比值的书写方式（可理解为对边/邻边）。

（2）取值范围：当参数（No. 6004#0）NAT 位设置为 0 时，在 0°~360°范围内取值。例如，当指定#=ATAN[-1]/[-1] 时，#1=225°。当参数（No. 6004#0）NAT 位设置为 1 时，在-180°~180°范围内取值。例如，当指定#=ATAN[-1]/[-1] 时，#1=-135°。

（3）常数可代替变量#j。

4）自然对数运算 #i=LN[#j]

（1）相对误差可能大于 10^{-8}。

（2）当反对数（#j）为 0 或小于 0 时，触发程序错误 P/S 报警 No. 111。

（3）常数可代替变量#j。

5）指数函数 #i=EXP[#j]

（1）相对误差可能大于 10^{-8}。

（2）当运算结果超过 3.65×10^{47}（j 大约是 110）时，出现溢出触发程序错误 P/S 报警 No. 111。

（3）常数可代替变量#j。

6）上取整#i=FIX[#j] 和下取整#i=FUP[#j]

CNC 处理数值运算时，无条件地舍去小数点部分称为上取整；小数点部分进位到整数称为下取整（注意与数学上的四舍五入区别）。对于负数的处理要特别小心。

例如，假设#1=1.2，#2=-1.2，则：

（1）当执行#3=FIX[#1] 时，1.0 赋予#3。

（2）当执行#3=FUP[#1] 时，2.0 赋予#3。

（3）当执行#3=FIX[#2] 时，-1.0 赋予#3。

（4）当执行#3=FUP[#2] 时，-2.0 赋予#3。

7）算术与逻辑运算指令的缩写

程序中指令函数时函数名的前两个字符可以用于指定该函数。

例如：ROUND→RO　FIX→FI。

3. B 类宏程序转移指令

在程序中，使用 GOTO 语句和 IF 语句可以改变程序的流向。有三种转移和循环操作可供使用。

转移和循环
- GOTO 语句→无条件转移
- IF 语句→条件转移，格式为：IF…THEN…
- WHILE 语句→当条件满足时循环

1）无条件转移（GOTO 语句）

转移（跳转）到有顺序号 n 的程序段。当指定 1~99999 以外的顺序号时，会触发 P/S 报警 No. 128。其格式为：

GOTO n：n 为顺序号（1~99999）。

例如：GOTO 99，即转移至第 99 行。

2）条件转移（IF 语句）

IF 之后指定条件表达式。

（1）IF[<条件表达式>]GOTO n：表示如果指定的条件表达式满足时，则转移（跳转）到标有顺序号 n 的程序段。如果不满足指定的表达式，则顺序执行下个程序段。如果变量#1 的值大于 100，则转移（跳转）到顺序号为 N99 的程序段。

（2）IF[<条件表达式>]THEN：如果指定的条件表达式满足时，则执行预先指定的宏程序语句，而且只执行一个宏程序语句。

IF[#1 EQ #2]THEN #3=10；如果#1 和#2 的值相同，10 赋值给#3。

说明：

条件表达式：条件表达式必须包括运算符。运算符插在两个变量中间或变量和常量中间，并且用“[ ]”封闭。表达式可以代替变量。

运算符：运算符由 2 个字母组成（表 4-5），用于两个值的比较，以决定它们是相等还是一个值小于或大于另一个值。特别注意，不能使用符号代替。

表 4-5　关　系　运　算

类型	功能	运算符	格式	注释
关系运算	等于（=）	EQ	#i EQ #j	Equal
	不等于（≠）	NE	#i NE #j	Not equal
	大于或等于（≥）	GE	#i GE #j	Greater than or equal
	大于（>）	GT	#i GT #j	Greater than
	小于或等于（≤）	LE	#i LE #j	Less than or equal
	小于（<）	LT	#i LT #j	Less than

3）循环（WHILE 语句）

在 WHILE 后指定一个条件表达式。当指定条件满足时，则执行从 DO 到 END 之间的程序。否则，转到 END 后的程序段。

DO 后面的数字是指程序执行范围的标号，标号值为 1，2，3。如果使用了 1，2，3 以外的值，会触发 P/S 报警 No. 126。

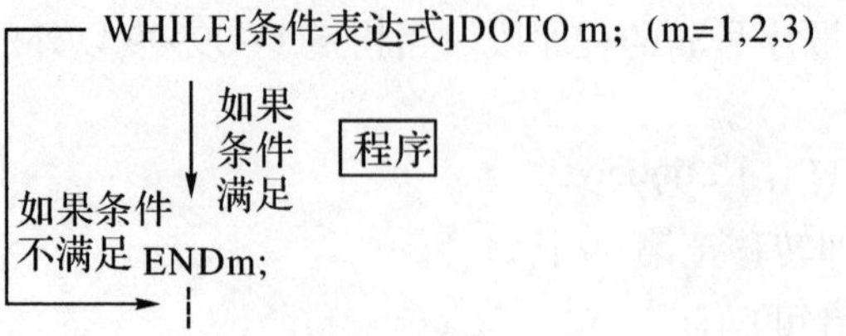

（1）嵌套。标号（1，2，3）可以根据需要多次使用。

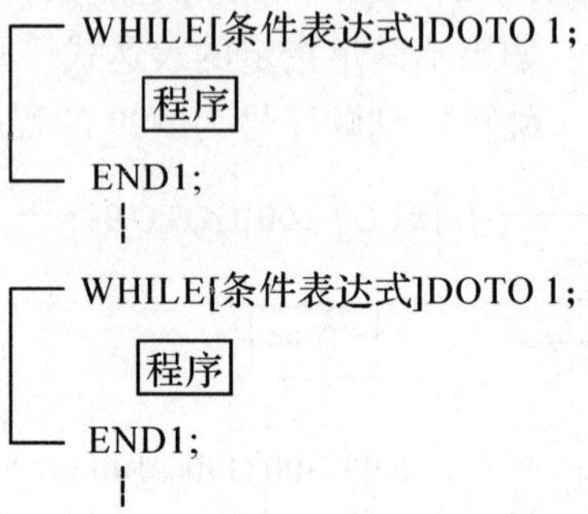

DO 的范围不能交叉。

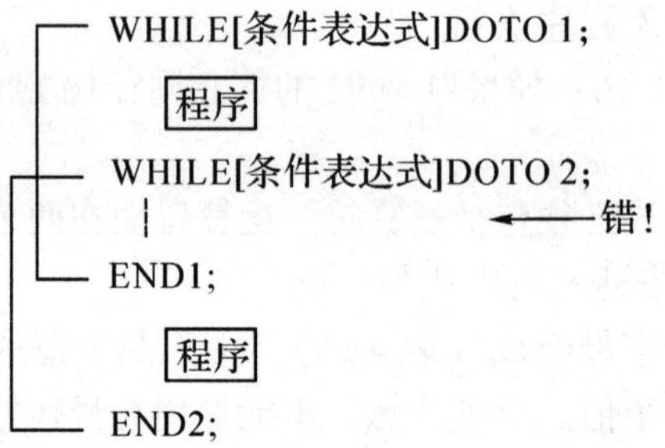

DO 循环可以三重嵌套。

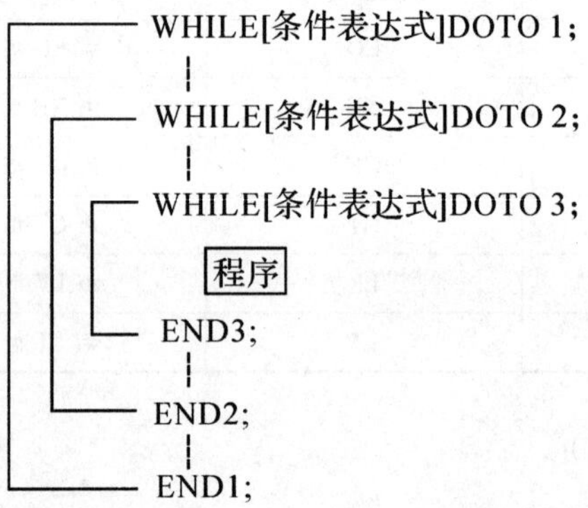

（条件）转移可以跳出循环的外边。

```
WHILE[条件表达式]DOTO 1;
IF[条件表达式]DOTO n;
END1;
Nn…
```

（条件）转移不能进入循环区内。

```
IF[条件表达式]DOTO n;
 ¦
WHILE[条件表达式]DOTO 1;
Nn…                        ←——错！
END1;
```

（2）循环（WHILE 语句）使用注意事项。①DO m 和 END m 必须成对使用：DO m 和 END m 必须成对使用，而且 DO m 一定要在 END m 指令之前，用识别号 m 来识别。②无限循环：当指定 DO 而没有指定 WHILE 语句时，将产生从 DO 到 END 之间的无限循环。

【任务实施】

一、加工准备

1. 加工设备

本任务使用的机床为 VDF-850new 加工中心 FANUC Series 0i-MD 数控系统。

2. 刀具清单

刀具清单见表 4-6。

表 4-6　非圆曲线工件刀具清单

加工内容	刀具规格	刀具材料	$n/(\mathrm{r\cdot min^{-1}})$	$v_f/(\mathrm{mm\cdot min^{-1}})$	a_p/mm
铣削工件轮廓为矩形	φ10 mm 立铣刀	高速钢	1000	300	
粗加工各曲线	φ8 mm 立铣刀	高速钢	1200	300	1.5
精加工各曲线	φ6 mm 立铣刀	高速钢	1500	180	0.1

二、加工步骤

本例工件的六个平面均已提前加工完毕，只对外轮廓进行铣削加工。具体加工步骤见表 4-7。

表 4-7 非圆曲线工件加工步骤

序号	加 工 内 容	工序示意图
1	用 ϕ10 mm 立铣刀，铣削工件轮廓为矩形	
2	用 ϕ8 mm 立铣刀，粗加工正弦曲线	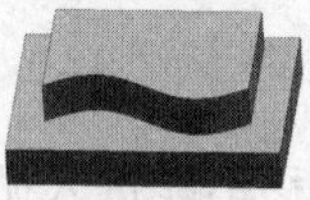
3	用 ϕ8 mm 立铣刀，粗加工椭圆曲线	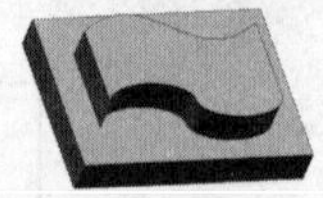
4	用 ϕ6 mm 立铣刀，精加工正弦曲线	
5	用 ϕ6 mm 立铣刀，精加工椭圆曲线	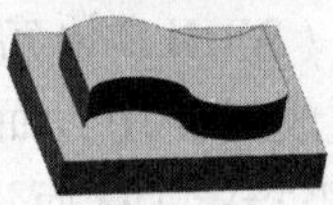

三、编程思路

1. 正弦曲线编程

如图 4-2 所示，在 X 向 30 mm 的长度上分布有一个周期的正弦曲线，其振幅为3 mm。本例采用 X 方向上的间距直线段来拟合正弦曲线。角度为自变量，每次递增 2°，通过公式计算出对应的 X 和 Y 坐标值。另外，由于正弦曲线的原点与工件坐标原点并不重合，因此，编程时应注意其相互之间的换算关系。

本例编程时使用以下变量进行运算：

#1：曲线公式中角度的自变量，其初始值为-180；

#2：曲线公式中 X 的坐标，#2=#1/12；

#3：曲线公式中 Y 的坐标，#3=-3×SIN（#1）；

#4：工件坐标系中的 Y 坐标，#4=#3+7.5；

工件坐标系中的 X 坐标与曲线公式中 X 的坐标重合，可直接使用。

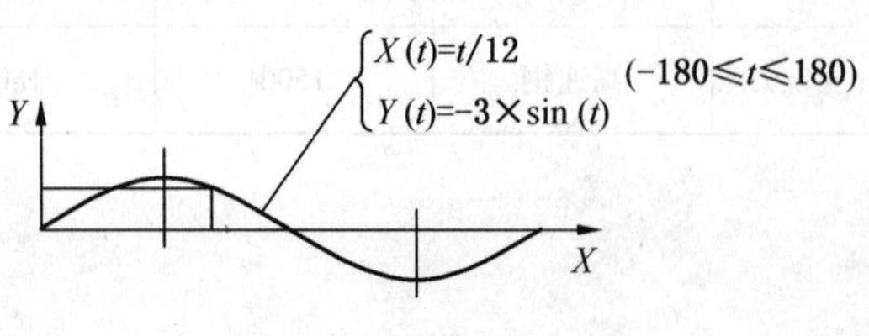

图 4-2 被加工正弦曲线

2. 椭圆曲线编程

（1）椭圆除了使用标准方程 $\frac{x^2}{a^2}+\frac{y^2}{b^2}=1$ 来表示外还可以采用参数方程来表示，其公式为 $x=a\cos\alpha$，$y=b\sin\alpha$（α 表示与 x 轴正半轴所成的角度）。

（2）椭圆编程思路。本例椭圆采用参数方程方式进行宏程序的编制，编制过程中以角度 α 为自变量，每次递增 1°，而坐标 X 和 Y 是变量。另外，本例的轮廓是由两个半椭圆错位连接而成，所以应注意公式起始值的确定。

四、编制数控加工程序

（1）粗加工程序（略）。

（2）正弦曲线精加工程序如下：

程　序	解　释
O0009；	程序名
T3；	换刀，换 3 号刀具（ϕ6 mm 立铣刀）
M6；	
M3　S1500；	
G0　G54　X0　Y0；	
G43　H01　Z30；	
X-21　Y13.5；	快速移动至下刀点上方
G1　Z-6　F180；	进给到指定深度
G41　X-15　Y7.5　D03；	建立刀具半径补偿
#1=-180；	正弦曲线角度初始值
N1 #2=#1/12；	正弦曲线任意角度 X 的坐标值
#3=3 * SIN［#1］；	正弦曲线任意角度 Y 的坐标值
#4=［#3+7.5］；	对应工件 Y 的坐标值
G1 X［#2］Y［#4］；	G1 指令拟合正弦曲线
#1=#1+2；	自变量递增
IF［#1 LE 180］GOTO 1；	如果#1 小于等于 180 跳转至 N1 程序段
G40　X21　Y13.5；	取消刀具半径补偿
G0　Z30；	快速提刀至安全高度
M05；	主轴停转
M30；	程序结束

（3）椭圆曲线精加工程序如下：

程　序	解　释
O0009；	程序名
T3；	换刀，换 3 号刀具（ϕ6 mm 立铣刀）

（续）

程 序	解 释
M6;	
M3 S1500;	
G0 G54 X0 Y0;	
G43 H01 Z30;	
X21 Y-13.5;	快速移动至下刀点上方
G1 Z-6 F180;	进给到指定深度
#1=7.5;	长半轴赋值
#2=3.75;	短半轴赋值
#3=3;	刀具半径赋值
#4=360;	凸半椭圆初始值
#5=0;	凹半椭圆初始值
#6=2;	递增值
N1 #7=[#1+#3]*COS[#4];	刀具中心对应凸半椭圆 X 坐标值
#8=[#2+#3]*SIN[#4];	刀具中心对应凸半椭圆 Y 坐标值
G1 X[#7] Y[#8];	G1 指令拟合椭圆曲线
#4=#4-#6;	自变量递减
IF[#4 LE 180] GOTO 1;	如果#4 小于等于 180 跳转至 N1 程序段
N2 #9=[#1+#3]*COS[#5];	刀具中心对应凹半椭圆 X 坐标值
#10=[#2+#3]*SIN[#5];	刀具中心对应凹半椭圆 Y 坐标值
G1 X[#9] Y[#10];	G1 指令拟合椭圆曲线
#5=#5+#6;	自变量递增
IF [#5 LE 180] GOTO 2;	如果#5 小于等于 180 跳转至 N2 程序段
G0 Z30;	快速提刀至安全高度
M05;	主轴停转
M30;	程序结束

知识拓展

非圆曲线加工原理

非圆曲线包括除圆以外的各种可以用方程描述的圆锥二次曲线（如抛物线、椭圆、双曲线）、阿基米德螺线、对数螺旋线及各种参数方程、极坐标方程所描述的平面曲线与列表曲线等。数控铣床在加工上述各种曲线平面轮廓时，一般不能直接进行编程，而必须经过数学处理，以直线-圆弧逼近的方法来实现。但这一工作一般比较复杂，有时靠手工处理已经不大可能，必须借助计算机作辅助处理，最好采用计算机自动编程高级语言来编制加工程序。

处理用数学方程描述的平面非圆曲线轮廓图形，常采用相互连接的弦线逼近和圆弧逼近方法，下面分别进行介绍。

一、弦线逼近法

一般来说，由于弦线法的插补节点均在曲线轮廓上，容易计算，程编也简便一些，所以常用弦线法来逼近非圆曲线（图4-3），其缺点是插补误差较大，但只要处理得当还是可以满足加工需要的，关键在于插补段长度及插补误差控制。由于各种曲线上各点的曲率不同，如果要使各插补段长度均相等，则各段插补的误差大小不同。反之，如要使各段插补误差相同，则各插补段长度不等。下面是常用的两种处理方法。

1. 等插补段法

等插补段法是使每个插补段长度相等，因而插补误差不等。编程时必须使产生的最大插补误差小于允差的1/2~1/3，以满足加工精度要求。一般都假设最大误差产生在曲线的曲率半径最小处，并沿曲线的法线方向计算，如图4-4所示。这一假设虽然不够严格，但数控加工实践表明，对大多数情况是适用的。

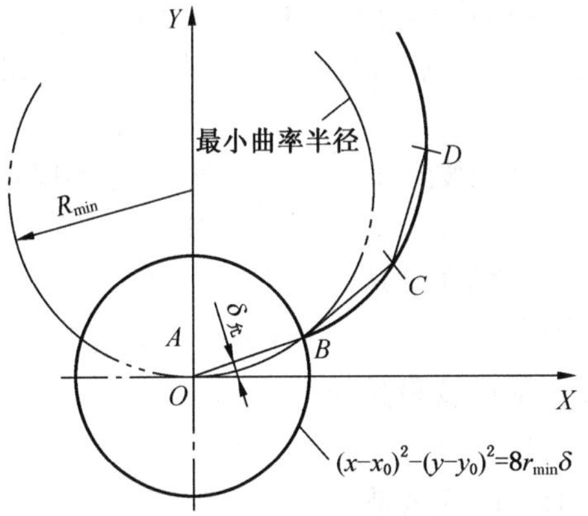

图4-3　弦线逼近法

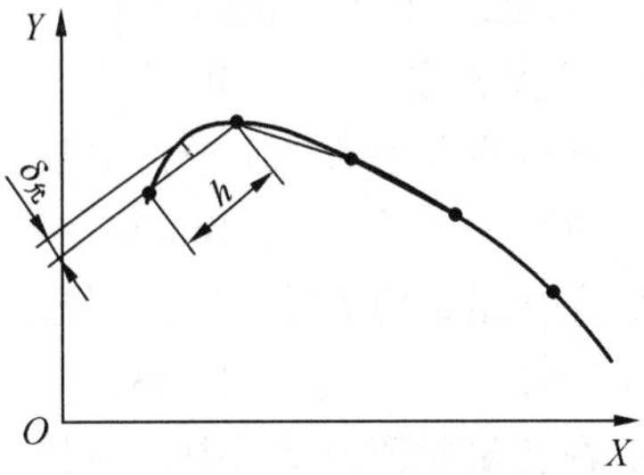

图4-4　等插补段法

2. 等插补误差法

等插补误差法是使各插补段的误差相等，并小于或等于允许的插补误差，这种确定插补段长度的方法称为“等插补误差法”。显然，按此法确定的各插补段长度是不等的，因此又叫“变步长法”。这种方法的优点是插补段数目比上述“等插补段法”少。这对于一些大型和形状复杂的非圆曲线零件有较大意义。对于曲率变化较大的曲线，用此法求得的节点数最少，但计算稍繁，如图4-5所示。

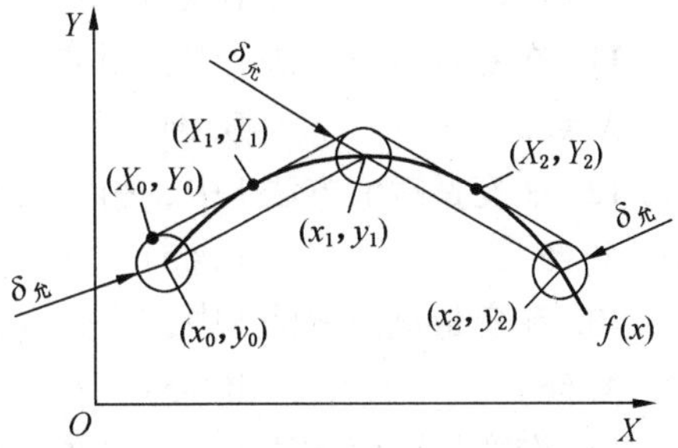

图4-5　等插补误差法节点的计算

二、圆弧逼近法

曲线的圆弧逼近有曲率圆法、三点圆法和相切圆法等方法。三点圆法是通过已知的三个节点求圆，并作为一个圆程序段。相切圆法是通过已知的四个节点分别作两个相切的圆，编出两个圆弧程序段。这两种方法都必须先用直线逼近方法求出各节点，再求出各圆，计算较烦琐。

上面讲述的几种逼近计算方法中，只是计算了曲线轮廓的逼近线段或逼近圆弧段，还需应用等距线或等距圆的数学方法计算刀具中心的各节点坐标，作为编程数据。

【习题】

一、选择题

1. 宏程序（ ）。

A. 计算错误率高　　B. 计算功能差，不可用于复杂零件

C. 可用于加工不规则形状零件　　D. 无逻辑功能

2. FANUC Series 0i-MD 数控系统中，下列（ ）变量属于公用变量。

A. #30　　B. #140　　C. #2000　　D. #5201

3. 宏程序的（ ）起控制程序流向作用。

A. 控制指令　　B. 程序字　　C. 运算指令　　D. 赋值

4. 已知直线经过（x_1，y_1）点，斜率为 k（$k\neq0$），则直线方程为（ ）。

A. $y-y_1=k(x-x_1)$　　B. $y=5kx+3$　　C. $y=9k(x-x_1)$　　D. $y=4x+b$

5. 在等误差法直线段逼近的节点计算中，任意相邻两节点间的逼近误差为（ ）误差。

A. 等　　B. 圆弧　　C. 点　　D. 三角形

6. 在圆弧逼近零件轮廓的计算中，整个曲线是一系列彼此（ ）的圆弧逼近实现的。

A. 分离或重合　　B. 分离　　C. 垂直　　D. 相切

7. 在变量赋值方法Ⅰ中，引数（自变量）B 对应的变量是（ ）。

A. #22　　B. #2　　C. #110　　D. #79

8. 在变量赋值方法Ⅰ中，引数（自变量）D 对应的变量是（ ）。

A. #101　　B. #31　　C. #21　　D. #7

9. 在变量赋值方法Ⅰ中，引数（自变量）F 对应的变量是（ ）。

A. #22　　B. #9　　C. #110　　D. #25

10. 在变量赋值方法Ⅰ中，引数（自变量）Z 对应的变量是（ ）。

A. #101　　B. #31　　C. #21　　D. #26

11. 在变量赋值方法Ⅰ中，引数（自变量）I 对应的变量是（ ）。

A. #22　　B. #4　　C. #110　　D. #25

12. 在变量赋值方法Ⅰ中，引数（自变量）J 对应的变量是（ ）。

A. #5　　B. #51　　C. #101　　D. #125

13. 在变量赋值方法Ⅰ中，引数（自变量）K 对应的变量是（ ）。

A. #6　　B. #51　　C. #069　　D. #125

14. 在变量赋值方法Ⅰ中，引数（自变量）Q 对应的变量是（ ）。

A. #101　　B. #031　　C. #021　　D. #17

15. 在变量赋值方法Ⅰ中，引数（自变量）M 对应的变量是（ ）。

A. #184　　B. #31　　C. #21　　D. #13

16. 在变量赋值方法Ⅱ中，自变量地址 J4 对应的变量是（ ）。

A. #40　　B. #34　　C. #14　　D. #24

17. 在变量赋值方法Ⅱ中，自变量地址 I6 对应的变量是（ ）。

A. #99　　B. #19　　C. #29　　D. #39

18. #jGT#k 表示（　　）。

A. 与　　B. 非　　C. 大于　　D. 加

19. 在运算指令中，形式#i=#j+#k 代表的意义是（　　）。

A. 立方根　　B. 求极限　　C. 正切　　D. 和

20. 在运算指令中，形式#i=#j-#k 代表的意义是（　　）。

A. 坐标值　　B. 极限　　C. 差　　D. 反正弦

21. 在运算指令中，形式#i=#jOR#k 代表的意义是（　　）。

A. 平均误差　　B. 逻辑和　　C. 极限值　　D. 立方根

22. 在运算指令中，形式#i=#jXOR#k 代表的意义是（　　）。

A. 负数　　B. 异或　　C. 正数　　D. 回归值

23. 在运算指令中，形式#i=#j * #k 代表的意义是（　　）。

A. 相切　　B. 积　　C. 合并　　D. 垂直

二、技能实训题

试编写图 4-6 所示零件的加工程序。

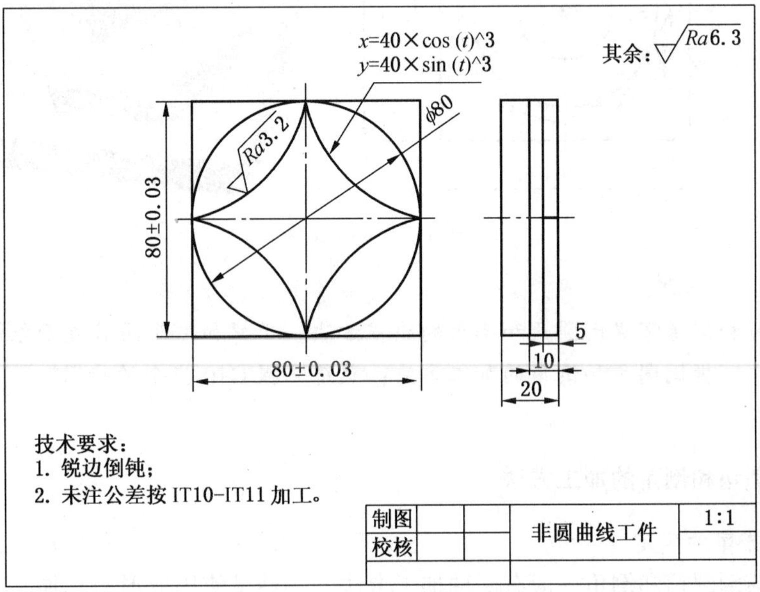

图 4-6　非圆曲线工件

任务二 规律曲面加工

【任务描述】

加工图 4-7 所示的工件。本例的轮廓和内孔均已加工完成，主要任务是外轮廓周边的倒角和孔口的圆角加工。通常情况下大批量生产采用专用刀具加工，而本例采用宏程序的编制方法来进行加工，目的是强化学生的实际应用能力。

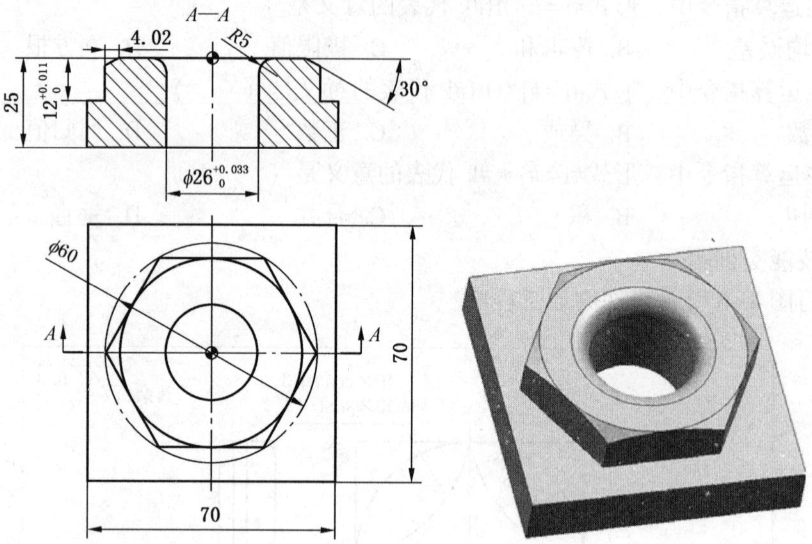

图 4-7 倒角工件

【任务分析】

通过学习和训练掌握倒圆角和倒角的编程方法；了解加工曲面时表面粗糙度形成原因及解决方法；掌握倒圆角和倒角的加工方法；熟练掌握 G10 指令的应用。

【相关知识】

一、倒圆角和倒角的加工方法

1. 加工方案的确定

本例中的倒圆角和倒角一般有两种加工方法。一种是使用成形刀具加工，这种方法简单方便，但刀具相对使用范围较窄，并且刀具的成本比较高，所以小批量单件生产中不宜采用。另一种是使用立铣刀或球头铣刀，一层一层拟合成形，该种方法使用范围广，同一种刀具可用于不同的倒圆角和倒角加工，不足之处是编程有难度。

2. 刀具轨迹处理

倒圆角与倒角加工的进给路线有两种：自下而上和自上而下。在实际应用中一般优先选用自下而上的进给路线，这种进给方式主要使用铣刀的侧刃进行切削，加工出的工件表面质量高，刀具磨损少，同时刀具主要受径向切削力，有利于控制工件的加工精度。

对于工件倒圆角时，若使用立铣刀进行加工，刀具的刀尖应始终与工件曲面接触，当刀尖沿圆弧运动时，其刀具中心轨迹如图4-8a所示，切削点的位置与刀位点始终相差一个刀具半径。而使用球头铣刀进行加工时，由圆弧刃来加工曲面，其刀具中心是球面的同心球面，半径相差一个刀具半径，如图4-8b所示。

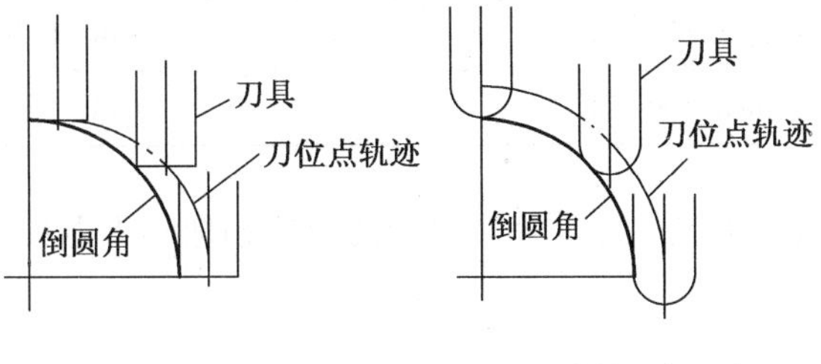

(a) 立铣刀倒圆角　　(b) 球头铣刀倒圆角

图4-8　倒圆角刀具轨迹分析图

对工件倒角时，若使用立铣刀进行加工，其刀具中心轨迹为平行于轮廓的一条直线（图4-9a）；而使用球头铣刀加工时，由圆弧刃来加工斜面，其刀具中心轨迹是一条法向等距线（图4-9b）。

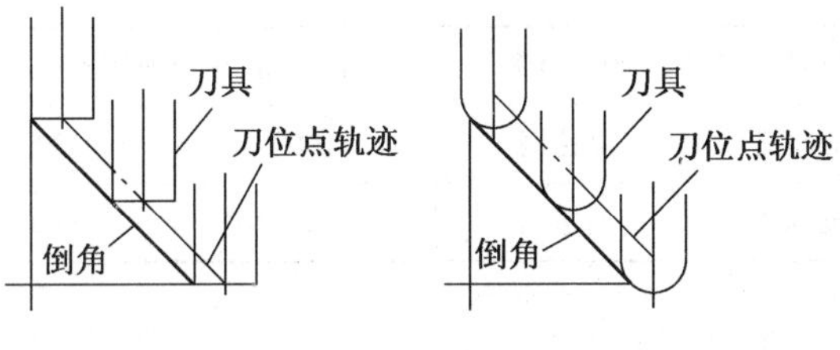

(a) 立铣刀倒角　　(b) 球头铣刀倒角

图4-9　倒角刀具轨迹分析图

二、可编程参数输入指令 G10

工件倒圆角或倒角时，从俯视图观察，切削轨迹如图4-10所示，实际上是将轮廓做一定的等距偏置。为了实现等距偏置，可以通过修改刀具半径补偿来实现。FANUC Series 0i-MD 数控系统可以在程序执行中进行刀具半径补偿的修改，所使用的是可编程参数输入指令G10。刀具每切削一层，便导入一个新的刀具半径补偿值，从而实现切削轨迹的等距偏置。常用刀具补偿程序的使用格式见表4-8。

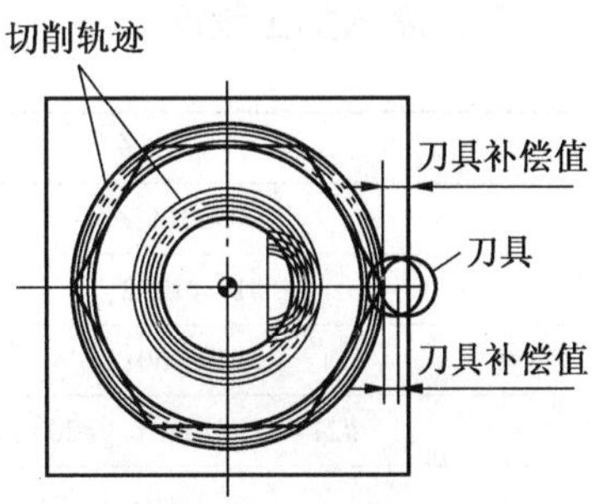

图4-10　刀具轨迹分析图

表4-8中，P表示刀具补偿号。R表示绝对值指令（G90）方式下的刀具补偿值；如果是增量值指令（G91）

表4-8 FANUC Series 0i-MD 数控系统用刀具补偿程序的使用格式

刀具补偿存储器种类	指令格式
H代码（长度补偿）的几何补偿值	G10 L10 P_ R_
H代码（长度补偿）的磨损补偿值	G10 L11 P_ R_
D代码（半径补偿）的几何补偿值	G10 L12 P_ R_
D代码（半径补偿）的磨损补偿值	G10 L13 P_ R_

方式下的刀补值，该值与指定的刀具补偿号中的数值相加和为刀具补偿量值。

【任务实施】

一、加工准备

1. 加工设备

本任务使用的机床为 VDF-850new 加工中心 FANUC Series 0i-MD 数控系统。

2. 刀具清单

刀具清单见表4-9。

表4-9 倒角工件刀具清单

加工内容	刀具规格	刀具材料	$n/(r\cdot min^{-1})$	$v_f/(mm\cdot min^{-1})$	进给方式
铣削工件30°倒角	ϕ10 mm立铣刀	高速钢	1000	300	自下而上
铣削工件R5圆角	ϕ8 mm球头铣刀	高速钢	1500	180	自下而上

二、编程思路

加工本例工件的倒圆角曲面时，使用ϕ8 mm球头铣刀；加工30°倒角曲面时，使用ϕ10 mm立铣刀。刀具首先在Z向定位到切削高度，计算出相应的刀具半径补偿参数，并通过指令“G10”导入数控系统，沿工件轮廓等距出的轨迹进行切削加工；然后，再次Z向移动定位，完成该层的加工，继续循环直至完成整个曲面的加工。

三、编制加工程序

程序	解释
O0011;	程序名
#19=10/2;	立铣刀刀具半径
#20=60;	倒角斜面与垂直方向的夹角
#21=4.02/TAN [#20];	倒角斜面的高度
#11=0;	自变量，初始值0
T1;	换1号刀具（ϕ10 mm立铣刀）

（续）

程　　序	解　　释
M6；	
M3　S1000；	
G0　G54　G40　X0　Y0；	
G43　Z30　H01；	
N1　IF［#11 GT #21］　GOTO 2；	如果加工高度#11 大于#21，跳转至 N2 程序段
X36　Y10；	快速移动至下刀点上方
Z2；	Z 向快速移动至 Z2 处
G1　Z［-#21+#11］　F200；	以 G01 速度进给至当前加工深度
#22=#11 * TAN［#20］；	每次递增的高度对应的刀具半径补偿变化值
#23=#19-#22；	每层对应的刀具半径补偿值
G10　L12　P1　R#23；	变量#23 赋给刀具半径补偿值 D01
G41　D01　X30　Y10；	建立刀具半径补偿
Y0；	轮廓加工轨迹
G2　I-30；	
Y-10；	
G40　X36；	取消刀具半径补偿
#11=#11+0.1；	#11 依次递增 0.1（层间距）
G0　Z30；	快速提刀至安全高度
GOTO 1；	无条件跳转至 N1 程序段
N2　G0　Z30；	快速提刀至安全高度
G40　X0　Y0；	取消刀具半径补偿
M05；	主轴停转
#24=8/2；	球头铣刀半径
#25=5；	周边圆角半径
#26=0；	角度设为自变量，初始值 0
#27=#24+#25	倒圆角圆心与刀具球心的连线距离
T2；	换 2 号刀具（ϕ8 mm 球头铣刀）
M6；	
M3　S1000；	
G0　G54　G40　X0　Y0	
G43　Z30　H02；	
N3　IF［#26 GT 90］　GOTO 4；	如果加工角度#26 大于 90 度，跳转至 N4 程序段
X7　Y0；	快速移动至下刀点上方
#28=#27 * COS［#26］；	任意角度时刀轴线到 R 圆角圆心水平距离
#29=#27 * ［SIN［#26］-1］；	任意角度时刀尖的 Z 坐标值

（续）

程　序	解　释
#30=#28-#25;	任意角度时对应的刀具半径补偿值
Z2;	Z 向快速移动至 Z2 处
G1　Z#29　F200;	以 G01 速度进给至当前加工深度
G10　L12　P2　R#30;	变量#30 赋给刀具半径补偿值 D02
G41　D02　X7　Y-6;	建立刀具半径补偿
G3　X13　Y0　R6;	轮廓加工轨迹
G3　I13;	
G3　X7　Y6　R6;	
G40　X0;	取消刀具半径补偿
#26=#26+1;	#26 依次递增 1
G0　Z30;	快速提刀至安全高度
GOTO 3;	无条件跳转至 N3 程序段
N4　G0　Z30;	快速提刀至安全高度
G40　X0　Y0;	取消刀具半径补偿
M05;	主轴停转
M30;	程序结束

知识拓展

轮廓倒圆角和倒角的宏程序运算

一般情况下的倒圆角和倒角加工，使用立铣刀（表面质量要求不高）和球头铣刀（表面质量要求较高）进行加工，宏程序编程过程中的变量运算见表 4-10。

表 4-10　轮廓倒圆角和倒角的宏程序运算

图　形		运 算 注 解
平底刀倒凸圆角	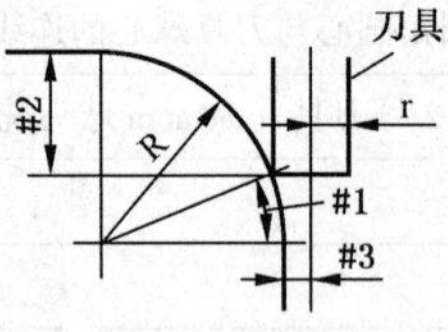	#1—角度自变量；R—圆角半径；r—刀具半径 #2=R＊SIN［#1］-R，刀具切削点与工件上表面的距离 #3=r-［R-R＊COS［#1］］，导入数控系统的可编程参数输入指令 G10 中来控制刀具半径补偿，该值既可为正亦可为负
球头铣刀倒凸圆角	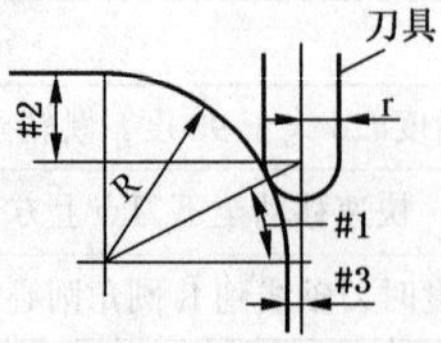	#1—角度自变量；R—圆角半径；r—刀具半径 #2=［R+r］＊SIN［#1］-R，球头铣刀球心与工件上表面的距离 #3=［R+r］＊COS［#1］-R，导入数控系统的可编程参数输入指令 G10 中来控制刀具半径补偿，该值既可为正亦可为负

表 4-10（续）

图形		运算注解
平底刀倒凹圆角	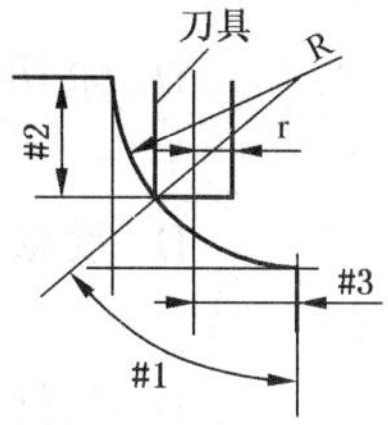	#1—角度自变量；R—圆角半径；r—刀具半径 #2=R * COS[#1]，刀具切削点与工件上表面的距离 #3=r-R * SIN[#1]，导入数控系统的可编程参数输入指令 G10 中来控制刀具半径补偿，该值既可为正亦可为负
球头铣刀倒凹圆角	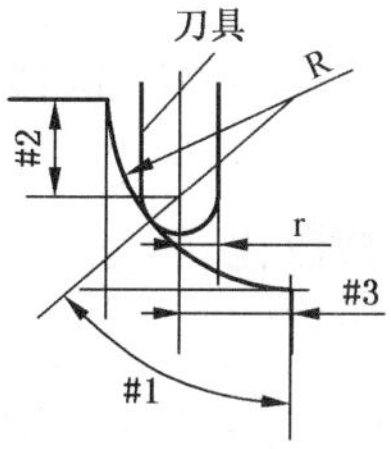	#1—角度自变量；R—圆角半径；r—刀具半径 #2=[r-R] * COS[#1]，球头铣刀球心与工件上表面的距离 #3=[r-R] * SIN[#1]-R，导入数控系统的可编程参数输入指令 G10 中来控制刀具半径补偿，该值一般为负
平底刀倒角	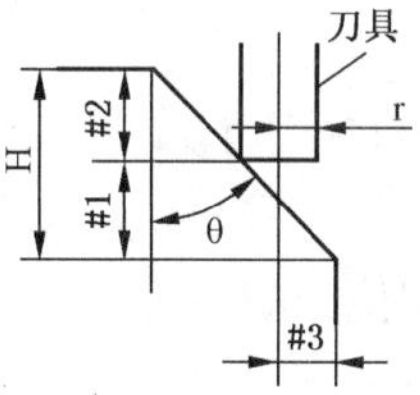	#1—加工高度变量；r—刀具半径；θ—角度常量 #2=#1-H，刀具切削点与工件上表面的距离 #3=r- #1 * TAN［θ］，导入数控系统的可编程参数输入指令 G10 中来控制刀具半径补偿
球头铣刀倒角	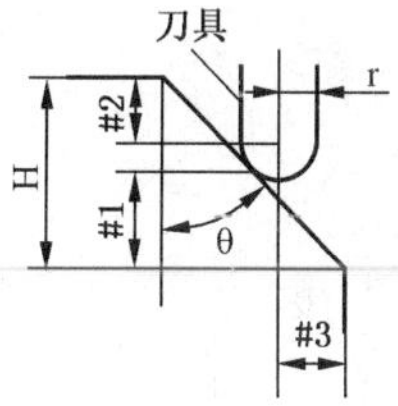	#1—加工高度变量；r—刀具半径；θ—角度常量 #2=#1-H+r * SIN［θ］，刀具切削点与工件上表面的距离 #3=r * COS[θ]-#1 * TAN[θ]，导入数控系统的可编程参数输入指令 G10 中来控制刀具半径补偿

【习题】

一、选择题

1. 在运算指令中，形式#i=#j/#k 代表的意义是（　　）。

A. 极限　　B. 空　　C. 商　　D. 反余切

2. 在运算指令中，形式#i=#jAND#k 代表的意义是（　　）。

A. 逻辑乘　　B. 小数

C. 倒数和余数　　D. 负数和正数

3. 在运算指令中，形式#i=#jMOD#k 代表的意义是（　　）。

A. 反三角函数　　B. 平均值　　C. 空　　D. 取余

4. 在运算指令中，形式#i=SIN［#j］代表的意义是（　　）。

A. 圆弧度　　B. 立方根　　C. 合并　　D. 正弦（度）

5. 在运算指令中，形式#i=COS［#j］代表的意义是（　　）。

A. 积分　B. 余弦（度）　C. 正数　D. 反余弦（度）

6. 在运算指令中，形式#i=TAN［#j］代表的意义是（　　）。

A. 误差　B. 对数　C. 正切　D. 余切

7. 在运算指令中，形式#i=ATAN［#j］代表的意义是（　　）。

A. 余切　B. 反正切　C. 切线　D. 反余切

8. 在运算指令中，形式#i=SQRT［#j］代表的意义是（　　）。

A. 矩阵　B. 数列　C. 平方根　D. 条件求和

9. 在运算指令中，形式#i=ABS［#j］代表的意义是（　　）。

A. 离散　B. 非负　C. 绝对值　D. 位移

10. 在运算指令中，形式#i=ROUND［#j］代表的意义是（　　）。

A. 圆周率　B. 四舍五入整数化

C. 求数学期望值　D. 弧度

11. 在运算指令中，形式#i=FIX［#j］代表的意义是（　　）。

A. 对数　B. 舍去小数点

C. 小数点以下舍去　D. 非负数

12. 在运算指令中，形式#i=FUP［#j］代表的意义是（　　）。

A. 求概率　B. 密度

C. 小数点以下进位　D. 概率平均值

13. 在运算指令中，形式#i=ACOS［#j］代表的意义是（　　）。

A. 只取零　B. 位移误差

C. 反余弦（度）　D. 余切

14. 在运算指令中，形式#i=LN［#j］代表的意义是（　　）。

A. 离心率　B. 自然对数

C. 轴距　D. 螺旋轴弯曲度

15. 在运算指令中，形式#i=EXP［#j］代表的意义是（　　）。

A. 4x+x4　B. eX

C. X+Y　D. sinA-cosB

16. 在变量赋值方法Ⅰ中，引数（自变量）A对应的变量是（　　）。

A. #101　B. #31　C. #21　D. #1

17. 在变量赋值方法Ⅰ中，引数（自变量）C对应的变量是（　　）。

A. #43　B. #31　C. #3　D. #39

18. 在变量赋值方法Ⅰ中，引数（自变量）E对应的变量是（　　）。

A. #8　B. #24　C. #27　D. #108

19. 在变量赋值方法Ⅰ中，引数（自变量）H对应的变量是（　　）。

A. #10　B. #11　C. #41　D. #51

20. 在变量赋值方法Ⅱ中，自变量地址K1对应的变量是（　　）。

A. #2　B. #3　C. #6　D. #26

二、技能实训题

试编写图 4-11 所示零件的加工程序。

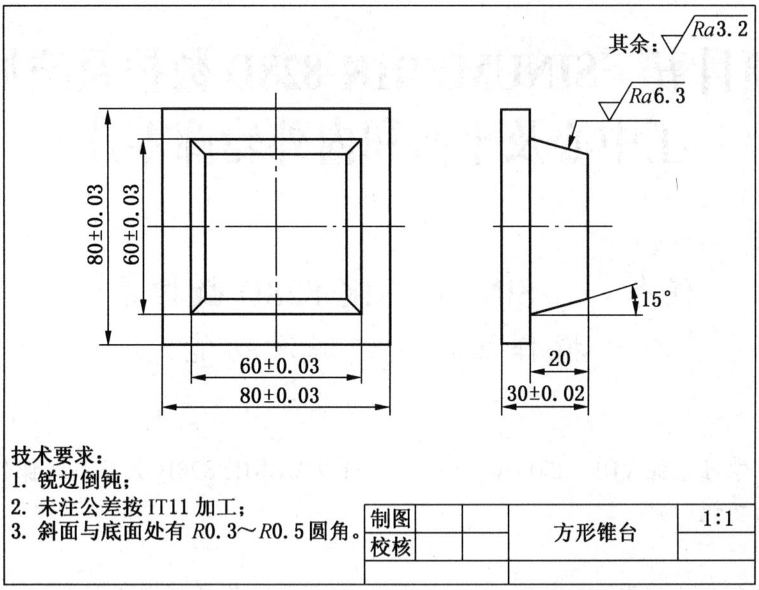

图 4-11　方形锥台

项目五　SINUMERIK 828D 数控系统加工中心及平面和内外轮廓零件

任务一　SINUMERIK 828D 数控系统操作面板的组成及功能

【任务描述】

学生通过学习掌握 VDF-850new 加工中心 SINUMERIK 828D 数控系统操作面板的组成及各个按键的功能。

【任务分析】

通过学习和训练掌握 SINUMERIK 828D 数控系统操作面板各个按键的功能及相应的操作。

【相关知识】

了解 SINUMERIK 828D 数控系统用户操作界面是学习和使用该系统的基础。其操作界面以独特的方式展示了系统强大的功能，并引导操作者轻松地完成对机床的操作和加工程序的编辑工作。

SINUMERIK 828D 数控系统采用 TFT 彩色显示屏，有 10.4 吋和 8.4 吋两种。显示屏的软键共有 8 个水平软键和 8 个垂直软键，操作简单便捷。键盘是 Qwerty 全键盘，输入快捷，准确率高。系统面板如图 5-1 所示。

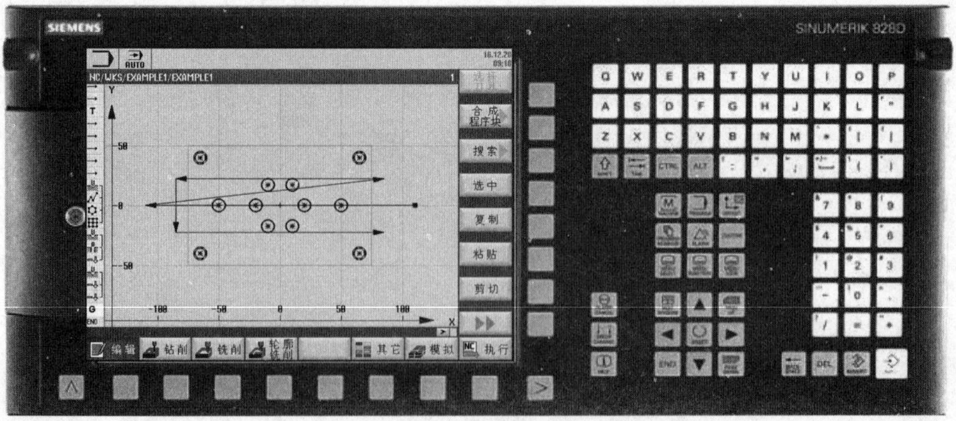

图 5-1　系统面板

一、系统面板

1. 面板操作单元

SINUMERIK 828D 数控系统面板操作单元的外形布置有横排和竖排两种，在面板的左侧配有用户接口，如图 5-2 所示。

光标区功能按键如图 5-3 所示，控制键和热键部分功能按键说明见表 5-1。

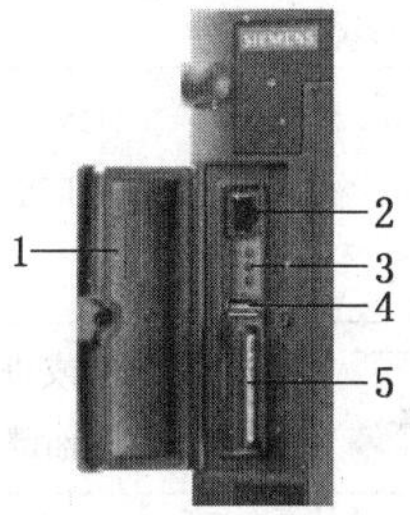

1—通信接口保护盖；2—以太网接口；3—以太网接口状态灯；4—USB 接口；5—CF 接口

图 5-2　通信接口布置示意图

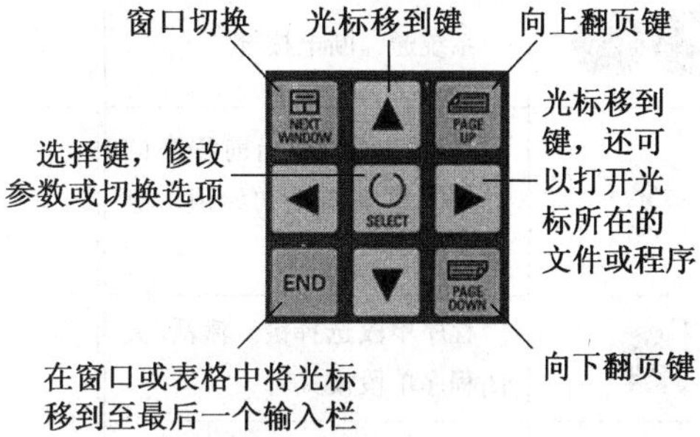

图 5-3　光标区功能按键

表 5-1　控制键和热键部分功能按键说明

按键	功　能	按键	功　能
	删除带此符号的报警和显示信息		调用基本菜单选择操作区域
	当存在多通道时，在通道之间切换		插入键。在插入模式下打开编辑区域。再次按下此键时，退出区域并取消输入 打开选择区域并显示可进行的选择
	调用所选窗口中和上下文相关的在线帮助		完成输入栏中值的输入 打开目录或程序

2. 机床控制面板

图 5-4 所示机床控制面板键盘功能分区说明见表 5-2。

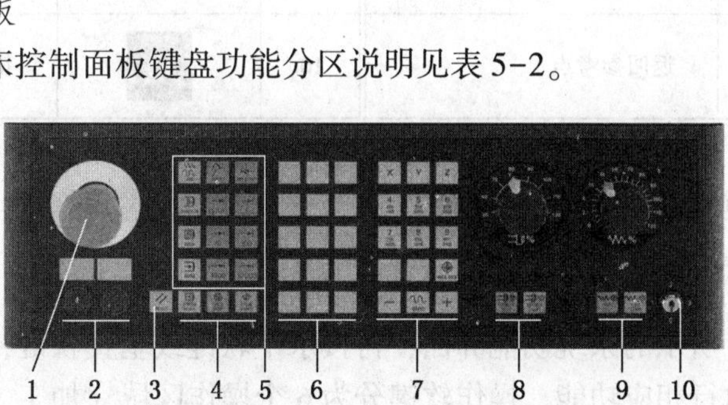

图 5-4　机床控制面板功能分区说明

表5-2 功能键说明

分区	按键	功能
1		急停键。在工件或机床存在受损危险时，生命受到危险时，按下此键
2		系统通、断电按键
3	RESET	复位键。中断当前程序的处理。系统恢复初始值。删除报警
4	SINGLE BLOCK	程序单段选择键。激活/关闭程序单段模式
	CYCLE START	循环启动键。程序开始执行
	CYCLE STOP	循环停止键。程序执行暂停
5	JOG	选择手动模式
	TEACH IN	选择示教模式
	MDA	选择手动输入模式
	AUTO	选择自动加工模式
	REPOS	再定位、重新逼近轮廓
	REF.POINT	返回参考点

分区	按键	功能
5	1 … 10000	增量进给键。设定增量的数值
	[VAR]	可变增量进给键
6		机床厂商定义键
7	X … Z	根据快速或进给需要，选择运行坐标轴键
	− +	方向键。选择坐标轴运动方向
	RAPID	同时按下方向键实现快速移动坐标轴
	WCS MCS	在工件坐标系（WCS）和机床坐标系（MCS）之间切换
8	SPINDLE START	主轴启动
	SPINDLE STOP	主轴停止
9	FEED START	进给轴功能启动
	FEED STOP	进给轴功能停止
10		钥匙开关

二、基本操作界面和按键

按图5-1所示的面板处理单元的热键区的功能按键“基本菜单选择”即“MENU SELECT”，进入图5-5所示的系统功能界面；再按水平软键或垂直软键，使用软键可以显示一个新的窗口或者执行相应功能。操作软键分为6个操作区域（加工、参数、程序、程序管理器、诊断、调试）以及6种运行方式或子运行方式（JOG、MDA、AUTO、TEACH IN、REF. POINT、REPOS）。

基本操作的功能软键与对应显示的水平软键关系如图 5-6 所示。

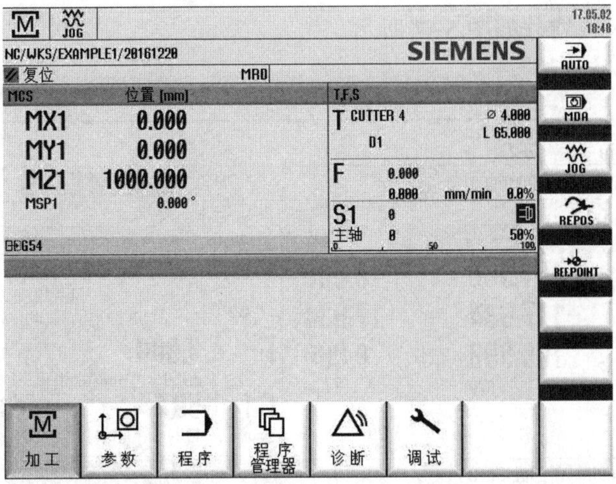

图 5-5　系统功能界面

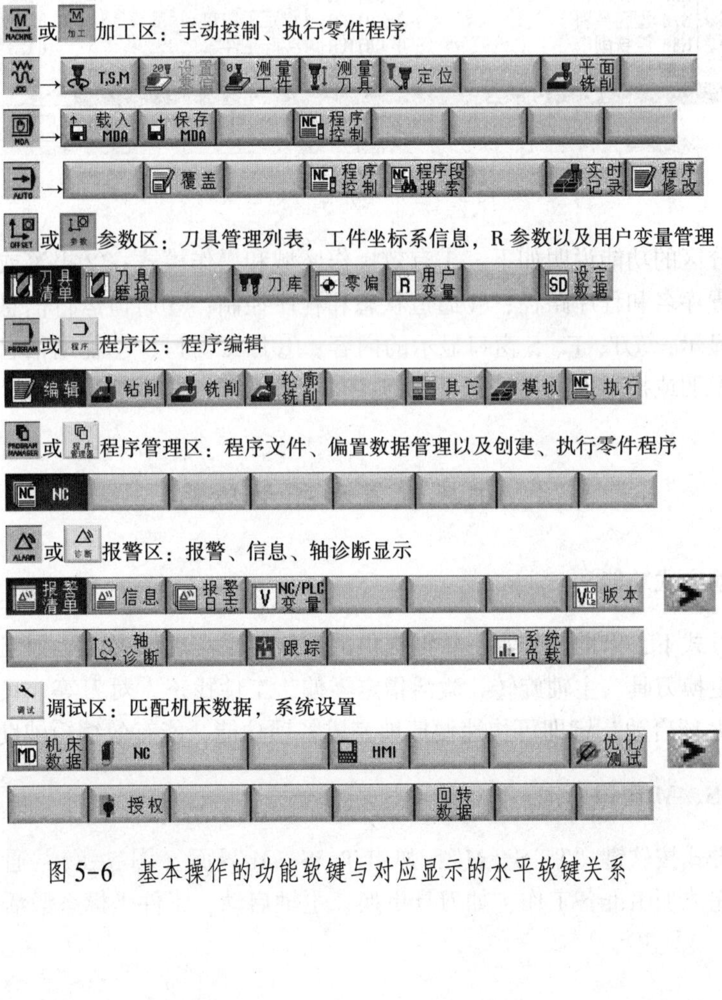

图 5-6　基本操作的功能软键与对应显示的水平软键关系

三、屏幕界面区域

屏幕界面信息区域划分如图 5-7 所示。

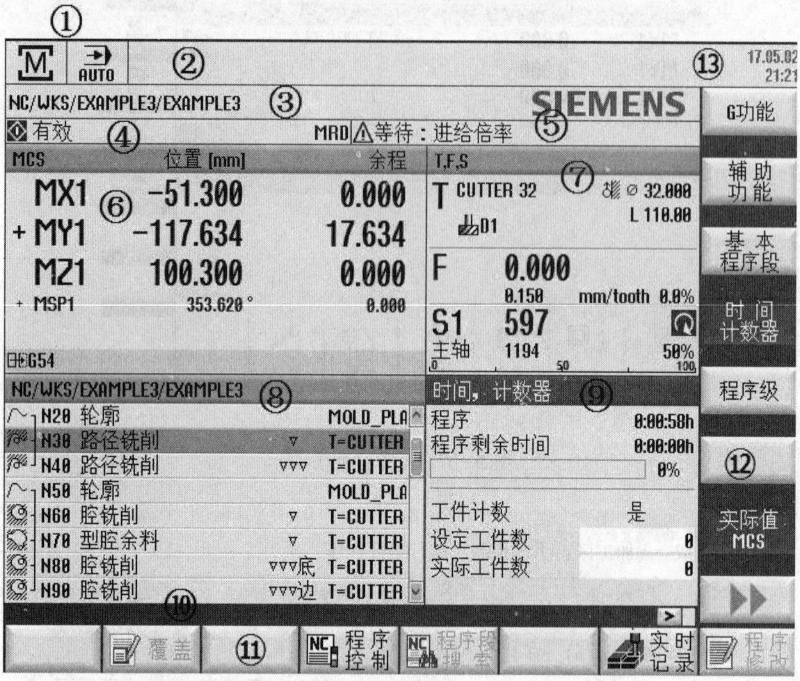

图 5-7 屏幕界面信息区域划分

现将各分区的功能说明如下：①有效操作区域和操作模式；②报警或信息行；③当前选择执行的程序名和程序路径；④通道状态和程序控制；⑤通道运行信息；⑥实际值窗口中的轴位置显示；⑦T、F、S 窗口显示的内容；⑧加工窗口；⑨辅助信息窗口；⑩用于显示其他用户说明或提示信息；⑪水平软键；⑫垂直软键；⑬系统时间显示。

【任务实施】

机床设置和手动功能

一、手动方式功能

在手动方式下，借助各种水平软键提供的功能可以实现加工中心加工前的辅助工艺准备工作，如更换刀具、主轴旋转、激活指定零偏、工件找正、对刀等。只需要设定简单的数据，按“循环启动”键即可快速便捷地完成各项功能，能有效缩短辅助工艺准备时间。

二、T、S、M 窗口

在手动方式按软键“T、S、M”，弹出 T、S、M 界面（图 5-8），通过选择或输入参数即可轻松完成加工准备工作，如刀具更换、主轴启动、工件坐标系激活等。

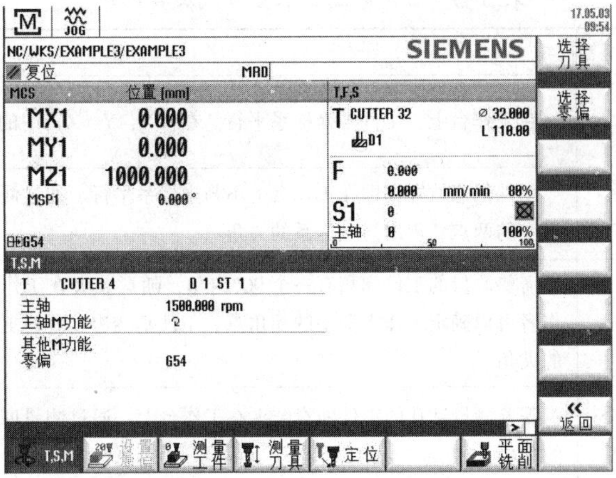

图 5-8　JOG 操作方式下的 T、S、M 界面

（1）T：用于输入刀具名称或刀位号。也可以按垂直软键“选择刀具”，从刀具表中选择刀具。

（2）D：用于输入所选刀具的刀沿号（1~9）。

（3）主轴：用于输入主轴的转速。

（4）主轴 M 功能：用于选择主轴的旋转方向。

（5）其他 M 功能：用于输入其他机床控制功能，如切削液的开、关。

（6）零偏：零点偏移基准（G54~G59）的选择。也可以按垂直软键“选择零偏”，从零点偏移列表中选择编程的零点偏移编号。

三、测量工件

手动测量工件的步骤：依次按 → → → 或直接按操作面板 → ，显示操作界面如图 5-9 所示。常用的测量位置方式及其注解见表 5-3。

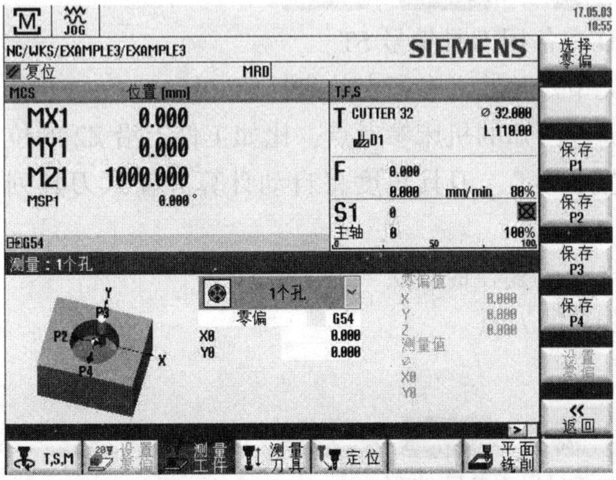

图 5-9　手动测量工件

表 5-3 常用的测量位置方式及其注解

图示	定义	注 解
	设置边	在工作台上，工件与坐标系平行。在（X，Y，Z）中的一条轴上测量一个参考点
	测量边沿：边对齐	工件任意放置，即在工作台上不与坐标系平行。通过测量操作者所选工件基准边沿上的两点，得出与坐标系的夹角
	测量直角	需要测量的工件拐角有一个90°内角，随意装夹在工作台上。测量3个点后，操作者可以确定工作平面中的拐角点、工件基准边（穿过P1和P2的直线）和基准轴的夹角
	测量一个圆形型腔	需要测量钻孔的工件随意装夹在工作台上。通过测量四个点，并由此计算出钻孔的中心孔
	测量一个圆形凸台	工件任意放置在工作台上，并且带有圆形凸台。通过测量四个点可以测出凸台的直径和中心点

四、测量刀具

手动测量刀具的过程如下：依次按 MENU SELECT → M 加工 → JOG → 测量刀具 → 手动长度，或直接按操作面板 JOG → 测量刀具 → 手动长度。

在手动测量时，将刀具手动移动到一个已知的参考点，以测量出刀具长度、半径。然后，控制系统通过刀具参考点的位置以及工件参考点的位置计算刀具补偿数据。测量结果将被直接输入所选的刀具、刀沿号D的补偿数据中。

1. 手动测量刀具长度的步骤

（1）更换所需要测量的刀具。

（2）按 MENU SELECT 键。

（3）依次按 M 加工 → JOG → 测量刀具 → 手动长度。

（4）选择刀沿号D和备用刀具编号ST。

（5）选择参考点类型，并输入参考点的坐标值Z0。

（6）移动刀具并逼近已知的机床参考点，比如工件上沿Z2的位置。

（7）按软键“设置长度”，刀具长度将自动计算并输入刀具列表对应的刀具补偿值中，如图5-10所示。

2. 手动测量刀具半径或直径的步骤

（1）更换所需要测量的刀具。

（2）按 MENU SELECT 键。

（3）依次按 M 加工 → JOG → 测量刀具 → 手动直径。

（4）选择刀沿号D和备用刀具编号ST。

（5）选择参考工件测量轴，并输入参考工件测量轴的坐标值。

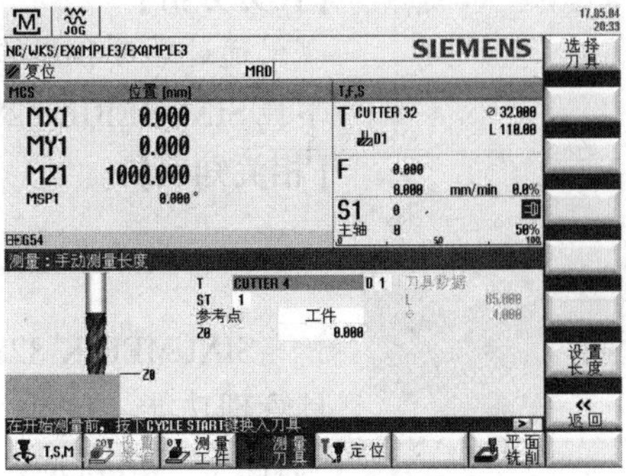

图 5-10　测量刀具长度

（6）移动刀具并逼近已知的机床参考点。

（7）按软键“设置直径”，刀具长度将自动计算并输入刀具列表对应的刀具补偿值中，如图 5-11 所示。

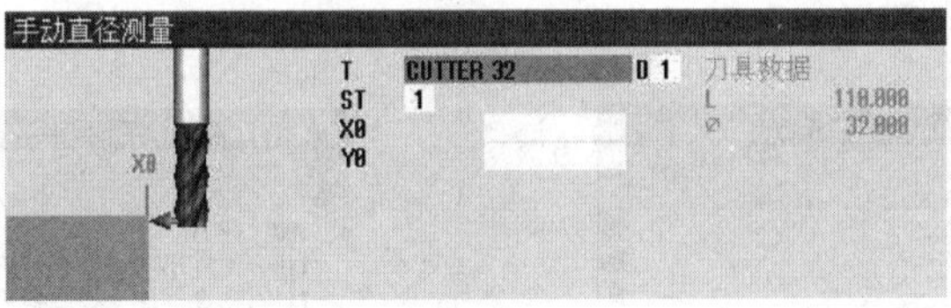

图 5-11　测量刀具直径

【习题】

1. SINUMERIK 828D 数控系统程序命名的原则是什么？

2. SINUMERIK 828D 数控系统绝对值/增量值编程与 FANUC Series 0i-MD 数控系统有何异同？

任务二　加工平面类零件

【任务描述】

加工图 5-12 所示的平面工件，材料为 45 号钢，各表面基本平整，需要进行上表面的加工。该平面较大，有平面度要求，但其他的精度要求一般，采用行切法加工即可，加工程序编制较为简单。

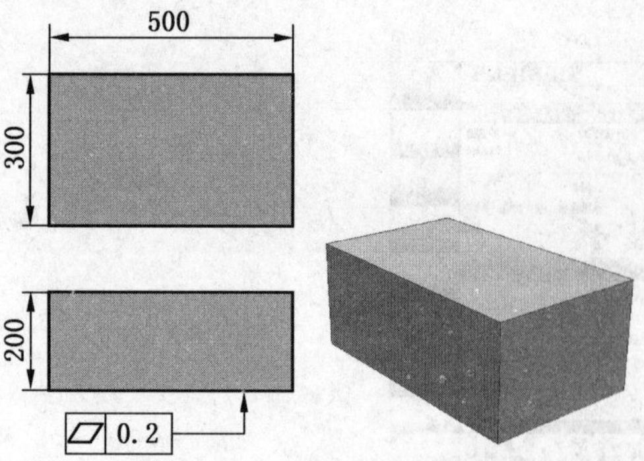

图 5-12　平面工件

【任务分析】

通过学习和训练掌握工件毛坯的建立方法；掌握 SINUMERIK 828D 平面程序编制方法。

【相关知识】

一、SINUMERIK 828D 刀具管理

SINUMERIK 828D 数控系统标配有机床刀具管理功能，包括“刀具清单”“刀具磨损”“刀库”三个列表。

铣削刀具类型的常用信息：SINUMERIK 828D 数控系统的铣削加工刀具被分为各种刀具类型。每种刀具类型都被分配了一个 3 位的编码，在系统的刀具参数界面上都有一个图形符号表示其外形特征。

预置的刀具类型与名称：在创建新刀具时，系统提供多种刀具类型的选择。刀具类型决定了需要哪些几何数据。SINUMERIK 828D 系统预置了一些常用刀具类型，方便操作者选择使用，如图 5-13~图 5-16 所示。

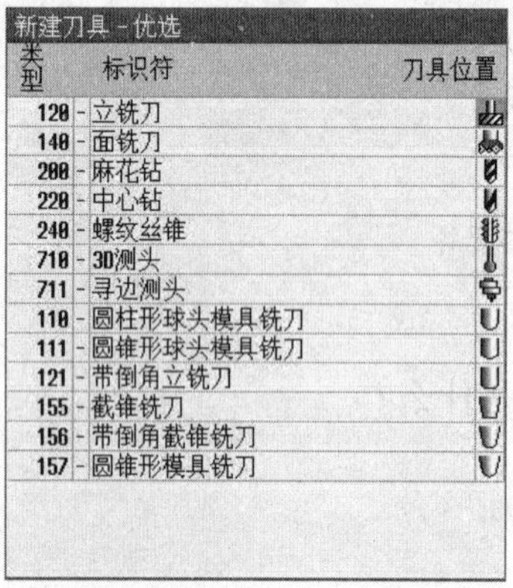

图 5-13 “优先”窗口提供刀具类型

图 5-14 “铣刀”窗口提供刀具类型

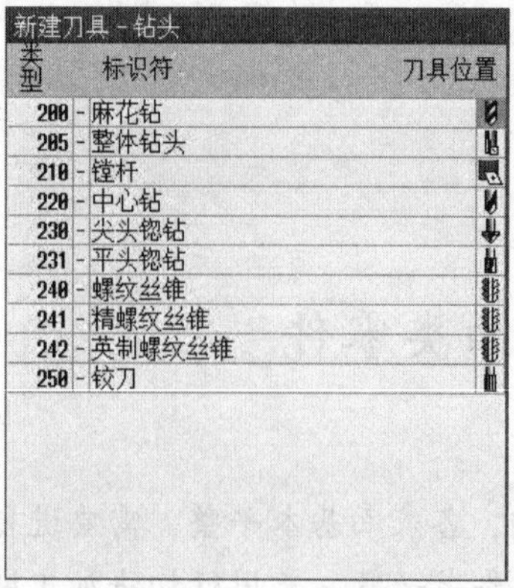

图 5-15 “钻头”窗口提供刀具类型

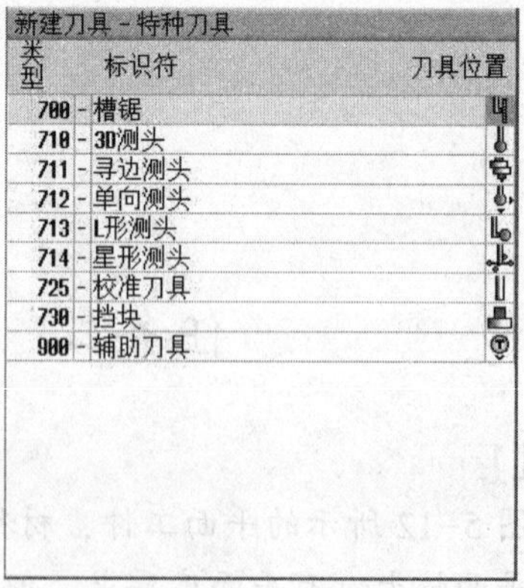

图 5-16 “特种刀具”窗口提供刀具类型

1. 刀具清单列表

刀具清单列表中显示了创建、设置刀具时需要的工艺参数和功能。每把刀具可以通过刀具名称和备用刀具编号进行识别，如图 5-17 所示。

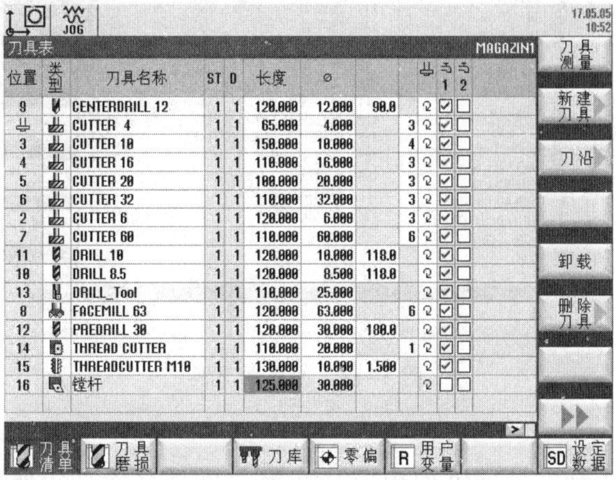

图 5-17　刀具表界面刀具参数情况

刀具表中显示了在系统中创建或配置的所用刀具和刀具位置。所有列表都按照同样的顺序排列同类刀具。因此，在列表间切换时，光标将停留在同一种刀具上。列表之间的区别在于显示的参数和软键的布局不同。

各软键的含义如下：

刀具清单：显示所有用于创建和设置刀具的参数和功能。

刀具磨损：此处包含了持续运行中必需的所有参数和功能，如磨损和监控功能。

刀库：此处包含了刀具和刀库相关的参数以及刀具或刀库位置的功能。

2. 创建新刀具

创新新刀具的步骤如下：

（1）按 MENU SELECT 键，打开刀具列表：参数→刀具清单。

（2）将光标移动到期望的空刀位或装载空刀位。

（3）按软键 新建刀具，自动进入 优选 刀具类型列表，如果 优选 中没有要新建的刀具类型，可根据实际要求通过软键 铣刀 100-199、钻头 200-299 或 特种刀具 700-900 显示更多类型，如图 5-18 所示。

（4）移动光标键 ▲ ▼，选择对应的刀具类型。

（5）按软键“确认”，根据所选刀具类型自动生成预定名称，按“INPUT”键，将该刀具收入刀具列表中。

二、SINUMERIK 828D 程序管理

操作者通过程序管理器可以随时访问程序，利用各种功能软键或快捷键可以新建、打开、执行、更改、复制、粘贴、剪切、预览或重命名程序，或者删除不需要的程序。

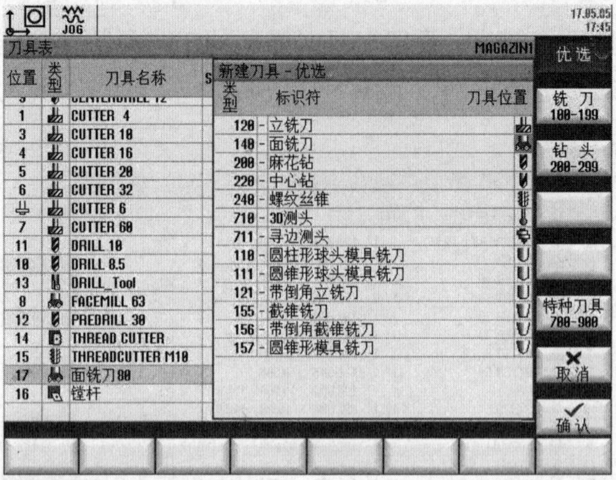

图 5-18 创建新刀具

1. 创建新目录或程序

目录结构有助于更加有效地管理程序和数据。目录名称必须使用扩展名“. DIR”或者“. WPD”。包括扩展名在内长度最多为 49 个字符。命名时可使用所有字母、数字和下划线。

创建新目录或程序的步骤如下：

（1）打开相应的程序存储空间，选择 程序 → NC。

（2）移动光标键，在目标目录中选择零件程序、子程序或工件。

（3）按软键 新建，选择新建一个目录 目录 或程序 programGUIDE G代码、ShopMill。

（4）如果在工件目录下，需要选择新建程序的类型，如 MPF 主程序或 SPF 子程序。按规定输入程序名称并按软键 确认，完成程序名称的建立。

（5）进入程序编辑界面，即可对程序进行编辑。

2. 打开和关闭程序

（1）按照 程序管理器 → NC 的步骤打开 NC 程序目录。

（2）移动光标键到目标目录或目标文件上。

（3）按软键“打开”、光标键 ▶ 或 INPUT 键打开光标所在的目录或文件。

（4）按软键“关闭”、光标键 ▶，则关闭当前打开的文件。

【任务实施】

一、加工准备

1. 选择数控机床

本任务选用的机床为 VDF-850new 加工中心 SINUMERIK 828D 数控系统。

2. 选择刀具及切削用量

加工本任务工件时，选择面铣刀（刀具材料为高速工具钢），其直径为 80 mm。切削用量的推荐值如下：主轴转速 $n=800\sim1000$ r/min；进给速度取 $v_f=100\sim200$ mm/min；背吃刀量的取值等于台阶高度，即 $a_p=2$ mm。

二、建立程序

（1）移动光标键，在目标目录中选择零件程序。

（2）按软键 新建，选择新建一个目录 目录 或程序 programGUIDE G代码。

（3）在零件程序目录下，再建立名为“2017”的下一级目录，在指定目录下需要选择新建程序的类型，如 MPF 主程序或 SPF 子程序。按规定输入程序名称“LIANXI_1. MPF”并按软键 确认，完成程序名称的建立，如图 5-19 所示。

图 5-19　程序名称的建立

三、编制程序

编程步骤	编 程 操 作	界 面 显 示
建立毛坯	按软键 其他 → 毛坯，在毛坯选项中选择“中心六面体”，W 中填入“300”，L 中填入“500”，HA 中填入“0”，HI 中填入“-200”	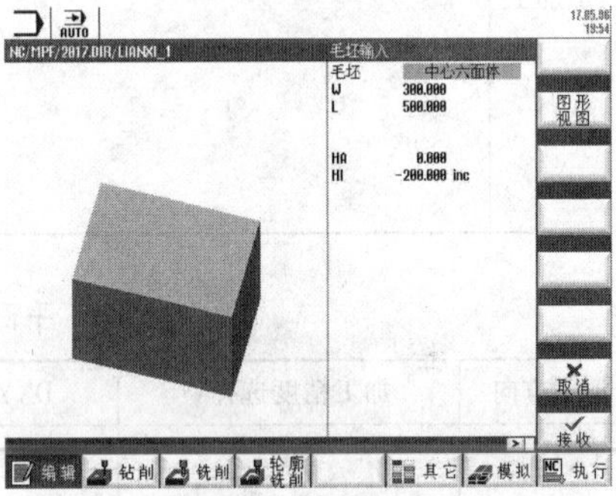
手工输入程序头	根据工件要求合理编制程序头	
建立新轮廓	依次按软键 铣削 → 平面铣削 进入下一级界面。 参数说明： PL：加工平面选择（G17、G18、G19）； RP：返回平面高度； SC：快速点位 Z 向安全距离； F：进给速度，mm/min； 加工：加工精度选择（∇、∇∇∇）； 方向：刀具轨迹选择（⊊、⊑、⊔、⊓）（表 5-4）； X0：角点 1X 坐标；	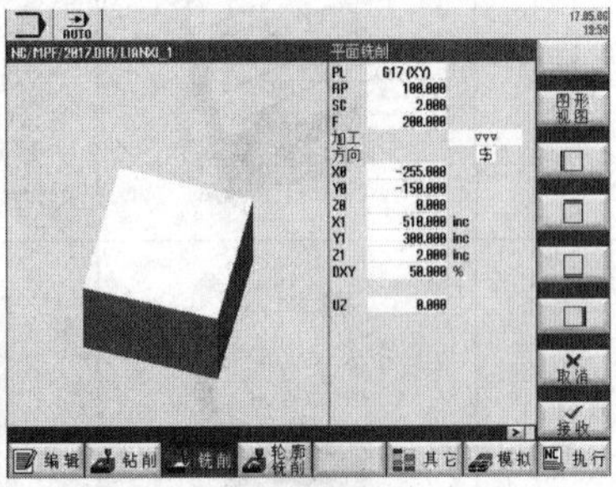

（续）

编程步骤	编 程 操 作	界 面 显 示
建立新轮廓	Y0：角点 1Y 坐标； Z0：毛坯高度； X1：相对 X0 的距离； Y1：相对 Y0 的距离； Z1：铣削的深度； DXY：最大切宽； UZ：余量；	
手工输入程序结尾	根据工件要求合理编制程序结尾	G0Z100¶ M05¶ M30¶
对编制好的程序进行模拟加工	依次按软键 模拟 → 3维视图 完成程序的模拟	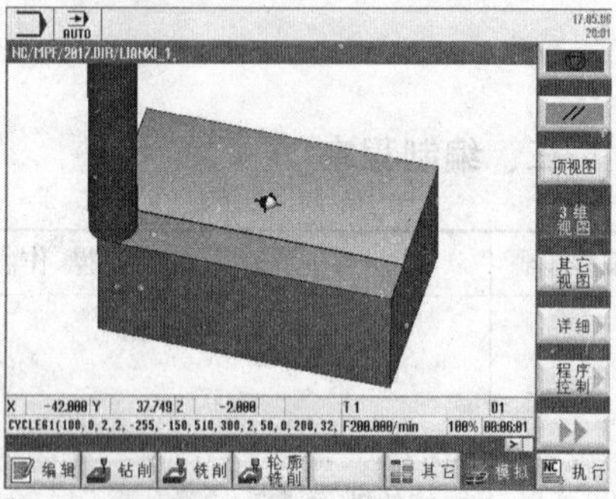

表 5-4　平面铣削加工方向与加工精度对照表

加工方向	加工精度选择▽	DXY：最大切宽	加工精度选择▽▽▽	DXY：最大切宽
	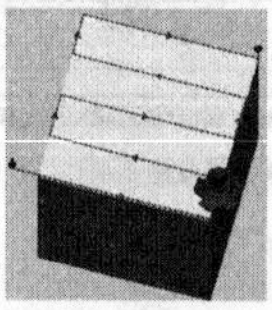	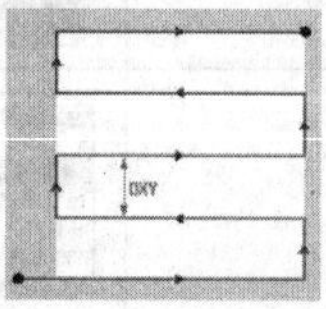	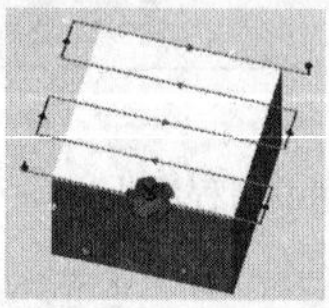	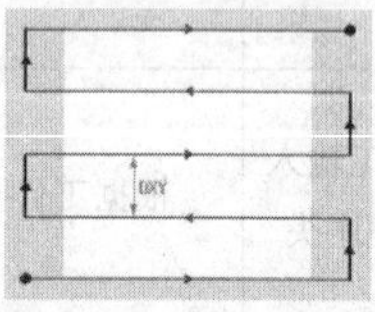
	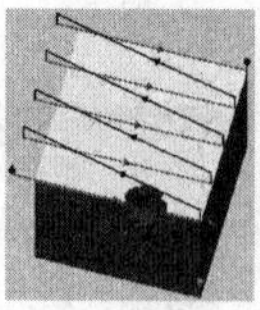	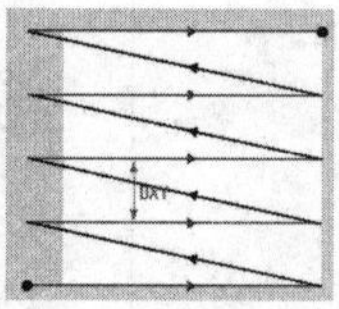	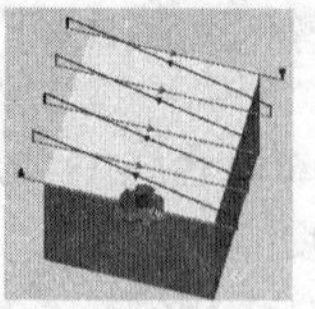	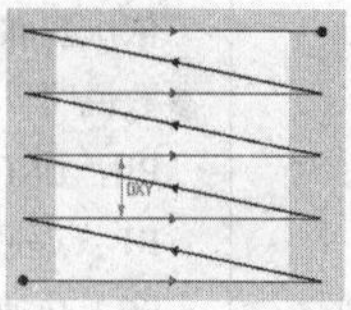
		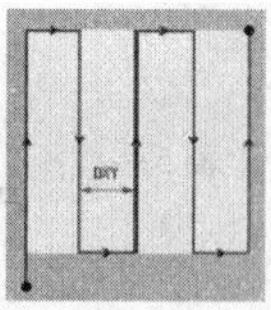		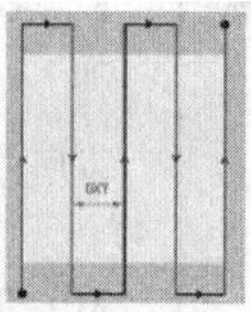

表 5-4（续）

加工方向	加工精度选择▽	DXY：最大切宽	加工精度选择▽▽▽	DXY：最大切宽
	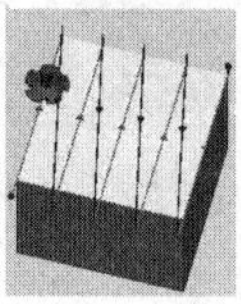	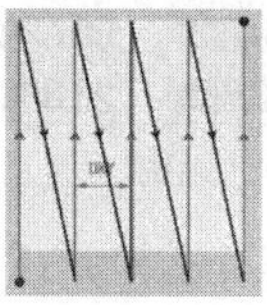	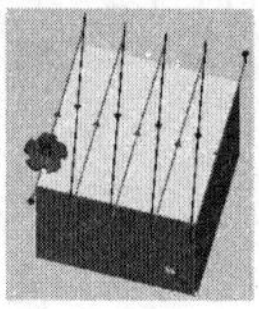	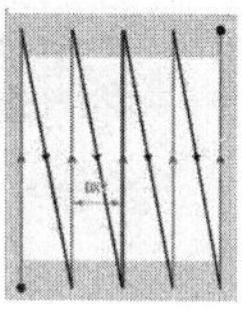

注意：

DZ：最大切深（mm）。

DXY：最大切宽有两种选择：1. 移到距离 DXY 50.000 inc；

2. 刀宽的百分比 DXY 50.000 %

四、工件装夹

工件采用机用平口钳装夹。

【技能训练】

一、创建新刀具

按软键 新建刀具，可根据实际要求通过软键 铣刀 100-199 显示更多类型，如图 5-20 所示，通过光标键 ▲ ▼ 选择 140 - 面铣刀 后按软键 确认；再按软键 装载 在位置项中填入 1 为刀库的位置，按软键 确认；根据刀具的具体参数输入相应的表格中，如图 5-21 所示。

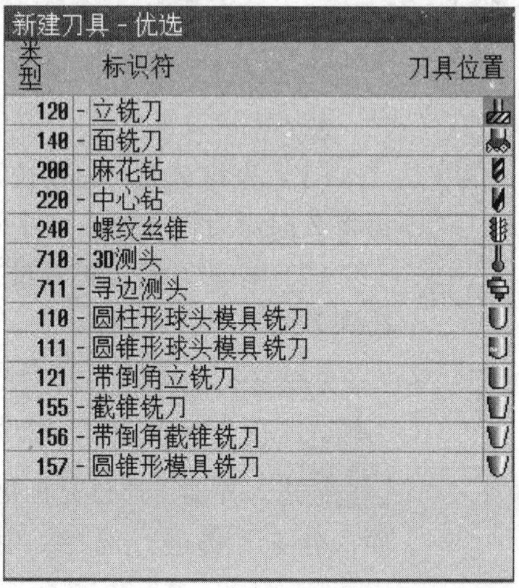

图 5-20　新建面铣刀

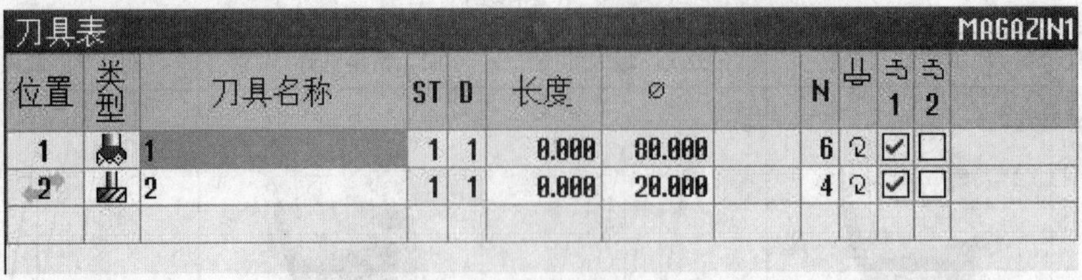

刀具表											MAGAZIN1
位置	类型	刀具名称	ST	D	长度	∅	N		1	2	
1		1	1	1	0.000	80.000	6		☑	☐	
2		2	1	1	0.000	20.000	4		☑	☐	

图 5-21　刀具参数表 1

二、确定工件坐标系原点

1. 设定零点偏置

依次按→→进入零点偏置窗口，屏幕上将显示图 5-22 所示的设定零点偏置的界面。按光标移动键选择编程工件坐标系（G54~G59），可观察工件坐标系的具体数值。

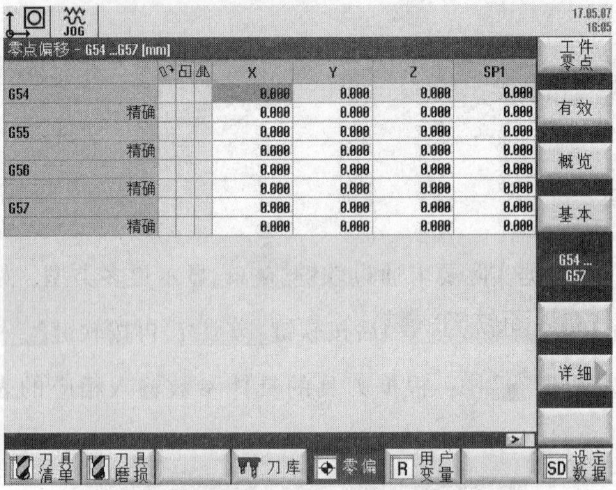

零点偏移 - G54 ...G57 [mm]

		X	Y	Z	SP1
G54		0.000	0.000	0.000	0.000
	精确	0.000	0.000	0.000	0.000
G55		0.000	0.000	0.000	0.000
	精确	0.000	0.000	0.000	0.000
G56		0.000	0.000	0.000	0.000
	精确	0.000	0.000	0.000	0.000
G57		0.000	0.000	0.000	0.000
	精确	0.000	0.000	0.000	0.000

图 5-22　零点偏置界面

2. Z 方向对刀

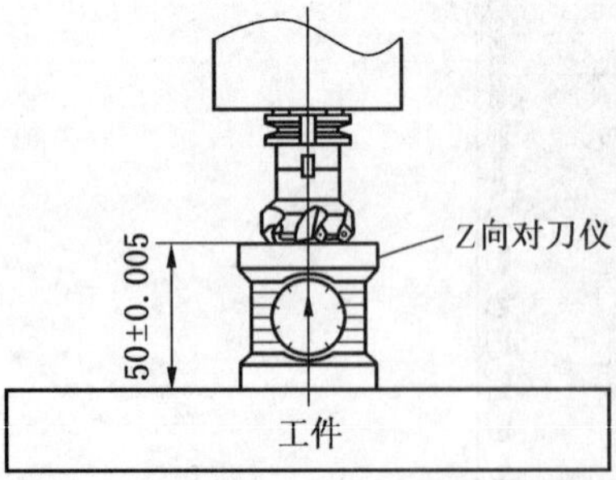

图 5-23　Z 方向对刀

（1）先将 Z 向对刀仪校零，擦拭干净工件上表面，再将 Z 向对刀仪放置在工件平面上，如图 5-23 所示。

（2）移动刀具，使刀具接触 Z 向对刀仪，慢速手摇到 Z 向对刀仪零位即可。

（3）由于本例是一把刀具加工，所以直接将 Z 向对刀输入工件坐标系即可。依次按→→→进入界面，通过光标键移动到需要调整的参数选项，再使用进行选择。由于 Z 向对刀仪的高度为 50 mm，所以 Z0 选项中输入“50”，测量方向为“-”，如图 5-24 所示。最后按键，完成 Z 向对刀操作。

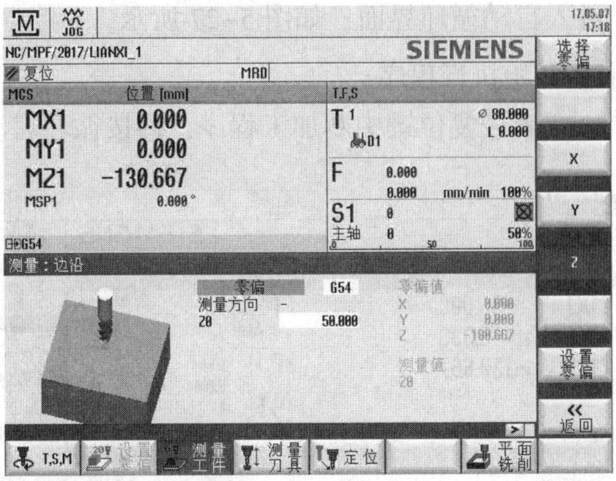

图 5-24　Z 向对刀界面

3. X、Y 向对刀

(1) 使用寻边器对刀（图 5-25），提高对刀精度，减少刀具的磨损。依次按→测量工件→→矩形凸台进入界面，通过光标键移动到需要调整的参数选项，再使用进行选择。

(2) 按照屏幕（图 5-26）上的提示用手轮移动工件在 X 负向接触工件，按保存P1键；用手轮移动工件在 X 正向接触工件，按保存P2键；用手轮移动工件在 Y 负向接触工件，按保存P3键；用手轮移动工件在 Y 正向接触工件，按保存P4键；最后按设置零偏键，完成 X、Y 向对刀操作。

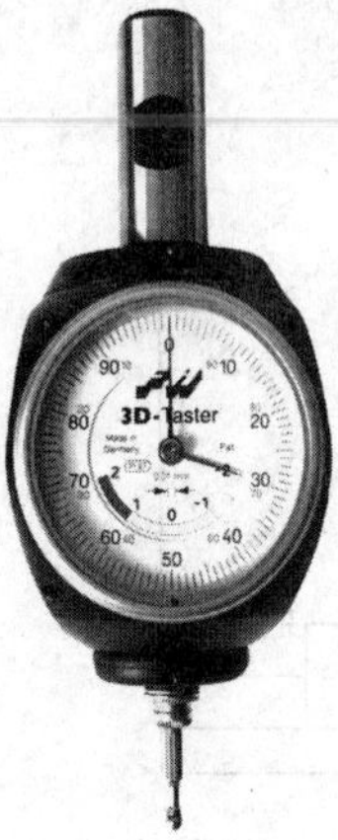

图 5-25　3D 寻边器

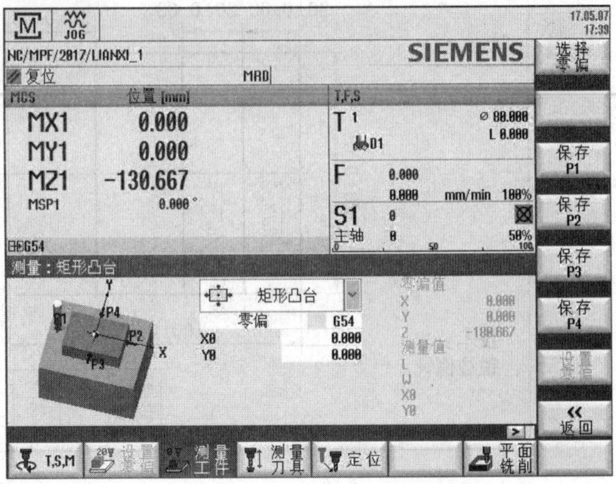

图 5-26　X、Y 向对刀界面

4. 启动零件程序

(1) 打开已经编制好的程序。

(2) 在操作面板上将主轴功能和进给功能激活。

（3）按软键 NC 执行 进入自动循环界面，如图 5-27 所示。

（4）按循环启动键开始执行程序。

（5）程序执行完毕；或者按复位键中断加工程序，再按循环启动键从头开始执行。

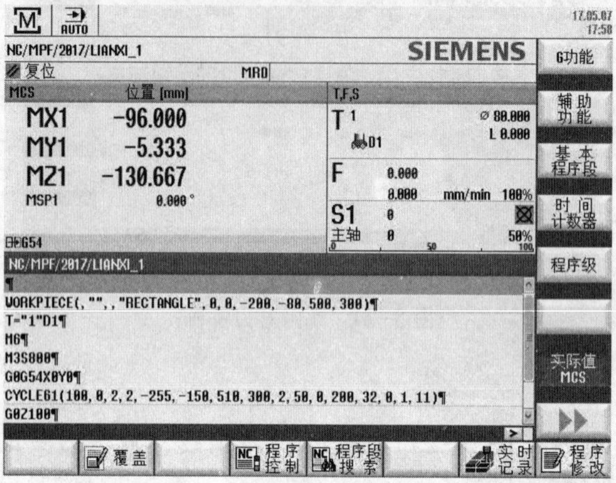

图 5-27　程序执行界面

【习题】

试编写图 5-28 所示零件的加工程序。

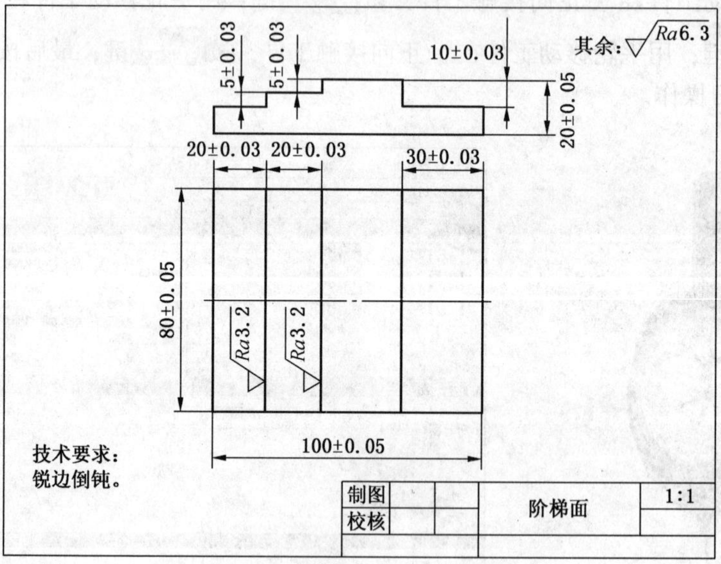

图 5-28　阶梯面

任务三　加工外轮廓零件

【任务描述】

加工图 5-29 所示的工件轮廓，毛坯尺寸为 120 mm×80 mm×25 mm。

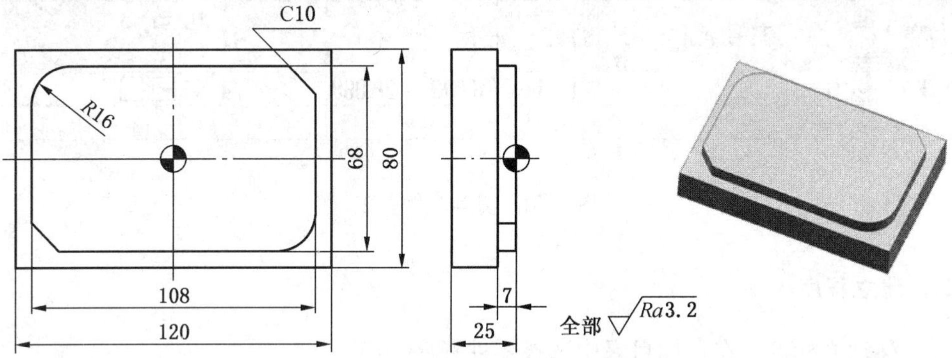

图 5-29　外轮廓零件图

【任务分析】

通过学习和训练掌握 SINUMERIK 828D 刀具建立的方法，掌握 SINUMERIK 828D 提供的图形编程方法。

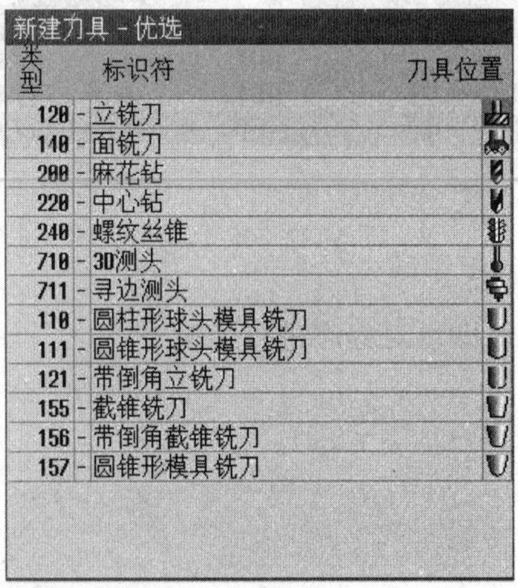

图 5-30　新建立铣刀

【相关知识】

一、创建新刀具

按软键 新建刀具，可根据实际要求通过软键 铣刀 100-199 显示更多类型，如图 5-30 所示，通过光标键▲ ▼选择 120-立铣刀 后按软键确认；再按软键装载在位置项中填入 1 为刀库的位置，按软键确认；根据刀具的具体参数输入相应的表格中，如图 5-31 所示。

位置	类型	刀具名称	ST	D	长度	∅		N		1	2	
1		1	1	1	0.000	20.000		4		☑	☐	

图 5-31 刀具参数表 2

二、建立程序

（1）移动光标键，在目标目录中选择零件程序。

（2）按软键新建，选择新建一个目录目录或程序programGUIDE G代码。

（3）在零件程序目录下，再建立名为“2017”的下一级目录，在指定目录下需要选择新建程序的类型，如 MPF 主程序或 SPF 子程序。按规定输入程序名称“1. MPF”并按软键确认，完成程序名称的建立，如图 5-32 所示。

名称	类型	长度	日期	时间
零件程序	DIR		17.05.06	10:42:39
2017	DIR		17.05.06	11:29:12
1	MPF	923	17.05.06	12:07:06

图 5-32 建立程序

（4）进入程序编辑界面，即可对程序进行编辑。

【任务实施】

一、加工准备

1. 选择数控机床

本任务选用的机床为 VDF-850new 加工中心 SINUMERIK 828D 数控系统。

2. 选择刀具及切削用量

加工本任务工件时，选择立铣刀（刀具材料为高速工具钢），其直径为 20 mm。切削用量的推荐值如下：主轴转速 $n=800\sim1000$ r/min；进给速度取 $v_f=100\sim200$ mm/min；背吃刀量的取值等于台阶高度，即 $a_p=7$ mm。

二、编制程序

编程步骤	编 程 操 作	界 面 显 示
建立毛坯	按软键【其他】→【毛坯】，在毛坯选项中选择“中心六面体”，W 中填入“80”，L 中填入“120”，HA 中填入“0”，HI 中填入“-25”	
手工输入程序头	根据工件要求合理编制程序头	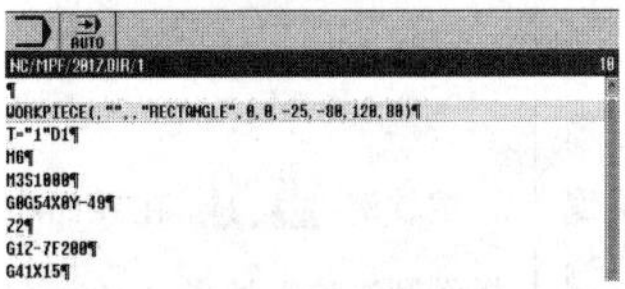
建立新轮廓	依次按软键【轮廓铣削】→【轮廓】→【新建轮廓】→键入轮廓的名字→【接收】	
输入轮廓的起点	在轮廓起点界面中，X 中填入“15”，Y 中填入“-47”，按软键【接收】完成起点的输入	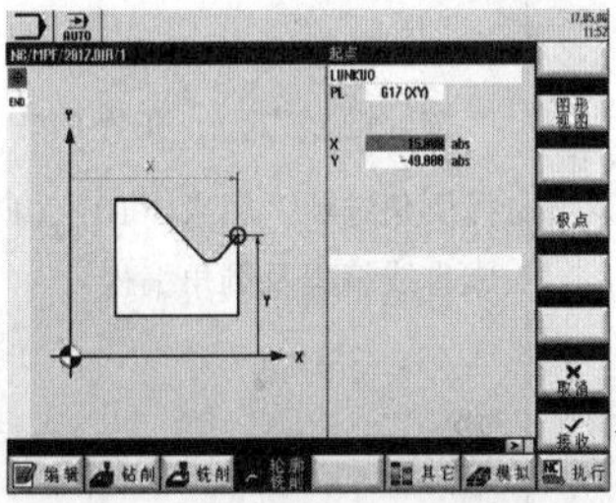
刀具轨迹圆弧引入	按软键【圆弧】，在界面中填入“15”（R）、“0”（X）、“-34”（Y）。	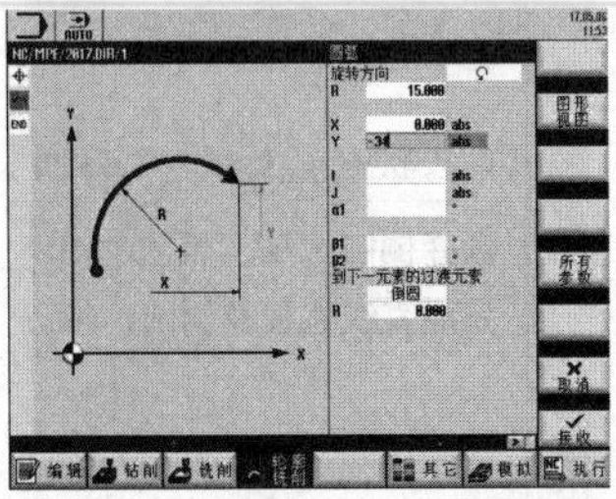
圆弧选择	根据图形显示是否符合编程需求（实线圆弧），若符合按软键【接收对话】，再按软键【接收】完成圆弧的编程	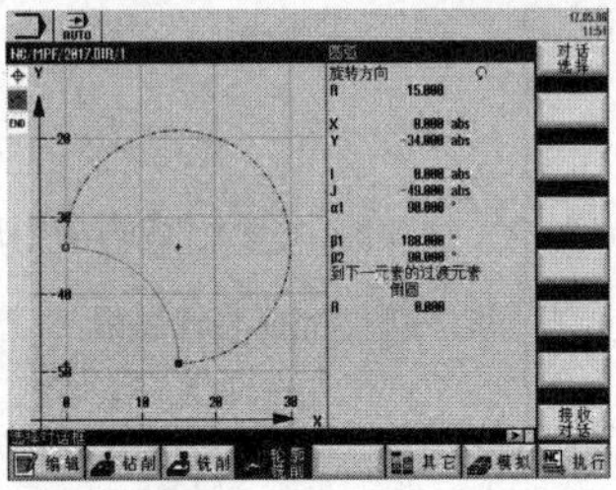

（续）

编程步骤	编 程 操 作	界 面 显 示
直线编程及倒角	按软键，在界面中填入“-54”（X），选择倒角选项，填入“10”（FS），按软键 接收 完成直线编程及倒角编程	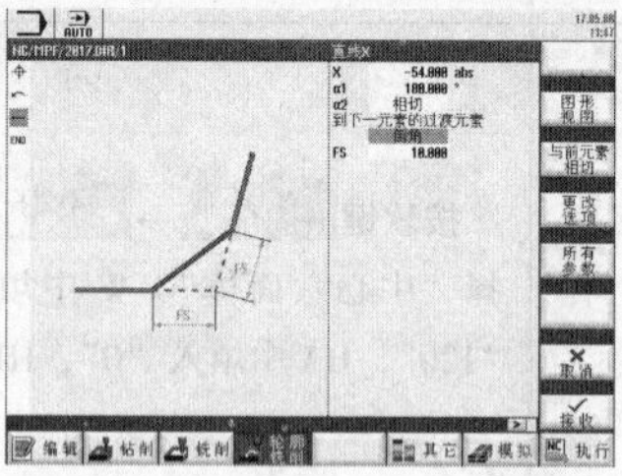
直线编程及倒圆角	按软键，在界面中填入“34”（Y），选择倒圆选项，填入“10”（R），按软键 接收 完成直线编程及倒圆角编程	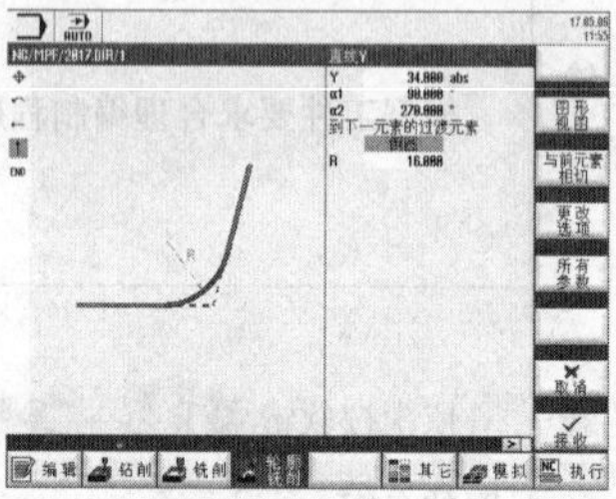
直线编程及倒角	按软键，在界面中填入“54”（X），选择倒角选项，填入“10”（FS），按软键 接收 完成直线编程及倒角编程	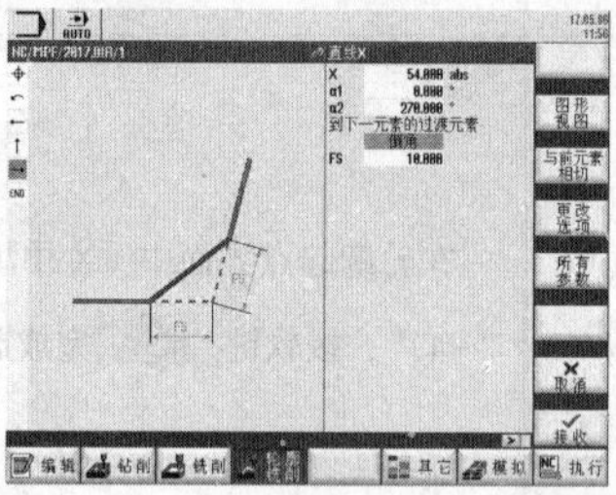
直线编程及倒圆角	按软键，在界面中填入“-34”（Y），选择倒圆选项，填入“10”（R），按软键 接收 完成直线编程及倒圆角编程	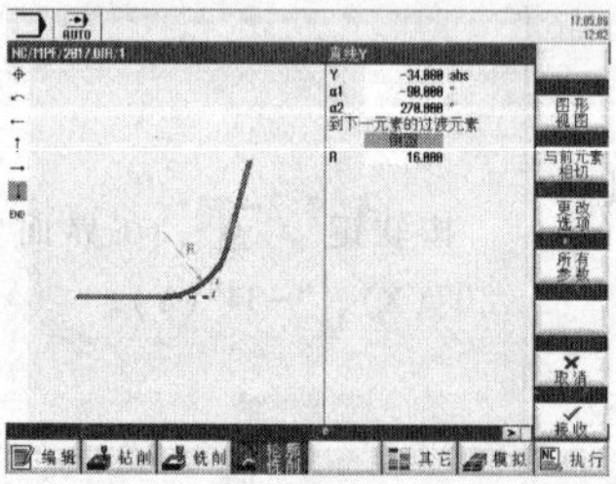
直线编程	按软键，在界面中填入“0”（X），按软键 接收 完成直线编程	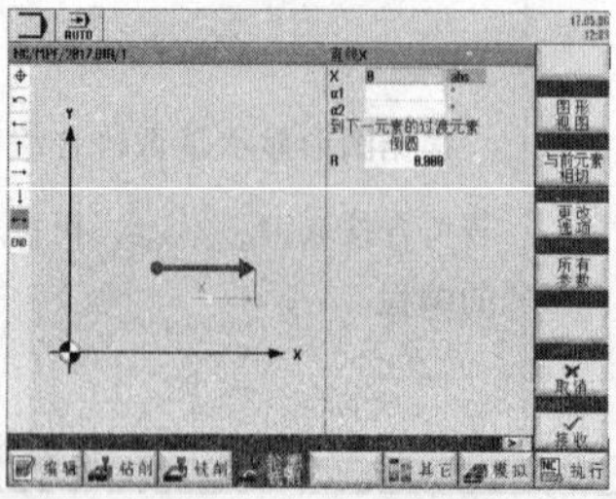

（续）

编程步骤	编程操作	界面显示
刀具轨迹圆弧切出	按软键，在界面中填入“15”（R）、“-15”（X）、“-49”（Y）	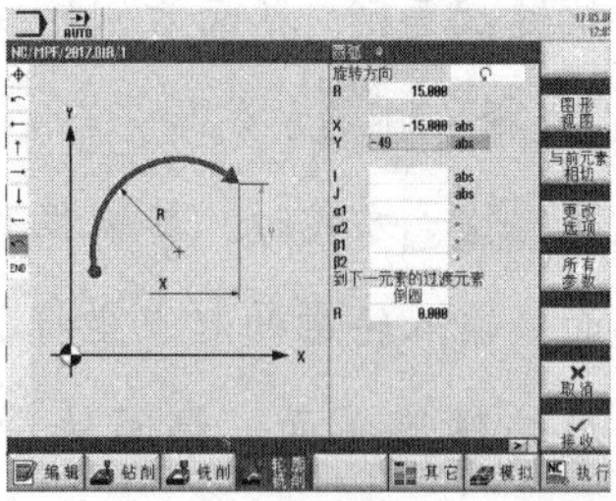
圆弧选择	根据图形显示是否符合编程需求（实线圆弧），若符合按软键接收对话，否则按软键对话选择进行图形切换，符合图形要求后再按软键接收完成圆弧的编程	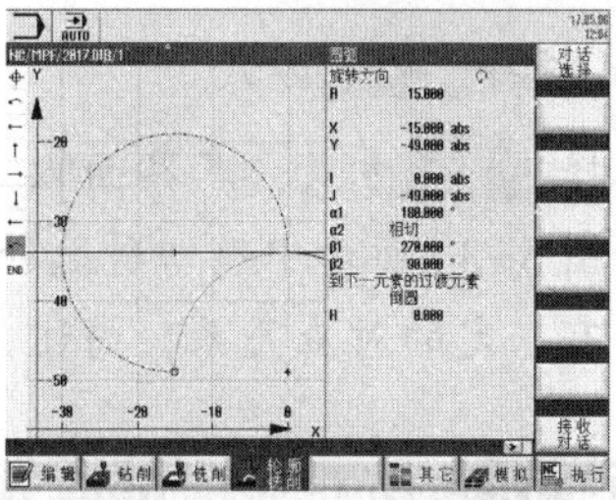
刀具轨迹完成	按软键接收完成刀具轨迹的编制	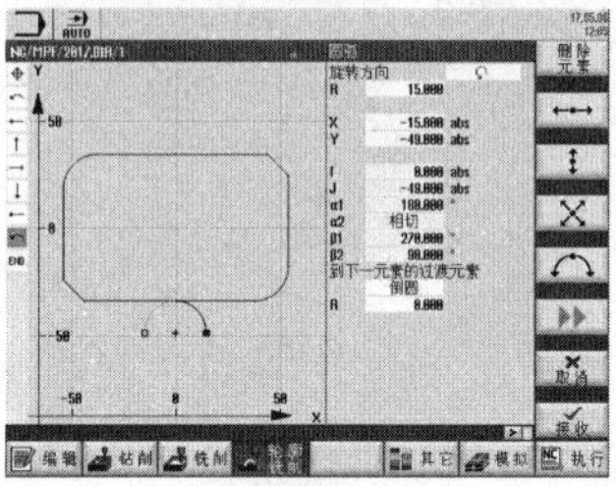
手工输入程序结尾	根据工件要求合理编制程序结尾	G1G40X0¶ G0Z100¶ M05¶ M30¶
对编制好的程序进行模拟加工	依次按软键模拟→3维视图完成程序的模拟	

知识拓展

一、SINUMERIK 828D 路径调用指令

1. 指令功能

由于轮廓轨迹是轮廓铣削编程中最关键的要素，而且不同的轮廓铣削循环都需要用到一个或多个轮廓轨迹；因此，轮廓轨迹的调用不再由各个轮廓加工循环分别执行，而是使

用专门的轮廓调用循环——CYCLE62 指令完成任务。

2. 操作方法

按软键[轮廓铣削]，界面右侧的软键有两个选项：[新建轮廓]和[轮廓调用]。

1）选择[新建轮廓]方式

选择[新建轮廓]方式时，其编程的过程是：输入新轮廓名称，按软键[接收]；进入下一个起点界面，输入轮廓的起点坐标数值，可以根据所编程图形分别选择软键[图形视图]和[极点]进入图形编辑器界面，编写轮廓图形轨迹。最后按软键[接收]，完成新轮廓程序段的编写。

2）选择[轮廓调用]方式

选择[轮廓调用]方式，其界面内只有两个输入参数选项：第一个参数用来指示轮廓的位置，如图 5-33 所示中有四种选择轮廓的方式可以使用。对应第一个参数项内容，第二个参数则有一定的对应关系，简述如下。

图 5-33　轮廓名称选择项内容

（1）轮廓名称。在轮廓选择方式下，第二个参数项名称为“CON”。只需在 CON 参数项中填入轮廓名称即可。当然，该轮廓的名称是不能随意填写的。例如，在 CON 参数项中填写轮廓名称为“01”，就必须先在主程序的结束符 M30 之后，预先用轮廓编辑器建立一个名为“01”的轮廓图形轨迹；否则，系统在执行相关轮廓处理的循环时，将找不到该轮廓，如图 5-34 和图 5-35 所示。

图 5-34　轮廓名称方式下轮廓名称的建立

（2）标签。使用标签的方法设置轮廓，在主程序中 CYCLE62 循环指令后的程序格式参数列表中，LAB1 处应填写轮廓开始的标记“AA1”，而 LAB2 处应填写轮廓结束的标记“AA2”，如图 5-36 所示。填写时有两点需要注意：第一，此处填写的是标记名而不是标记，不加冒号；第二，标记名区分大小字母。

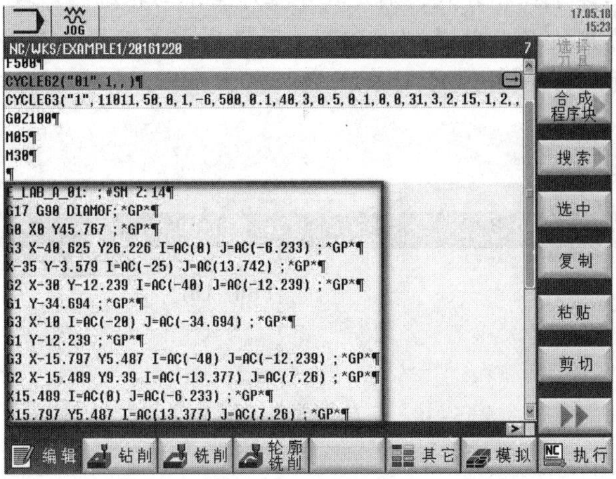

图 5-35　轮廓名称方式下的轮廓编辑

图 5-36　标签方式下输入标记名

使用标签的方式设置轮廓需要将轮廓描述部分的程序段放置在主程序的后面。但需要在轮廓程序段的开头和结束部分加入标记。标记由标记名和冒号组成，一般的命名规则是前两个为字母，后面可以是数字。如图 5-37 所示，轮廓程序段的第一行用“AA1:”，作为轮廓开始的标记，而轮廓程序段的最后一行用“AA2:”，作为轮廓结束的标记。关于轮廓程序段指令的编写可以使用轮廓编辑器自动生成程序，也可以手工编写轮廓程序段。

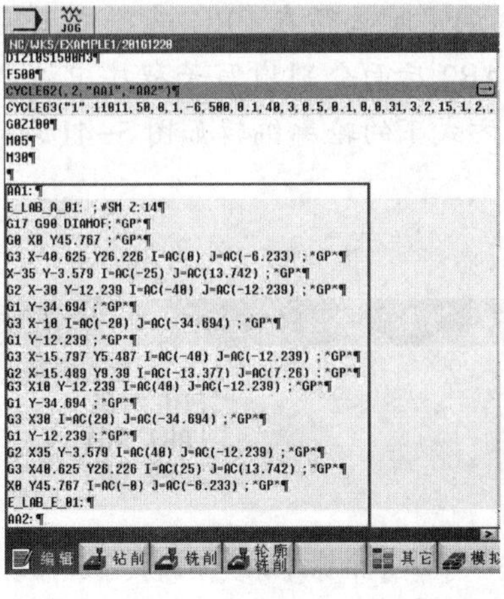

图 5-37　标签方式下的轮廓编辑

（3）子程序。选择子程序方式，则是在子程序里编写轮廓程序段，也是描述轮廓最常用的方法。子程序的扩展名必须是“.SPF”。子程序方式下输入程序名如图 5-38 所示，子程序方式下的轮廓编辑如图 5-39 所示。

图 5-38　子程序方式下输入程序名

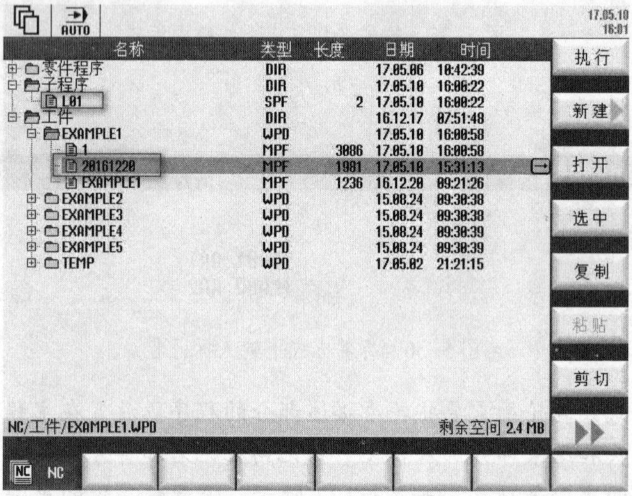

图 5-39　子程序方式下的轮廓编辑

（4）子程序中的标签。选择子程序中的标签方式，是指可以将多个轮廓程序段写在同一个子程序中。首先，在轮廓调用时必须在 PRG 选项中正确填写包含轮廓程序段的子程序名称；其次，在 LAB1 和 LAB2 后面分别填写子程序中被调用程序段的起止标记名，如图 5-40 所示。子程序中标签方式下的轮廓编辑如图 5-41 所示。

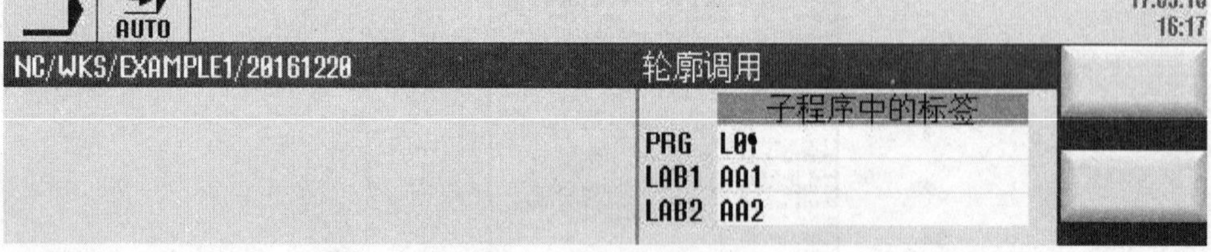

图 5-40　子程序中标签方式下输入子程序名和标记

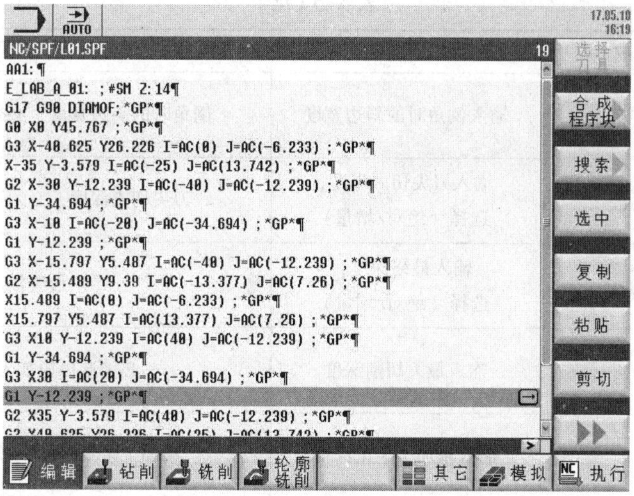

图 5-41 子程序中标签方式下的轮廓编辑

二、SINUMERIK 828D 路径铣削循环指令

指令功能：SINUMERIK 828D 数控系统中的路径铣削循环指令 CYCLE72，功能上与 SINUMERIK 802Dsl 中的路径铣削循环并没有大的变化，主要是在人机对话的界面上增加了用于选择加工平面的参数“PL”一栏。该参数项的默认值为 G17。路径铣削循环编程操作界面说明见表 5-5，系统界面的参数项如图 5-42 所示。

表 5-5 路径铣削循环编程操作界面说明

序号	界面参数	编程操作	说　明
1	PL	选择 G17（G18、G19）	选择加工平面
2	RP	输入返回平面	返回平面（绝对）
3	SC	输入安全距离	安全距离（和参考平面的间距，无符号）
4	F	输入进给率	进给率（默认 mm/min）
5	加工	选择粗加工∇	选择加工性质
		选择精加工∇∇∇	
		选择倒角	
6		选择向前	以编程的轮廓方向进行加工
		选择向后	按照编程轮廓的反方向进行加工
7	半径补偿	选择	刀具半径左补偿
		选择	刀具半径右补偿
		选择	刀具半径补偿关
8	Z0	输入参考点 Z	参考点 Z

表 5-5（续）

序号	界面参数	编程操作	说　明
9	FS	输入倒角时的斜边宽度	倒角时的斜边宽度，必须选择加工的倒角
10	ZFS	输入刀尖切入深度，选择（绝对/增量）	刀尖切入深度，必须选择加工的倒角
11	Z1	输入最终深度，选择（绝对/增量）	最终深度
12	DZ	输入最大切削深度	必须选择粗加工或精加工
13	UZ	输入精加工余量深度	精加工余量深度，必须选择粗加工
14	UXY	输入平面精加工余量	平面精加工余量，必须选择粗加工，不能选择半径补偿的⊠
15	进刀方式	选择直线	选择平面逼近模式
		选择 1/4 圆	
		选择半圆	
		选择垂直	
		选择↳	选择空间的逼近模式
		选择↘	
16	L1	输入逼近长度	必须选择进刀方式的直线
17	R1	输入逼近半径	必须选择进刀方式的 1/4 圆或半圆
18	FZ	输入深度进给率	必须选择空间的逼近模式的↳
19	退刀方式	选择直线	选择平面退回模式
		选择 1/4 圆	
		选择半圆	
		选择↳	选择空间的退回模式
		选择↘	
20	L2	输入返回长度	不能选择进刀方式为垂直，必须选择退刀方式的直线
21	R2	输入回退半径	不能选择退刀方式的直线
22	回退方式	选择到返回平面	选择重新进给前的退刀模式，不能选择加工的倒角
		选择 Z0+安全距离	
		选择无回退	
		选择移动安全距离	

加工本任务工件时，粗加工选择面铣刀，其直径为 80 mm，刀齿数为 6，切削用量的推荐值如下：主轴转速 $n=1000$ r/min；进给速度取 $v_f=400$ mm/min；背吃刀量取 2 mm，

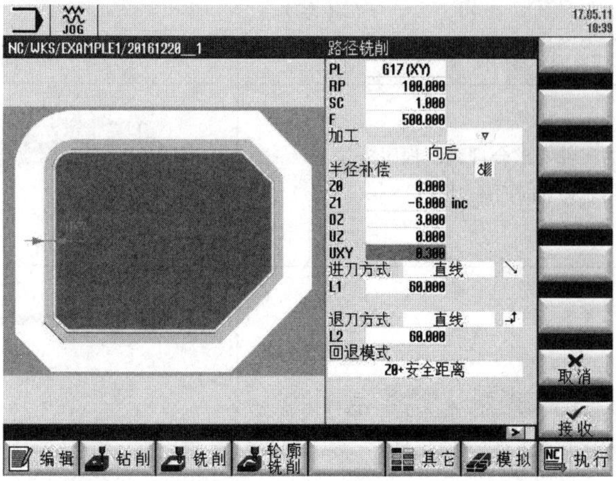

图 5-42　路径铣削循环系统界面的参数项

精加工余量轮廓方向为 0.3 mm。精加工选择立铣刀（刀具材料为硬质合金），其直径为 8 mm，刀齿数为 4，切削用量的推荐值如下：主轴转速 $n=2500$ r/min；进给速度取 $v_f=600$ mm/min；背吃刀量取 6 mm。

【技能训练】

加工图 5-43 所示的轮廓，毛坯尺寸为 100 mm×100 mm×20 mm。

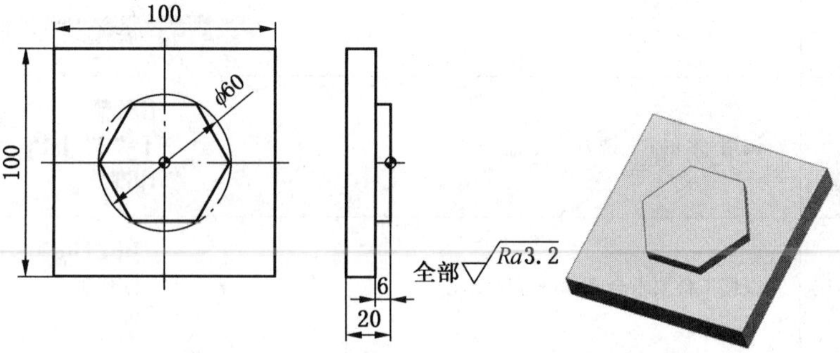

图 5-43　训练工件图

编制的加工程序如下：

编程步骤	编 程 操 作	界 面 显 示
建立毛坯	按软键 其他 → 毛坯 ，在毛坯选项中选择“中心六面体”，W 中填入“100”，L 中填入“100”，HA 中填入“0”，HI 中填入“-20”	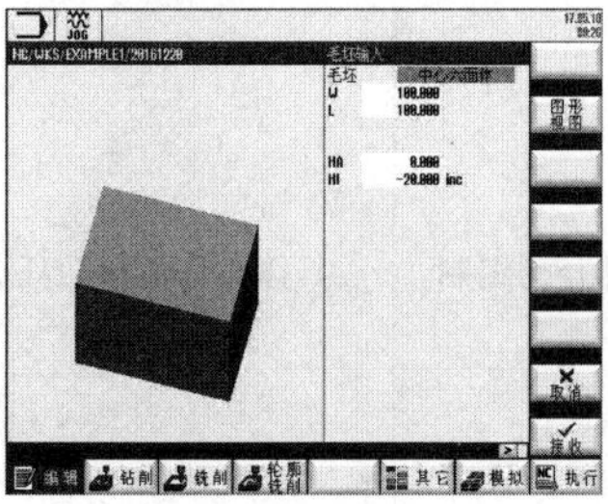

（续）

编程步骤	编 程 操 作	界 面 显 示
手工输入程序头	根据工件要求合理编制程序头 调用 ϕ80 mm 面铣刀	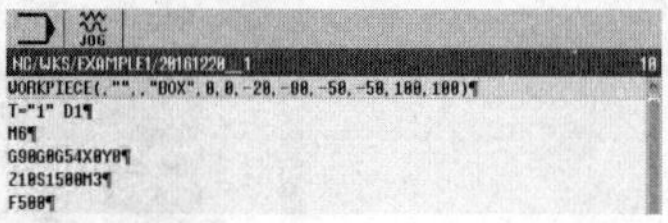
建立轮廓调用	依次按软键 轮廓铣削 → 轮廓调用 →选择标签→输入开始和结束标记名称→ 接收	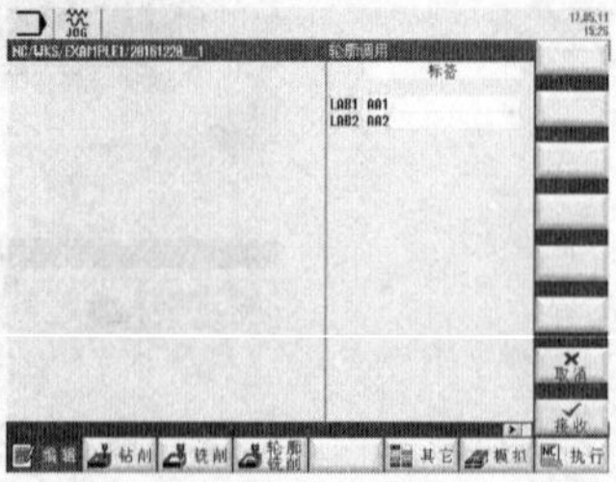
建立路径铣削	依次按软键 轮廓铣削 → 路径铣削 →进入路径铣削界面，按加工需要填入各项参数→ 接收	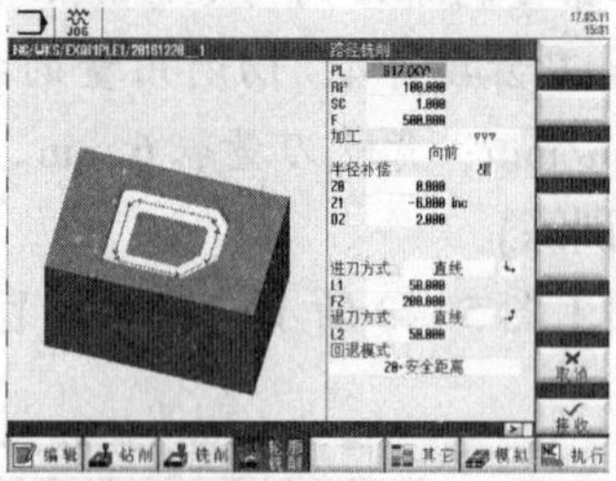
换精加工刀具	调用 ϕ8 mm 立铣刀	M05¶ T="3" D1¶ M6¶
手工输入程序结尾	根据工件要求合理编制程序结尾	G0Z100¶ M30¶ ¶
建立新轮廓	依次按软键 轮廓铣削 → 新建轮廓 →输入建立轮廓的名称（注意与轮廓调用名称一致）→ 接收	
轮廓路径的编制	具体过程可参照任务二进行操作	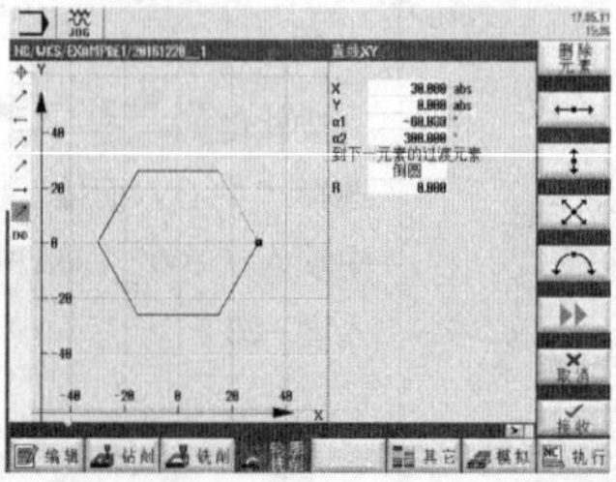

（续）

编程步骤	编程操作	界面显示
对编制好的程序进行模拟加工	依次按软键 模拟 → 3维视图 完成程序的模拟	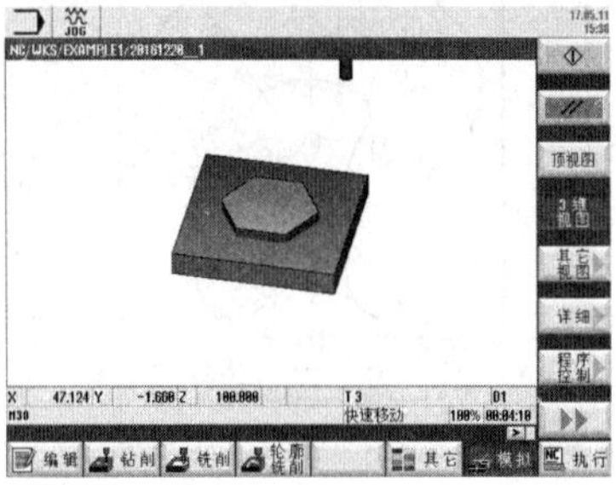

【习题】

试编写图 5-44 所示零件的加工程序。

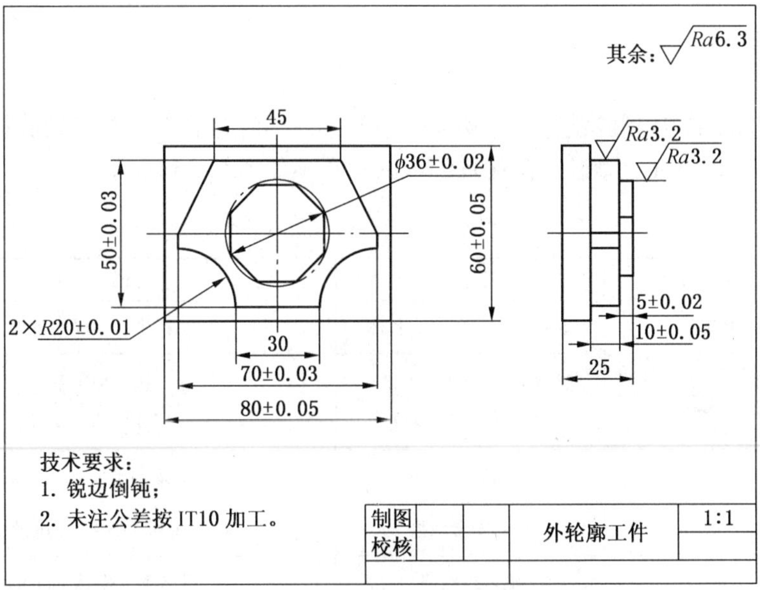

图 5-44　外轮廓工件

任务四　加工内轮廓零件

【任务描述】

加工如图 5-45 所示的内轮廓工件，毛坯尺寸为 100 mm×100 mm×20 mm。

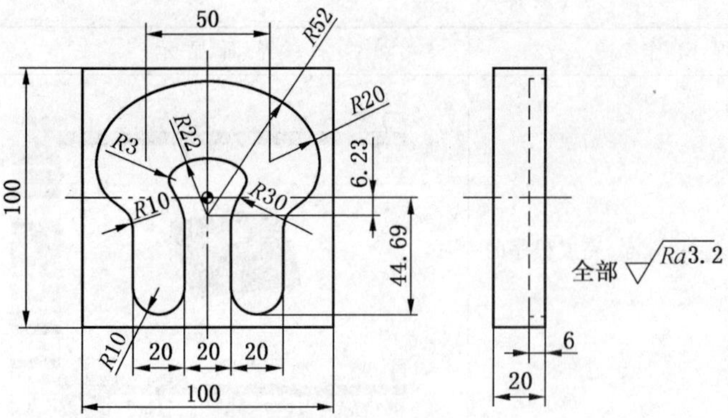

图 5-45　内轮廓工件图

【任务分析】

通过学习和训练掌握 SINUMERIK 828D 型腔铣削指令编程方法及型腔铣削指令的应用。

【相关知识】

SINUMERIK 828D 型腔铣削指令功能非常强大，其内容非常丰富。型腔铣削循环编程操作界面说明见表 5-6，型腔铣削循环编程的参数项如图 5-46 所示。

表 5-6　型腔铣削循环编程操作界面说明

序号	界面参数	编程操作	说　明
1	PRG	输入待生成程序的名称	待生成程序的名称
2	PL	选择 G17（G18、G19） 选择顺铣（逆铣）	选择加工平面 选择铣削方向
3	RP	输入返回平面	返回平面（绝对）
4	SC	输入安全距离	安全距离（和参考平面的间距，无符号）
5	F	输入进给率	进给率（默认 mm/min）
6	加工	选择粗加工▽	选择加工性质
		选择边沿精加工▽▽▽	
		选择底部精加工▽▽▽	
		选择倒角	
		选择向后	按照编程轮廓的反方向进行加工
7	Z0	输入参考点 Z	参考点 Z
8	FS	输入倒角时的斜边宽度	倒角时的斜边宽度，必须选择加工的倒角
9	ZFS	输入刀尖切入深度， 选择（绝对/增量）	刀尖切入深度，必须选择加工的倒角

表 5-6（续）

序号	界面参数	编程操作	说　明
10	Z1	输入最终深度，选择（绝对/增量）	最终深度
11	DXY	输入最大平面横进给，选择（绝对/增量）	
12	DZ	输入最大切削深度	必须选择粗加工或精加工
13	UZ	输入精加工余量深度	精加工余量深度，必须选择粗加工
14	UXY	输入平面精加工余量	平面精加工余量，必须选择粗加工，不能选择半径补偿的
15	起点	选择手动	手动输入起始点，必须选择粗加工或底部精加工
		选择自动	自动计算起始点，必须选择粗加工或底部精加工
16	XS	输入起始角 X	必须选择起点手动
17	YS	输入起始角 Y	必须选择起点手动
18	切入方式	选择垂直	选择切入模式
		选择螺线	
		选择往复	
19	FZ	输入深度进给率	必须选择切入的垂直
20	EP	输入螺线的最大距离	必须选择切入的螺线
21	ER	输入螺线半径	必须选择切入的螺线
22	EW	输入最大螺旋角	必须选择切入的往复
23	回退方式	选择到返回平面	选择重新进给前的退刀模式
		选择 Z0+安全距离	

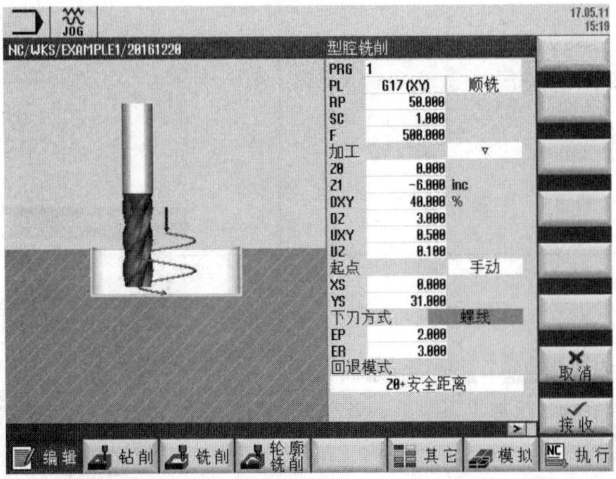

图 5-46　型腔铣削循环编程的参数项

【任务实施】

一、加工准备

1. 选择数控机床

本任务选用的机床为 VDF-850new 加工中心 SINUMERIK 828D 数控系统。

2. 选择刀具及切削用量

加工本任务工件时，选择立铣刀（刀具材料为硬质合金），其直径为 8 mm，刀齿数为 4。切削用量的推荐值如下：主轴转速 $n = 1500$ r/min；进给速度取 $v_f = 600$ mm/min；背吃刀量取 3 mm。

二、编制程序

编程步骤	编 程 操 作	界 面 显 示
建立毛坯	按软键 其他 → 毛坯，在毛坯选项中选择“中心六面体”，W 中填入“100”，L 中填入“100”，HA 中填入“0”，HI 中填入“-20”	
手工输入程序头	根据工件要求合理编制程序头	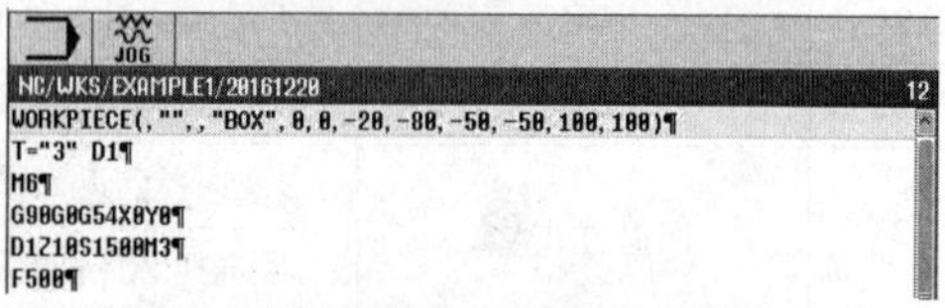
建立轮廓调用	依次按软键 轮廓铣削 → 轮廓调用 →键入轮廓的名字→ 接收	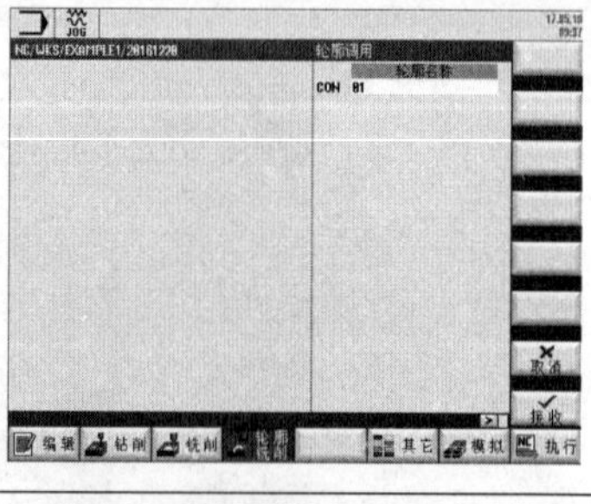
建立粗加工路径铣削	依次按软键 轮廓铣削 → 型腔 →进入型腔铣削循环界面，按加工需要填入各项参数→ 接收	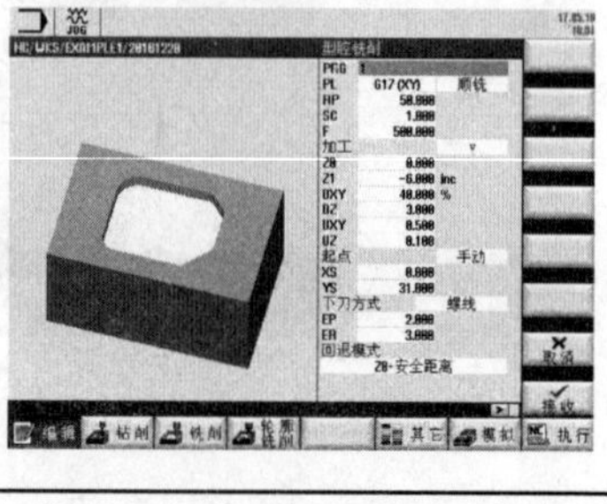

（续）

编程步骤	编 程 操 作	界 面 显 示
建立底面精加工路径铣削	依次按软键 轮廓铣削 → 型腔 →进入型腔铣削循环界面，按加工需要填入各项参数→ 接收	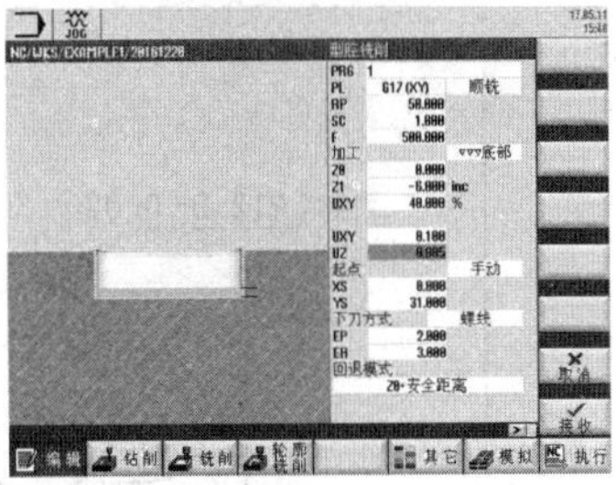
建立边沿精加工路径铣削	依次按软键 轮廓铣削 → 型腔 →进入型腔铣削循环界面，按加工需要填入各项参数→ 接收	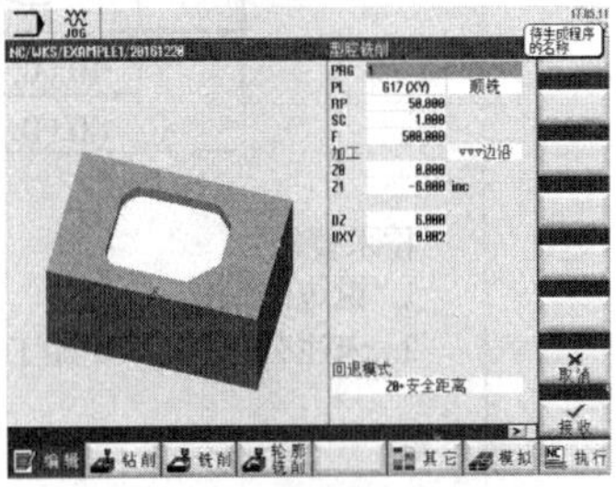
手工输入程序结尾	根据工件要求合理编制程序结尾	G0Z100¶ M05¶ M30¶ ¶
建立新轮廓	依次按软键 轮廓铣削 → 新建轮廓 →输入建立轮廓的名称（注意与轮廓调用名称一致）→ 接收	
轮廓路径的编制	具体过程可参照任务二进行操作	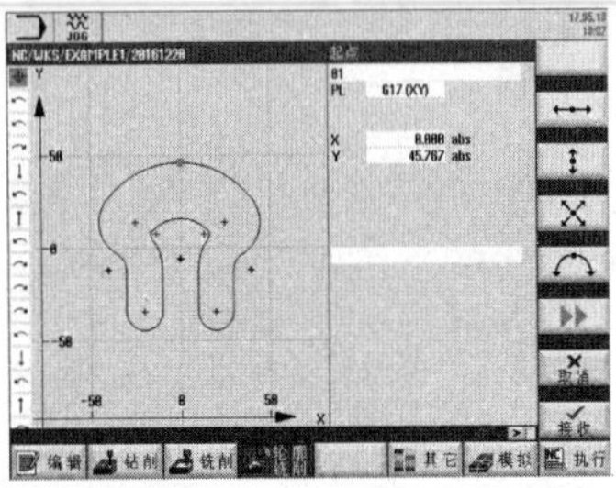
对编制好的程序进行模拟加工	依次按软键 模拟 → 3维视图 完成程序的模拟	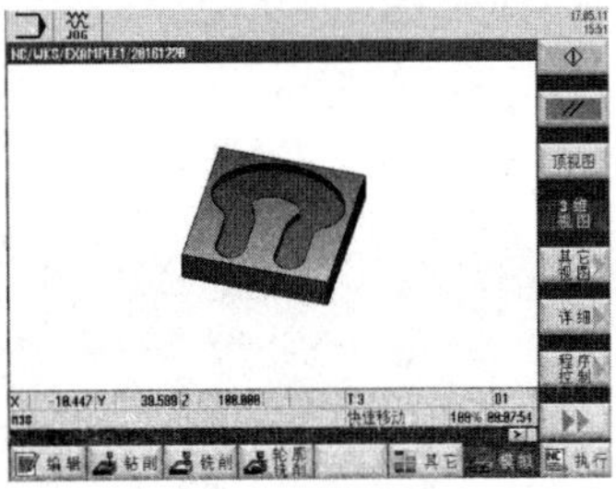

【习题】

试编写图 5-47 所示零件的加工程序。

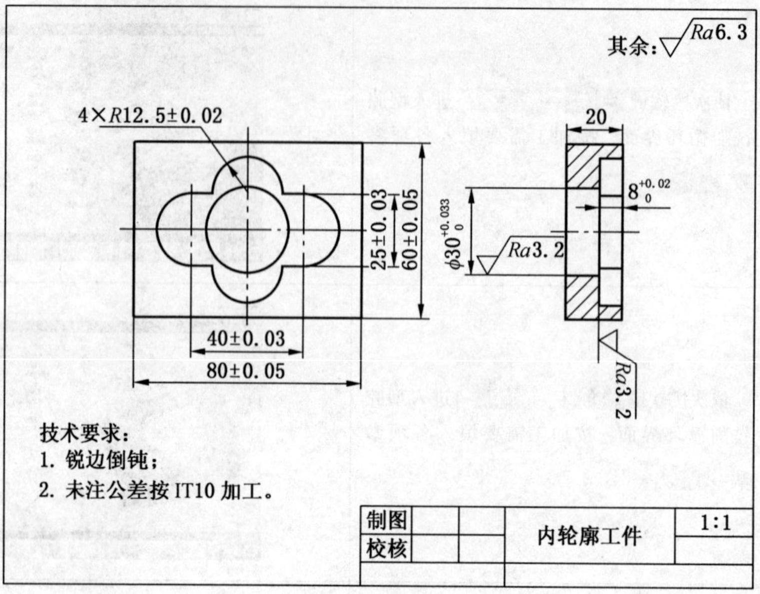

图 5-47　内轮廓工件

项目六　SINUMERIK 828D 数控系统加工孔系类零件

任务一　加 工 孔 系 零 件

【任务描述】

加工图 6-1 所示的孔系工件，毛坯尺寸为 100 mm×100 mm×20 mm。

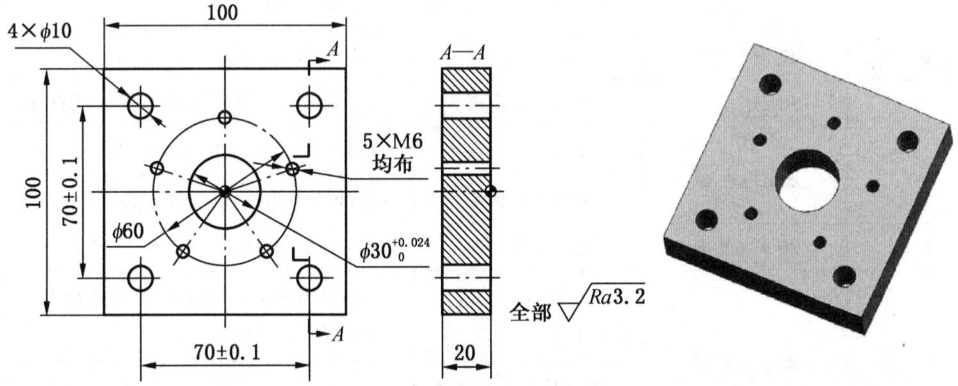

图 6-1　孔系工件图

【任务分析】

通过学习和训练掌握 SINUMERIK 828D 数控系统钻中心孔、深孔钻削、圆形型腔铣削循环、镗孔循环、攻螺纹循环编程方法及其应用。

【相关知识】

一、SINUMERIK 828D 数控系统钻中心孔指令

1. 指令功能

使用钻中心孔循环，可以实现如下功能：

（1）以写入程序中的主轴转速和进给速度对单个孔或多个孔进行钻削加工至设定的最终钻孔深度（相对于刀杆或刀尖）位置，切削至一定深度 L2，在该深度下达到设定的钻中心孔直径；或相反。

（2）在达到钻削深度处停留的时间后，刀具退回至“返回平面”位置。

2. 编程操作界面

钻中心孔循环尺寸标注图样及参数对话框如图 6-2 所示，编程操作界面说明见表 6-1。

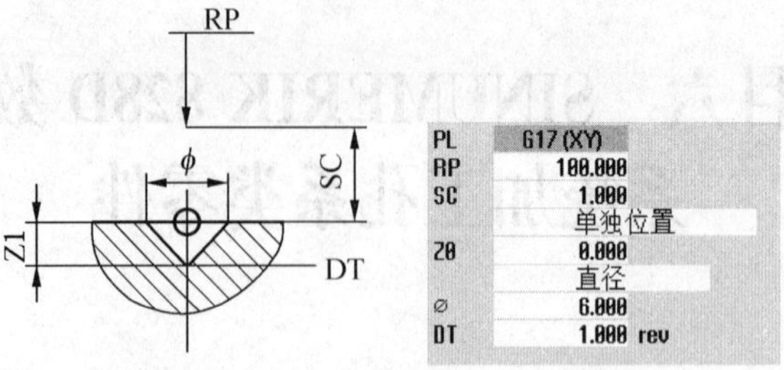

图 6-2　钻中心孔循环尺寸标注图样及参数对话框

表 6-1　钻中心孔循环编程操作界面说明

序号	界面参数	编程操作	说　明
1	PL	选择 G17（G18、G19）	选择加工平面
2	RP 返回平面	输入返回平面	返回平面（绝对）
3	SC 安全平面	输入安全距离	安全距离（和参考平面的间距，无符号）
4	加工位置	选择单独位置	在指定的位置上钻一个定心孔
		选择位置模式	带 MCALL 指令钻多个定心孔
5	Z0 参考平面	输入参考平面	指 Z 向编程原点
6	深度位置	选择：直径（与直径有关）	以直径为参照编程深度。要考虑刀具表中所输入定心钻的顶角角度
		选择：刀尖（与深度有关）	以深度为参照编程深度
7	ϕ 定心直径	输入要求的直径	达到编程直径为止，仅在直径定心时
	Z1 尺寸模式	输入钻削深度（abs）	达到编程深度为止，仅在刀尖定心时
		输入钻削深度（inc）	
8	DT 暂停时间	输入停留时间	最终深度停留时间

二、SINUMERIK 828D 数控系统深孔钻削指令

1. 指令功能

使用“深孔钻削”循环，钻头以写入程序中主轴转速和进给速度，分多次对单个孔或多个孔进行钻削加工；在到达钻削深度停留的时间后，刀具快速退回至“返回平面”位置。

2. 编程操作界面

深孔钻削循环尺寸标注图样及参数对话框如图 6-3 所示，编程操作界面说明见表 6-2。

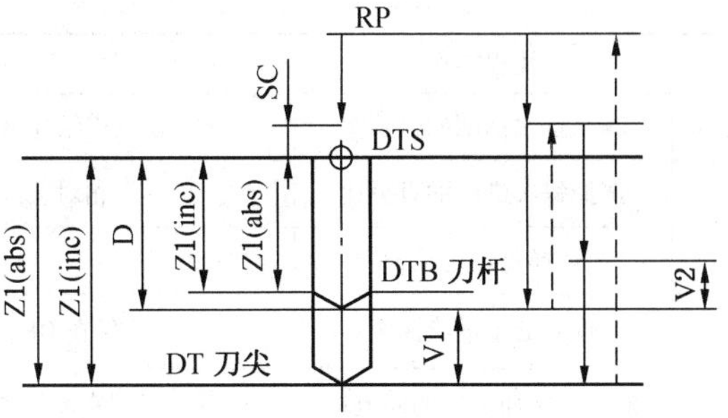

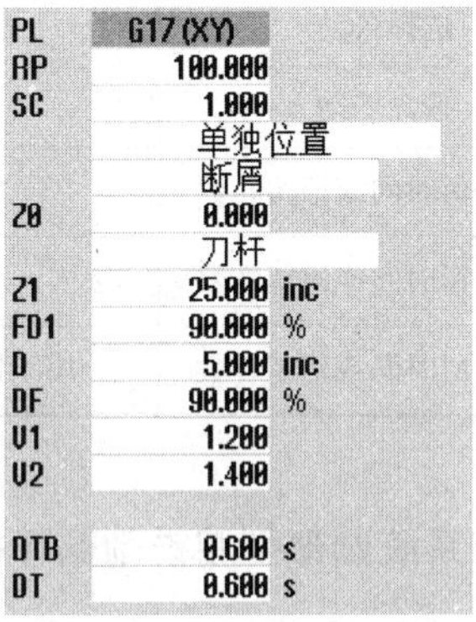

图 6-3　深孔钻削循环尺寸标注图样及参数对话框

表 6-2　深孔钻削循环编程操作界面说明

序号	界面参数	编程操作	说　明
1	PL	选择 G17（G18、G19）	选择加工平面
2	RP 返回平面	输入返回平面	返回平面（绝对）
3	SC 安全平面	输入安全距离	安全距离（和参考平面的间距，无符号）
4	加工位置	选择单独位置	在指定的位置上钻一个定心孔
		选择位置模式	带 MCALL 指令钻多个定心孔
5	排屑方式	选择排屑方式	钻头回退出孔沿外进行退刀排屑
		选择断屑方式	钻头以 V2 的量进行回退断屑
6	Z0 参考平面	输入参考平面	指 Z 向编程原点
7	深度位置	选择刀杆	以刀柄为参照编程钻孔深度
		选择刀尖	以刀尖为参照编程钻孔深度
8	Z1 尺寸模式	输入钻削深度（abs）	最终钻孔深度
		输入钻削深度（inc）	以 Z0 为参照最终钻孔深度
9	D 首次深度	输入钻削深度（abs）	首次钻削深度
		输入钻削深度（inc）	以 Z0 为基准首次钻削深度

表 6-2（续）

序号	界面参数	编程操作	说　明
10	FD1 进给率	输入首次钻削的进给率	首次进给速度用于进给率的百分数
11	DF 进给方式	选择每次进给的百分比	相对上次进给率的百分比
		选择每次进给量	每次进给深度
12	V1 恒进给量	输入最小进给深度	仅在 DF 每次进给的百分比
13	V2 回退量	输入每次加工后的回退量	仅在断屑方式，=0 没有回退
14	提前距离	选择自动	仅在排屑方式
		选择手动	
16	DTB 暂停时间	输入停留时间或停留转数	每次钻削的停留时间或停留转数
17	DT 暂停时间	输入停留时间或停留转数	最终深度的停留时间或停留转数
18	DTS 暂停时间	输入停留时间或停留转数	用于排屑的停留时间或停留转数，排屑方式

三、SINUMERIK 828D 数控系统圆形型腔铣削循环指令

1. 指令功能

圆形型腔铣削属于型腔铣削的一种，一般用于封闭的圆形凹腔的粗加工、精加工、侧壁精加工和倒角加工。

2. 编程操作界面

圆形型腔铣削循环尺寸标注图样及参数对话框如图 6-4 所示，预留型腔尺寸及下刀方式尺寸如图 6-5 所示，编程操作界面说明见表 6-3。

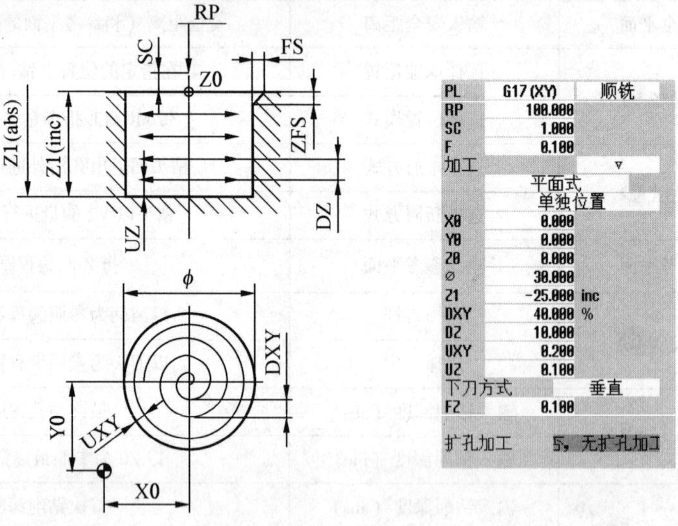

图 6-4　圆形型腔铣削循环尺寸标注图样及参数对话框

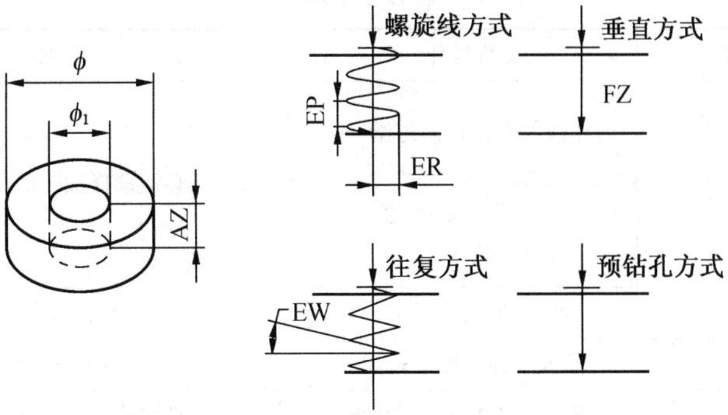

图 6-5　圆形型腔铣削循环预留型腔尺寸及下刀方式尺寸

表 6-3　圆形型腔铣削循环编程操作界面说明

序号	界面参数	编程操作	说　明
1	PL	选择 G17（G18、G19） 选择顺逆铣	选择加工平面 选择铣削方向
2	RP 返回平面	输入返回平面	返回平面（绝对）
3	SC 安全平面	输入安全距离	安全距离（和参考平面的间距，无符号）
4	F	输入进给速度	单位：mm/min
5	加工	选择粗加工∇	加工性质选择（精加工时无最大吃刀量）
		选择精加工∇∇∇	
		选择边沿精加工∇∇∇	
		选择倒角	
6	加工方式	选择平面方式	不能选择加工倒角
		选择螺线方式	
7	加工位置	选择单独位置	
		选择位置模式	
8	X0	输入参考点 X	必须选择加工位置的单独模式
9	Y0	输入参考点 Y	必须选择加工位置的单独模式
10	Z0	输入参考点 Z	参考平面（绝对）
11	ϕ	输入型腔直径	直径或半径
12	FS	输入倒角时的斜边宽度	倒角宽度（增量）必须选择加工的倒角
13	ZFS	输入刀尖切入深度 （绝对/增量）	加工倒角时的切入深度（刀尖），必须选择加工的倒角
14	Z1	输入型腔深度（绝对/增量）	圆形型腔深度

表 6-3（续）

序号	界面参数	编程操作	说明
15	DXY	选择最大平面径向进给	必须选择加工的粗加工或精加工
		选择最大平面切入值刀具直径的百分比	
16	DZ	输入最大吃刀量	不能选择加工的倒角
17	UXY	输入平面精加工余量	不能选择加工的倒角
18	UZ	输入深度精加工余量	必须选择加工的粗加工或精加工
19	下切方式	选择垂直	必须选择加工的粗加工或精加工
		选择预钻削	
		选择螺线	
20	FZ	输入深度进给率	必须选择加工的粗加工或精加工，下切方式的垂直
21	EP	输入螺线的最大螺距	必须选择下切方式的螺线
22	ER	输入螺线半径	
23	扩孔加工	选择无扩孔加工	必须选择加工的粗加工
		选择进行扩孔加工	
24	AZ	输入预加工深度	必须选择粗加工，扩孔加工的扩孔加工
25	ϕ1	输入预加工直径	必须选择扩孔加工的扩孔加工

四、SINUMERIK 828D 镗孔循环指令

1. 指令功能

在考虑退回平面和安全距离的情况下，将刀具快速移动到编程位置，然后以编程进给率（F）镗削至编程深度（Z1）；通过 SPOS 指令进行主轴准停定向；在到达镗削深度处停留的时间后，刀具返回可带退刀或不带退刀。

2. 编程操作界面

镗孔循环尺寸标注图样及参数对话框如图 6-6 所示，编程操作界面说明见表 6-4。

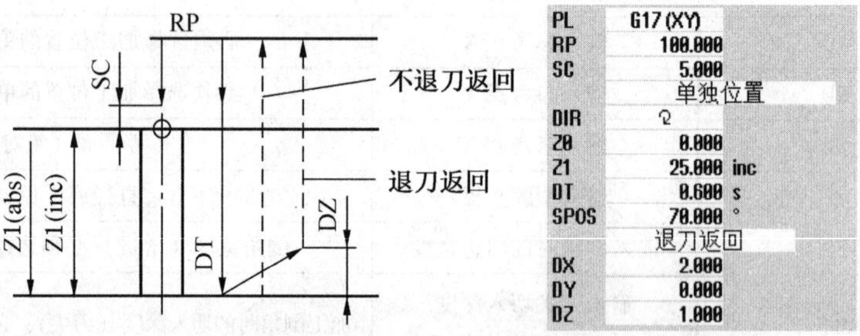

图 6-6　镗孔循环尺寸标注图样及参数对话框

表 6-4　镗孔循环编程操作界面说明

序号	界面参数	编程操作	说　明
1	PL	选择 G17（G18、G19）	选择加工平面
2	RP 返回平面	输入返回平面	返回平面（绝对）
3	SC 安全平面	输入安全距离	安全距离（和参考平面的间距，无符号）
4	加工位置	选择单独位置	在指定的位置上钻一个定心孔
		选择位置模式	带 MCALL 指令钻多个定心孔
5	旋转方向	选择顺时针旋转	顺时针 M3
		选择逆时针旋转	逆时针 M4
6	Z0 参考平面	输入参考平面	指 Z 向编程原点
7	Z1 尺寸模式	输入镗削深度（abs）	选择镗削深度
		输入镗削深度（inc）	选择以 Z0 为参照的镗孔深度
8	DT 暂停时间	输入停留时间或转数	选择最终镗削深度处的停留时间或转数
9	SPOS 主轴定位	输入主轴停止位置	用于定向的主轴停止，单位为（°）
10	回退模式	选择不退刀返回	刀沿快速回退至返回平面
		选择退刀返回	刀沿从孔沿起空运行至安全平面并定位
11	DX 回退量	输入在 X 方向回退量（inc）	必须选择退回模式的退刀返回
12	DY 回退量	输入在 Y 方向回退量（inc）	
13	DZ 回退量	输入在 Z 方向回退量（inc）	

五、SINUMERIK 828D 攻螺纹循环指令

1. 指令功能

使用攻螺纹循环可以进行攻内螺纹。刀具快速移动至安全距离位置，然后与主轴同步，按照编程的转速（取决于转速的百分比）攻螺纹至编程深度；在到达攻螺纹深度处停留的时间后，主轴反转，以生效的主轴回退转速返回至安全平面。最后以 G00 退回至返回平面。

2. 编程操作界面

攻螺纹循环尺寸标注图样及参数对话框如图 6-7 至图 6-9 所示，编程操作界面说明见表 6-5。

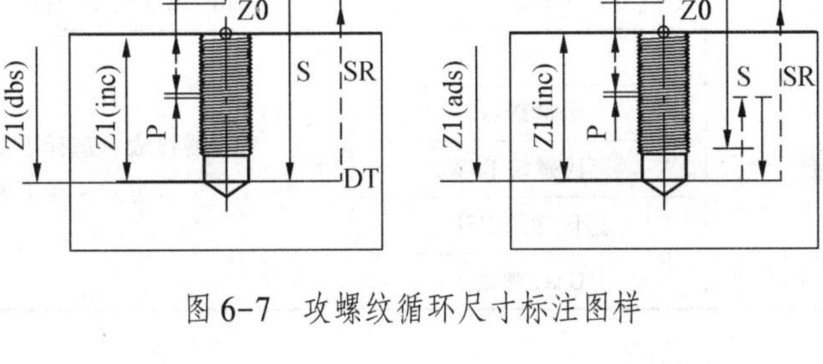

图 6-7　攻螺纹循环尺寸标注图样

图6-8 攻螺纹循环刚性攻丝

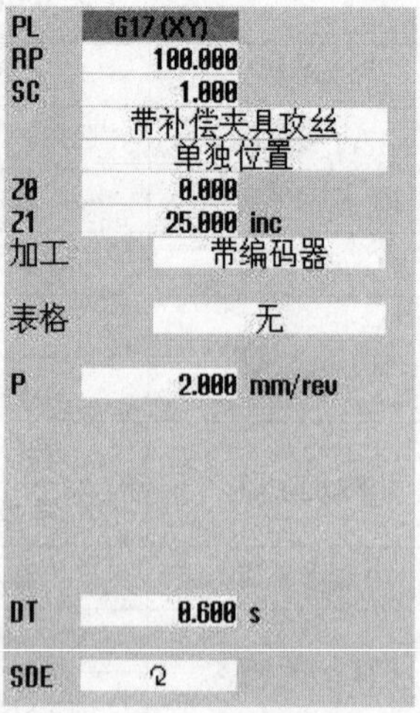

图6-9 攻螺纹循环带补偿夹具攻丝

表6-5 攻螺纹循环编程操作界面说明

序号	界面参数	编程操作	说 明
1	PL	选择 G17（G18、G19）	选择加工平面
2	RP 返回平面	输入返回平面	返回平面（绝对）
3	SC 安全平面	输入安全距离	安全距离（和参考平面的间距，无符号）
4	补偿模式	选择带补偿夹具	如弹簧夹头
		选择刚性攻丝	
5	加工位置	选择单独位置	在指定的位置上钻一个定心孔
		选择位置模式	带 MCALL 指令钻多个定心孔
6	Z0 参考平面	输入参考平面	指 Z 向编程原点
7	Z1 尺寸模式	输入攻螺纹深度（abs）	选择攻螺纹深度位置
		输入攻螺纹深度（inc）	选择攻螺纹长度
8	螺纹旋转方向	选择右旋螺纹	仅在无补偿夹具方式下
		选择左旋螺纹	
9	加工	选择带编码器	带主轴编码器的攻螺纹，带补偿夹具时
		选择不带编码器	无主轴编码器的攻螺纹，带补偿夹具时
10	螺距	有效的进给	螺距由进给量得出，选择不带编码器
		用户输入	弹出螺纹类型表格，选择不带编码器
11	表格	无	选择螺纹表，选择不带编码器的用户输入方式，在下方显示螺距
		公制螺纹	
		惠氏螺纹 BSW	
		惠氏螺纹 BSP	
		UNC 螺纹	

表 6-5（续）

序号	界面参数	编程操作	说明
12	选择规格	选择 M1～M68	选择表格的公制螺纹
		选择 W1/16″～W4″	选择表格的惠氏螺纹 BSW
		选择 G1/16″～G6″	选择表格的惠氏螺纹 BSP
		选择 N1-64UNC 等	选择表格的 UNC 螺纹
13	P	选择模块（模数）	根据表格的螺纹类型及选择的螺纹尺寸，仅显示其螺距值
		输入螺距 mm/rev	
		输入螺距 inch/rev	
		输入每英寸牙数	
14	αS	输入起始角偏移量	选择补偿模式的无补偿夹具
15	S	输入主轴转速	选择补偿模式的无补偿夹具
16	加工	选择 1 刀到底	选择补偿模式的无补偿夹具
		选择断屑	
		选择排屑	
17	D	输入最大吃刀量	选择无补偿夹具的断屑或排屑
18	回退	选择手动回退量	选择无补偿夹具的断屑
		选择自动回退量	
19	V2	输入每次加工后回退量	选择无补偿夹具断屑的手动回退量
20	DT 暂停时间	输入停留时间	攻螺纹至孔底深度处的停留时间
21	SR	输入返回的主轴转速	选择无补偿夹具
22	SDE	循环结束后顺时针旋转	选择无补偿夹具
		循环结束后逆时针旋转	
		循环结束后停止旋转	

【任务实施】

一、加工准备

1. 选择数控机床

本任务选用的机床为 VDF-850new 加工中心 SINUMERIK 828D 数控系统。

2. 刀具清单

刀具清单见表 6-6。

表 6-6 孔系工件刀具清单

加工内容	刀具规格	刀具材料	n/(r·min^{-1})	v_f/(mm·min^{-1})	a_p/mm
钻中心孔	ϕ10 mm 中心钻	高速钢	2000	400	
粗钻 ϕ10 mm 孔	ϕ9.8 mm 麻花钻	高速钢	1200	300	1.5
钻 M6 螺纹底孔	ϕ5 mm 麻花钻	高速钢	1500	180	0.1

表 6-6（续）

加工内容	刀具规格	刀具材料	$n/(r \cdot min^{-1})$	$v_f/(mm \cdot min^{-1})$	a_p/mm
攻 M6 螺纹	M6 螺纹丝锥	高速钢	200	200	
精铰 ϕ10 mm 孔	ϕ10 mm 铰刀	高速钢	300	60	0.1
粗铣 ϕ30 mm 孔	ϕ8 mm 立铣刀	硬质合金	1500	200	2
精镗 ϕ30 mm 孔	ϕ30 mm 镗刀	硬质合金	1000	200	0.2

二、编制程序

编程步骤	编 程 操 作	界 面 显 示
建立毛坯	按软键 其他 → 毛坯，在毛坯选项中选择“中心六面体”，W 中填入“100”，L 中填入“100”，HA 中填入“0”，HI 中填入“-20”	
手工输入程序头	根据工件要求合理编制程序头； 选择 4 号刀具（ϕ10 mm 中心钻）	T="4"D1¶ M6¶ M3S2000F400¶ G0G54X0Y0¶
建立中心孔操作	依次按软键 钻削 → 钻中心孔 →进入中心孔循环界面，按加工需要填入各项参数→ 接收	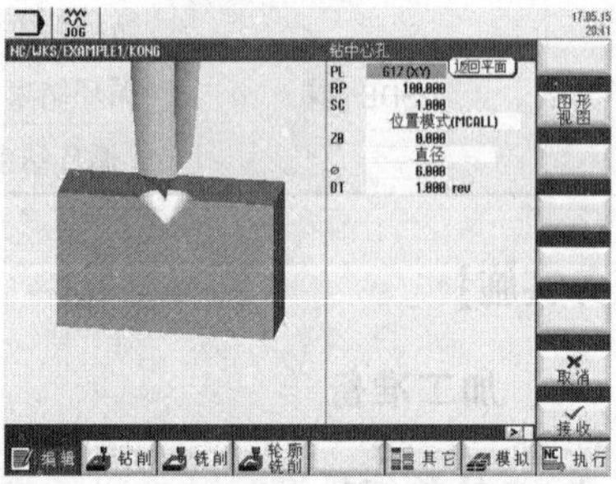
建立钻中心孔位置	手动输入 G0X0Y0 程序段； 依次按软键 钻削 → 位置 → → 进入栅格位置界面，按加工位置需要填入各项参数→ 接收；	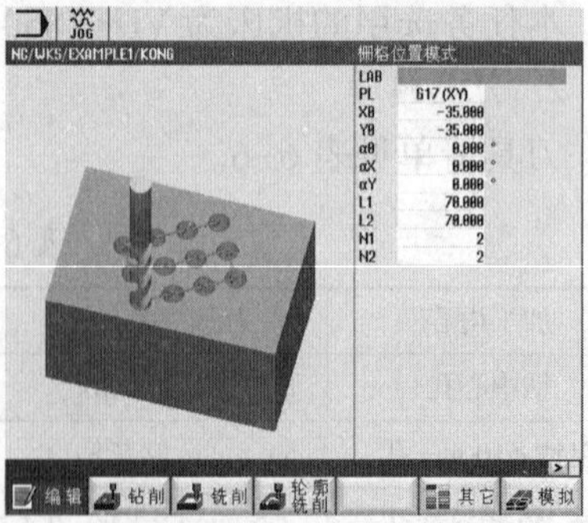

（续）

编程步骤	编 程 操 作	界 面 显 示
建立钻中心孔位置	依次按软键 钻削→位置→ →进入圆弧界面，按加工位置需要填入各项参数→接收； MCALL 结束模态调用	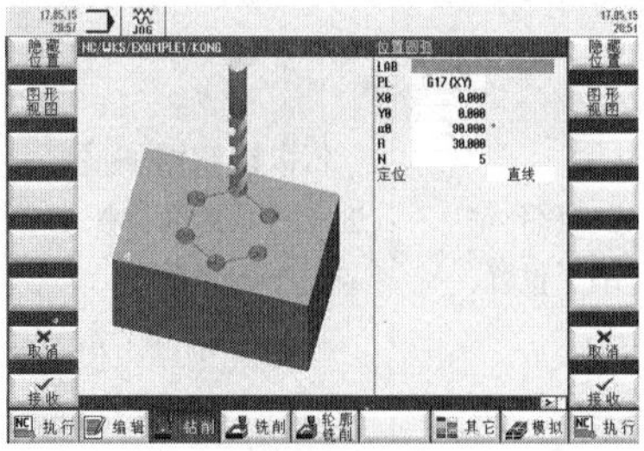
换刀	手工输入换刀程序； 选择 5 号刀具（ϕ9.8 mm 麻花钻）	T="5"D1¶ M6¶ M3S1200F300¶
建立深孔钻削 1 操作	依次按软键 钻削→深孔钻削→深孔钻削1→进入深孔钻削 1 界面，按加工需要填入各项参数→接收	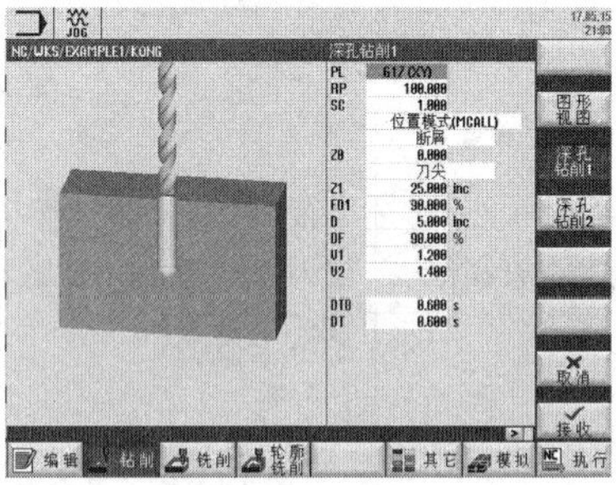
建立深孔钻削 1 位置	手动输入 G0X0Y0 程序段； 依次按软键 钻削→位置→ →进入栅格位置界面，按加工位置需要填入各项参数→接收； MCALL 结束模态调用	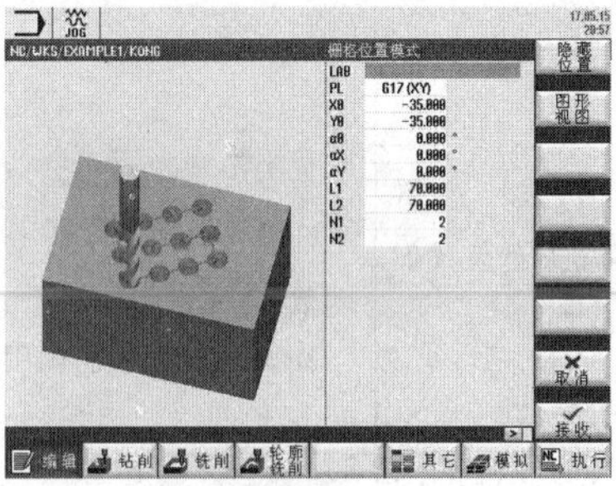
换刀	手工输入换刀程序； 选择 6 号刀具（ϕ5 mm 麻花钻）	T="6"D1¶ M6¶ M3S1500F180¶
建立深孔钻削 1 操作	依次按软键 钻削→深孔钻削→深孔钻削1→进入深孔钻削 1 界面，按加工需要填入各项参数→接收	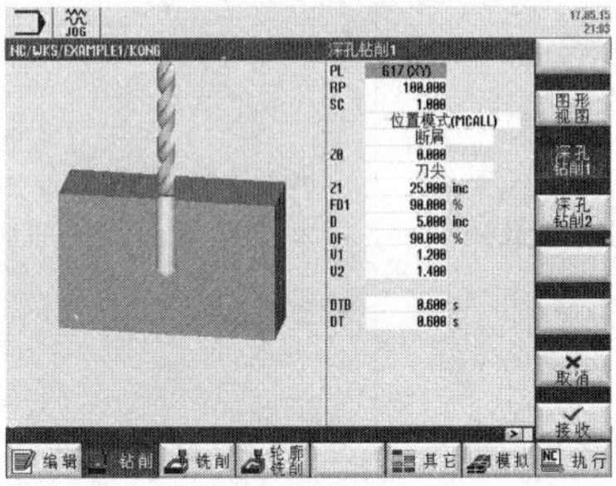

（续）

编程步骤	编 程 操 作	界 面 显 示
建立深孔钻削 1 位置	依次按软键 钻削 → 位置 → → 进入圆弧界面，按加工位置需要填入各项参数→ 接收； MCALL 结束模态调用	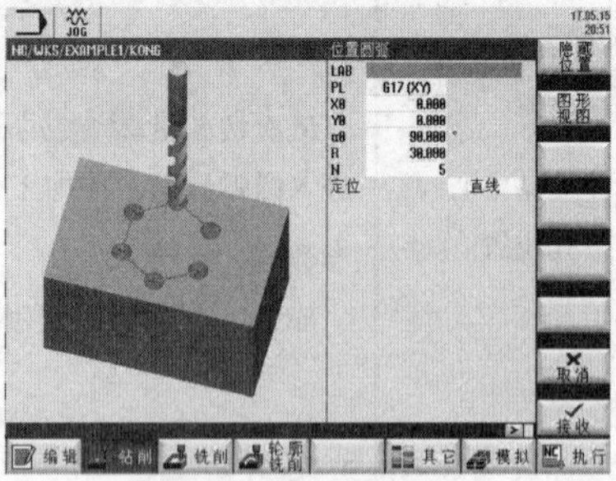
换刀	手工输入换刀程序； 选择 7 号刀具（M6 丝锥）	T="7"D1¶ M6¶ M3S200F200¶
建立攻丝操作	依次按软键 钻削 → 螺纹 → 攻丝 → 进入攻丝界面，按加工需要填入各项参数→ 接收	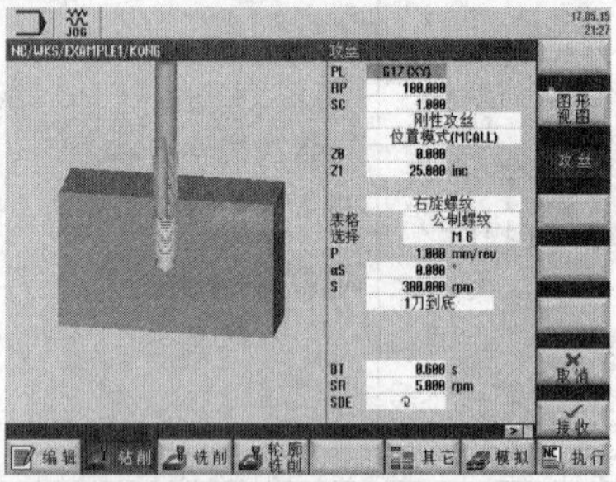
建立攻丝位置	依次按软键 钻削 → 位置 → → 进入圆弧界面，按加工位置需要填入各项参数→ 接收； MCALL 结束模态调用	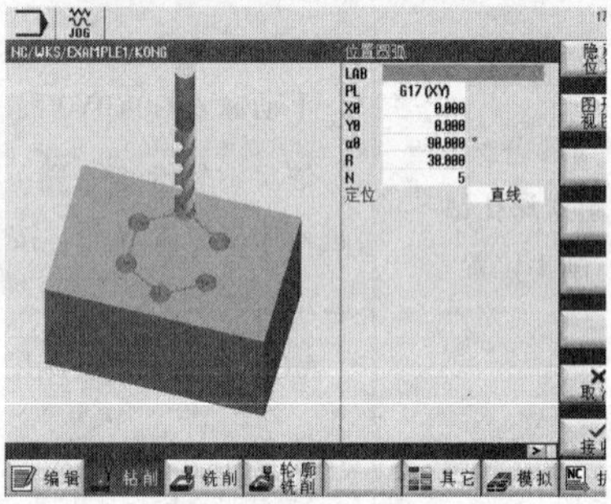
换刀	手工输入换刀程序； 选择 8 号刀具（ϕ10 mm 铰刀）	T="8"D1¶ M6¶ M3S300F60¶
建立铰孔操作	依次按软键 钻削 → 钻削铰孔 → 铰孔 → 进入铰孔界面，按加工需要填入各项参数→ 接收	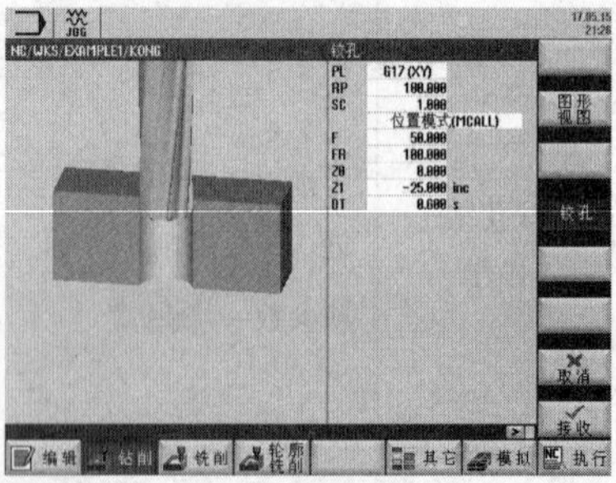

（续）

编程步骤	编 程 操 作	界 面 显 示
建立铰孔位置	依次按软键 钻削 → 位置 → → 进入栅格位置界面，按加工位置需要填入各项参数→ 接收 ； MCALL 结束模态调用	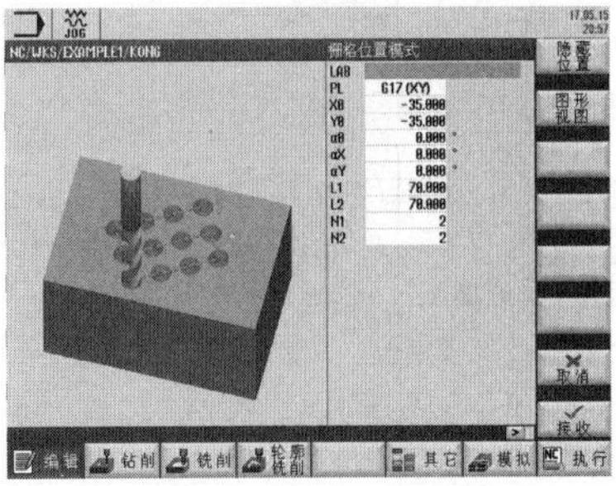
换刀	手工输入换刀程序； 选择 3 号刀具（ϕ8 mm 立铣刀）	T="3"D1¶ M6¶ M3S1500F200¶ G0X0Y0¶
建立圆形型腔铣削循环操作	依次按软键 铣削 → 型腔 → 圆形腔 → 进入圆形型腔界面，按加工需要填入各项参数→ 接收	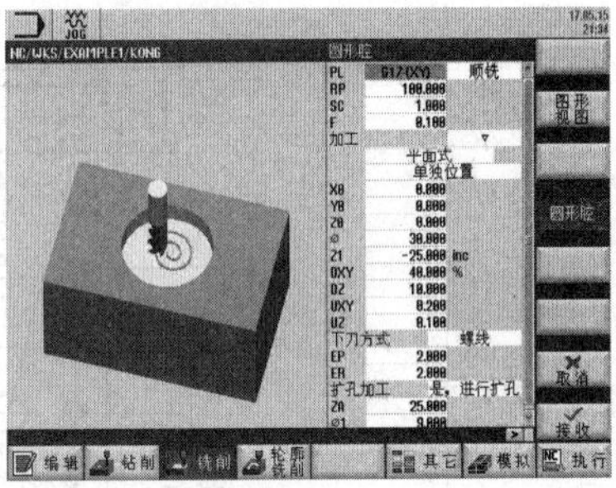
换刀	手工输入换刀程序； 选择 9 号刀具（ϕ30 mm 镗刀）	T="9"D1¶ M6¶ M3S1000F200¶ G0X0Y0¶
建立镗孔循环操作	依次按软键 钻削 → 镗孔 →进入镗孔界面，按加工需要填入各项参数→ 接收	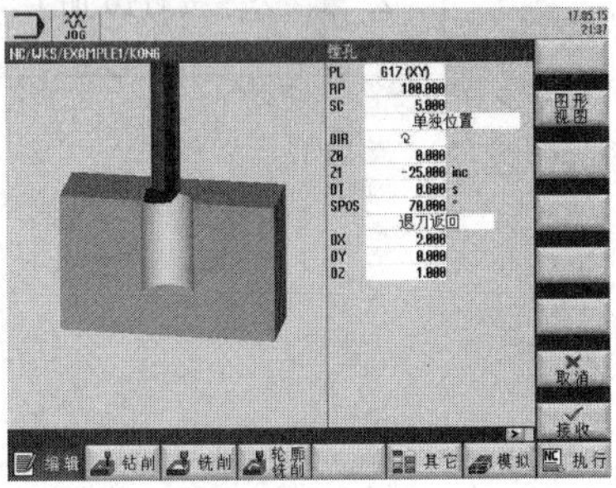
手工输入程序结尾	根据工件要求合理编制程序结尾	G0Z100¶ M05¶ M30¶ ¶

（续）

编程步骤	编程操作	界面显示
对编制好的程序进行模拟加工	依次按软键 模拟 → 3维视图 完成程序的模拟	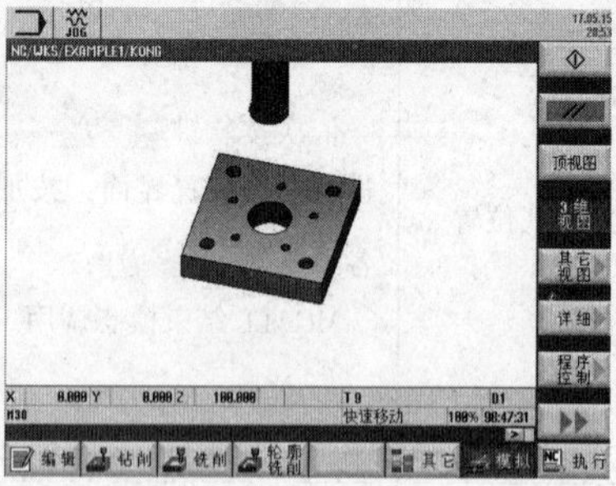

【习题】

试编制图 6-10 所示零件的加工程序。

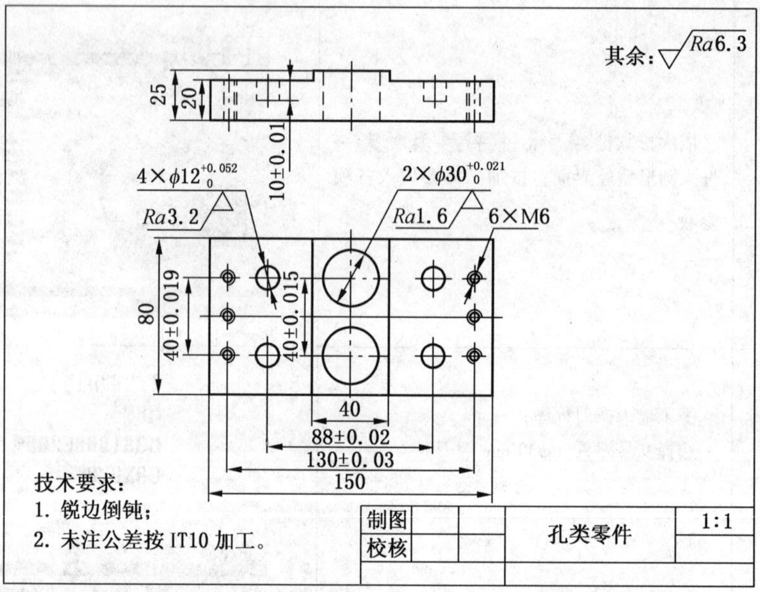

图 6-10 孔类零件

任务二 加工螺纹零件

【任务描述】

加工图 6-11 所示的螺纹类工件，毛坯尺寸为 100 mm×100 mm×30 mm。零件的外形轮廓以及上下表面均已加工完成，本任务只加工铣削螺纹部分，注意螺纹底孔的确定。两处 M12 内螺纹加工在本任务不再复述，可参照任务一。

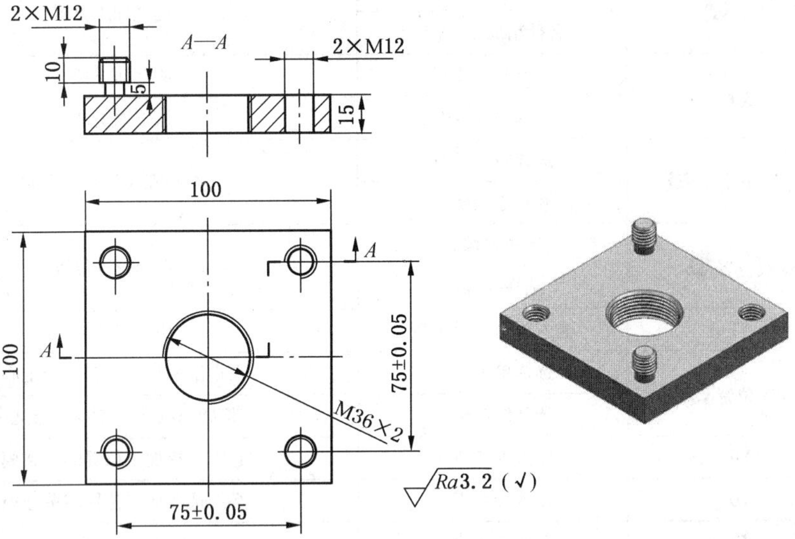

图 6-11　螺纹类工件

【任务目标】

通过学习和训练掌握 SINUMERIK 828D 螺纹铣削循环编程方法及其应用。

【相关知识】

一、指令功能

使用螺纹铣刀可以加工相同螺距的内外螺纹。螺纹可以被加工成右旋螺纹或左旋螺纹，可以从上而下或从下而上加工。加工公制螺纹时，循环使用由螺距计算处的值对参数螺纹深度进行预设置；铣削内螺纹时，铣刀直径小于公称直径减去 2 倍的螺纹深度。

二、编程操作界面

螺纹铣削循环尺寸标注图样及参数对话框如图 6-12 所示，编程操作界面说明见表6-7。

表 6-7　螺纹铣削循环编程操作界面说明

序号	界面参数	编程操作	说　明
1	PL	选择 G17（G18、G19） 选择顺逆铣	选择加工平面 选择铣削方向
2	RP 返回平面	输入返回平面	返回平面（绝对）
3	SC 安全平面	输入安全距离	安全距离（和参考平面的间距，无符号）
4	F	输入进给速度	单位：mm/min

表 6-7（续）

序号	界面参数	编程操作	说　明
5	加工	选择粗加工∇	选择加工方式
		选择精加工∇∇∇	
6		选择 Z0-Z1	从上而下加工
		选择 Z1-Z0	从下而上加工
7	螺纹旋转方向	选择右旋螺纹	选择螺纹的旋转方向
		旋转左旋螺纹	
8	螺纹位置	选择内螺纹	选择螺纹位置
		选择外螺纹	
9	NT	输入每个刀沿齿数	切削刃的齿数
10	加工位置	选择单独位置	在指定的位置上钻一个定心孔
		选择位置模式	带 MCALL 指令钻多个定心孔
11	X0	输入参考点 X	必须选择加工位置的单独模式
12	Y0	输入参考点 Y	必须选择加工位置的单独模式
13	Z0	输入参考点 Z	参考平面（绝对）
14	Z1	输入螺纹长度，选择（绝对/增量）	螺纹长度（绝对）
15	表格	无 公制螺纹	选择螺纹表，必须选择加工不带编码器的用户输入
		惠氏螺纹 BSW	
		惠氏螺纹 BSP	
		UNC 螺纹	
16	选择规格	选择 M1～M68	选择表格的公制螺纹
		选择 W1/16"～W4"	选择表格的惠氏螺纹 BSW
		选择 G1/16"～G6"	选择表格的惠氏螺纹 BSP
		选择 N1-64UNC 等	选择表格的 UNC 螺纹
17	P	选择模块（模数）	螺距值
		输入螺距 mm/rev	
		输入螺距 inch/rev	
		输入牙每英寸	
18	ϕ	输入公称直径	螺纹的公称直径
19	H1	输入螺纹深度	通过螺距计算出的螺纹深度
20	DXY	选择最大平面径向进给	每次切削的最大进给，必须选择粗加工
		选择最大平面切入值刀具直径的百分比	

表 6-7（续）

序号	界面参数	编程操作	说　明
21	U	输入精加工余量	在 X 和 Y 的精加工余量，必须选择粗加工
22	αS	输入起始角	输入起始角

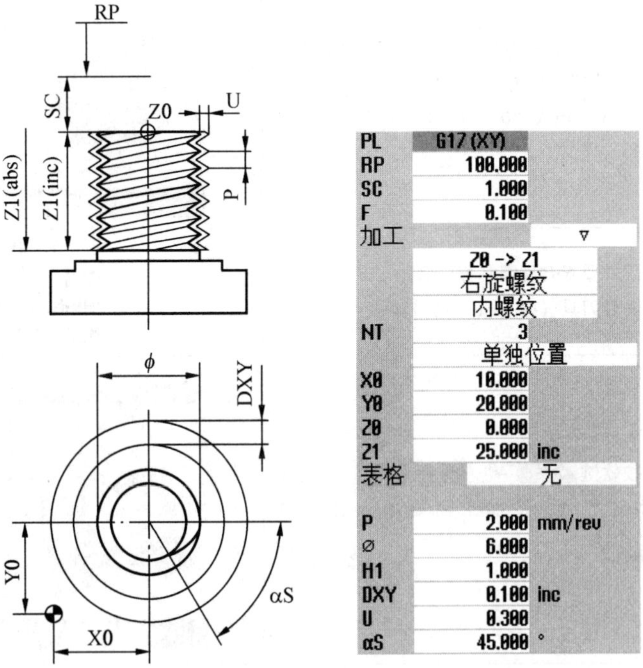

图 6-12　螺纹铣削循环尺寸标注图样及参数对话框

【任务实施】

一、加工准备

1. 选择数控机床

本任务选用的机床为 VDF-850new 加工中心 SINUMERIK 828D 数控系统。

2. 刀具清单

刀具清单见表 6-8。

表 6-8　螺纹类工件刀具清单

加工内容	刀具规格	刀具材料	$n/(\mathrm{r\cdot min^{-1}})$	$v_f/(\mathrm{mm\cdot min^{-1}})$	a_p/mm
铣削工件轮廓为矩形	ϕ10 mm 立铣刀	高速钢	1000	300	
粗加工各曲线	ϕ8 mm 立铣刀	高速钢	1200	300	1. 5
精加工各曲线	ϕ6 mm 立铣刀	高速钢	1500	180	0. 1

二、编制程序

编程步骤	编 程 操 作	界 面 显 示
建立毛坯	按软键[其他]→[毛坯]，在毛坯选项中选择"中心六面体"，W 中填入"100"，L 中填入"100"，HA 中填入"0"，HI 中填入"-30"	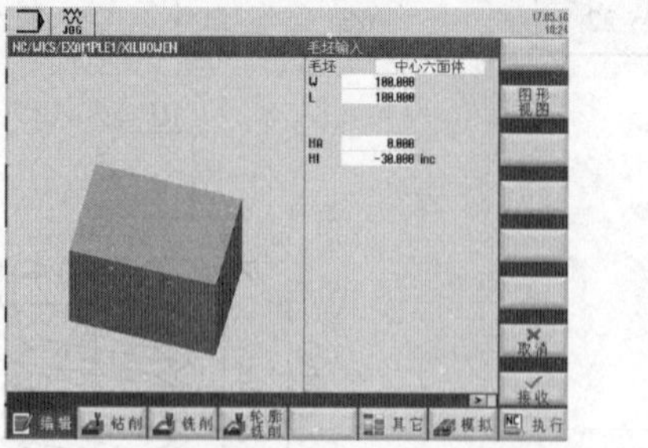
手工输入程序头调用	根据工件要求合理编制程序头 选择 3 号刀具（ϕ8 mm 立铣刀）	T="3"D1¶ M6¶ G0G54X0Y0¶ M3S1500F300¶
建立圆形型腔铣削循环操作	依次按软键[铣削]→[型腔]→[圆形腔]→进入圆形型腔界面，按加工需要填入各项参数→[接收]	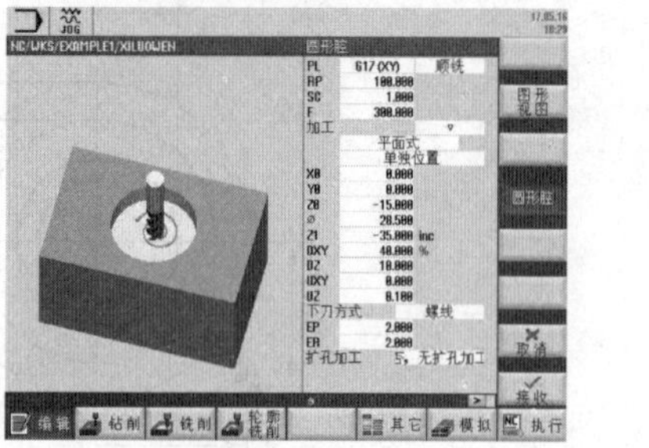
换刀	手工输入换刀程序 选择 10 号刀具（ϕ24 mm 螺纹铣刀）	T="10"D1¶ M6¶ G0G54X0Y0¶ M3S1000F120¶
建立螺纹铣削循环	依次按软键[轮廓铣削]→[螺纹铣削]→进入螺纹铣削循环界面，按加工需要填入各项参数→[接收]	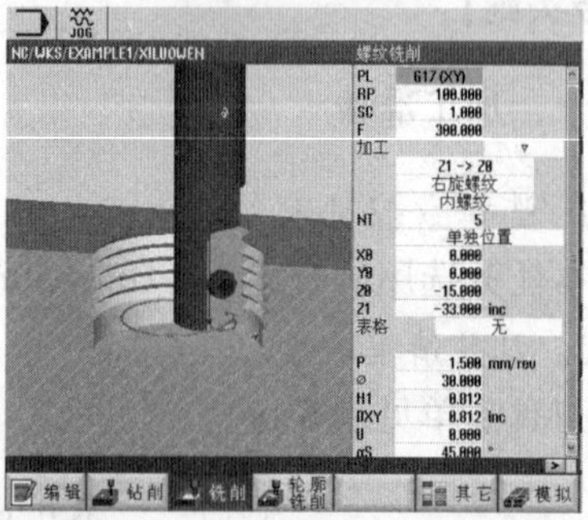 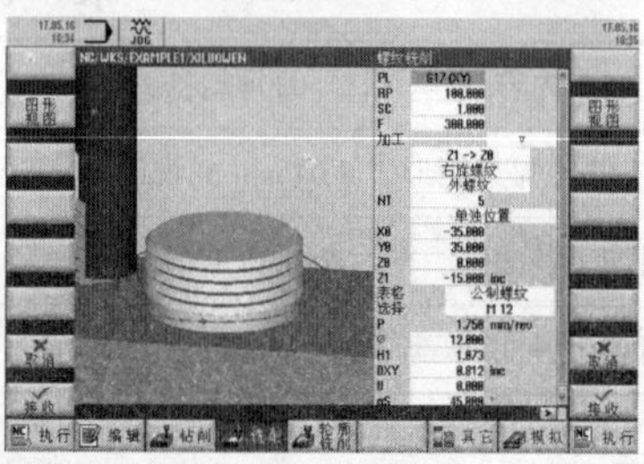

（续）

编程步骤	编 程 操 作	界 面 显 示
		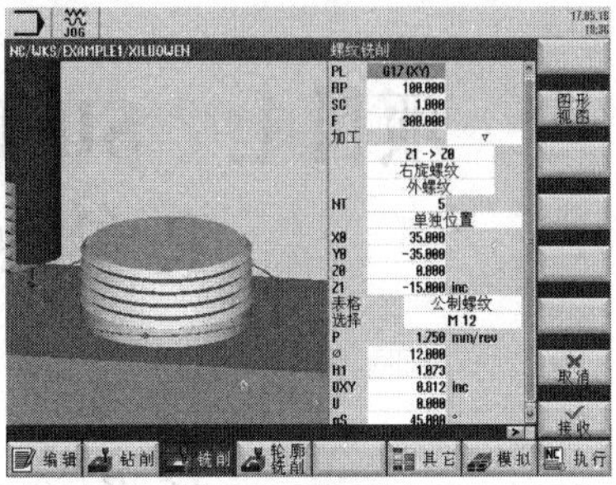
手工输入程序结尾	根据工件要求合理编制程序结尾	G0Z100¶ M05¶ M30¶ ¶
对编制好的程序进行模拟加工	依次按软键→完成程序的模拟	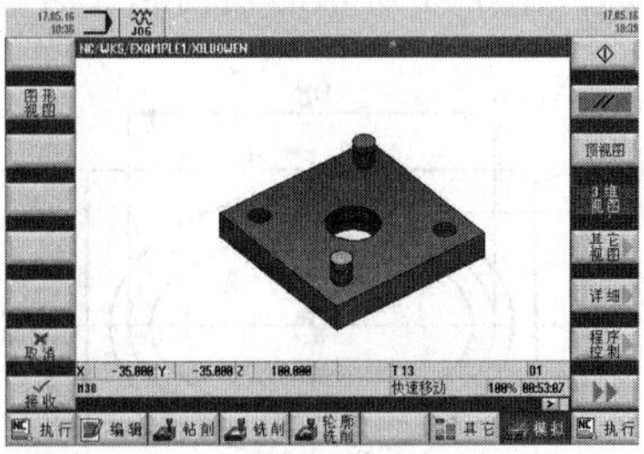

【习题】

试编制图 6-13 所示零件的加工程序。

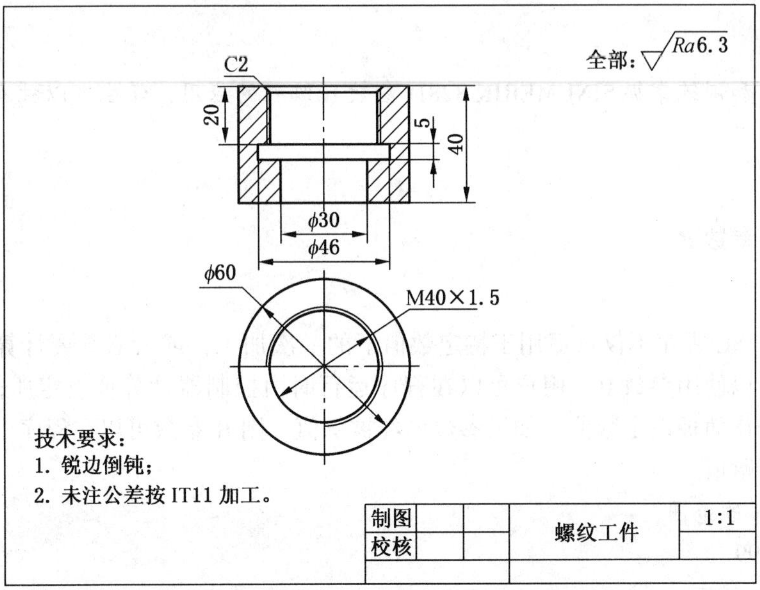

图 6-13　螺纹工件

项目七　SINUMERIK 828D 数控系统 R 参数编程的加工应用

任务一　非 圆 曲 线 加 工

【任务描述】

加工图 7-1 所示的椭圆槽工件，毛坯尺寸为 120 mm×80 mm×20 mm。

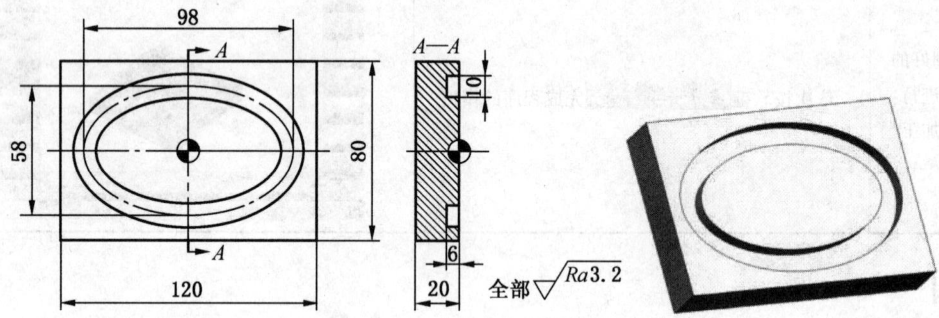

图 7-1　椭圆槽工件

【任务分析】

通过学习和训练掌握 SINUMERIK 828D 参数 R 编程的应用；学生可以独立完成椭圆程序的编制与加工。

【相关知识】

一、计算参数 R

1. 功能

要使一个 NC 程序不仅仅适用于特定数值下的一次加工，或者必须要计算出数值，这两种情况均可以使用参数 R。用户可以在程序运行时由控制器计算或设定所需要的数值；也可以通过操作面板设定数值。如果参数已经被赋值，则 R 参数可以在程序中对由变量确定的地址进行赋值。

2. 参数 R 的范围

R0 到 R299。

3. 参数 R 赋值

用户可以在一定范围内给计算参数赋值：±（0. 000 0001~9999 9999）8 位，带符号和小数点；在取整数值时可以去除小数点，正号可以省略。

二、程序跳转

1. 标记符

功能：标记符或程序段号用于标记程序中所跳转的目标程序段，用于跳转功能可以实现程序运行分支。标记符可以自由选取，但必须由 2～8 个字母或数字组成，其中开始两个符号必须是字母或下划线。跳转目标程序段中标记符后面必须为冒号。标记符位于程序段段首。如果程序段有段号，则标记符紧跟着段号。在一个程序段中，标记符不能有其他含义。

2. 绝对跳转

NC 程序在运行时以写入时的顺序执行程序段。程序在运行时可以通过插入程序段跳转指令改变执行顺序。跳转目标只能是有标记符的程序段，此程序段必须位于该程序之内。绝对跳转指令必须占用一个独立的程序段。

格式：

GOTOF 标记符；（向前跳转）

GOTOB 标记符；（向后跳转）

3. 有条件跳转

功能：用 IF 条件语句表示有条件跳转。如果满足跳转条件，则进行跳转。跳转目标只能是有标记符的程序段。该程序段必须在此程序之内。有条件跳转指令要求一个独立的程序段。在一个程序段中可以有许多个条件跳转指令。使用条件跳转后会使程序得到一定的简化。

格式：

IF 条件 GOTOF 标记符；（向前跳转）

IF 条件 GOTOB 标记符；（向后跳转）

比较运算见表 7-1。

表 7-1　比 较 运 算

运算符	意义	运算符	意义
= =	等于	<	小于
< >	不等于	> =	大于或等于
>	大于	< =	小于或等于

【任务实施】

一、加工准备

1. 选择数控机床

本任务选用的机床为 VDF-850new 加工中心 SINUMERIK 828D 数控系统。

2. 刀具清单

刀具清单见表 7-2。

表 7-2　椭圆槽工件刀具清单

加工内容	刀具规格	刀具材料	$n/(\mathrm{r\cdot min^{-1}})$	$v_f/(\mathrm{mm\cdot min^{-1}})$	a_p/mm
铣削椭圆槽	ϕ10 mm 立铣刀	高速钢	1200	200	6

二、编程思路

（1）椭圆除了使用标准方程 $\frac{x^2}{a^2}+\frac{y^2}{b^2}=1$ 来表示外还可以采用参数方程来表示，其公式为 $x=a\cos\theta$，$y=b\sin\theta$（θ 表示与 x 轴正半轴所成的角度）。

（2）椭圆编程思路：本例椭圆采用参数方程方式进行参数 R 程序的编制，编制过程中以角度 R3 为自变量，每次递增 R4，而坐标 X 和 Y 是变量。

三、编制数控加工程序

程　序	解　释
R1=98/2;	椭圆长半轴
R2=58/2;	椭圆短半轴
R3=0;	椭圆圆心角起始值
R4=2;	椭圆圆心角增量
T="　14"　D1;	调用刀具 ϕ10 mm 立铣刀
M6;	换刀
M3　S1200　F200;	主轴正转，1200 r/min；进给速度 200 mm/min
G0　G54　X=R1　Y0;	快速定位到下刀点
Z2;	快速定位到工件上表面 2 mm 处
G1Z-6;	切削到指定深度
MA1：R5=R1 * COS（R3）;	标记符：计算长半轴在 X 轴的投影值
R6=R2 * SIN（R3）;	计算短半轴在 Y 轴的投影值
G1X=R5Y=R6;	用 G1 指令拟合椭圆曲线
R3=R3+R4;	椭圆圆心角变量递增赋值
IF R3<=360 GOTOB MA1;	满足条件跳转到 MA1 标记符处
G0　Z100;	Z 向退刀
M05;	主轴停转
M30;	程序结束
对编制好的程序进行模拟加工，依次按软键 模拟 → 3维视图 完成程序的模拟	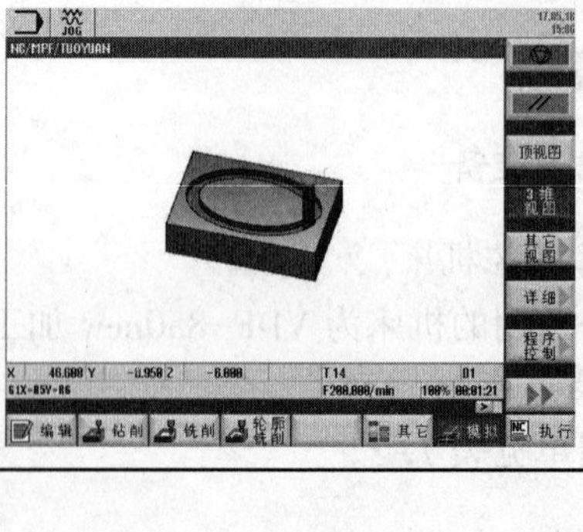

【习题】

试编制图 7-2 所示零件的加工程序。

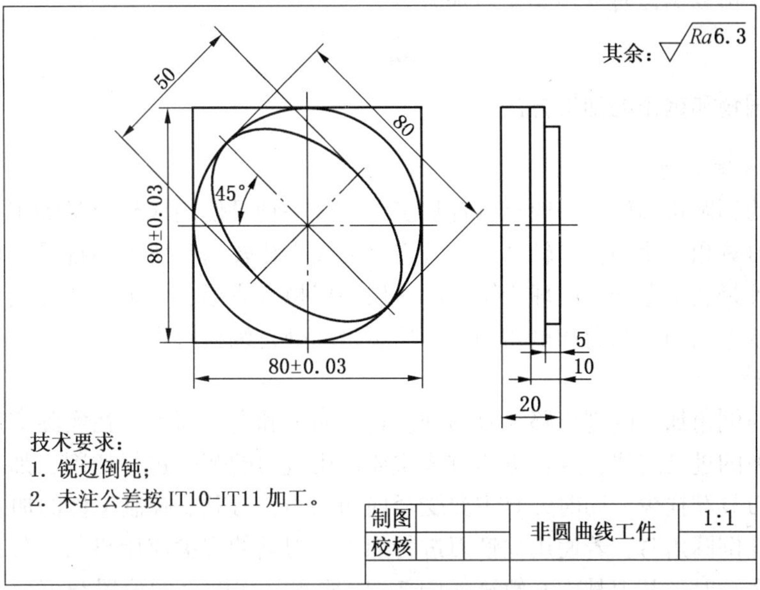

图 7-2　非圆曲线工件

任务二　规律曲面加工

【任务描述】

加工图 7-3 所示的圆角工件，毛坯尺寸为 60 mm×60 mm×30 mm。本例的轮廓和内孔均已加工完成，其主要任务是外轮廓周边的圆角加工。通常情况下大批量生产采用专用刀具加工，而本例采用 R 参数的编制方法来进行加工，目的是强化学生的实际应用能力。

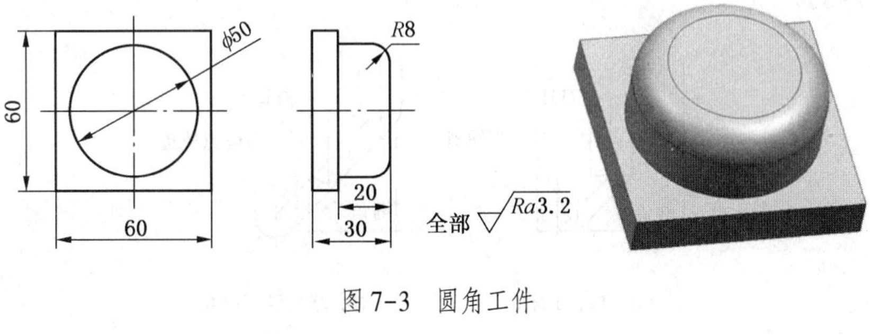

图 7-3　圆角工件

【任务分析】

通过学习和训练掌握 SINUMERIK 828D 可编程参数输入指令 $ TC_ DP6 的应用；学生可以独立完成圆柱倒圆角程序编制与加工。

【任务准备】

一、倒圆角和倒角的加工方法

1. 加工方案的确定

本例中的倒圆角和倒角一般有两种加工方法。一种是使用成形刀具加工，这种方法简单方便，但刀具相对使用范围较窄，并且刀具的成本比较高，所以小批量单件生产中不宜采用。另一种是使用立铣刀或球头铣刀，一层一层拟合成形，该种方法使用范围广，同一种刀具可用于不同的倒圆角和倒角加工，但不足之处是编程有难度。

2. 刀具轨迹处理

倒圆角与倒角加工的进给路线有两种：自下而上和自上而下。在实际应用中一般优先选用自下而上的进给路线，这种进给方式主要使用铣刀的侧刃进行切削，加工出的工件表面质量高，刀具磨损少，同时刀具主要受径向切削力，有利于控制工件的加工精度。

对于工件倒圆角时，若使用立铣刀进行加工，刀具的刀尖应始终与工件曲面接触，当刀尖沿圆弧运动时，其刀具中心轨迹如图 7-4a 所示，切削点的位置与刀位点始终相差一个刀具半径。而使用球头铣刀进行加工时，由圆弧刃来加工曲面，其刀具中心是球面的同心球面，半径相差一个刀具半径，如图 7-4b 所示。

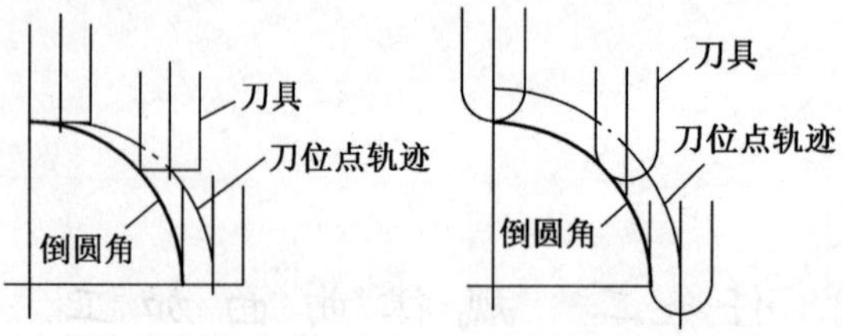

(a) 立铣刀倒圆角　　(b) 球头铣刀倒圆角

图 7-4　倒圆角刀具轨迹分析图

对工件倒角时，若使用立铣刀进行加工，其刀具中心轨迹为平行于轮廓的一条直线（图 7-5）；而使用球头铣刀加工时，由圆弧刃来加工斜面，其刀具中心轨迹是一条法向等距线（图 7-5）。

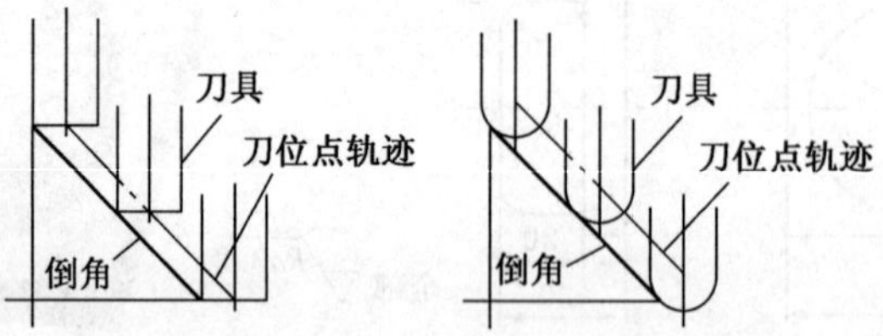

(a) 立铣刀倒角　　(b) 球头铣刀倒角

图 7-5　倒角刀具轨迹分析图

二、可编程参数输入指令 $TC_ DP6

格式：$TC_ DP6 [1, 1]；

其中，$TC_ DP6 是刀具参数偏置中的几何形状刀具半偏置；[1, 1] 括号中的第一位数字代表刀具号，第二位数字代表刀沿号。

三、轮廓倒圆角和倒角的宏程序运算

一般情况下的倒圆角和倒角加工，使用立铣刀（表面质量要求不高）和球头铣刀（表面质量要求较高）进行加工，宏程序编程过程中的变量运算见表 7-3。

表 7-3 轮廓倒圆角和倒角的宏程序运算

图形		运算注解
平底刀倒凸圆角	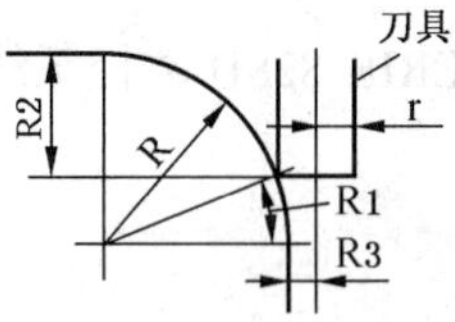	R1—角度自变量；R—圆角半径；r—刀具半径 R2=R * SIN [R1] -R，刀具切削点与工件上表面的距离 R3=r- [R-R * COS [R1]]，导入数控系统的可编程参数输入指令 $TC_ DP6 [1, 1] 中来控制刀具半径补偿，该值既可为正亦可为负
球头铣刀倒凸圆角	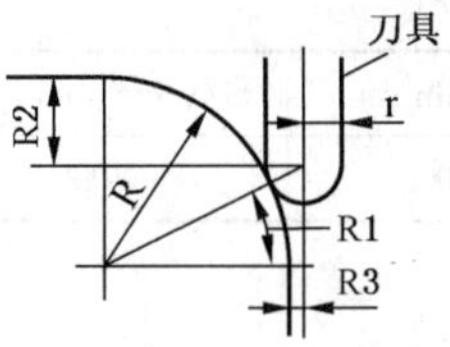	R1—角度自变量；R—圆角半径；r—刀具半径 R2= [R+r] * SIN [R1] -R，球头铣刀球心与工件上表面的距离 R3= [R+r] * COS [R1] -R，导入数控系统的可编程参数输入指令 $TC_ DP6 [1, 1] 中来控制刀具半径补偿，该值既可为正亦可为负
平底刀倒凹圆角	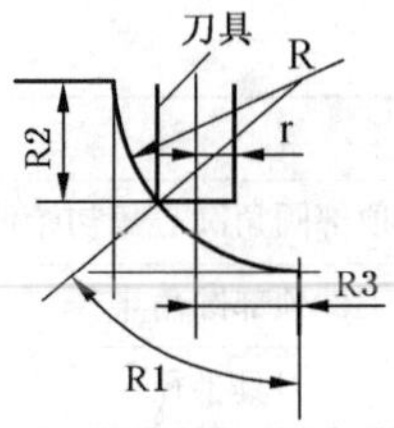	R1—角度自变量；R—圆角半径；r—刀具半径 R2=R * COS [R1]，刀具切削点与工件上表面的距离 R3=r-R * SIN [R1]，导入数控系统的可编程参数输入指令 $TC_ DP6 [1, 1] 中来控制刀具半径补偿，该值既可为正亦可为负
球头铣刀倒凹圆角	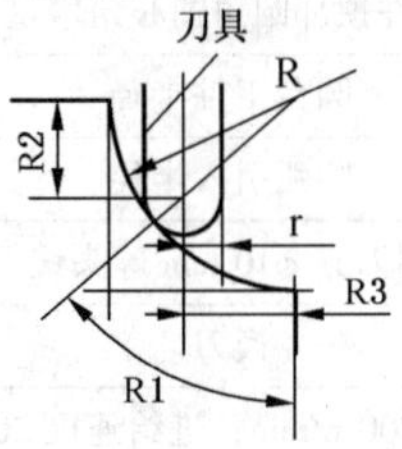	R1—角度自变量；R—圆角半径；r—刀具半径 R2= [r-R] * COS [R1]，球头铣刀球心与工件上表面的距离 R3= [r-R] * SIN [R1] -R，导入数控系统的可编程参数输入指令 $TC_ DP6 [1, 1] 中来控制刀具半径补偿，该值一般为负
平底刀倒角	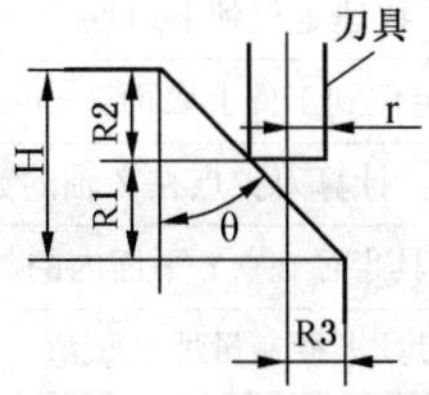	R1—加工高度变量；r—刀具半径；θ—角度常量 R2=R1-H，刀具切削点与工件上表面的距离 R3=r- R1 * TAN [θ]，导入数控系统的可编程参数输入指令 $TC_ DP6 [1, 1] 中来控制刀具半径补偿

表 7-3（续）

图　形		运 算 注 解
球头铣刀倒角	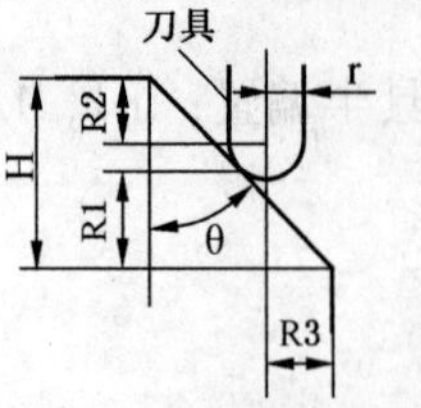	R1—加工高度变量；r—刀具半径；θ—角度常量 R2=R1-H+r * SIN[θ]，刀具切削点与工件上表面的距离 R3=r * COS[θ]-R1 * TAN [θ]，导入数控系统的可编程参数输入指令 $TC_ DP6 [1, 1] 中来控制刀具半径补偿

【任务实施】

一、加工准备

1. 选择数控机床

本任务选用的机床为 VDF-850new 加工中心 SINUMERIK 828D 数控系统。

2. 刀具清单

刀具清单见表 7-4。

表7-4　圆角工件刀具清单

加工内容	刀具规格	刀具材料	n/(r · min^{-1})	v_f/(mm · min^{-1})	a_p/mm
倒圆角加工	ϕ10 mm 球头铣刀	硬质合金	1200	200	

二、编制数控加工程序

程　序	解　释
R1=0;	工件顶部圆角圆心角初始值
R2=8;	工件顶部圆角半径
R3=5;	刀具半径
R4=3;	工件顶部圆角圆心角增量
R6=50/2;	圆台工件半径
R7=10;	圆弧引入半径
T=" 15" D1;	调用刀具 ϕ10 mm 球头铣刀
M6;	换刀
M3 S1200 F200;	主轴正转，1200 r/min；进给速度 200 mm/min
G0 G54 X=R6+R7 Y0;	快速定位到下刀点
Z2;	快速定位到工件上表面 2 mm 处
MA1：R20=(R2+R3) * SIN(R1)-R2-R3;	标记符：计算刀尖点在 Z 轴的数值
R5=(R2+R3) * COS(R1)-R2;	计算刀具半径在 XY 平面内的数值
$TC_ DP6 [15, 1] =R5;	刀具半径变量地址赋值
G1Z=R20;	切削到指定深度

（续）

程　序	解　释
G41　Y=R7　D1；	建立刀具半径补偿
G3　X=R6　Y0　CR=R7；	圆弧切入
G2I=-R6；	整圆切削加工
G3X=R6+R7　Y=-R7　CR=R7；	圆弧切出
G1　G40　Y0；	取消刀具半径补偿
R1=R1+R4；	工件顶部圆角圆心角变量递增赋值
IF R1<=90 GOTOB MA1；	满足条件跳转到 MA1 标记符处
G0　Z100；	Z 向退刀
M05；	主轴停转
M30；	程序结束
对编制好的程序进行模拟加工，依次按软键 模拟 → 3维视图 完成程序的模拟	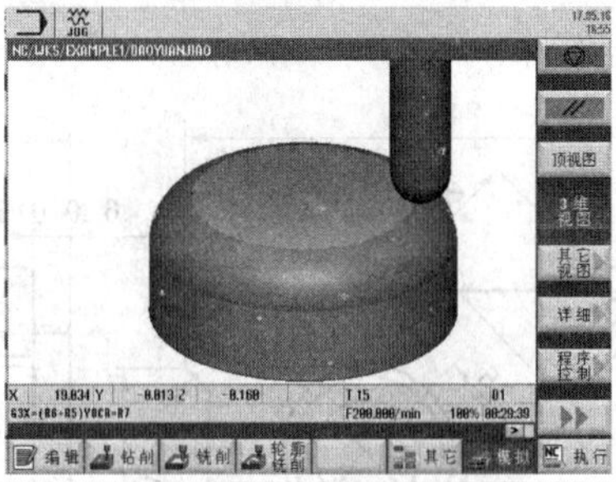

【习题】

试编写图 7-6 所示零件的加工程序。

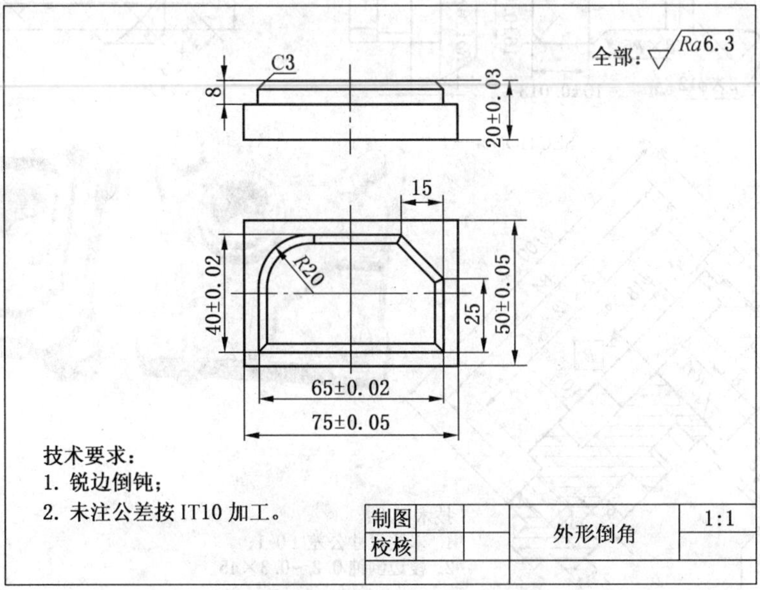

图 7-6　外形倒角

项目八 CAM 三 轴 编 程

任务一 CAXA 制造工程师实例

【任务描述】

使用 CAXA 制造工程师 2015 完成图 8-1 所示工件的加工。

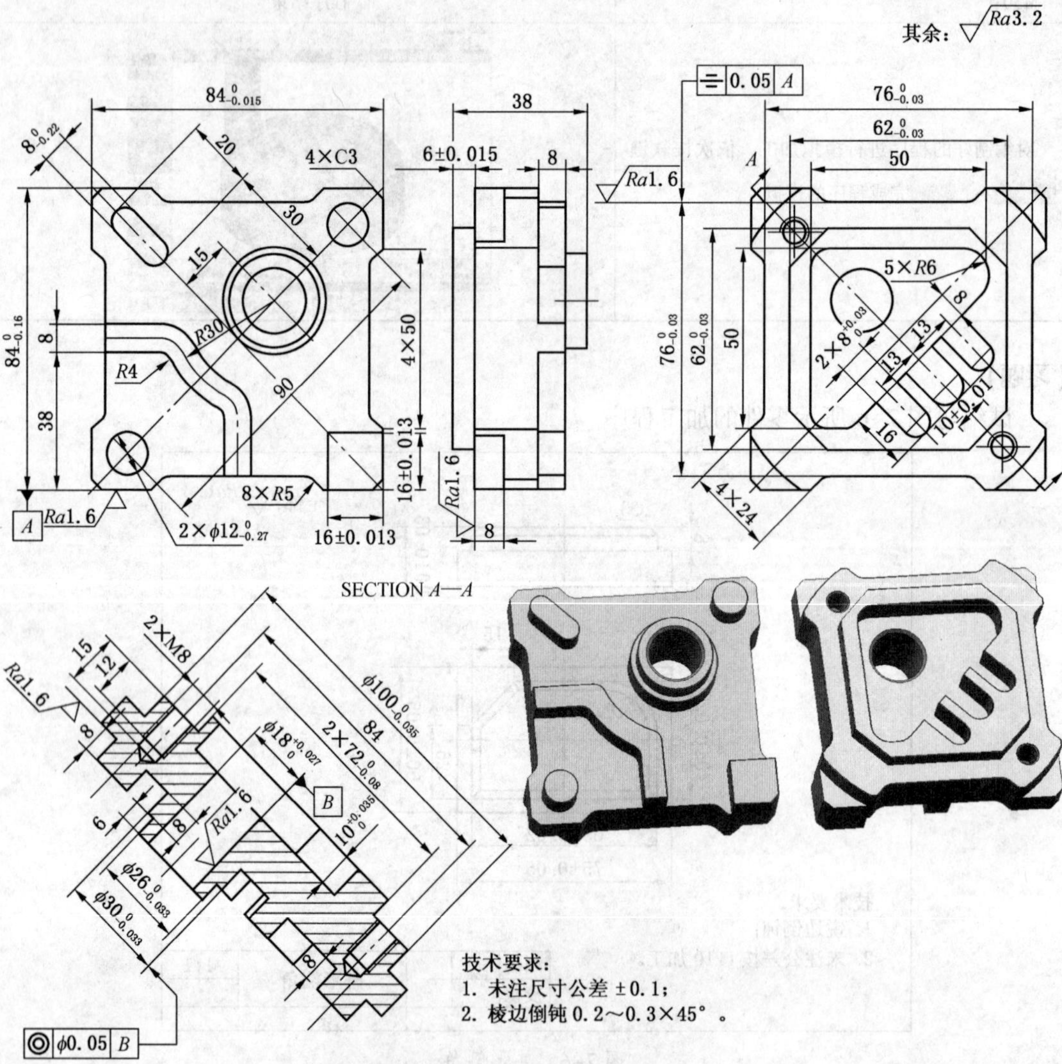

图 8-1 CAXA 制造工程师加工工件

【任务分析】

通过学习和训练使学生对计算机辅助编程技术有所了解，激发学生下一阶段的学习积极性。

【相关知识】

CAXA 制造工程师是北航海尔软件有限公司研制开发的全中文、面向数控铣床和加工中心的三维 CAD/CAM 软件。CAXA 制造工程师基于计算机平台，采用原创 Windows 菜单和交互方式，全中文界面，便于轻松学习和操作，并且价格较低。CAXA 制造工程师可以生成 3~5 轴的加工代码，可用于加工具有复杂三维曲面的零件。

根据本例的特点将工件分为 AB 两个加工平面。

首先绘制加工工件的 CAD 图形，如图 8-2 所示。加工所需的几何图形与图纸图形是有区别的，学生要考虑走刀路线的合理规划。本例只对 A 面进行讲解，B 面学生可参考 A 面进行自主学习。

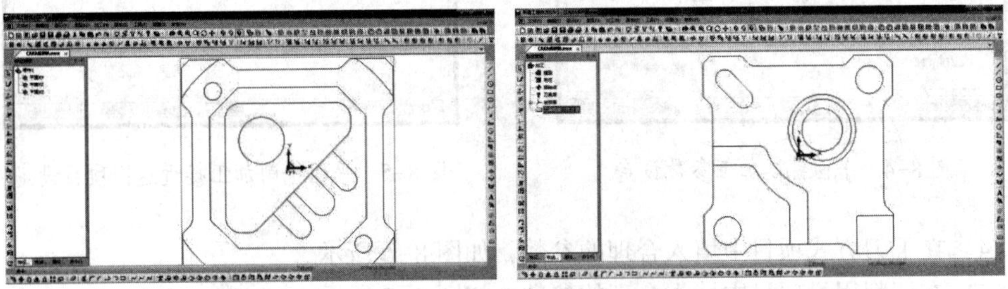

(a) A面图形　　(b) B面图形

图 8-2　绘制 CAD 图形

【任务实施】

一、A 面加工

1. 建立毛坯

毛坯尺寸为 85 mm×85 mm×40 mm，CAXA 制造工程师软件建立的毛坯如图 8-3 所示。

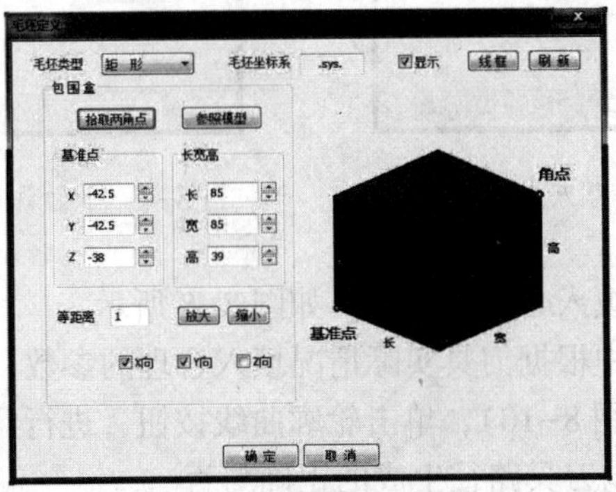

图 8-3　毛坯的建立

2. 平面铣削加工

（1）绘制平面铣削需要用到的辅助直线，直线两端超出毛坯一个刀具半径。

（2）建立平面铣削刀具路径，单击平面轮廓精加工命令。在加工参数项目中填入合理的参数，如图 8-4 所示。

（3）在接近返回项目中选择不设定，如图 8-5 所示。

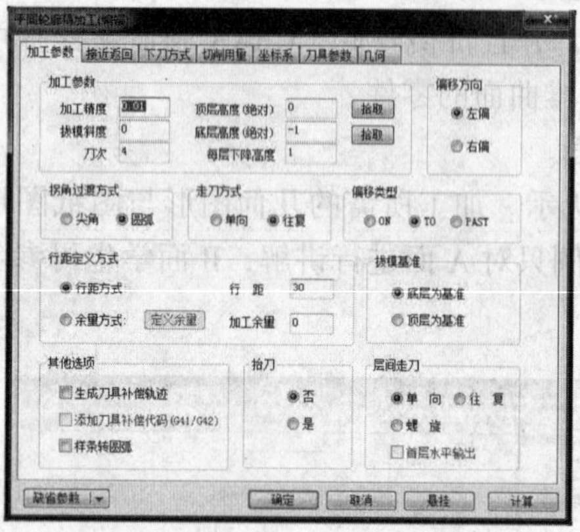

图 8-4　平面铣削加工参数设定

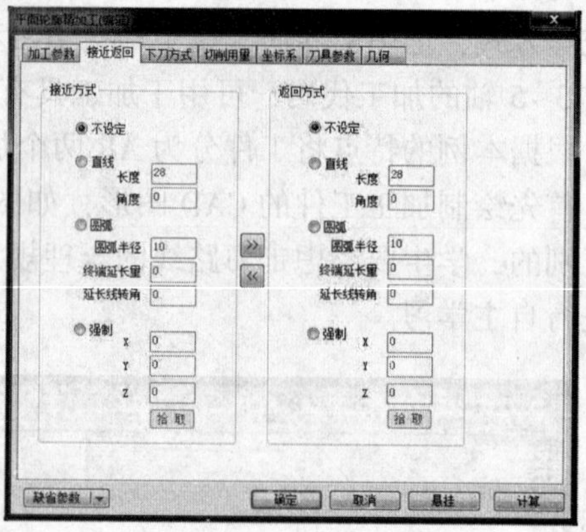

图 8-5　平面铣削加工接近返回项目设定

（4）在下刀方式项目中填入合理的参数，如图 8-6 所示。

（5）在切削用量项目中填入合理的参数，如图 8-7 所示。

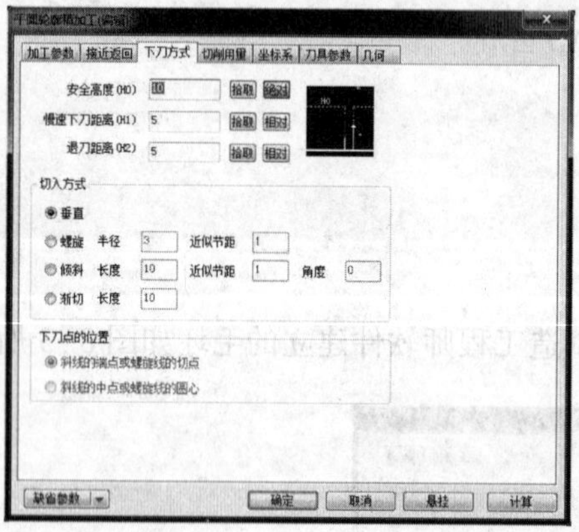

图 8-6　平面铣削加工下刀方式项目设定

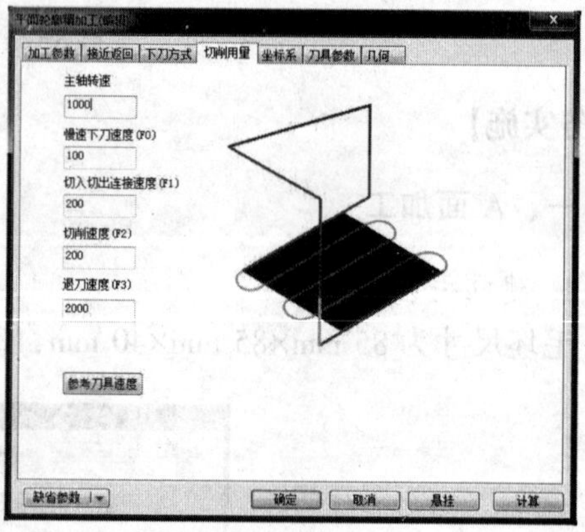

图 8-7　平面铣削加工切削用量项目设定

（6）在坐标系项目中填入合理的参数，如图 8-8 所示。

（7）在刀具参数项目中根据刀具实际情况填入合理的参数，如图 8-9 所示。

（8）在几何项目中（图 8-10），单击轮廓曲线按钮，进行几何轮廓的选择。选择时注意刀具运动方向，这将影响刀具路径生成的正确与否。

（9）单击确定按钮生成刀具路径，如图 8-11 所示。

3. 外轮廓铣削加工

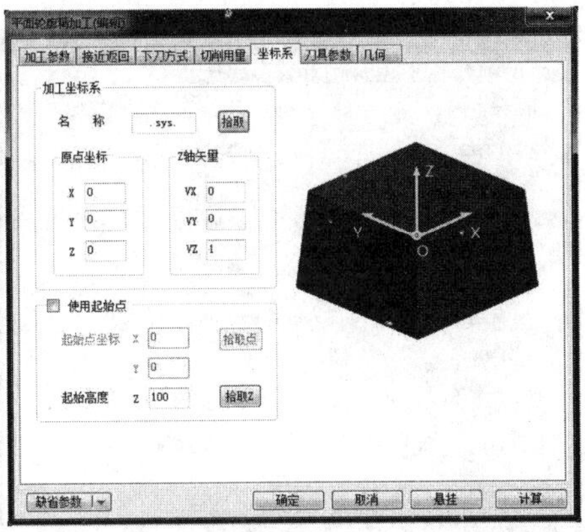

图 8-8　坐标系项目设定

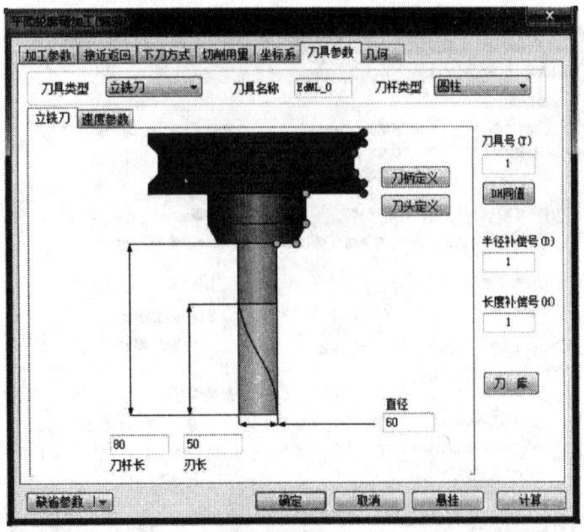

图 8-9　平面铣削加工刀具参数项目设定

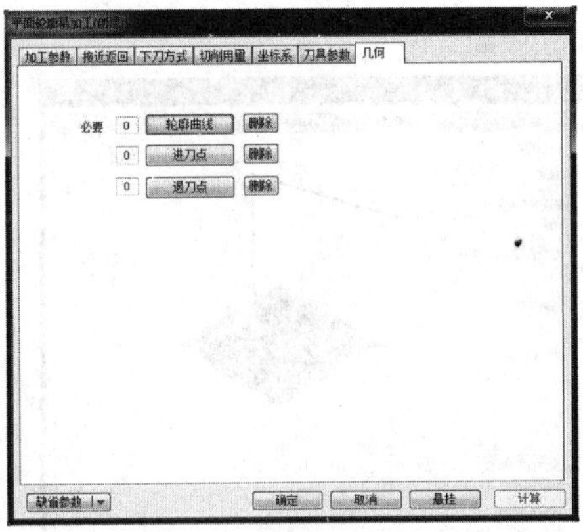

图 8-10　几何参数界面

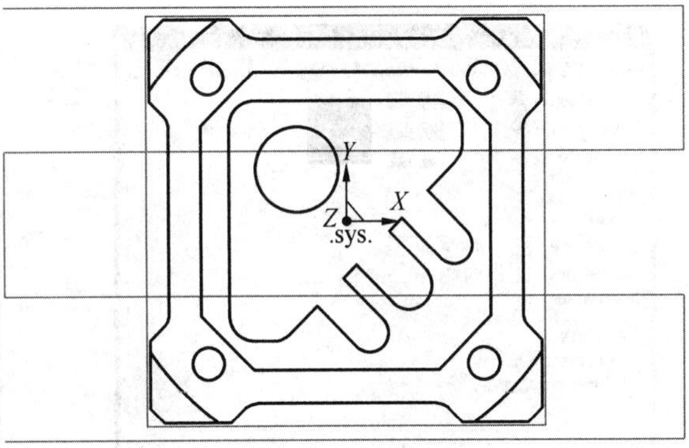

图 8-11　平面铣削加工刀具路径生成

1）粗加工

(1) 建立外轮廓粗加工刀具路径，单击平面轮廓精加工命令。在加工参数项目中填入合理的参数，如图 8-12 所示。

(2) 在接近返回项目中选择圆弧，如图 8-13 所示。

(3) 在下刀方式项目中填入合理的参数，如图 8-14 所示。

(4) 在切削用量项目中填入合理的参数，如图 8-15 所示。

(5) 在刀具参数项目中根据刀具实际情况填入合理的参数，如图 8-16 所示。

(6) 在几何项目中（图 8-17），单击轮廓曲线按钮，进行几何轮廓的选择。选择时注意刀具运动方向，这将影响刀具路径生成的正确与否。

(7) 单击确定按钮生成刀具路径，如图 8-18 所示。

2）精加工

建立外轮廓精加工铣削刀具路径，单击平面轮廓精加工命令。在加工参数项目中填入合理的参数，如图 8-19 所示。其他选项参照上述步骤进行合理设置，生成的刀具路径如图 8-20 所示。

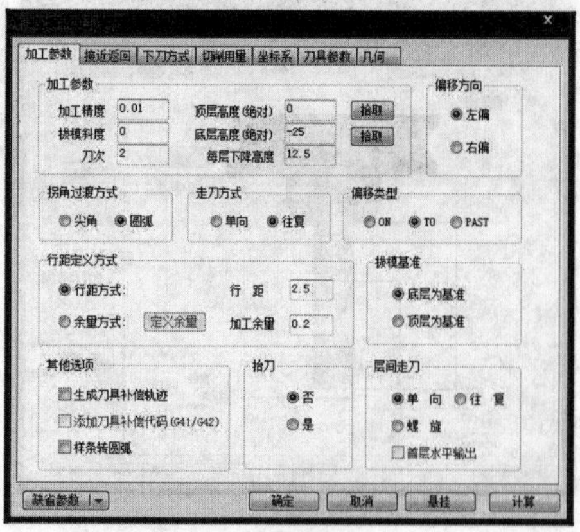

图 8-12　外轮廓铣削粗加工参数设定

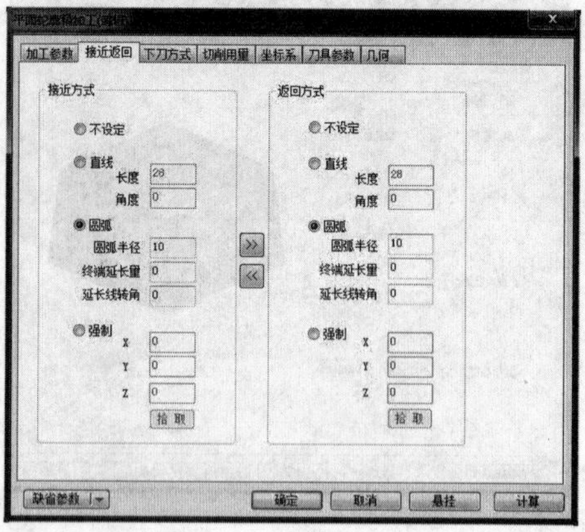

图 8-13　外轮廓铣削粗加工接近返回项目设定

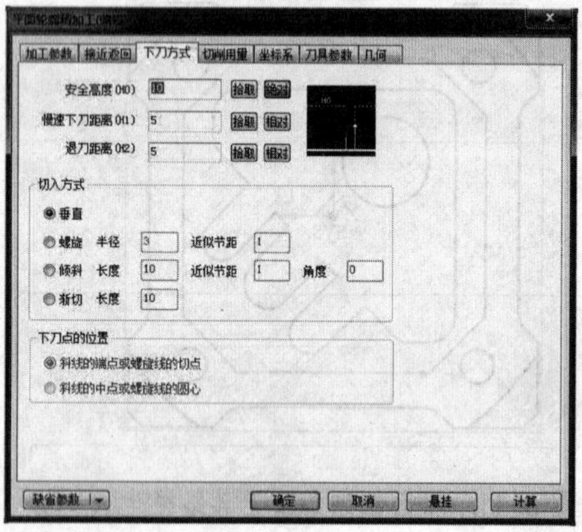

图 8-14　外轮廓铣削粗加工下刀方式项目设定

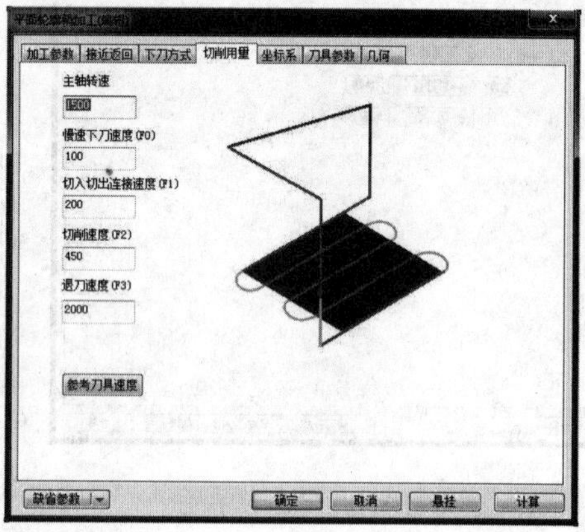

图 8-15　外轮廓铣削粗加工切削用量项目设定

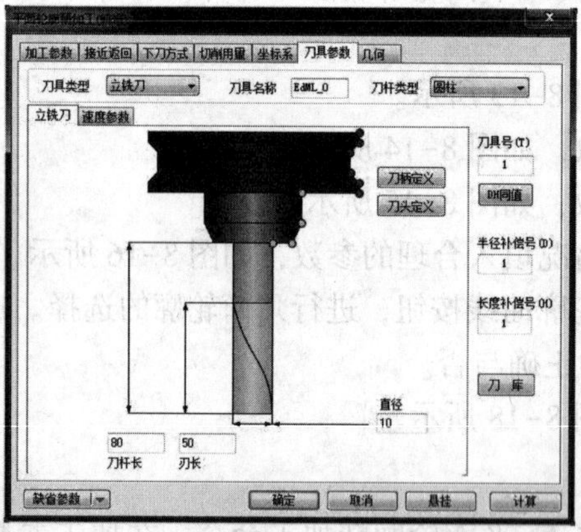

图 8-16　外轮廓铣削粗加工刀具参数项目设定

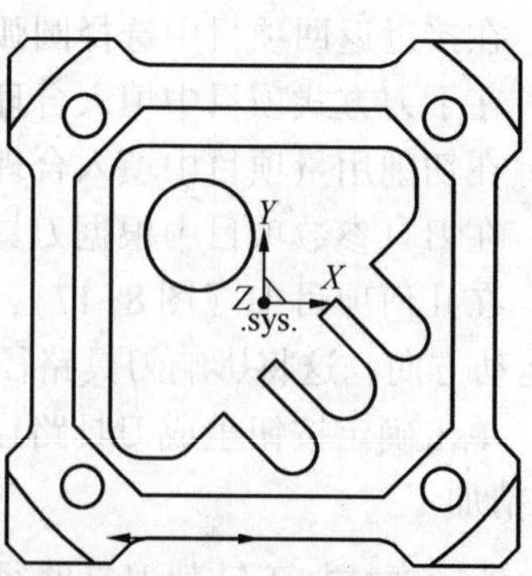

图 8-17　刀具路径选择

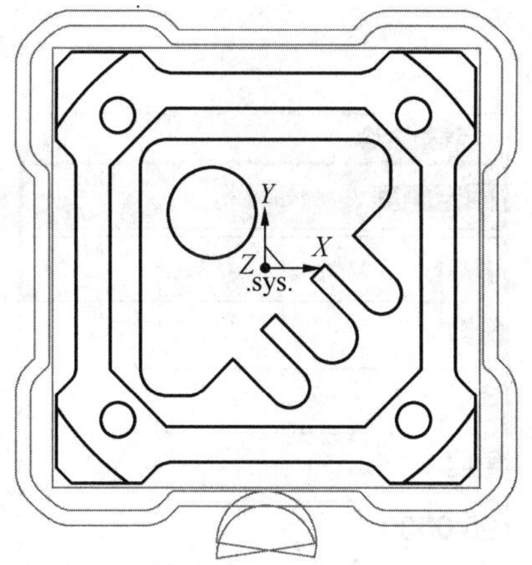

图 8-18　外轮廓铣削粗加工刀具路径生成

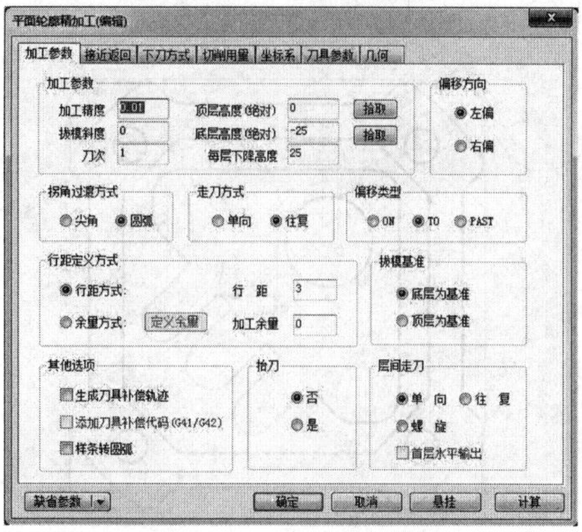

图 8-19　外轮廓铣削精加工参数设定

4. ϕ100 圆弧轮廓粗精加工

1）粗加工

(1) 建立 ϕ100 圆弧轮廓粗加工刀具路径，单击平面轮廓精加工命令。在加工参数项目中填入合理的参数，如图 8-21 所示。其他参数可参照上述步骤进行合理设置，生成的刀具路径如图 8-22 所示。

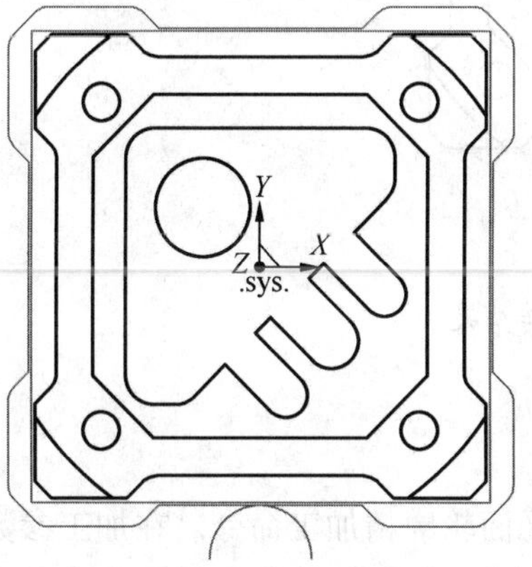

图 8-20　外轮廓铣削精加工刀具路径生成

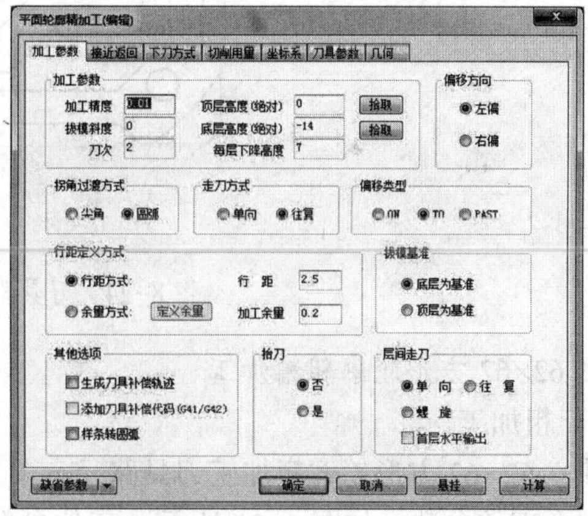

图 8-21　ϕ100 圆弧轮廓粗加工参数设定

(2) 单击命令，在弹出的菜单中填入相应的参数，如图 8-23 所示。选择系统坐标系原点为旋转点，选择 ϕ100 圆弧轮廓粗加工刀具路径为旋转对象，生成的刀具路径如图 8-24 所示。

2）精加工

精加工的设置与粗加工相似，只是需要根据测量工件的余量来调整余量选项或刀具的直径值。另外，对切削用量进行调整即可。

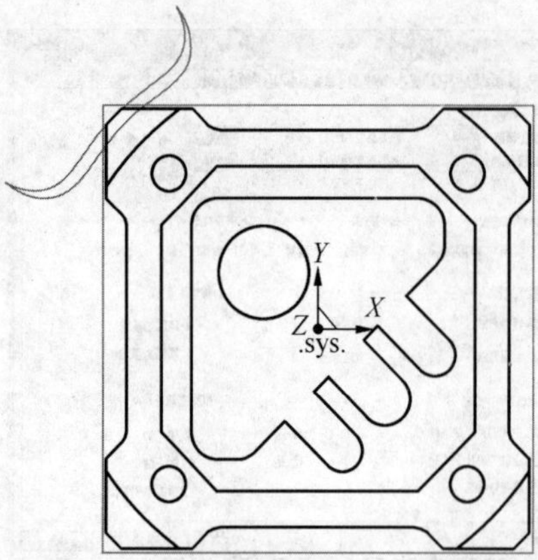

图 8-22 ϕ100 圆弧轮廓粗加工刀具路径生成

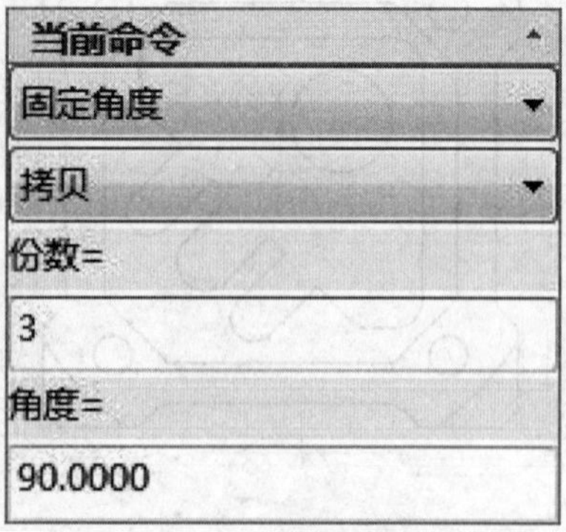

图 8-23 刀具路径旋转设定

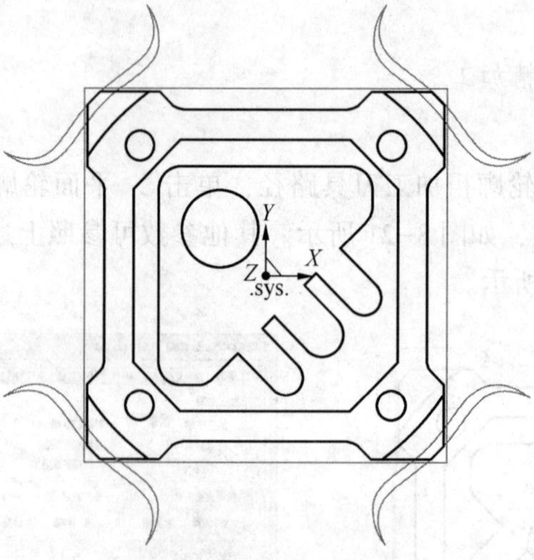

图 8-24 刀具路径旋转结果

5. 62×62 方形轮廓粗精加工

1）粗加工

建立 62×62 方形轮廓粗加工刀具路径，单击平面轮廓精加工命令。在加工参数项目中填入合理的参数，如图 8-25 所示。其他参数可参照上述步骤进行合理设置，生成的刀具路径如图 8-26 所示。

2）精加工

精加工的设置与粗加工相似，只是需要根据测量工件的余量来调整余量选项或刀具的直径值。另外，对切削用量进行调整即可。

6. 型腔的粗精加工

1）粗加工

（1）对 CAD 图形进行编辑，由于该型腔轮廓的凹圆角半径为 6 mm，所以选用直径 10 mm的立铣刀。另外，需要将图形进行编辑，如图 8-27 所示。

图 8-25　62×62 方形轮廓粗加工参数设定

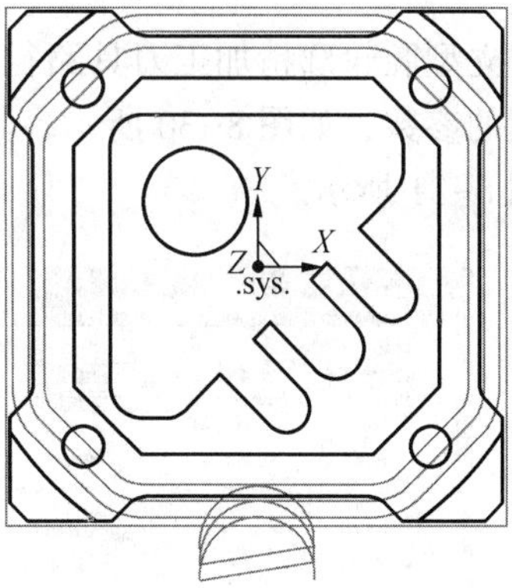

图 8-26　62×62 方形轮廓粗加工刀具路径生成

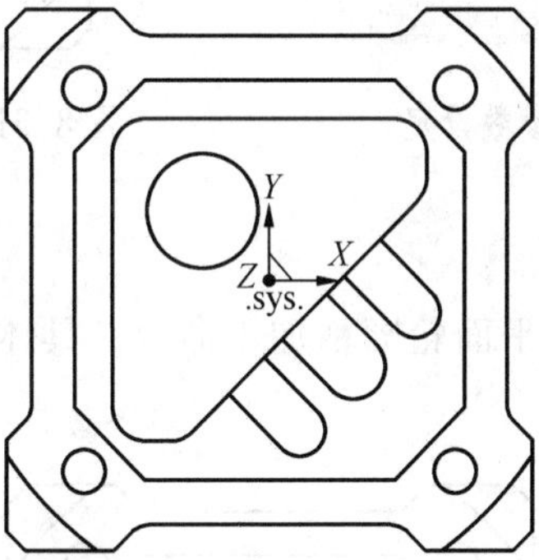

图 8-27　对图形进行编辑

（2）建立型腔粗加工刀具路径，单击平面区域粗加工命令。在加工参数项目中填入合理的参数，如图 8-28 所示。其他参数可参照上述步骤进行合理设置，生成的刀具路径如图 8-29 所示。

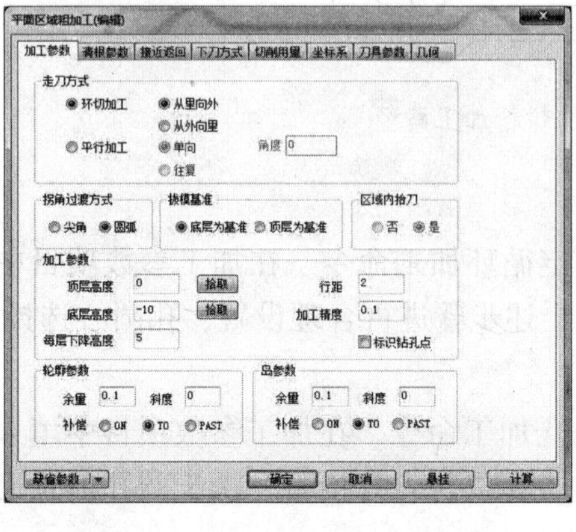

图 8-28　型腔粗加工参数设定

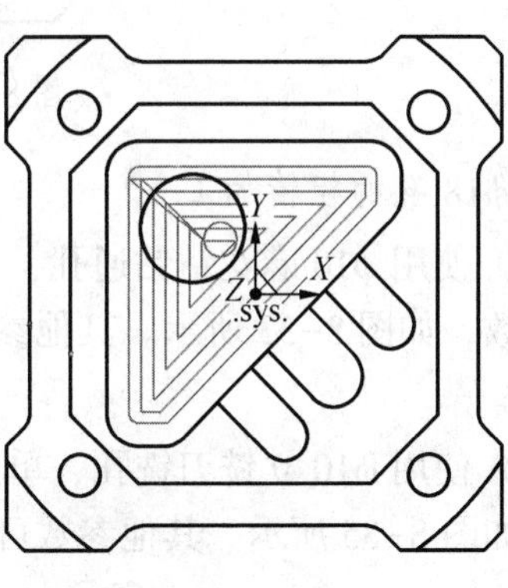

图 8-29　型腔粗加工刀具路径生成

2）精加工

建立型腔轮廓精加工刀具路径，单击平面轮廓精加工命令。在加工参数项目中填入合理的参数，如图 8-30 所示。其他参数可参照上述步骤进行合理设置，生成的刀具路径如图 8-31 所示。

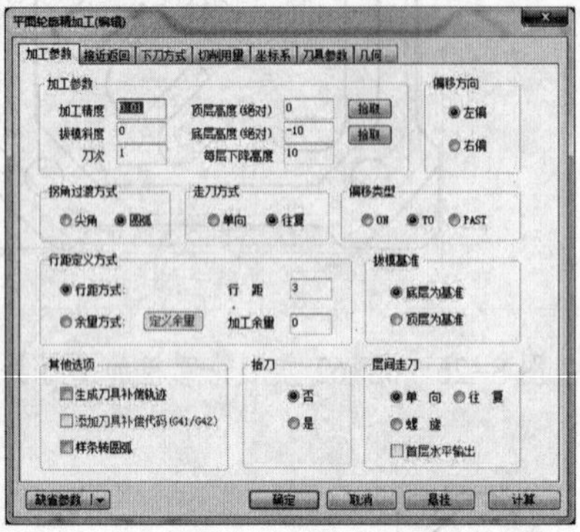

图 8-30　型腔精加工参数设定

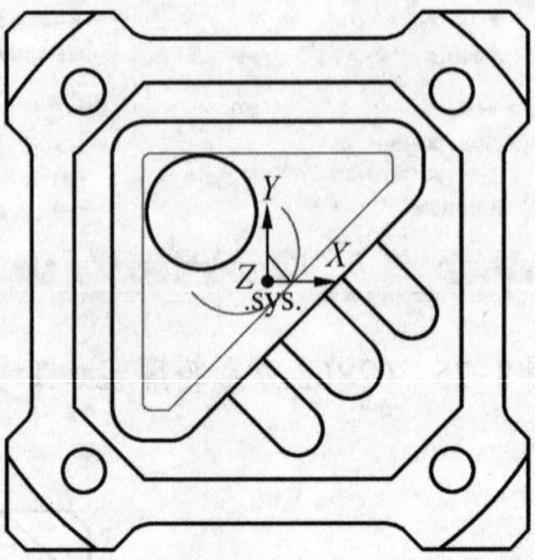

图 8-31　型腔精加工刀具路径生成

7. 三处凹槽的粗精加工

凹槽的粗精加工可使用平面轮廓精加工命令。具体操作可参照之前的操作。生成的刀具路径如图 8-32 所示。

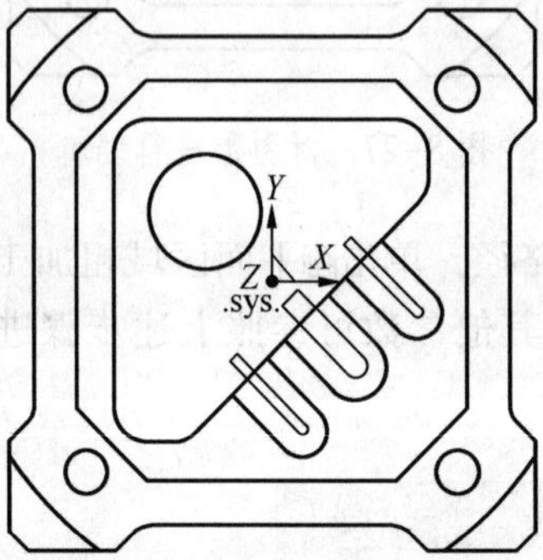

图 8-32　凹槽的粗精加工路径

8. ϕ18 孔的粗精加工

（1）使用 ϕ10 麻花钻钻通孔，单击固定循环加工命令。在加工参数项目中填入合理的参数，如图 8-33 所示。其他参数可参照上述步骤进行合理设置，孔圆心选择如图 8-34 所示。

（2）使用 ϕ10 立铣刀铣孔，单击铣圆孔加工命令。在加工参数项目中填入合理的参数，如图 8-35 所示。其他参数可参照上述步骤进行合理设置。由于圆孔的顶面低于工件上表面 10 mm，所以使用命令将孔在 Z 负向移动 10 mm。

（3）使用 ϕ18 镗刀进行精加工，如图 8-36 所示。

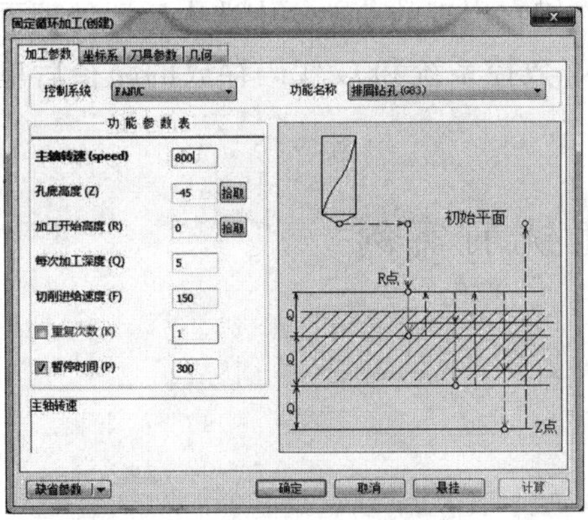

图 8-33　ϕ18 孔加工参数设定

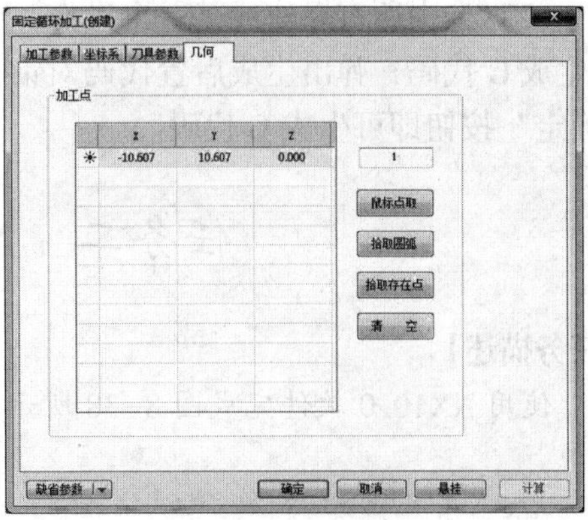

图 8-34　孔圆心选择

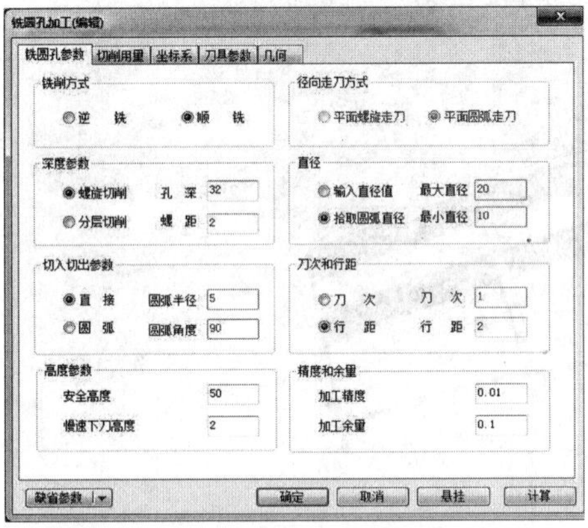

图 8-35　铣圆孔加工参数设定

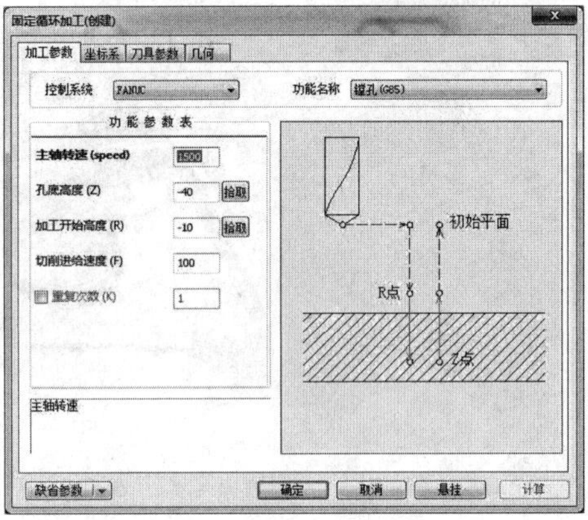

图 8-36　镗孔加工参数设定

9. 完成 M8 螺纹的加工

具体操作与 ϕ18 孔相似，这里不再复述。

二、仿真加工及生产 G 代码

（1）选中所有操作或某一个操作，单击鼠标右键在出现的菜单栏中选中实体仿真，进入仿真界面单击播放按钮进行仿真加工，仿真加工结果如图 8-37 所示。单击关闭按钮退出仿真界面并返回 CAM 界面。

图 8-37　仿真加工结果

（2）选中所有操作或某一个操作，单击鼠标右键在出现的菜单栏中选中后置处理再选中生成 G 代码，弹出生成后置代码对话框。选择好数控系统和 G 代码存放的路径后单击“确定”按钮即可生成 G 代码。

任务二　NX 高速铣削实例

【任务描述】

使用 NX10.0 软件完成图 8-38 所示工件的加工。

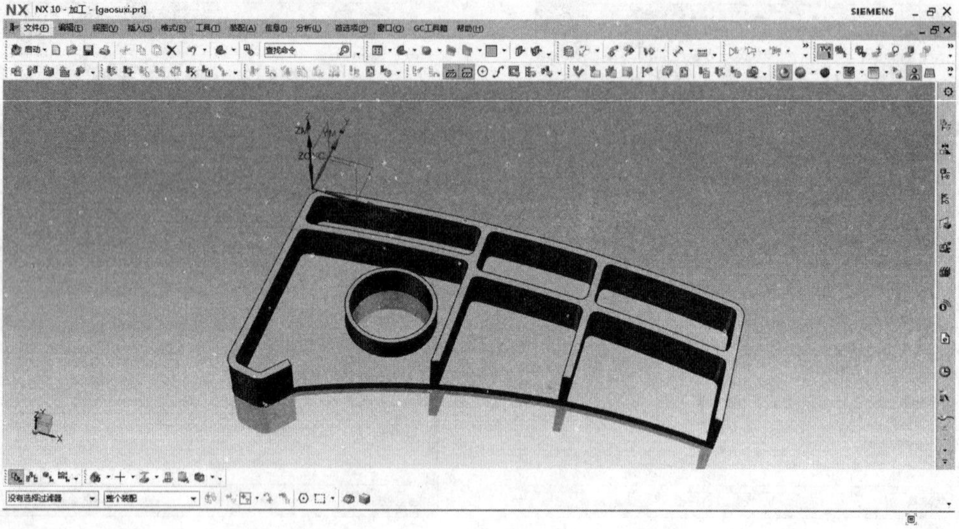

图 8-38　骨架类零件三维模型

【任务分析】

通过学习和训练使学生对计算机辅助编程技术有所了解，激发学生下一阶段的学习积极性。

【相关知识】

NX 是当今世界上最先进和紧密集成的面向制造业的高端 CAD/CAM/CAE 软件之一，在制造业的各个领域有着日益广泛的应用。它作为一个完整的 CAD/CAM/CAE 软件系统，由多个功能模块组成，各模块之间采用主模型结构，即 CAD 模块建立的三维实体、曲面模型为基准，其余模块均以其为基础，当三维模型改变时，各模块的数据相应发生改变，实现了全参数化控制，从而保证了数据的准确性。

一、骨架类零件 NX10.0 CAD 建模

NX10.0 包括了世界上最强大、最广泛的产品设计应用模块。NX10.0 具有高性能的机械设计和制图功能，为制造设计提供了高性能和灵活性，以满足市场上任何复杂产品的需要。NX10.0 优于通用的设计工具，具有专业的管路和线路设计系统、钣金模块、专用塑料件设计模块和其他行业设计所需的专业应用程序。

根据支架零件的结构特点，采用实体建模和特征建模相结合的方法建立三维模型，在建模过程中，统一采用参数化驱动方式建模，以方便今后零件的改型及调整。

二、骨架类零件 NX10.0 平台 VoluMill7.2 高性能铣削

1. NX10.0 CAM 概述

NX10.0 CAM 模块提供了 2~5 轴铣削加工、2~4 轴车削加工、电火花线切割加工和点位加工等数控编程功能，可以根据零件结构、加工表面形状和加工精度要求选择加工类型。NX10.0 CAM 不仅能生成可靠、精确的刀具轨迹，还可以在交互式图形模式下对刀具轨迹进行编辑优化，可以观察刀具运动过程，并进行加工仿真和机床运动仿真，通过仿真检测过切和残留材料，方便合理设置相关切削参数。

NX10.0 CAM 铣削加工方法主要有平面铣、型腔铣、固定轴轮廓铣和可变轴轮廓铣。平面铣主要用于底面和顶面都是平面，并且侧壁与底面垂直的工件粗精加工，属于 2.5 轴联动加工。型腔铣主要用于侧壁与底面不垂直的工件粗加工，属于 3 轴联动加工。固定轴轮廓铣和可变轴轮廓铣属于同一类加工方法，都是针对复杂曲面进行半精加工和精加工的铣削方法，区别在于固定轴轮廓铣的刀具轴线是固定不变的，而可变轴轮廓铣的刀具轴线根据加工需要可随时改变，主要用于 4 轴或 5 轴联动的数控加工。

2. VoluMill7.2 概述

VoluMill7.2 刀具路径策略，比传统刀具路径策略效率更高。与此同时，通过切削方向急剧改变和控制材料去除效率，可以显著延长刀具寿命。

采用 VoluMill7.2 增加了 NX10.0 CAM 的价值。它增加了 NX10.0 CAM 刀具路径的选项，专门设计的高速刀具路径，产生高效地去除毛坯材料的刀具路径。采用 VoluMill7.2 为 NX10.0 的界面和运行本地 NX10.0 CAM 模块是一样的。

3. 骨架类零件高性能铣削的基本原则

高性能铣削和普通铣削存在很大区别，其切削用量根据刀具材料和工件材料合理选择。在数控编程中，有很多与普通加工不同的要求。编制数控高性能铣削程序时，一般应遵循以下基本原则。

(1) 高性能铣削时刀具在工件狭小空间处，避免骤停骤启对刀具造成冲击。作为机床，主要要具有一定的快速响应。尽管机床自身有一定保护功能，但还要尽量保证刀具运动轨迹的平滑与平稳过渡，垂直进刀时采用螺旋式进刀方式或沿形状斜向进刀方式，避免直接下刀。

(2) 高性能铣削主要应用于粗加工，为了使加工过程更加顺畅，要选择 ER 弹性刀柄。这样做会稍微牺牲一些精度，但可以通过半精加工、精加工选择强力刀柄将其修正，使加工精度得到保证。ER 弹性刀柄和强力刀柄如图 8-39 所示。

(3) 从安全角度考虑，输出的数控程序必须进行第三方数控代码仿真软件检验，防止过切和碰撞。

4. 骨架类零件的高性能铣削

由于骨架类零件属于单件小批量生产，根据其结构特点和加工要求，需要在一台立式加工中心完成所有的加工。因而采用工序集中原则安排工艺，并采用翻面铣削工艺台，以

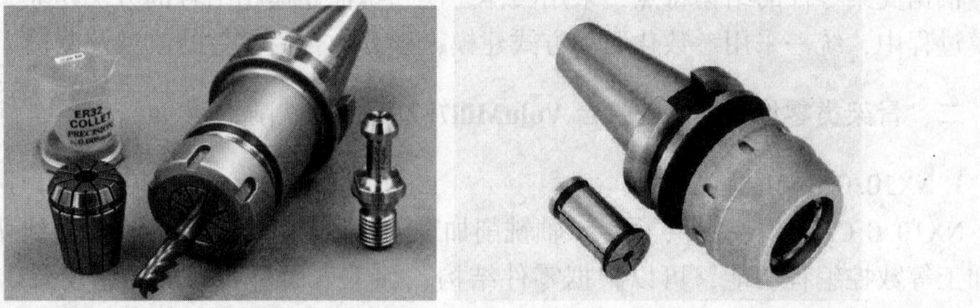

图 8-39　ER 弹性刀柄和强力刀柄

减少工件装夹次数，保证表面之间的形位公差要求。

【任务实施】

在 NX10.0 中打开骨架类零件，点选 启动 按钮，选择“加工”命令，进入 NX10.0 的 CAM 模块。首先进行加工初始化，CAM 会话配置选择“cam_ general”，CAM 设置选择“VoluMill”，点击“初始化”按钮，完成骨架类零件的加工初始化。然后依次选择刀具、切削参数、毛坯几何和零件等，建立相应的刀具轨迹。

点击按钮，进入“VoluMill”对话框，如图 8-40 所示。单击“用户参数”按钮，进入对话框，如图 8-41 所示。

图 8-40　VoluMill 对话框

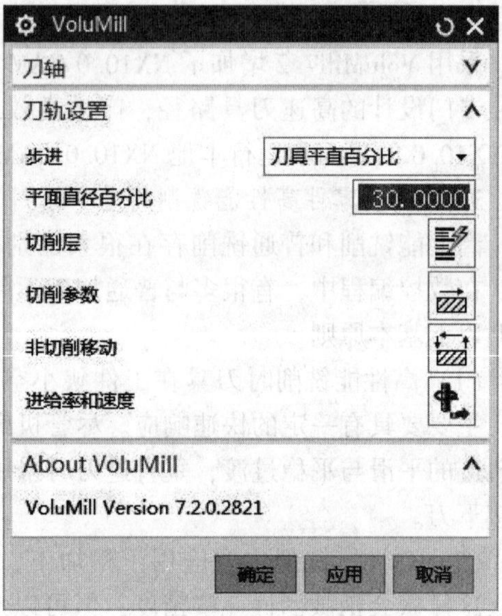

图 8-41　用户参数对话框

单击“切削层”按钮，进入切削层对话框，根据工件的具体情况设置合理的切削参数，如图 8-42 所示。

单击“切削参数”按钮，进入切削参数对话框，根据工件材料、刀具材料等设置合理的切削参数，如图 8-43 所示。

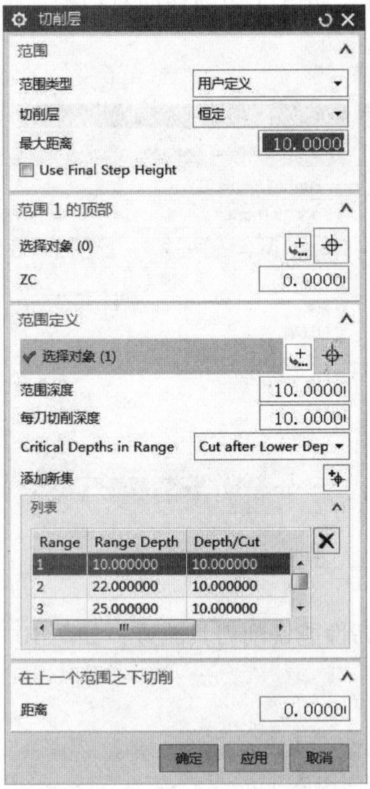

图 8-42 切削层对话框

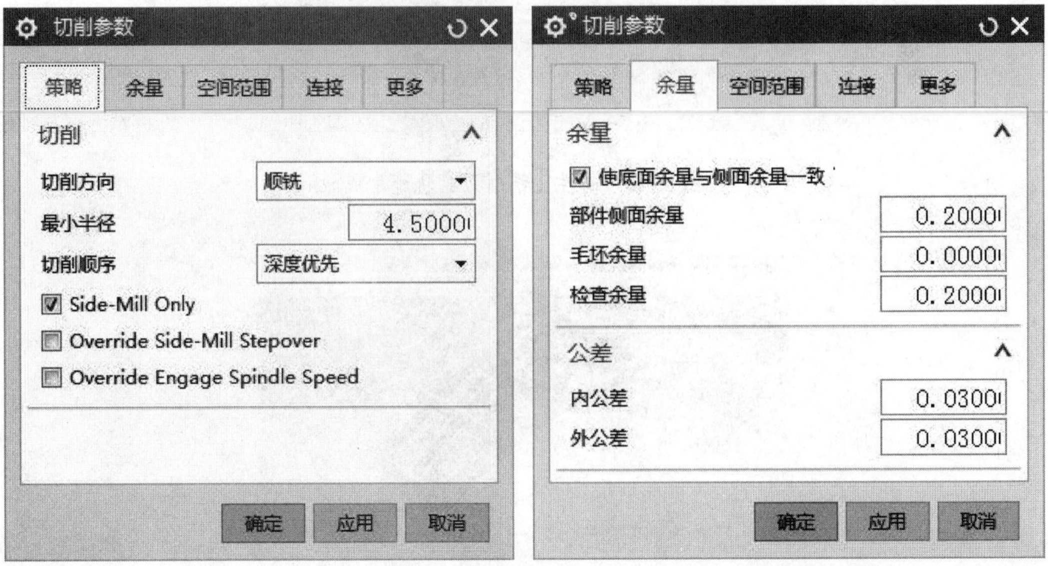

图 8-43 切削参数对话框

单击“非切削移动”按钮，进入非切削移动对话框，根据具体情况设置合理的进刀、退刀等参数，如图 8-44 所示。

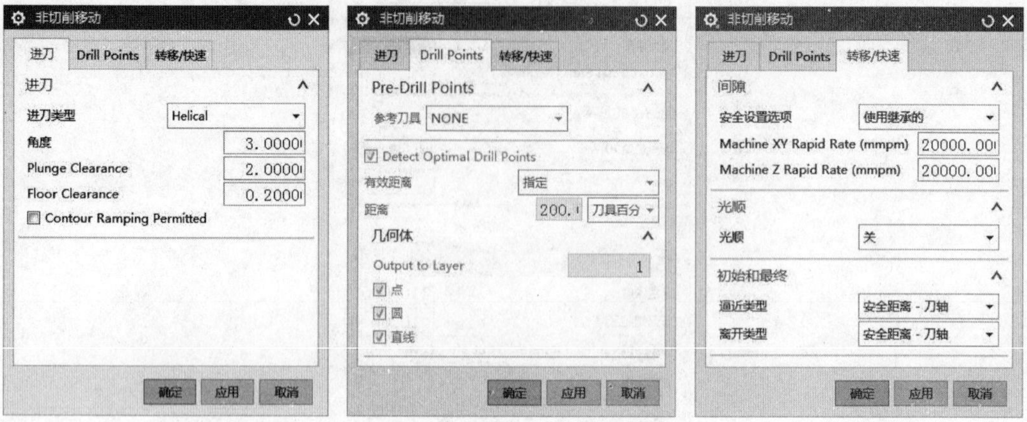

图 8-44　非切削移动对话框

单击生成按钮，生成高性能铣削刀具轨迹，如图 10-45 所示，刀具轨迹如图 8-46 所示。

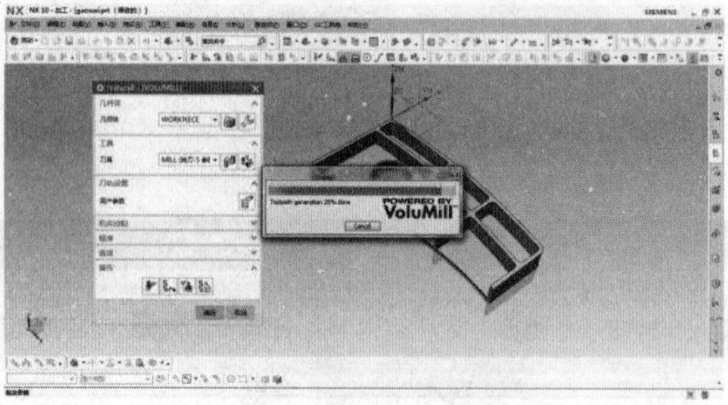

图 8-45　高性能铣削刀具轨迹生成

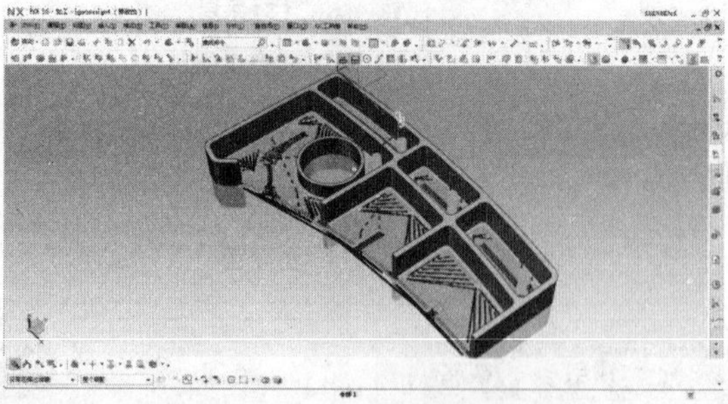

图 8-46　生成的刀具轨迹

知识拓展

一、VoluMill 与传统刀具路径对比

传统的型腔铣抬刀较多，这样不利于提高生产效率，而且固定进给速度降低了刀具的使用寿命。VoluMill 刀具轨迹具有最小的空切路径、最大的加工效率、恒定的材料切除率等显而易见的优点。型腔铣和 VoluMill 刀具轨迹如图 8-47 所示。

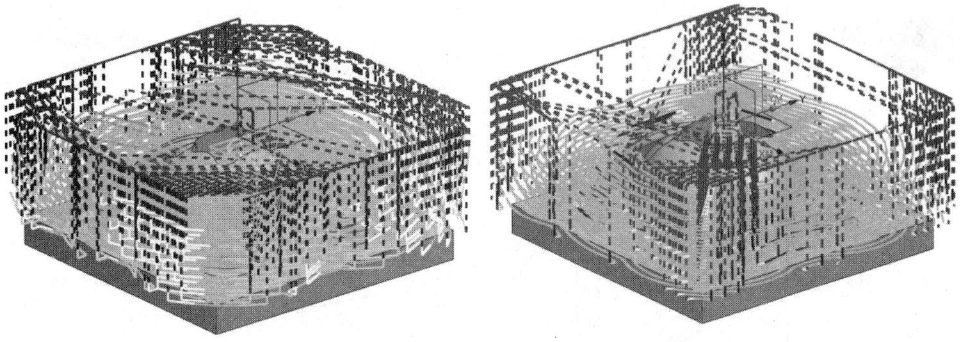

图 8-47 型腔铣和 VoluMill 刀具轨迹

传统的平面轮廓铣抬刀较多，这样不利于提高生产效率，而且进给速度较慢。VoluMill 刀具轨迹具有加工时切除率恒定的优点。平面轮廓铣和 VoluMill 刀具轨迹如图 8-48 所示。

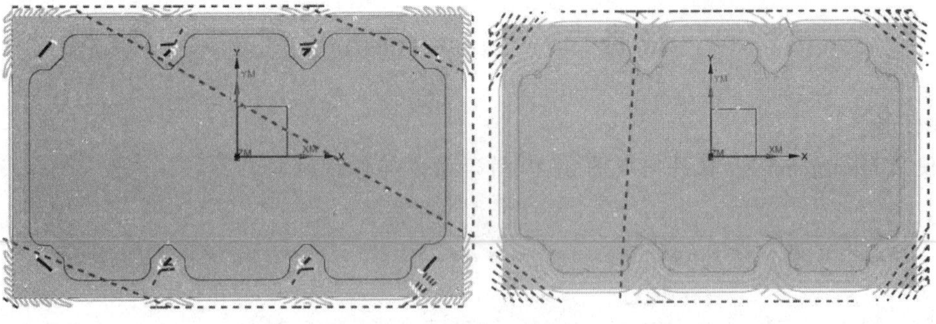

图 8-48 平面轮廓铣和 VoluMill 刀具轨迹

二、VoluMil 参考切削用量参数

VoluMil 参考切削用量参数见表 8-1。

表 8-1 VoluMil 参考切削用量参数

刀具类型	v_c/(m·min^{-1})	a_c/mm	a_p/mm	F_z/mm	加工类型
 机夹铣刀	300	D×(25%～50%)	≤10	≤0.1	粗加工 $a_p \times a_c > D_c$ 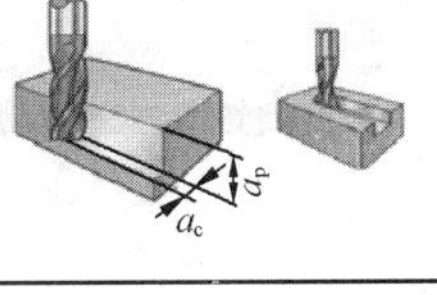

表 8-1（续）

刀具类型	$v_c/(\mathrm{m \cdot min^{-1}})$	a_c/mm	a_p/mm	F_z/mm	加工类型
 三齿立铣刀（粗加工）	300	$D\times(25\%\sim50\%)$	$2\times D$	<0.1	半精加工 精加工 $a_p=1\times D_c$ $a_c<0.05\times D_{c2}$ 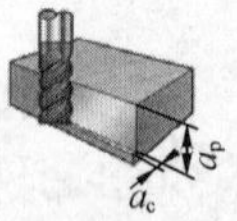
 四齿立铣刀（精加工）	200	<0.1	$2\times D$	<0.05	
铣削宽度 a_c 与铣削深度 a_p 关系对照图	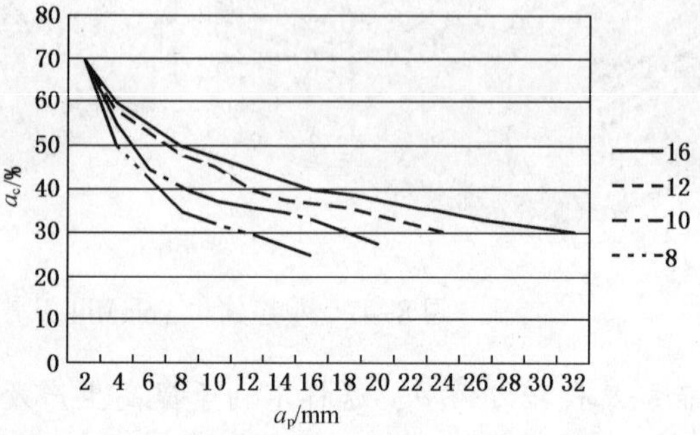				

任务三　Mastercam 实例

【工作任务】

使用 Mastercam X9 软件完成图 8-49 所示壳体部件的加工。

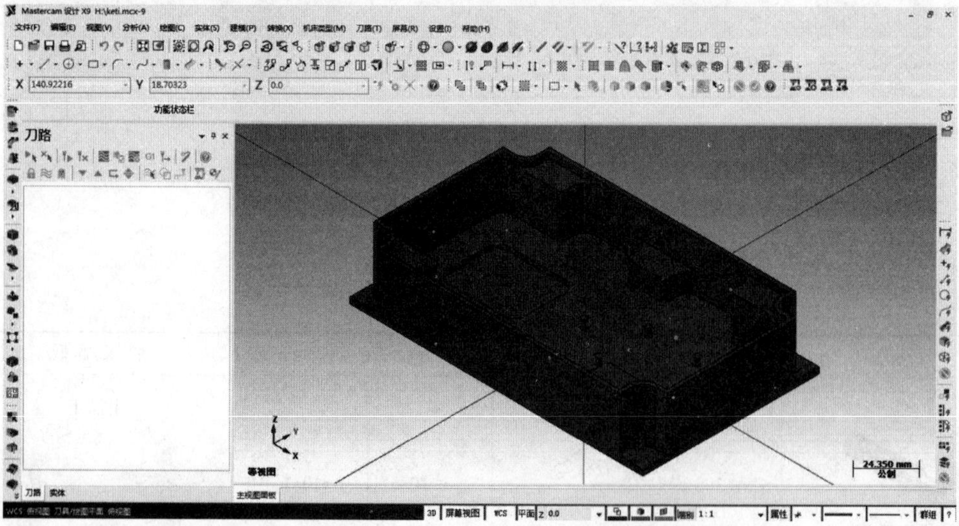

图 8-49　Mastercam X9 壳体部件三维模型

【任务分析】

通过学习和训练使学生对计算机辅助编程技术有所了解，激发学生下一阶段的学习积极性。

【相关知识】

Mastercam X9 是美国 CNC Software Inc. 公司开发的基于 PC 平台的 CAD/CAM 软件。它集二维绘图、三维实体造型、曲面设计、体素拼合、数控编程、刀具路径模拟及真实感模拟等多种功能于一身。它具有方便直观的几何造型。Mastercam X9 提供了设计零件外形所需的理想环境，其强大稳定的造型功能可设计出复杂的曲线、曲面零件。Mastercam X9 是经济有效的全方位的软件系统，是工业界及技工院校广泛采用的 CAD/CAM 系统。

一、壳体部件 Mastercam X9 CAD 建模

根据壳体部件的结构特点，采用实体建模和特征建模相结合的方法建立三维模型。在建模过程中，统一采用自上而下方式建模，以方便零件在今后的改型及调整。建立的壳体部件三维模型如图 8-49 所示。

Mastercam X9 还提供了丰富的数据转换接口，还可以直接打开其他主流 CAD 软件生成的图形文件。

二、壳体部件 Mastercam X9 平台的动态铣削

1. Mastercam X9 概述

Mastercam X9 具有强大的曲面粗加工及灵活的曲面精加工功能。其可靠刀具路径效验功能使 Mastercam X9 可模拟零件加工的整个过程，模拟中不但能显示刀具和夹具，还能检查出刀具和夹具与被加工零件的干涉、碰撞情况，真实反映加工过程中的实际情况。同时 Mastercam X9 对系统运行环境要求较低，使用户在造型设计、CNC 铣床、CNC 车床或 CNC 线切割等加工操作中，都能获得最佳效果。

2. 动态铣削概述

动态铣削是一种高效率的粗加工策略，最多可节省 75% 的粗加工时间。刀具切削时使用侧刃加工使得刀具磨损更加均匀，提高了刀具的使用寿命。应用时应根据不同的切削对象合理设置参数，不要一味追求高效，导致牺牲刀具及机床寿命。

Mastercam X9 动态铣削是一种利用刀具侧刃恒体积去除材料的切削方法，通常切深 1.5 倍的刀具直径，XY 切削步距小于 20%～30% 的刀具直径，进给根据刀具及机床负载合理选择（一般不超过传统进给的 80%），主轴转速通常比传统切削要高（具体根据机床选择），动态切削加工时间比传统时间短。动态铣削刀路不仅仅简单计算刀具移动路径，而是根据一系列算法来分析刀具及毛坯料移除的过程，根据加工中刀具的运动变化不断调整切削。另外，采用较高的切削速度和进给速度，切削热通过切屑及时被带走，刀具和工件上的热传递可忽略不计，可有效延长刀具使用寿命，减少机床的磨损。

3. 壳体部件动态铣削的基本原则

动态铣削和普通铣削存在很大区别，其切削用量根据刀具材料和工件材料合理选择。

在数控编程中，有很多与普通加工不同的要求。编制数控动态铣削程序时，一般要遵循以下基本原则：

（1）动态铣削时刀具在工件狭小空间处，避免骤停骤启对刀具造成冲击。作为机床，主要要具有一定的快速响应。尽管机床自身有一定的保护功能，但还要尽量保证刀具运动轨迹的平滑与平稳过渡，垂直进刀时采用螺旋式进刀方式或沿形状斜向进刀方式，避免直接下刀。

（2）动态铣削主要应用于粗加工，为了使加工过程更加顺畅，要选择 ER 弹性刀柄。这样做会稍微牺牲一些精度，但可以通过半精加工、精加工选择强力刀柄将其修正，使得加工精度得到保证。ER 弹性刀柄和强力刀柄如图 8-50 所示。

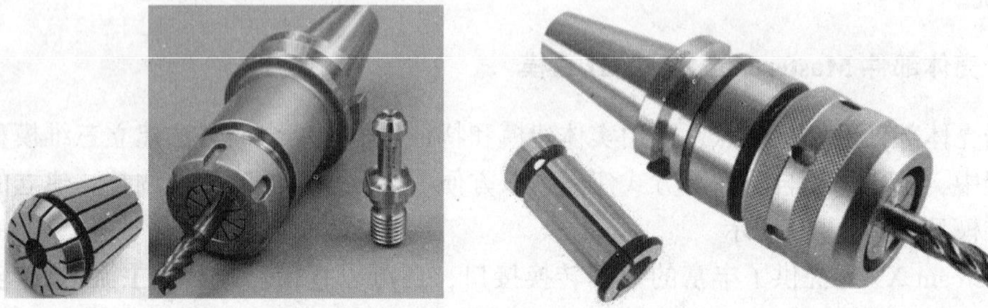

图 8-50　ER 弹性刀柄和强力刀柄

（3）一般粗加工铝合金工件的参考切削参数为主轴转速 6500 转/min、进给速度 1200 mm/min、侧吃刀量为刀具直径的 20%～30%、背吃刀量为刀具直径的 100%～150%；粗加工碳钢工件的参考切削参数为主轴转速 5500 转/min、进给速度 750 mm/min、侧吃刀量为刀具直径的 20%～25%、背吃刀量为刀具直径的 80%～120%。（此参数仅供参考，需要根据实际加工条件合理选择）

（4）从安全角度考虑，输出的数控程序必须进行第三方数控代码仿真软件检验（例如使用 VERICUT 进行 G 代码的机床仿真加工），防止过切和碰撞。

（5）应采用风冷，因为动态铣削的金属切除率很高、切屑薄而长，尤其是加工壳体类部件时必须及时将切屑清理干净，防止切屑挤刀和热传递，所以采用高压风冷。

【任务实施】

由于壳体部件属于小批量生产，根据其材料、结构特点和加工要求，需要在一台立式加工中心完成所有的加工。因而采用工序集中原则安排工艺，并采用翻面铣削工艺台，以减少工件装夹次数，保证表面之间的形位公差要求。

首先进行加工初始化，在菜单栏点击“机床类型”→“铣床”→“默认”，如图 8-51 所示。

点击◈毛坯设置按钮，进入毛坯设置对话框，如图 10-52 所示。

单击回车键确认，进入边界盒对话框，拾取壳体部件，如图 8-53 所示。单击⊘按钮，完成毛坯的设置，如图 8-54 所示。

其次进行刀路参数设置，在菜单栏点击“刀路”→“2D 高速刀路”→“动态铣削”，

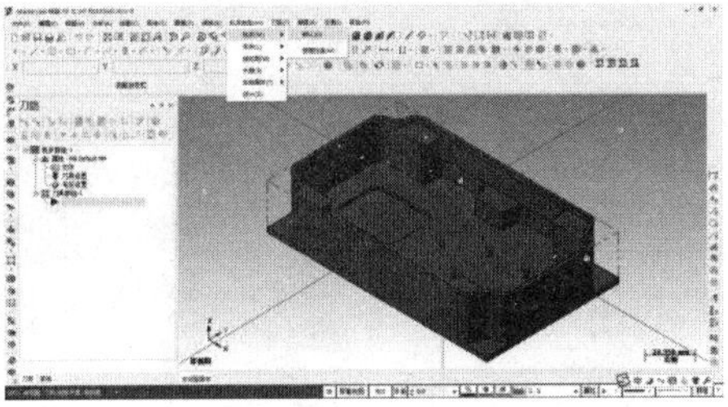

图 8-51 加工初始化

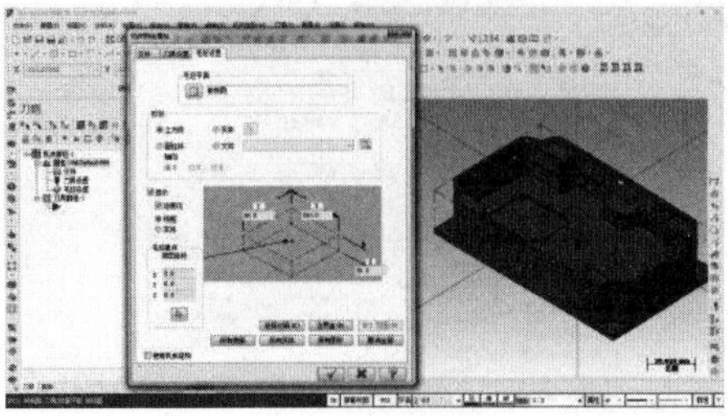

图 8-52 毛坯设置对话框

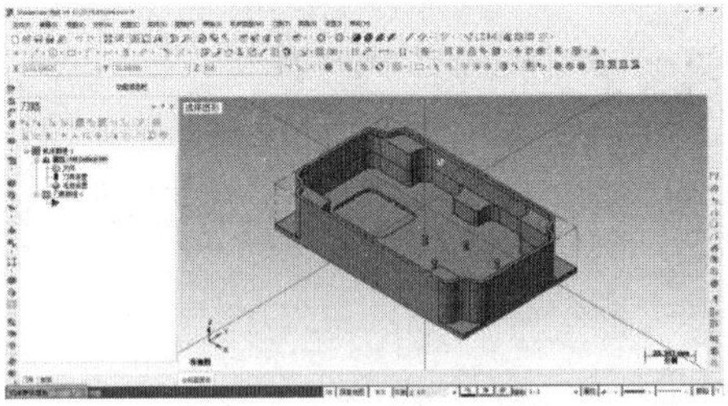

图 8-53 拾取工件图

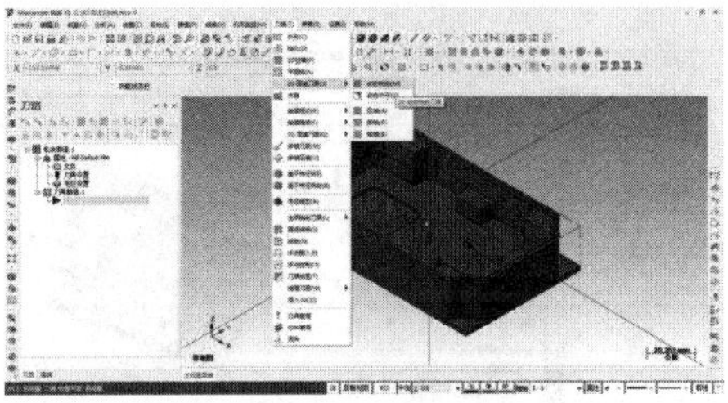

图 8-54 边界盒对话框

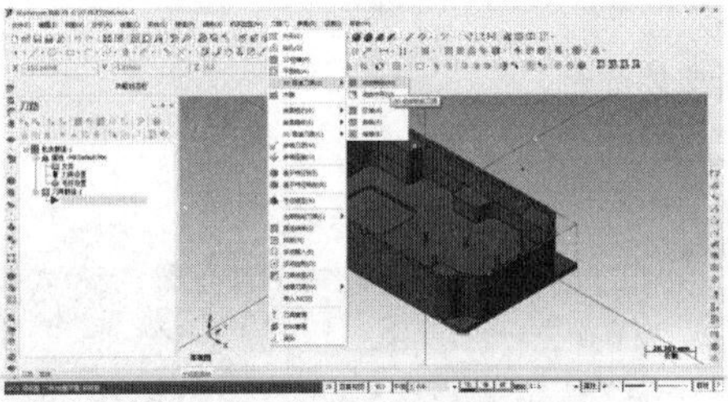

图 8-55 选择刀路类型

图 8-56 动态铣削对话框

如图 8-55 所示。进入动态铣削对话框，如图 8-56 所示。

在 2D 动态铣削对话框中的刀具空白处单击鼠标右键，弹出下拉菜单，如图 8-57 所示。在下拉菜单中选择“创建新刀具”，弹出刀具参数对话框，如图 8-58 所示。根据实际要求填入参数。

在切削参数选项卡中根据实际要求填写加工参数，侧壁精加工余量为 0.5 mm，底面精加工余量根据要求设置。本例工件的加工深度较深，因此采用分层加工，根据加工条件的限制最大切削深度设置为 15 mm，详细设置如图 8-59 所示。

设置加工部件的底面位置，选择小圆柱的顶面即可，详细设置如图 8-60 所示。

单击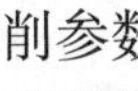按钮，等待系统计算生成刀具路径，如图 8-61 所示。

根据壳体部件机构特点，完成小圆柱底面的加工设置，注意避让区域的选择。本例为五个圆形，参数设置如图 8-62 所示，生成的刀具路径如图 8-63 所示。

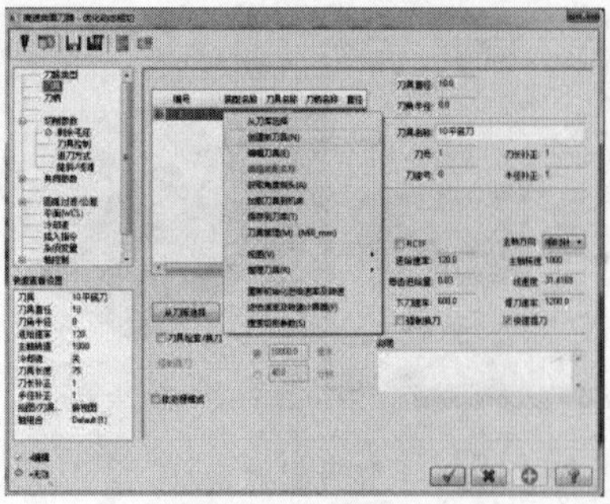

图 8-57　创建新刀具

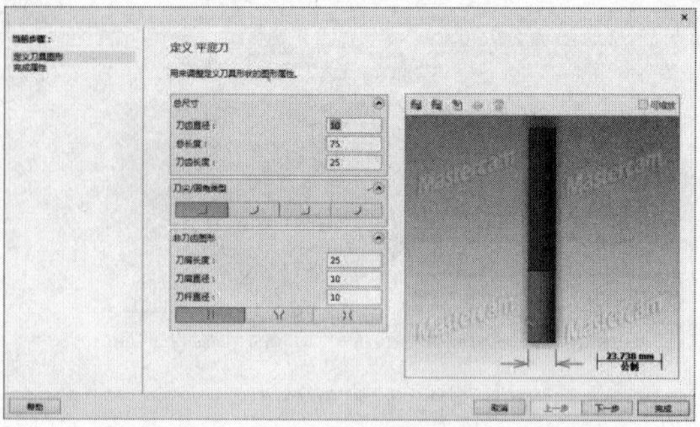

图 8-58　刀具参数对话框

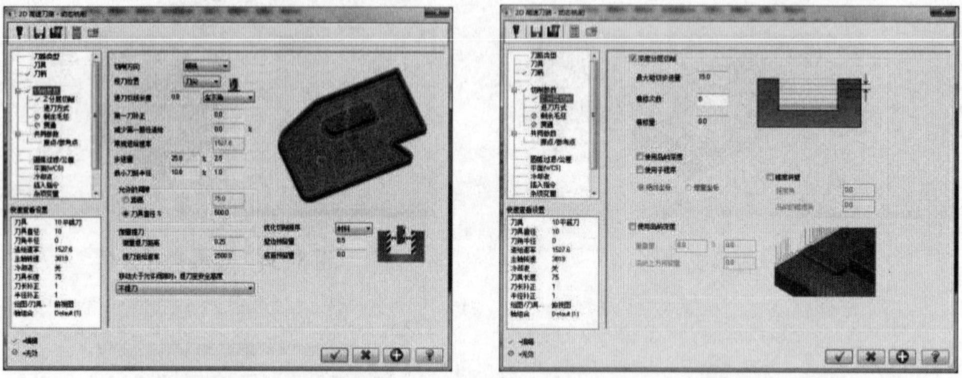

图 8-59　切削参数设置

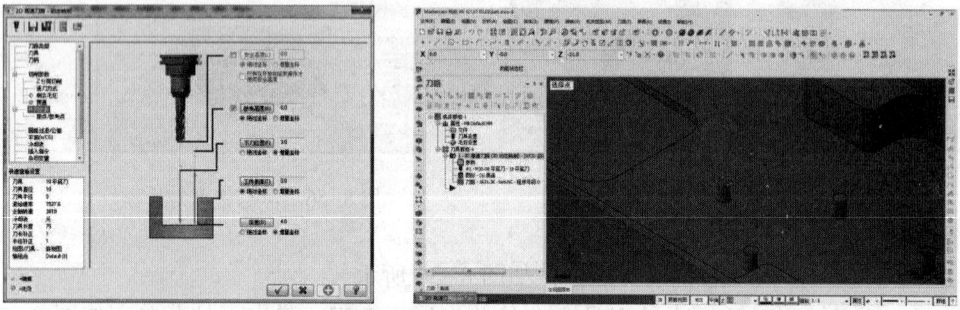

图 8-60　底面位置设置

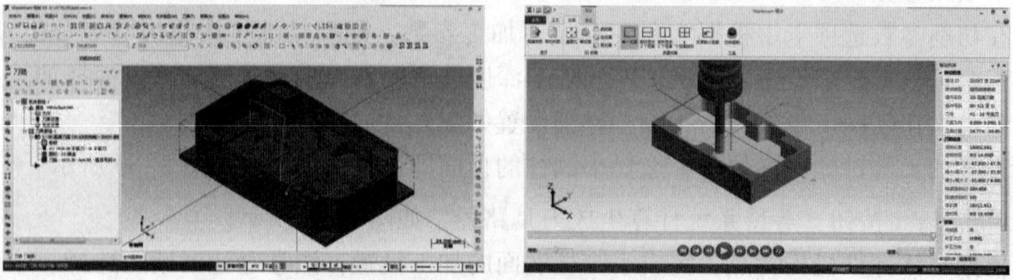

图 8-61　刀具路径（1）

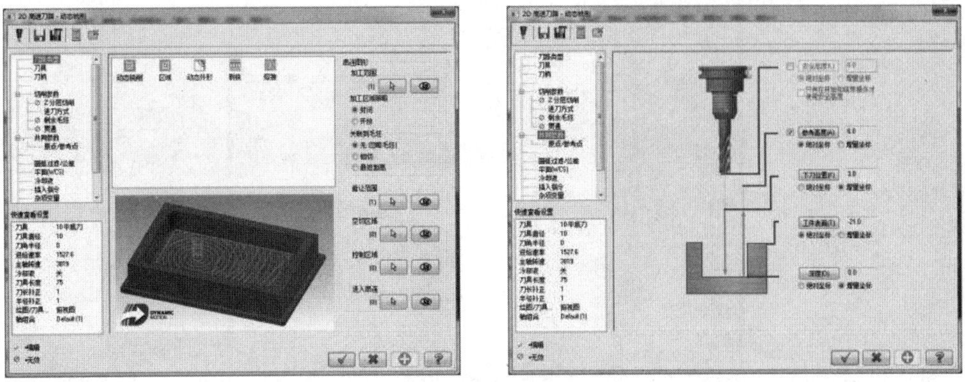

图 8-62 参数设置

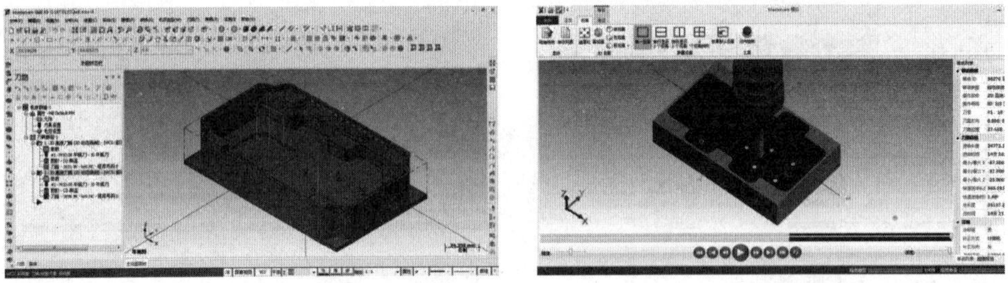

图 8-63 刀具路径（2）

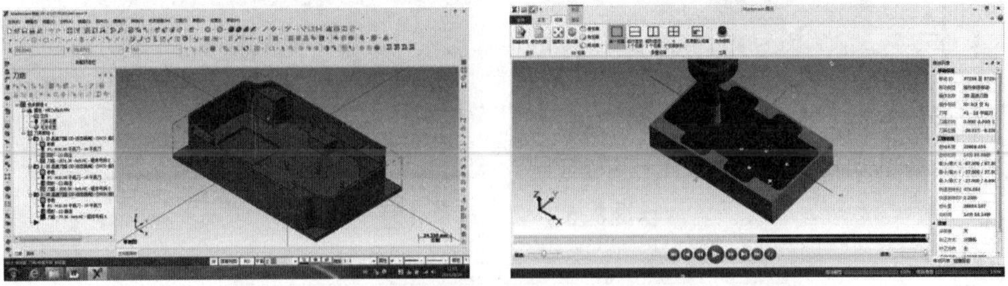

图 8-64 刀具路径（3）

矩形凹面的加工设置参考上面的加工即可，生成的刀具路径如图 8-64 所示。

完成壳体部件顶面两层的加工设置，主要注意剩余毛坯的设置，这样可以减少不必要的重复路径生成，详细的设置如图 8-65 所示。生成的刀具路径如图 8-66、图 8-67 所示。

完成壳体部件的外形加工设置。本例的外形是开放型的，所以在选择加工轮廓时勾选开放选项，加工轮廓为部件的矩形外轮廓，避让轮廓为部件外形，具体设置如图 8-68 所示，生成的刀具路径如图 8-69 所示。

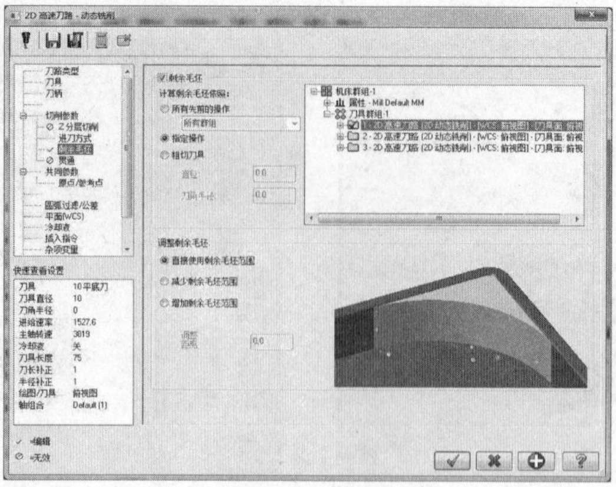

图 8-65 剩余毛坯设置

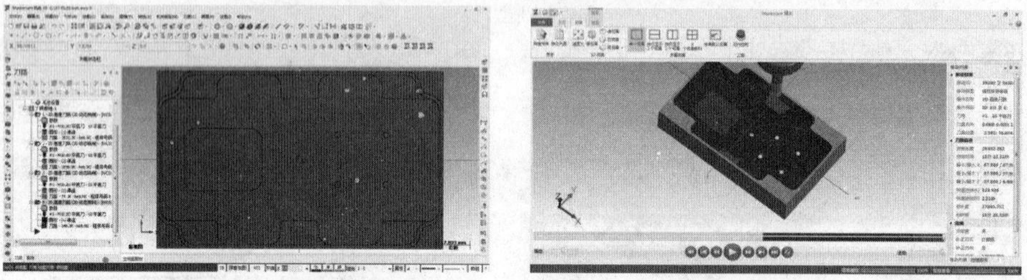

图 8-66 刀具路径（4）

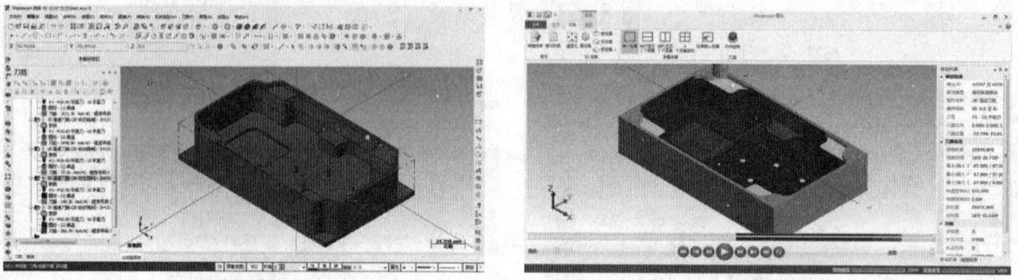

图 8-67 刀具路径（5）

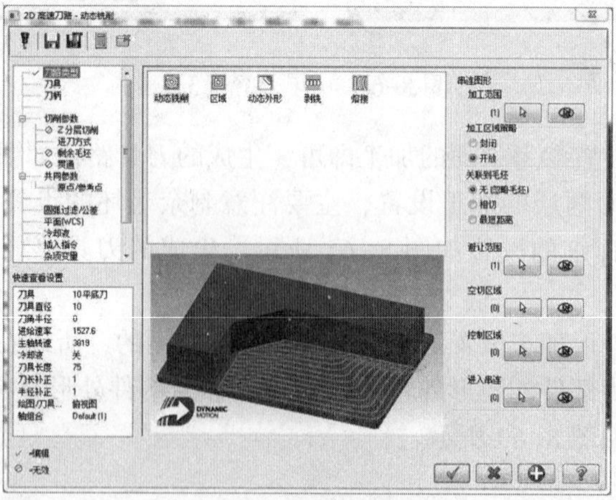

图 8-68 外形轮廓加工设置

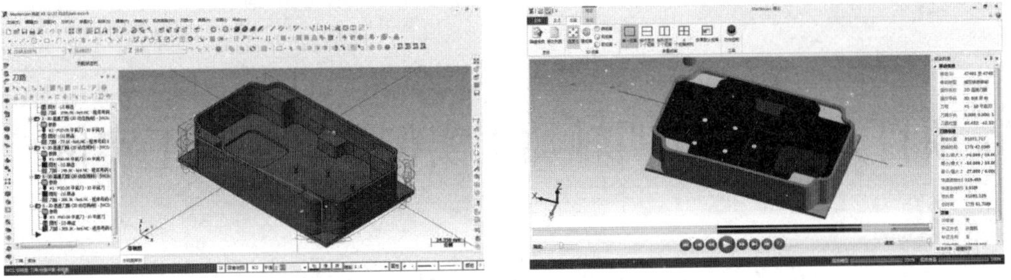

图 8-69 外形轮廓刀具路径

知识拓展

动态铣削与 Mastercam X9 传统刀具路径对比

传统的曲面挖槽粗加工抬刀较多，这样不利于提高生产效率，而且固定进给速度降低了刀具的使用寿命。动态铣削刀具轨迹具有最小的空切路径、最大的加工效率、恒定的材料切除率等显而易见的优点。另外，支持自下而上的粗加工，既可以缩短加工时间又可以延长刀具的使用寿命。曲面挖槽粗加工和动态铣削刀具轨迹如图 8-70 所示。

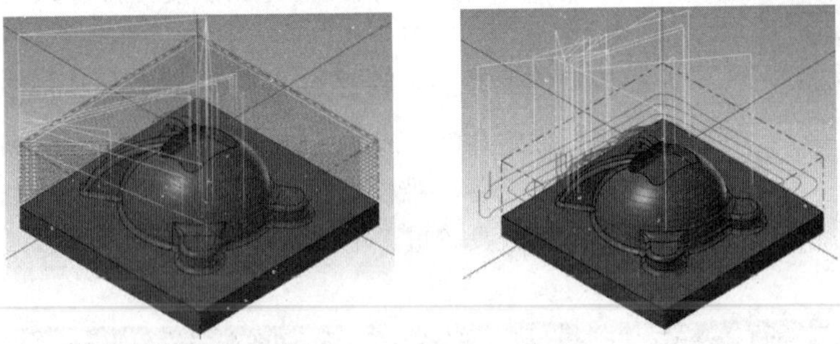

图 8-70 Mastercam X9 曲面挖槽粗加工和动态铣削刀具轨迹

传统的外形铣抬刀较多，这样不利于提高生产效率，而且进给速度较慢。2D 动态铣削刀具轨迹具有加工时切除率恒定的优点。外形铣和 2D 动态铣削刀具轨迹如图 8-71 所示。

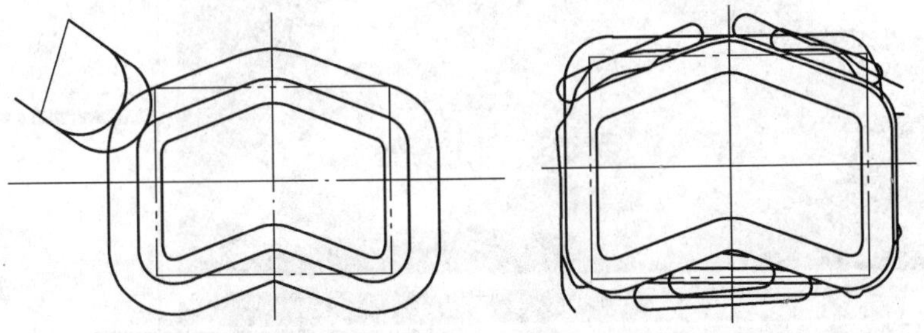

图 8-71 外形铣和 2D 动态铣削刀具轨迹

项目九　CAM四轴加工实例及五轴加工实例

任务一　浮龙酒杯工艺品加工实例

图9-1　浮龙酒杯三维实体模型

【任务描述】

使用ArtCAM软件制作浮雕图案；使用PowerSHAPE软件制作浮龙酒杯模型（图9-1）；PowerMILL4轴编程加工。

【任务分析】

通过学习和训练使学生对计算机辅助编程技术有所了解，激发学生下一阶段的学习积极性。

【任务实施】

第一步　ArtCAM软件制作浮雕图案。在ArtCAM软件中完成“龙”浮雕图案。将JPEG格式的龙图灰度图片导入ArtCAM中，如图9-2所示。

根据模型的尺寸要求将浮雕的高度设置为1 mm，如图9-3所示。由于根据设定高度生成的三维模型表面不光滑，所以要使用光顺浮雕命令来完善三维模型，如图9-4所示。注意光顺的次数不能太多否则图形失真较重，本例光顺次数为1即可。

图9-2　浮雕图案

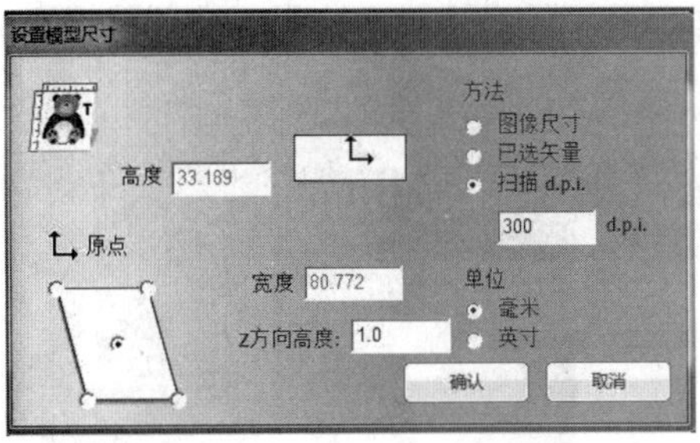

图 9-3　浮雕参数设定

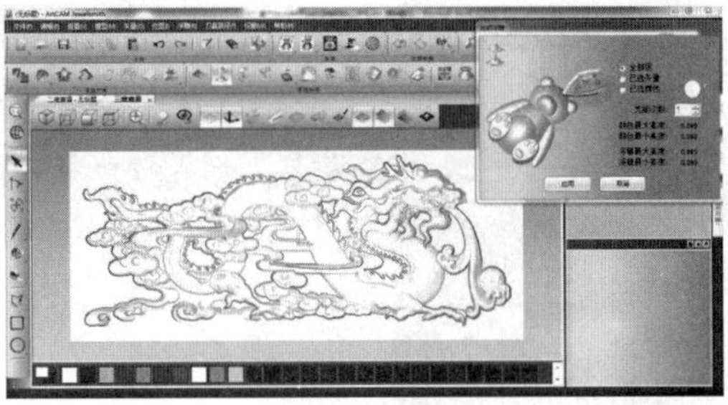

图 9-4　生产浮雕

单击产生三角形网格命令，弹出对话框，如图 9-5 所示。单击“产生三角形”按钮，系统自动运算生成三角形网格，如图 9-6 所示。单击“保存三角形”按钮，将生成的三角形文件保存到自己指定的路径下，方便后续使用查找。注意文件保存格式后缀名为“. stl”，如图 9-7 所示。

第二步　PowerSHAPE 软件制作瓶体模型。

根据图 9-8 所示的几何图形，在 PowerSHAPE 绘制三维实体所需的二维线框图，注意在 XY 平面绘制图形，方便后续的加工使用，如图 9-9 所示。

在生成曲面之前，单击按钮将 YZ 构图平面激活，点击菜单栏“形体”→“曲面”→“旋转”命令，如图 9-10 所示。按下 Ctrl+鼠标单击，选中要放置浮雕的区域线条，选中的几何对象高亮显示，再点击曲面旋转命令，生成曲面，其他组成曲面逐一生成即可，如图 9-11 所示。

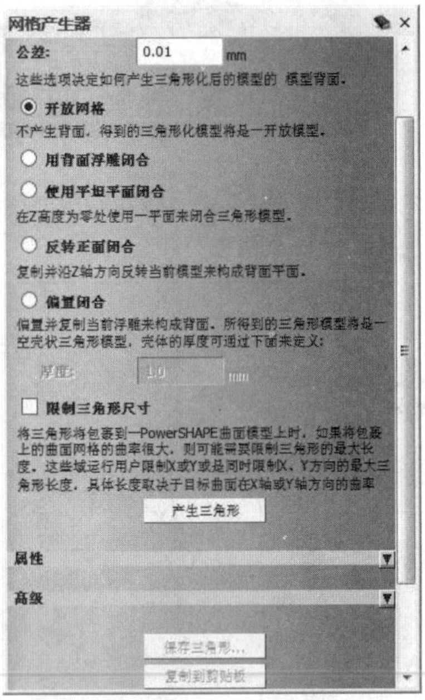

图 9-5　三角形网格命令

图 9-6　生成三角形网格

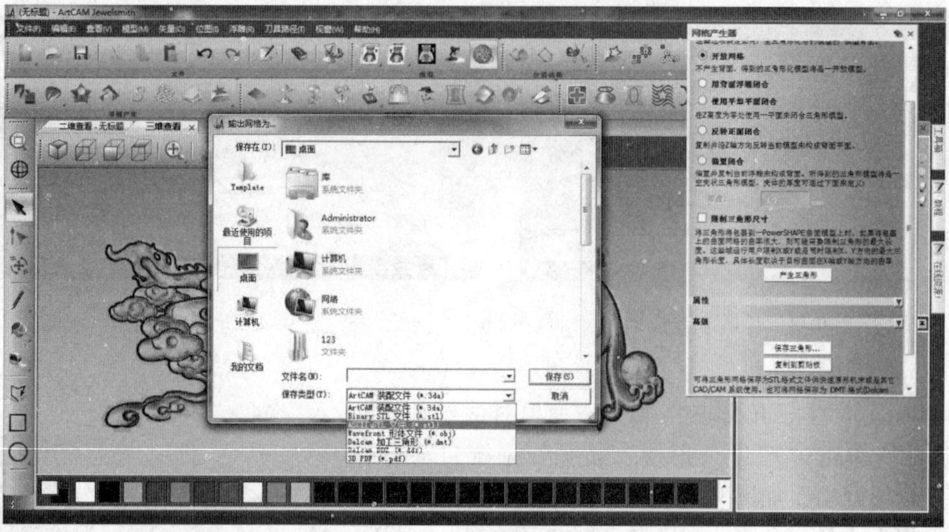

图 9-7　文件保存

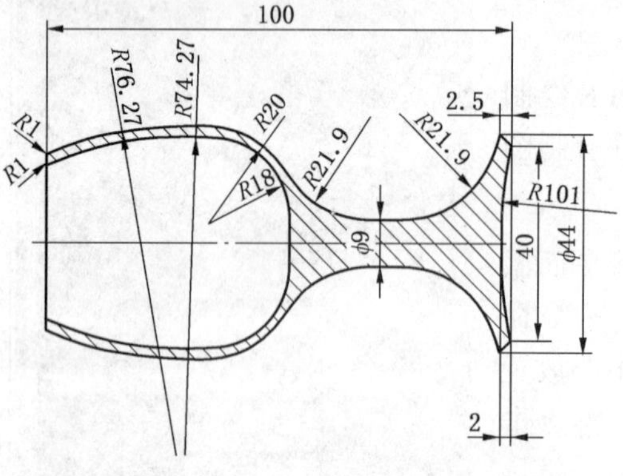

图 9-8　酒杯几何图形

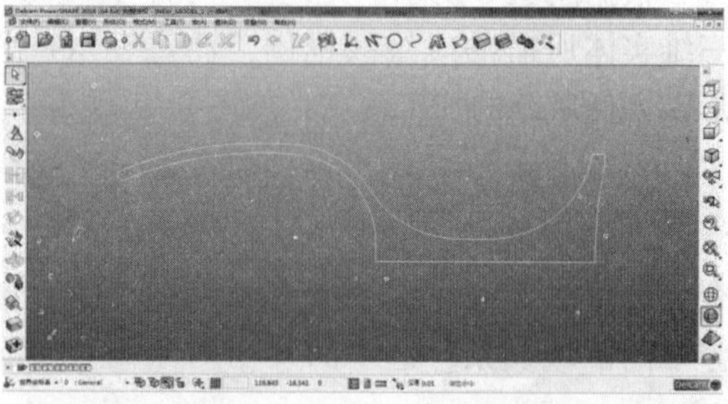

图 9-9　在 PowerSHAPE 绘制酒杯二维线框图

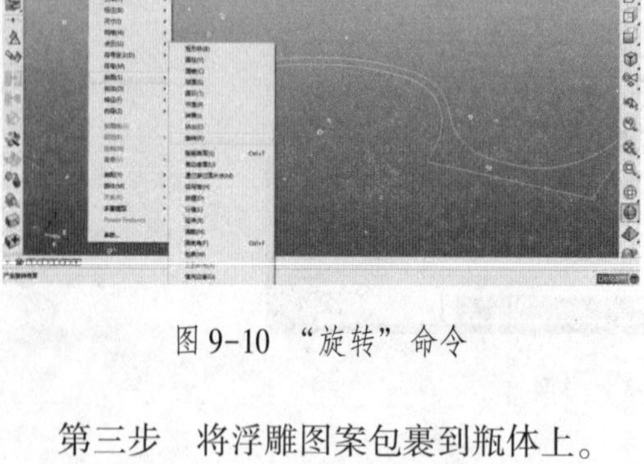

图 9-10　“旋转”命令

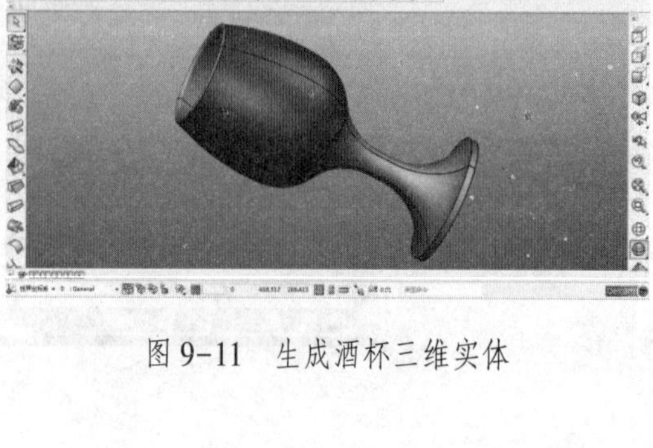

图 9-11　生成酒杯三维实体

第三步　将浮雕图案包裹到瓶体上。

单击包裹三角形按钮或点击菜单栏“形体”→“曲面”→“包裹”命令（图 9-12），弹出对话框，如图 9-13 所示。

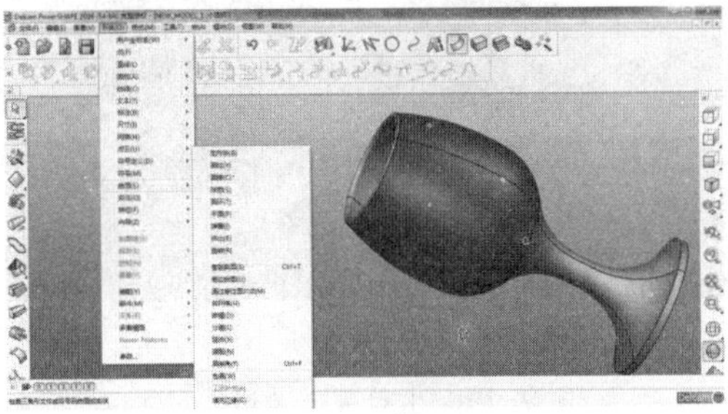

图 9-12　包裹命令

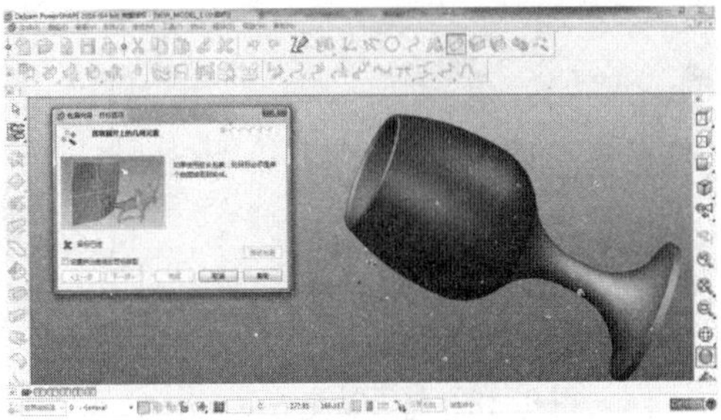

图 9-13　包裹设定 1

选中图 9-14 中高亮区域（杯身），点击“下一步”按钮，在包裹几何元素选项中选择 DMT/STL 文件，在弹出的对话框中选择第一步生成的三角网格文件即可，点击“下一步”按钮，如图 9-15 所示。

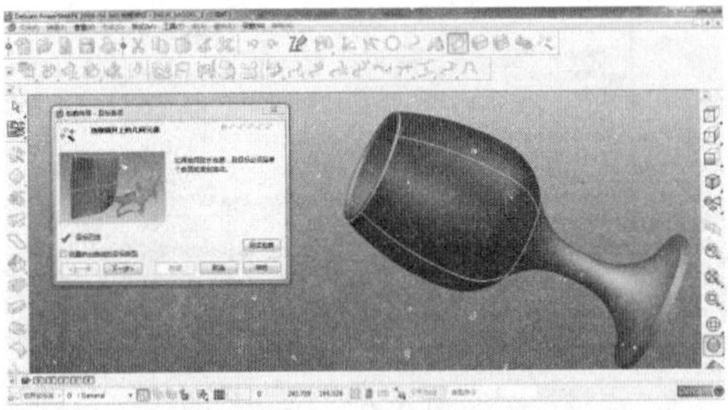

图 9-14　包裹设定 2

图 9-15　包裹设定 3

在弹出的包裹方法对话框中选择“UV”选项，点击“下一步”按钮，如图 9-16 所示。在包裹布局对话框中进行图形的调整，点击“下一步”按钮，如图 9-17 所示。

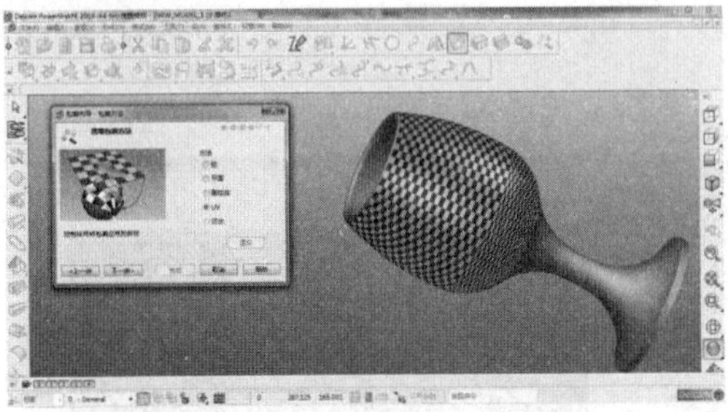

图 9-16　包裹设定 4

图 9-17　包裹设定 5

在弹出的包裹三角形对话框中选择“剪裁”选项，其他选项如图 9-18 所示。点击“完成”按钮，至此就完成了对浮雕工艺品的三维几何造型，如图 9-19 所示。

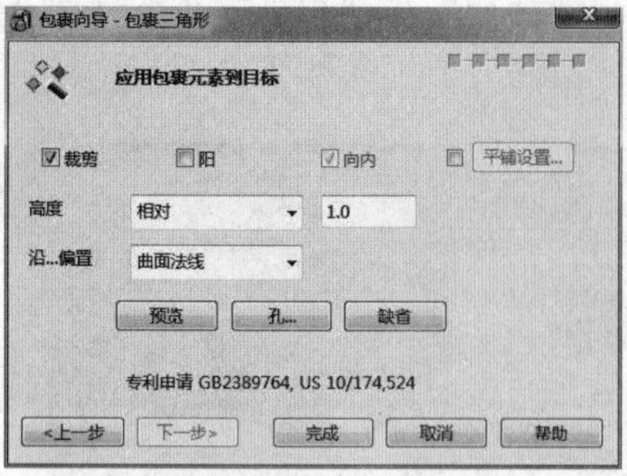

图 9-18　包裹设定 6

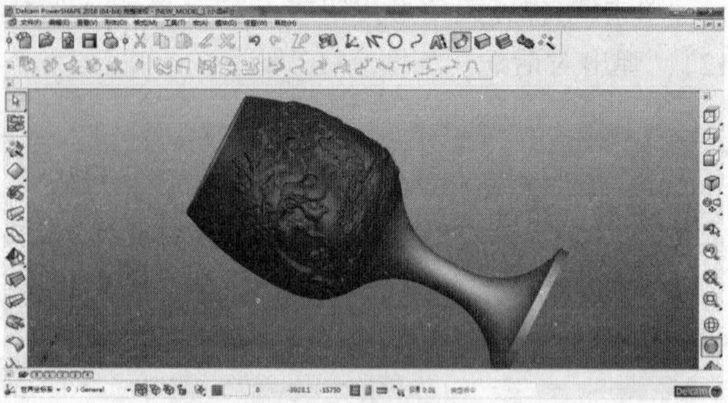

图 9-19　生产浮龙酒杯

通过点击菜单栏“文件”→“输出”命令（图 9-20），在弹出的对话框中选择“未知”选项，点击“下一步”按钮，如图 9-21 所示。注意应把输出的文件放在指定的路径下，以方便后续应用。

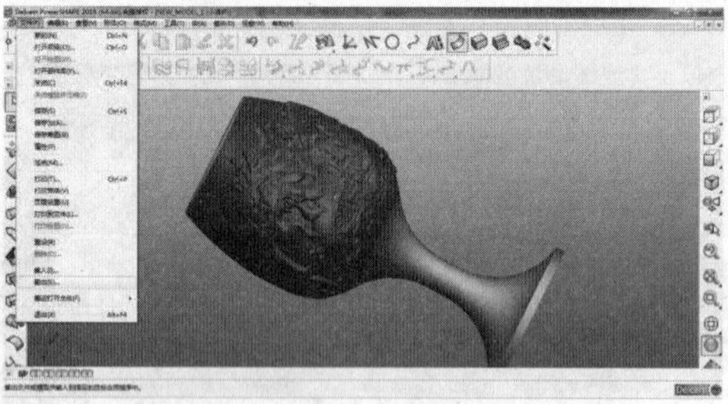

图 9-20　“输出”命令

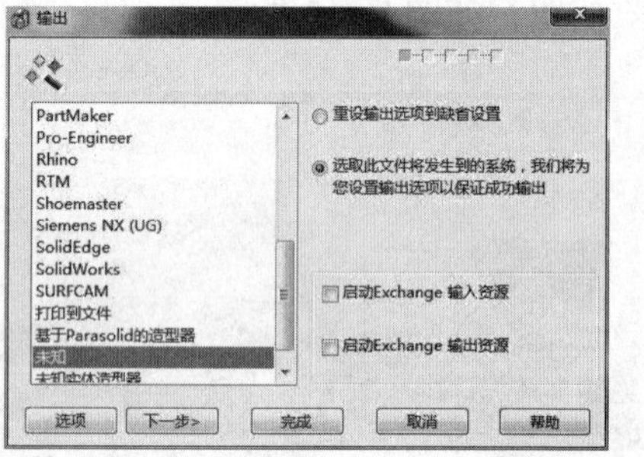

图 9-21　保存

第四步　PowerMILL 轴编程加工。

在 PowerMILL 软件的资源管理器中，右击模型选项弹出下级菜单，如图 9-22 所示。选择输入模型选项分次选择第三步生成的两个模型文件，完成模型的导入，如图 9-23 所示。注意杯体模型文件的后缀名为“.dgk”，浮雕模型文件的后缀名为“.dmt”。

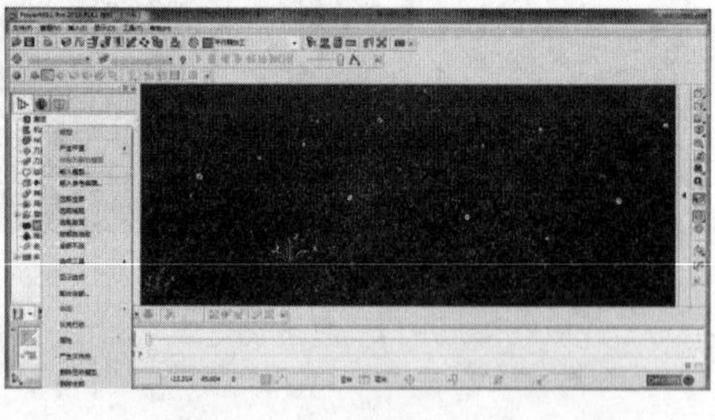

图 9-22　PowerMILL 导入模型

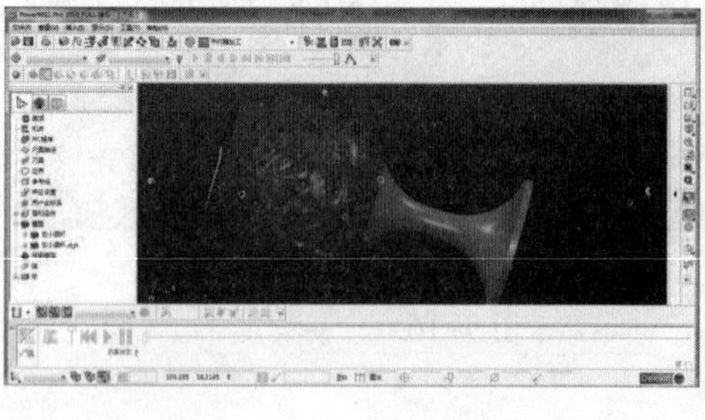

图 9-23　完成模型的导入

建立工件毛坯，在建立毛坯之前 资源管理器中，右击 用户坐标系 选项弹出下级菜单，如图 9-24 所示。选择产生用户坐标系选项，通过设置产生一个 Z 轴与杯体回转轴线重合的新坐标系，建立毛坯时，是利用新的坐标系生成圆柱毛坯，如图9-25 所示。

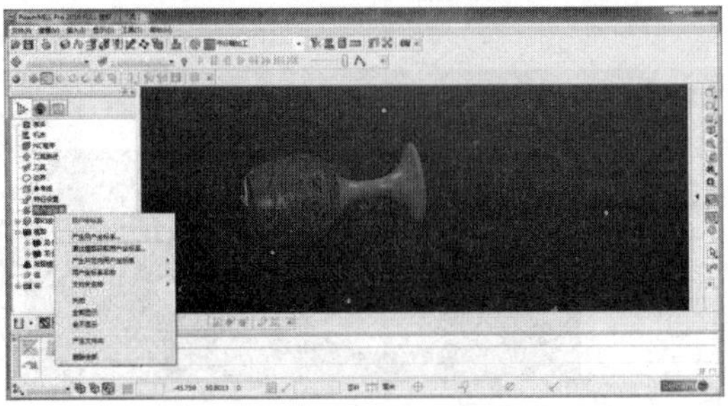

图 9-24　产生用户坐标系

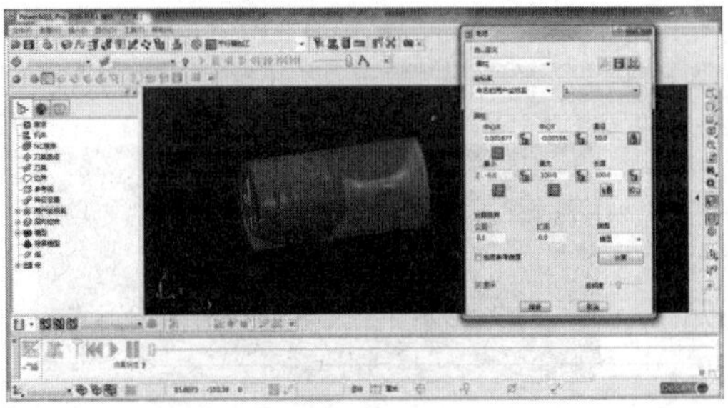

图 9-25　建立毛坯

首先，整体模型粗加工。根据浮龙酒杯数据模型的尺寸和特征进行粗加工编程，杯内在数控车床上提前加工出来，这里只对杯体进行粗加工。PowerMILL 独特、高效的区域清除方法，保证了刀具负荷的稳定，减少了切削方向的突然变化，提高了加工效率。

浮龙酒杯杯体粗加工，加工策略选择模型区域清除功能；刀具选择 ϕ10 立铣刀；加工余量选择 0.4 mm；切深 1 mm；行距 5 mm；主轴转速 4000 r/min；进给速度 2000 mm/min，如图 9-26 所示。

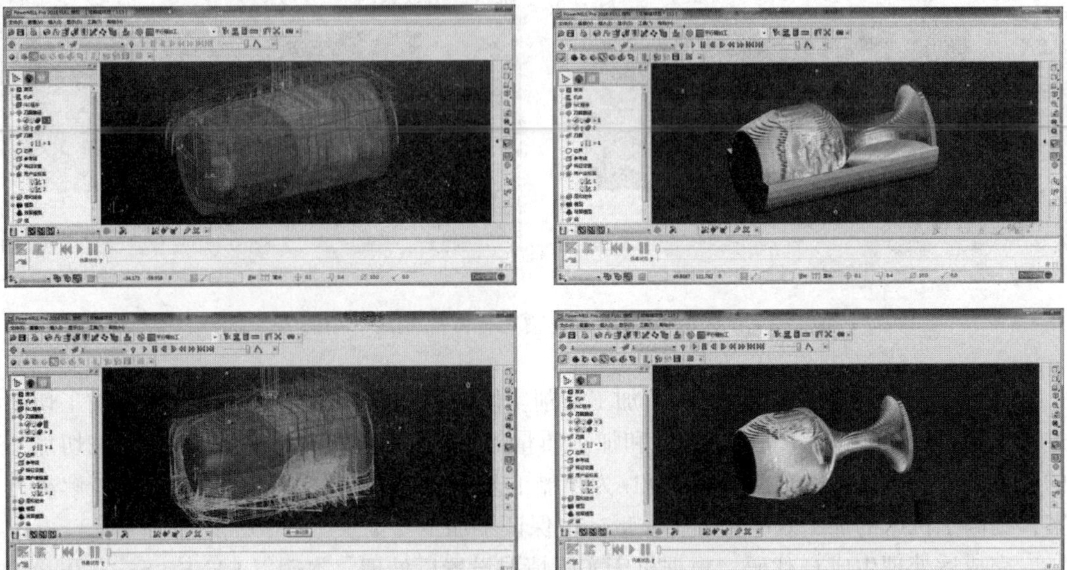

图 9-26　杯体粗加工

其次，进行模型半精加工，采用 PowerMILL 的 4 轴旋转精加工策略，保证了切削过程光顺、稳定，确保能快速切除工件上的材料，得到高精度、光滑的切削表面。

浮龙酒杯杯体半精加工，加工策略选择旋转精加工功能；刀具选择 R2 球头铣刀；加工余量 0.2 mm；行距 0.5 mm；主轴转速 4000 r/min；进给速度 1200 mm/min，如图 9-27 所示。

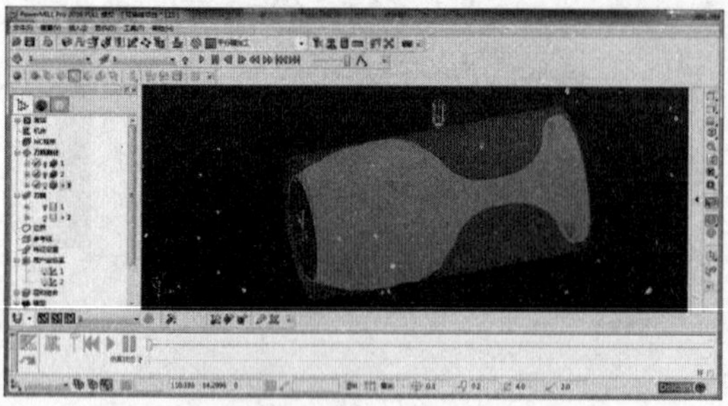
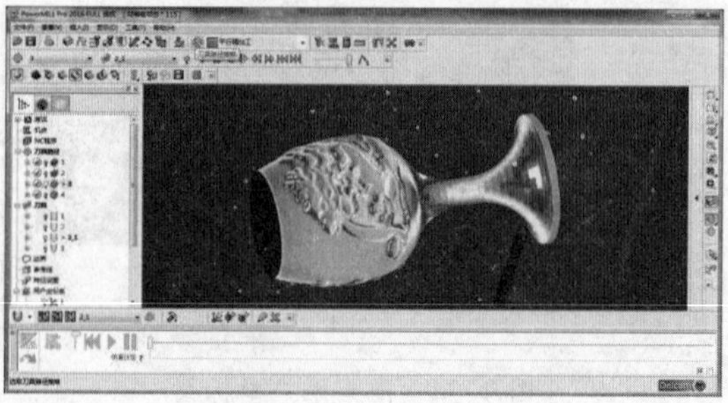

图 9-27　浮龙酒杯杯体半精加工

最后，进行模型精加工，同样采用 PowerMILL 的 4 轴旋转精加工。

浮龙酒杯杯体精加工，加工策略选择旋转精加工功能；刀具选择 R0.5 锥度铣刀；加工余量 0 mm；行距 0.05 mm；主轴转速 5000 r/min；进给速度 1000 mm/min，如图 9-28 所示。

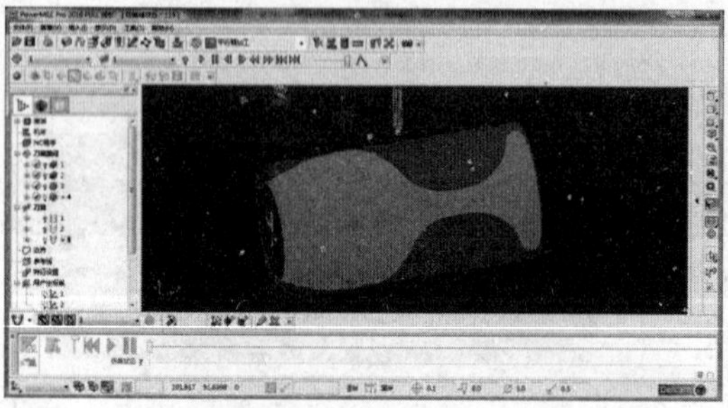
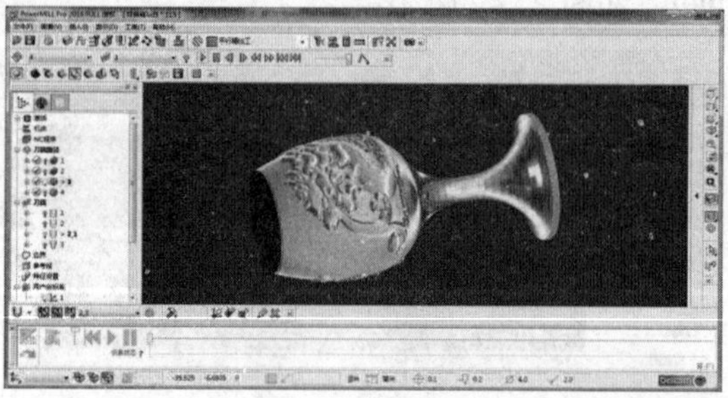

图 9-28　浮龙酒杯杯体精加工

在加工编程过程中，PowerMILL 加工切削实体仿真功能可以仿真模拟完整的加工切削过程，检查过切、碰撞、顺铣/逆铣和加工质量等切削情况，节省了上机床实际试切加工的成本，确保了加工安全。PowerMILL 为浮雕工艺品的加工提供了一套完整的加工解决方案，提高了机床的加工效率和加工质量，也保证了加工安全。

完成后处理生成 G 代码，根据机床实际情况设置后处理，本例以 FANUC Series 0i-MD 数控系统 4 轴加工中心为基础生成 G 代码，部分 G 代码如图 9-29 所示。

```
%
( Date - 17.07.16 - 10:04:20 )
( DP Version 1525  Option File : FANUC15-4Agai )
:110
G05 P10000
G40 G17 G80 G49
G91 G28 Z0.0
( TOOL TYPE TAPERSPHERICAL )
( TOOL ID   3 )
( TOOL DIA. 3. TIP RAD .5 LENGTH 20. )
( ALLOWANCE = +0.0 )
N1 T1 M6
( ======== )
( TOOLPATH - 4 )
( ToolPath Time - 03:20:01 )
( ======== )
G1 X50. Y-.006 Z35.014 A0.0 H01 F3000
X.1 Y0.0
Z23.014
Z18.014 F500
Z18.007 A-6.18 F1000
Z18.  A-12.351
Z18.007 A-16.979
Z18.002 A-23.15
Z17.999 A-29.321
Z18.007 A-33.949
Z18.006 A-40.12
Z18.004 A-46.292
Z18.002 A-52.463
Z18.  A-58.634
Z17.998 A-64.805
Z18.006 A-69.433
Z18.002 A-75.604
Z18.  A-81.775
Z18.003 A-86.404
Z18.  A-92.574
A-97.203
Z18.004 A-101.831
Z17.999 A-108.002
Z18.006 A-112.63
Z18.002 A-118.801
Z17.988 F500
Z18.003 A-1.552 F1000
X.101 Z18.007 A-6.18
X.102 Z18.002 A-12.35
Z18.008 A-16.979
X.103 Z18.004 A-23.149
X.104 Z18.002 A-29.32
X.105 Z18.011 A-33.948
X.106 Z18.01 A-40.119
Z18.008 A-46.289
X.107 Z18.007 A-52.46
X.108 Z18.006 A-58.63
X.109 Z18.005 A-64.8
X.11 Z18.013 A-69.428
Z18.01 A-75.598
X.111 Z18.008 A-81.767
X.112 Z18.012 A-86.395
X.113 Z18.009 A-92.564
Z18.01 A-97.191
X.114 Z18.014 A-101.818
X.115 Z18.01 A-107.987
X.116 Z18.017 A-112.614
Z18.014 A-118.784
X.117 Z18.012 A-124.953
X.118 Z18.011 A-131.122
X.119 A-137.291
X.12 Z18.021 A-141.918
X.121 Z18.018 A-148.087
Z18.017 A-154.256
X.122 Z18.015 A-160.424
X.123 Z18.023 A-165.051
X.124 Z18.019 A-171.219
Z18.025 A-175.845
X.125 Z18.019 A-182.013
X.126 Z18.022 A-186.639
X.127 Z18.018 A-192.807
Z18.022 A-197.433
X.128 Z18.019 A-203.601
X.129 Z18.029 A-208.227
X.13 Z18.025 A-214.395
X.131 Z18.024 A-220.563
```

图 9-29　部分程序

任务二　NX 圆柱凸轮加工实例

【任务描述】

使用 NX10.0 软件完成图 9-30 所示凸轮零件的加工。

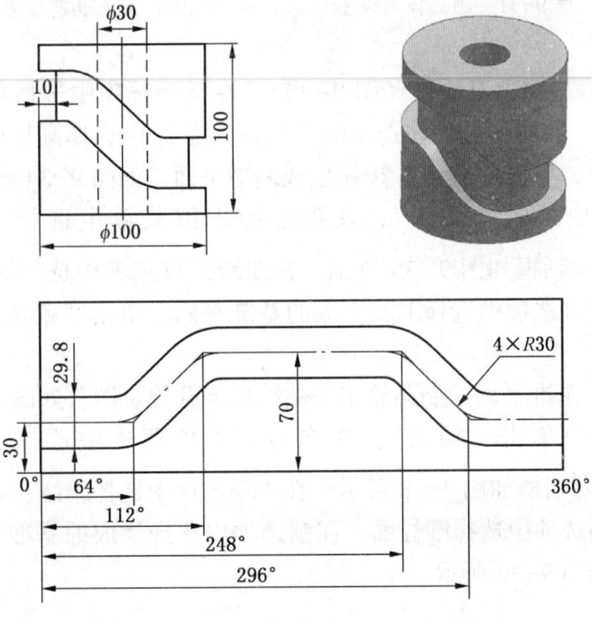

图 9-30　圆柱凸轮零件图

【任务分析】

通过学习和训练使学生对四轴数控编程技术有所了解，激发学生下一阶段的学习积极性。

【相关知识】

NX10.0 CAD 几何图形造型

（1）在菜单栏中单击“插入”，在弹出的下拉菜单中选择“设计特征”中的 圆柱体(C)...，弹出的对话框如图 9-31 所示。单击“确定”按钮建立一个直径 100 mm、高度 100 mm 的圆柱体。

（2）单击按钮，弹出对话框，设置相应参数，单击“确定”按钮完成孔的绘制，如图 9-32 所示。

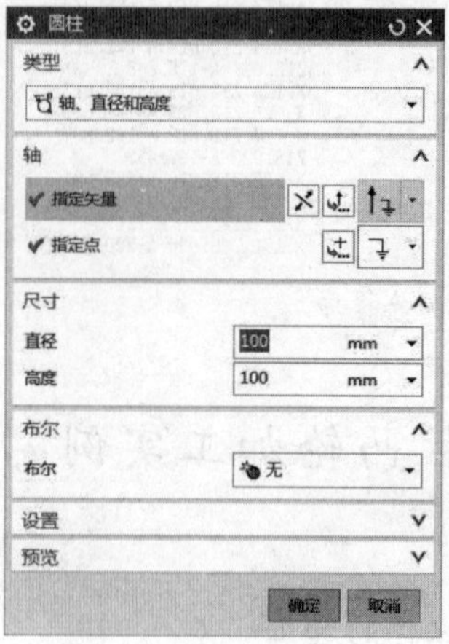

图 9-31　圆柱体的设置

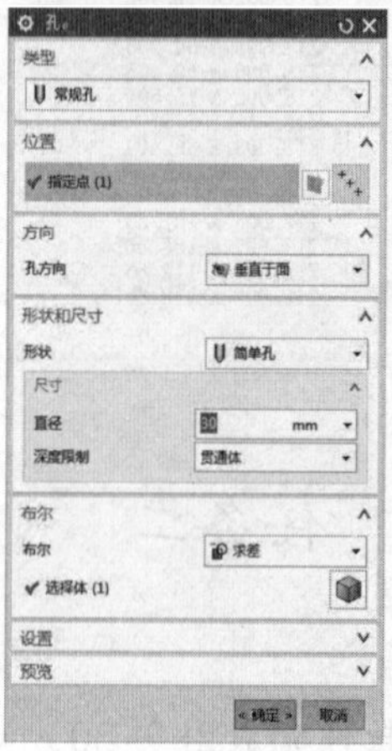

图 9-32　孔的设置

（3）单击按钮，弹出对话框（图 9-33），在类型选项中选择 相切，在子类型选项中选择“通过点”，在参考几何体选项的“选择对象”中选择圆柱面，“指定点”中选择圆柱截面的象限点，单击“确定”按钮生成基准平面，如图 9-34 所示。

（4）在菜单栏中单击“插入”，在弹出的下拉菜单中选择“派生曲线”中的 缠绕/展开曲线(W)...，弹出的对话框如图 9-35 所示。在曲线或点选项中选择圆柱截面线，在面选项中选择圆柱面，在刨选项中选择上步生成的基准平面，单击“确定”按钮生成展开线，如图 9-36 所示。

（5）利用生成的基准平面绘制凸轮中心曲线的展开线草图，如图 9-37 所示。

（6）在菜单栏中单击“插入”，在弹出的下拉菜单中选择“派生曲线”中的 缠绕/展开曲线(W)...，弹出的对话框如图 9-38 所示。在类型选项中选择缠绕，在曲线或点选项中选择凸轮中心线，在面选项中选择圆柱面，在刨选项中选择生成的基准平面，单击“确定”按钮生成缠绕线，如图 9-39 所示。

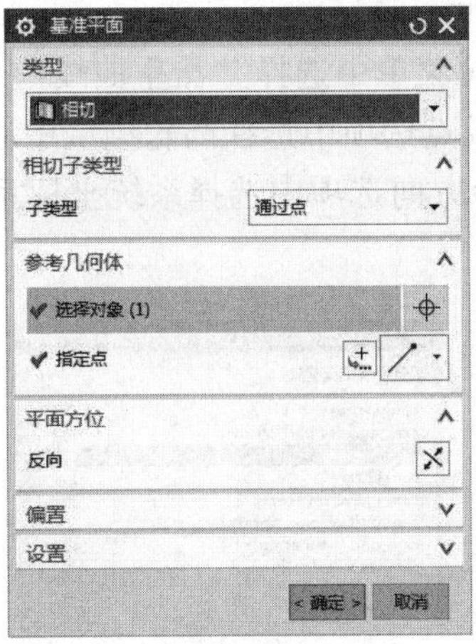

图 9-33　基准平面对话框

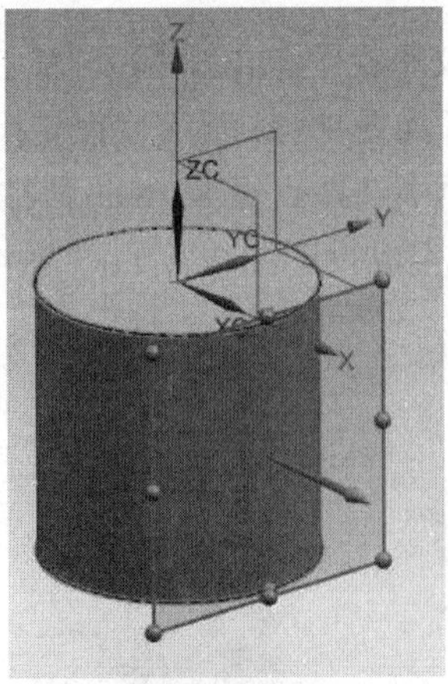

图 9-34　生成的基准平面

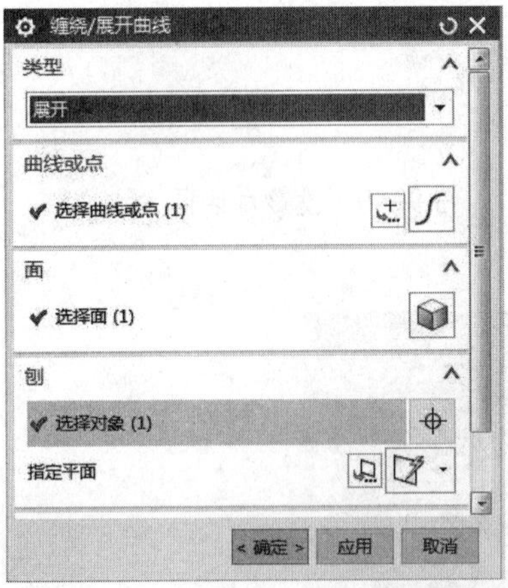

图 9-35　缠绕/展开曲线对话框

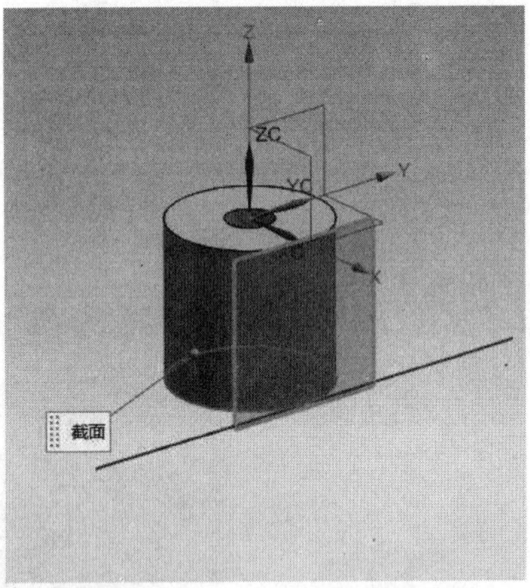

图 9-36　生成展开线

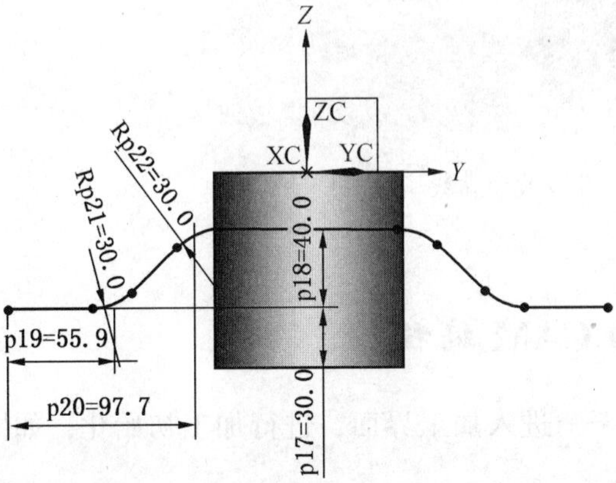

图 9-37　在草图中绘制凸轮曲线

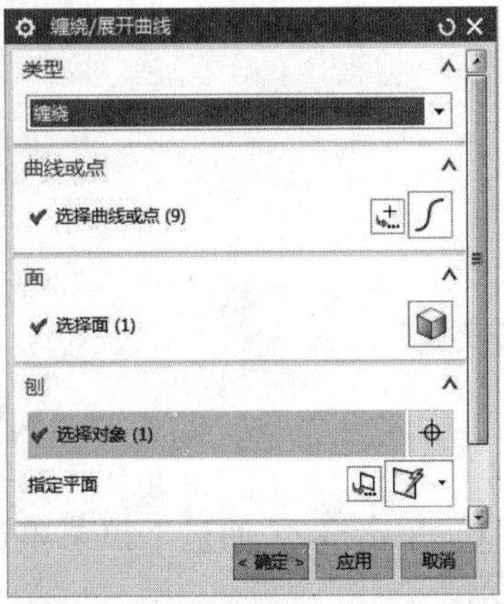

图 9-38　缠绕/展开曲线对话框

（7）绘制直径 80 mm、长度 100 mm 的圆柱体。

（8）在菜单栏中单击“插入”，在弹出的下拉菜单中选择“派生曲线”中的投影(P)...，弹出的对话框如图 9-40 所示。在要投影的曲线或点选项中选择凸轮缠绕中心线，在要投影的对象选项中选择直径 80 mm 圆柱面，在投影方向选项中选择系统坐标系 Z 轴，单击“确定”按钮生成投影曲线，如图 9-41 所示。

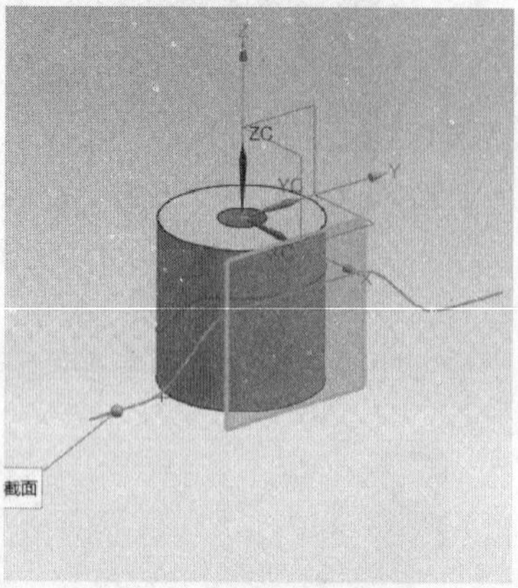

图 9-39　生成缠绕线

图 9-40　投影对话框

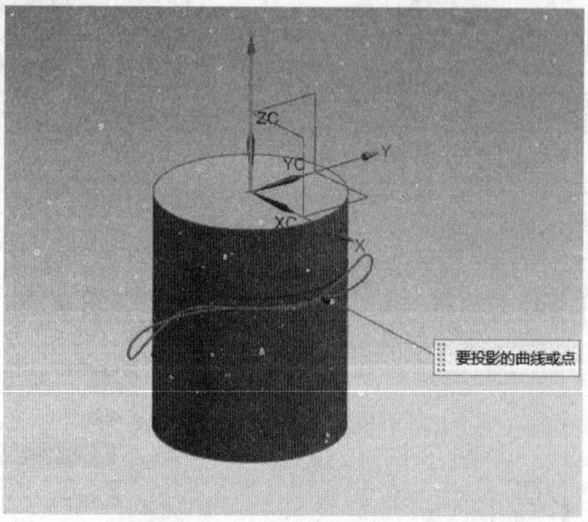

图 9-41　生成投影曲线

【任务实施】

NX10.0 CAM 编程

（1）单击启动·通过下拉菜单选择加工(R)...进入加工界面，进行加工初始化，如图 9-42 所示。

（2）单击几何视图按钮，再单击导航器中的工序导航器按钮，如图 9-43 所示。

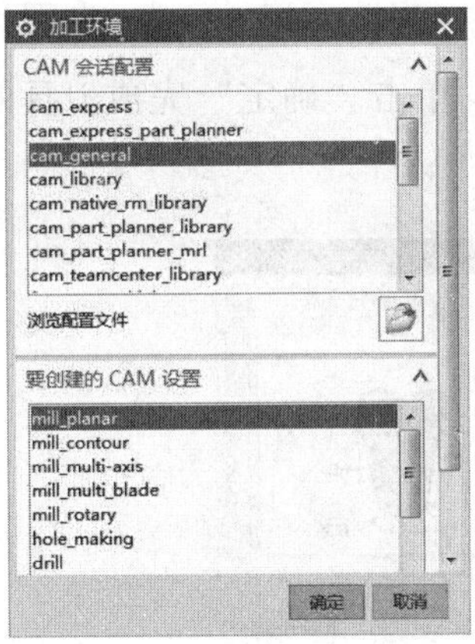

图 9-42 加工初始化

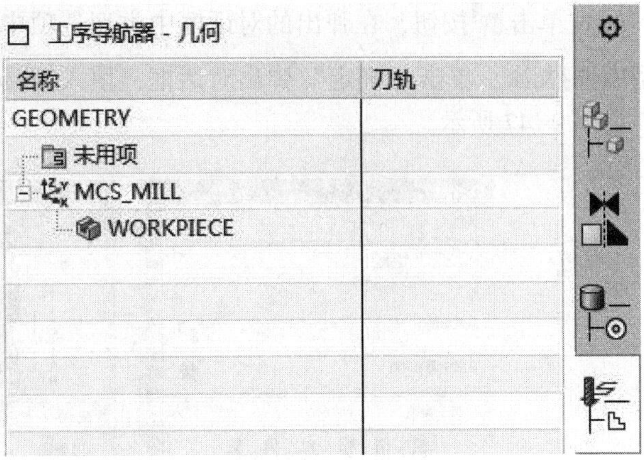

图 9-43 工序导航器

（3）双击 MCS_MILL，在弹出的对话框中设置好加工坐标系，如图 9-44 所示。

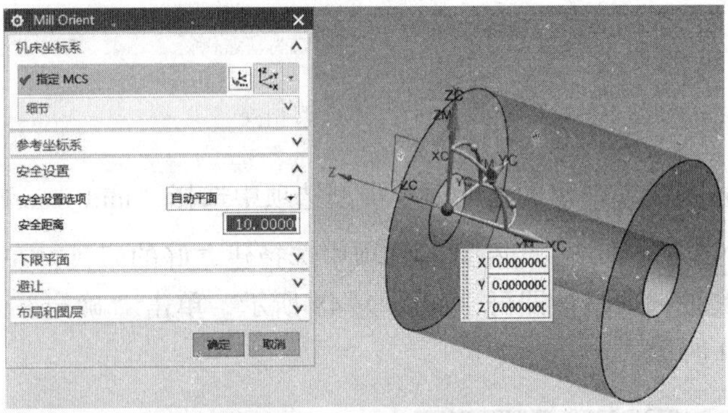

图 9-44 设置加工坐标系

（4）双击 WORKPIECE，在弹出的对话框（图 9-45）中单击“指定毛坯”按钮，进入下级对话框选择圆柱体，如图 9-46 所示。

图 9-45 铣削几何体对话框

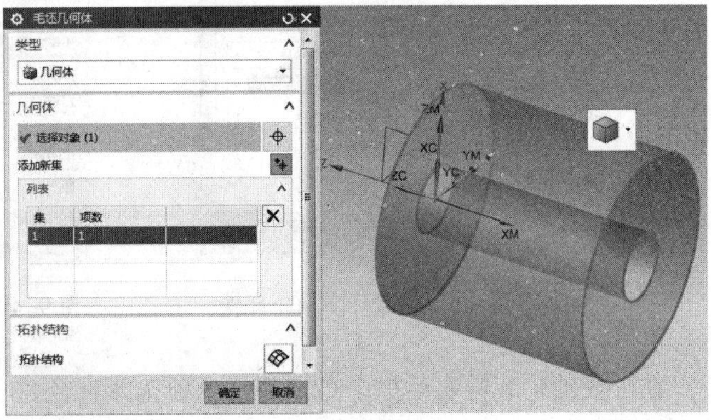

图 9-46 毛坯选择

（5）单击按钮，在弹出的对话框中类型选项中选择“mill_ multi-axis”，在刀具子类型中选择，单击“确定”弹出对话框，填入刀具参数，单击“确定”完成刀具的建立，如图 9-47 所示。

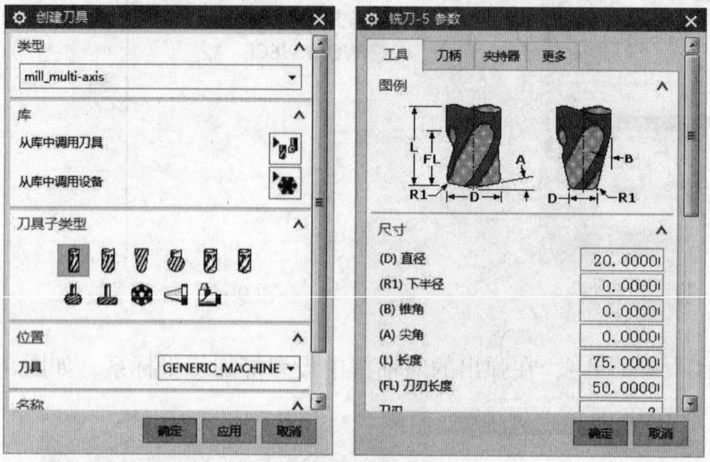

图 9-47　刀具的创建

（6）单击按钮，在弹出的对话框中类型选项中选择“mill_ multi-axis”，在工序子类型中选择“可变轴轮廓铣”，在刀具选项中选择建立好的刀具，在几何体选项中选择“WORKPIECE”，其他选项默认即可，如图 9-48 所示。单击“确定”进入可变轴轮廓铣对话框，如图 9-49 所示。

图 9-48　创建可变轴轮廓铣

图 9-49　可变轴轮廓铣对话框

在可变轴轮廓铣对话框中指定部件选项选择直径 80 mm 圆柱面；在驱动方法选项中选择“曲线/点”，进入“曲线/点驱动方法”对话框，选择投影曲线，如图 9-50 所示，单击“确定”完成此操作。

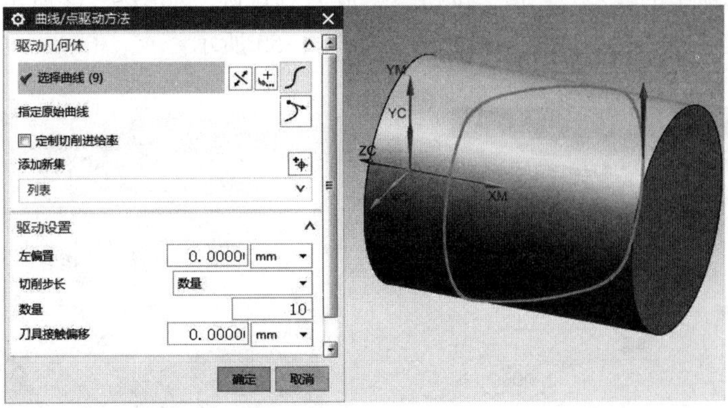

图 9-50　曲线/点驱动

在投影矢量选项中选择“朝向直线”，进入“朝向直线”对话框，选择系统坐标系中的 Z 轴，单击“确定”完成此操作，如图 9-51 所示。

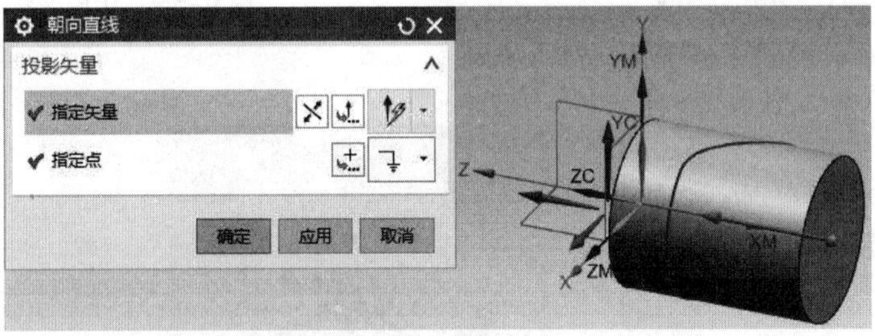

图 9-51　投影矢量设置

在刀轴选项中选择“4 轴，垂直于部件”，进入“4 轴，垂直于部件”对话框，选择系统坐标系中的 Z 轴，单击“确定”完成此操作，如图 9-52 所示。

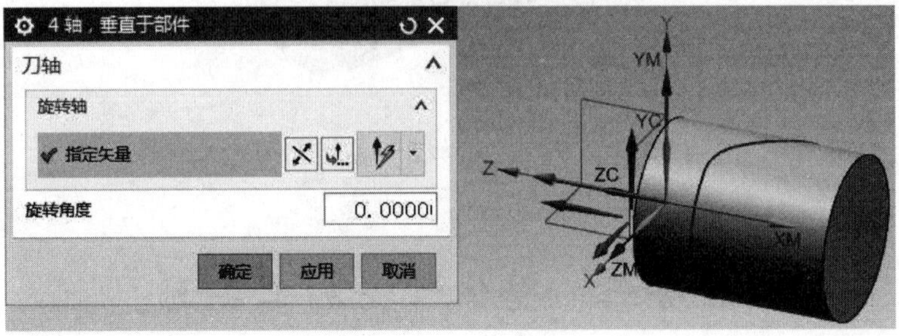

图 9-52　刀轴设置

在刀轨设置选项中选择“切削参数”，进入“切削参数”对话框，本例主要设置“多刀路”选项，其他参数采用默认即可，单击“确定”完成此操作，如图 9-53 所示。

单击操作选项中的 “生成”按钮，生成刀具轨迹，如图 9-54 所示。

通过刀具轨迹的变换生成精加工轨迹，如图 9-55 所示。

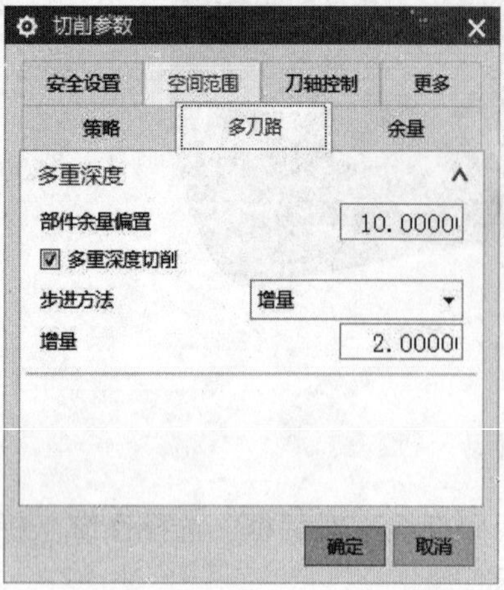

图 9-53　多刀路设置

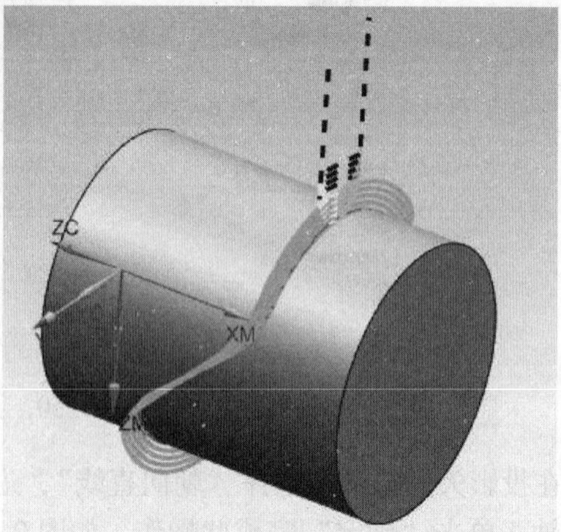

图 9-54　刀具轨迹

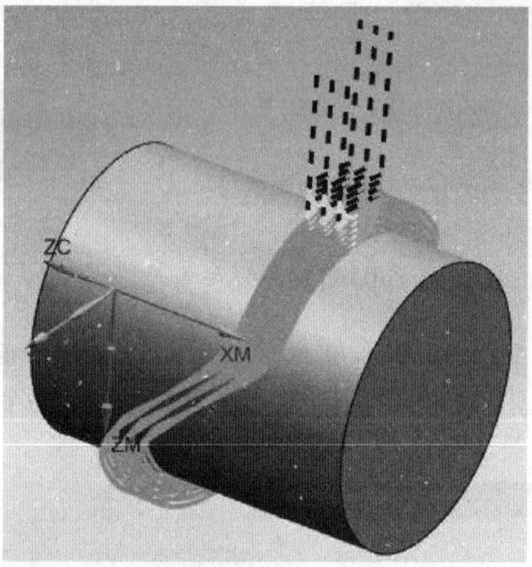

图 9-55　精加工刀具轨迹

任务三　整体叶轮加工实例

【任务描述】

使用 HyperMILL 软件完成图 9-56 所示叶轮的编程；使用 VERICUT 8.0 进行机床模拟加工。A、B 曲线参数见表 9-1 和表 9-2。

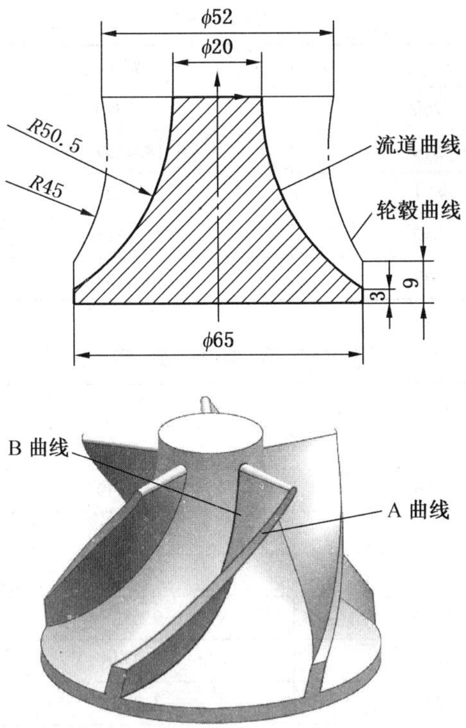

注：叶轮材料为硬铝，叶片数为5片，工作旋向为逆时针。

图9-56　叶轮

表9-1　A 曲线参数

序号	X	Y	Z
1	8.3257	-31.4155	-36.0000
2	12.4184	-27.3416	-31.9175
3	15.6412	-23.2318	-27.5984
4	18.3144	-19.0723	-23.0554
5	20.4395	-15.1499	-18.7736
6	22.2303	-11.1666	-14.5651
7	23.5169	-7.5893	-10.9010
8	24.4099	-4.4574	-7.6526
9	24.9270	-2.3655	-5.2686
10	25.2755	-1.1044	-3.4380
11	25.3468	0.2320	-3.1486
12	25.1801	0.4481	-4.1846
13	24.9705	-0.6050	-5.7982
14	24.5507	-3.1438	-8.7865
15	23.8701	-6.4973	-12.2780

表 9-1(续)

序号	X	Y	Z
16	21. 5760	-13. 8319	-19. 7392
17	19. 5510	-18. 4557	-24. 5162
18	16. 8851	-23. 3421	-29. 4572
19	14. 2340	-27. 2518	-33. 2044
20	11. 7187	-30. 3137	-36. 0000

表 9-2 B 曲线参数

序号	X	Y	Z
1	6. 6504	-31. 8123	-42. 0000
2	10. 3716	-26. 4139	-38. 9470
3	12. 9699	-19. 4944	-34. 2577
4	13. 5650	-13. 7989	-29. 2570
5	13. 1910	-9. 6323	-24. 4733
6	12. 0256	-5. 2746	-17. 4976
7	11. 2270	-3. 3721	-13. 0702
8	10. 5678	-2. 0878	-8. 7923
9	10. 0855	-1. 2770	-4. 0893
10	10. 0894	-0. 0011	-3. 0026
11	10. 1238	1. 1035	-4. 3024
12	10. 3586	0. 8431	-6. 0835
13	10. 6327	0. 5168	-8. 0433
14	11. 3047	-0. 3583	-11. 4236
15	12. 2140	-1. 7400	-15. 1782
16	13. 3438	-3. 8960	-19. 4528
17	15. 1040	-9. 5247	-27. 0368
18	15. 3116	-18. 0157	-34. 5033
19	13. 7686	-24. 1044	-38. 4258
20	10. 1999	-30. 8579	-42. 0000

【任务分析】

通过学习和训练使学生对计算机辅助多轴编程技术有所了解，激发学生下一阶段的学习积极性。

【相关知识】

HyperMILL 是德国 OPEN MIND 公司开发的集成化 NC 编程 CAM 软件。HyperMILL 向用户提供了完整的集成化 CAD/CAM 解决方案。用户可以在熟悉的 CAD 界面里直接进行

NC 编程，统一的数据模型和界面，直接完成从设计到制造的全部工作。它是一种高端和低端都适用的 CAM 软件。

开式叶轮在结构上主要包括主叶片、流道面等几个关键部分，如图 9-57 所示。叶片则由吸力面、压力面、前缘及后缘组成，如图 9-58 所示。

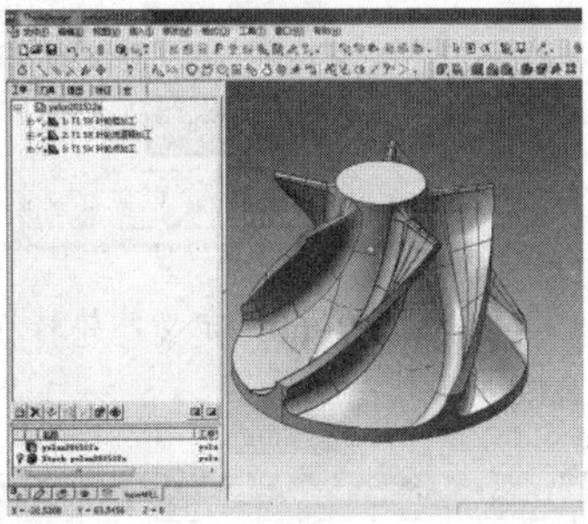

叶片

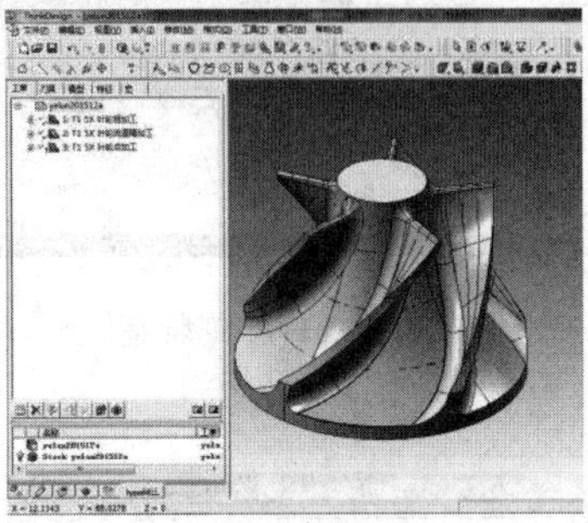

流道

图 9-57　叶轮结构

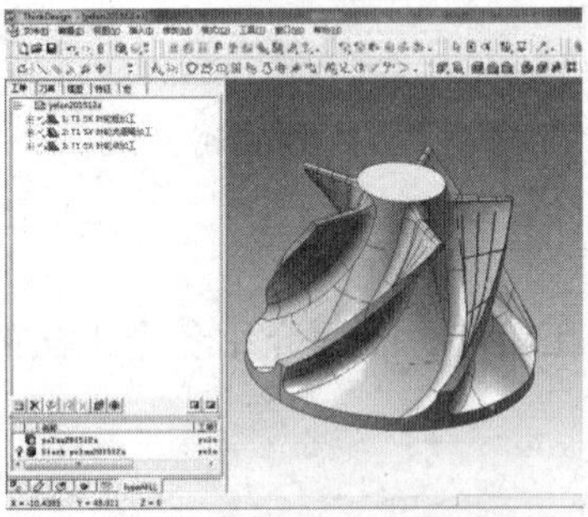

吸力面

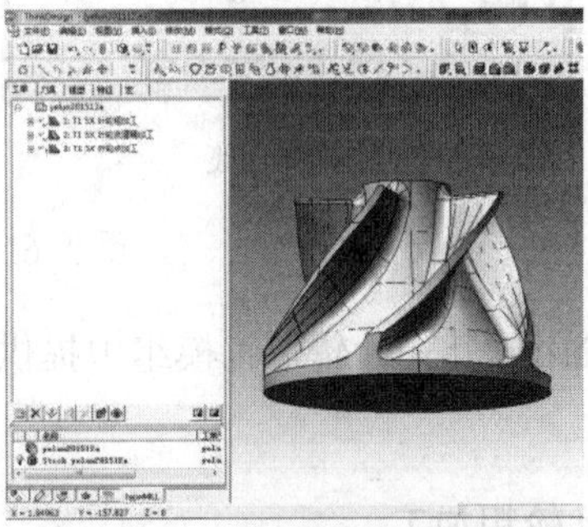

压力面

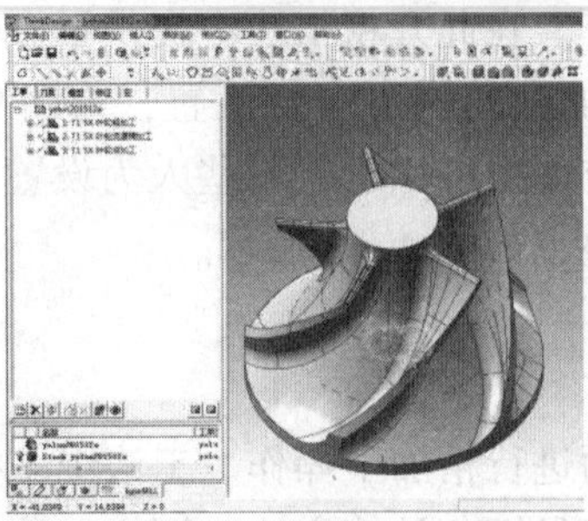

前缘

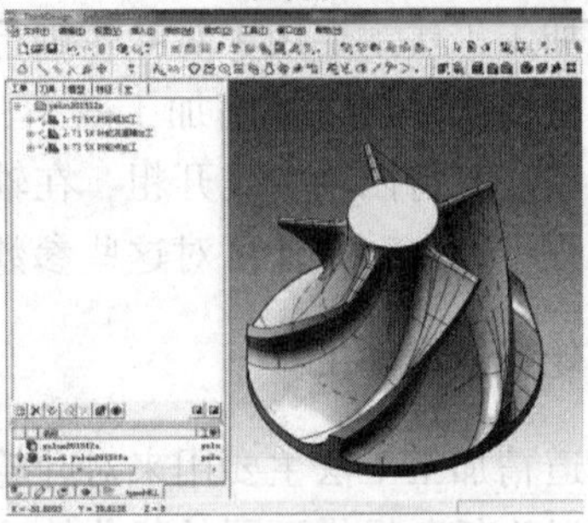

后缘

图 9-58　叶片结构

在 HyperMILL 开式叶轮加工模组应用中，首先定义出叶轮特征。

(1) 在特征选项卡下单击右键新建叶轮特征，如图 9-59 所示。

(2) 在弹出的特征定义对话框内定义叶轮特征，如图 9-60 所示。

叶片骨架曲线只有在叶片面比较碎等个别情况下才需指定，裁剪曲线只有在采用刀具侧刃加工方案时才需定义，如图 9-61 所示。

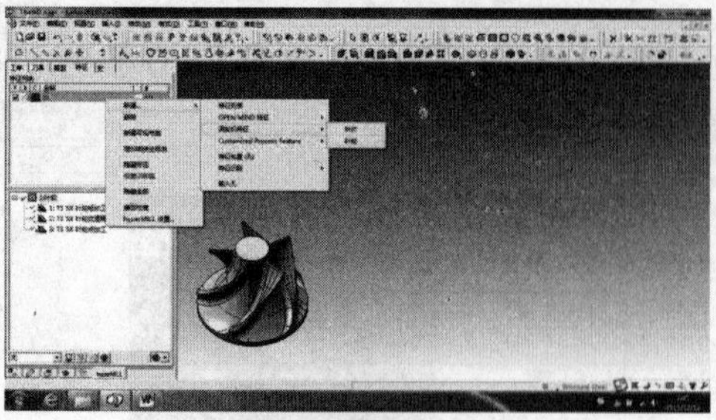

图 9-59　新建叶轮特征

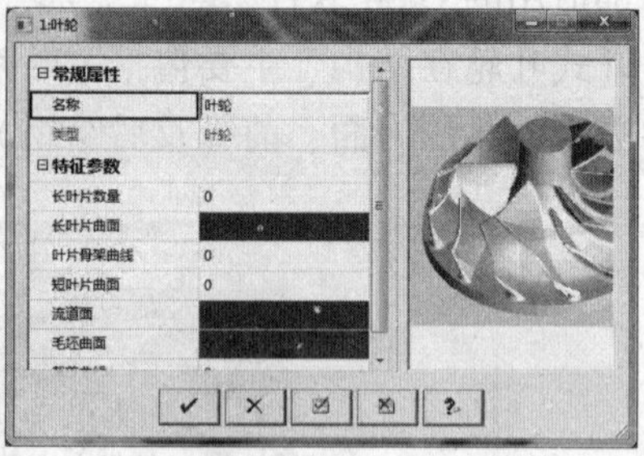

图 9-60　定义叶轮特征

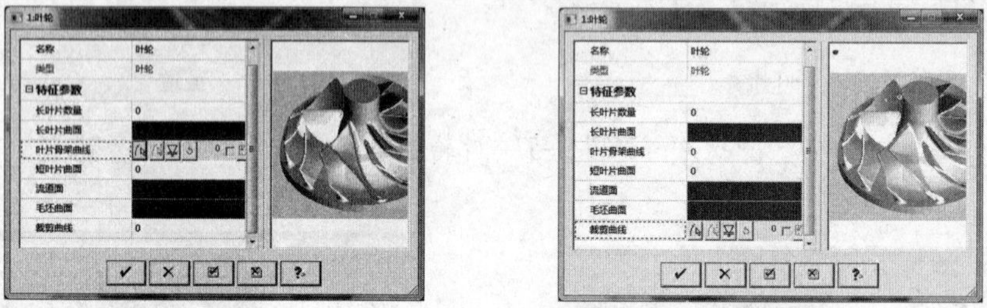

叶片骨架曲线　　裁剪曲线

图 9-61　特殊情况下指定

HyperMILL 开式叶轮加工模组中提供了各种加工策略，下面介绍各个工法的功能及其特性。

一、叶轮粗加工

叶轮粗加工工法主要用于对叶轮进行开粗工作。在此开粗工法中提供了多样化的开粗策略，并支持多次开粗以提高加工效率，每次的加工范围可自行设置，如图 9-62 所示。同时，该策略还支持四轴方式开粗，在轴的控制方面也可以进行一些人为设置。当然，在生成程序过程中，自动避让可对这些参数进行调整，如图 9-63 所示。

二、叶轮流道精加工

叶轮流道精加工工法主要用来对叶轮的流道面进行精加工操作。工法中多样化的精加工策略，可以为任务提供不同的优化轨迹分布和刀具倾角计算方法。同样，该策略也支持前面提到的四轴及人为设置刀具倾摆等功能，如图 9-64 所示。

三、叶轮点加工

叶轮点加工是对叶片曲面用刀具点接触法，以连续的、螺旋形的圆周动作进行加工。在这个工法中，提供了多样化的加工模式和进给策略以适应不同的任务情况，如为减少相邻叶片震动的型腔模式。同样，该策略也支持前面提到的四轴及人为设置刀具倾摆等功能，如图 9-65 所示。

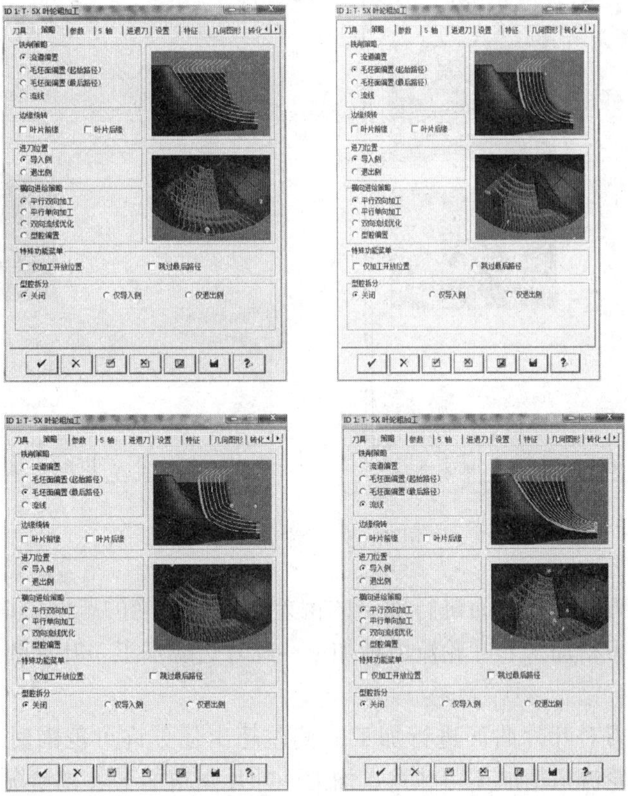

图 9-62　自行设置

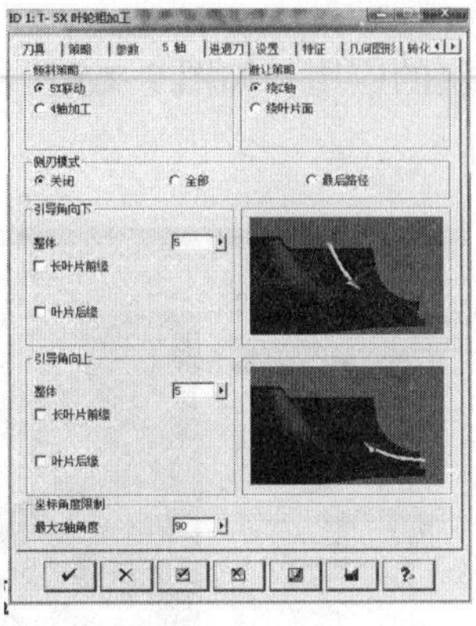

图 9-63　人为设置

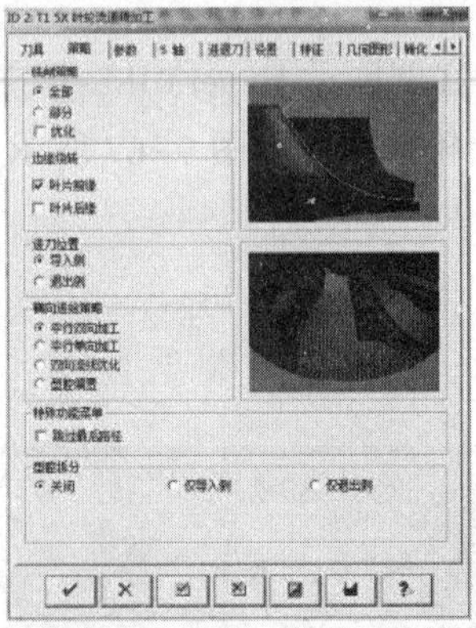

图 9-64　叶轮流道精加工

同时，HyperMILL 的叶轮模块也支持叶轮的插铣加工及检测程序的编制。

从上面对各个工法的介绍可以看出，根据任务不同，HyperMILL 叶轮专业模组为叶轮的加工提供了两套解决方案。

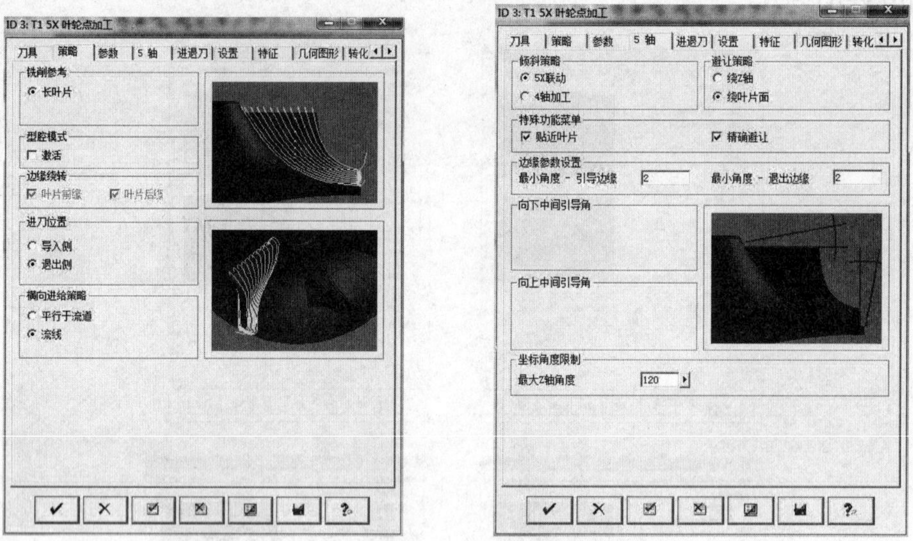

图 9-65　叶轮点加工

当使用刀具侧刃对叶片曲面进行加工的偏差在可以接受的范围内时，则整体流程为：叶轮开粗→叶片侧刃精加工→叶轮流道精加工→叶片边缘加工→叶片圆角加工（视情况而定）。

当使用刀具侧刃对叶片曲面进行加工的偏差超出任务许可范围时，加工的整体流程为：叶轮开粗→叶轮流道精加工→叶片点加工→叶片圆角加工（视情况而定）。

【任务实施】

一、HyperMILL 加工设置

下面以一个实例展示 HyperMILL 开式叶轮模块的应用，如图 9-66 所示。

(1) 定义叶轮特征，如图 9-67 所示。

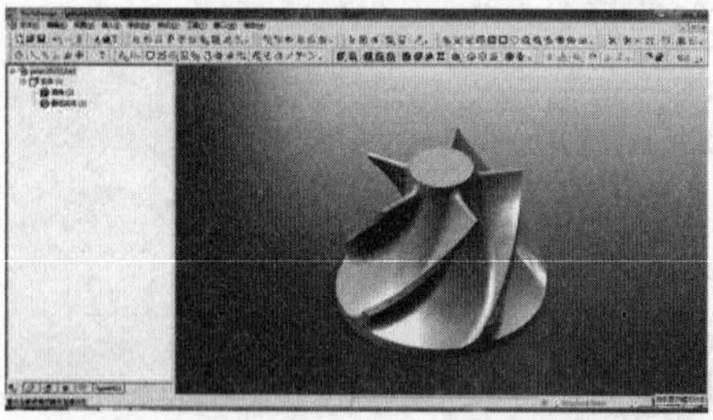

图 9-66　示例

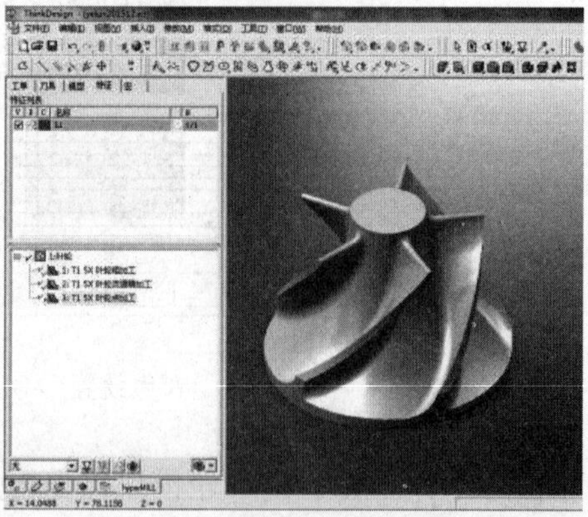

图 9-67　定义叶轮特征

为提高加工效率，选择直径 6 mm 的球头铣刀开粗，如图 9-68 所示。

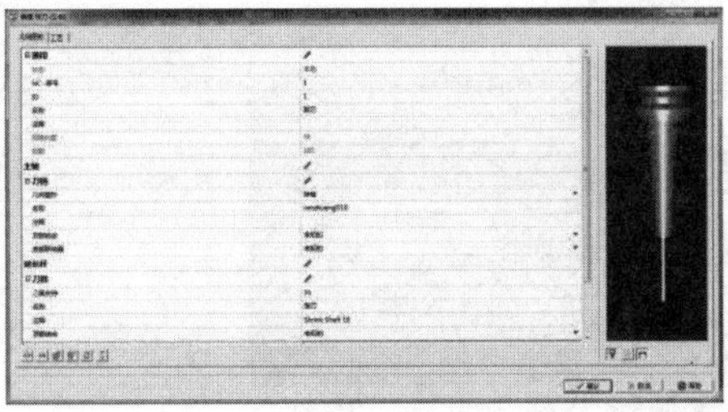

图 9-68　6 mm 球头铣刀

（2）叶轮开粗。在“新建带有特征的工单”中选择叶轮粗加工，设置各种参数后计算工单，如图 9-69 所示。

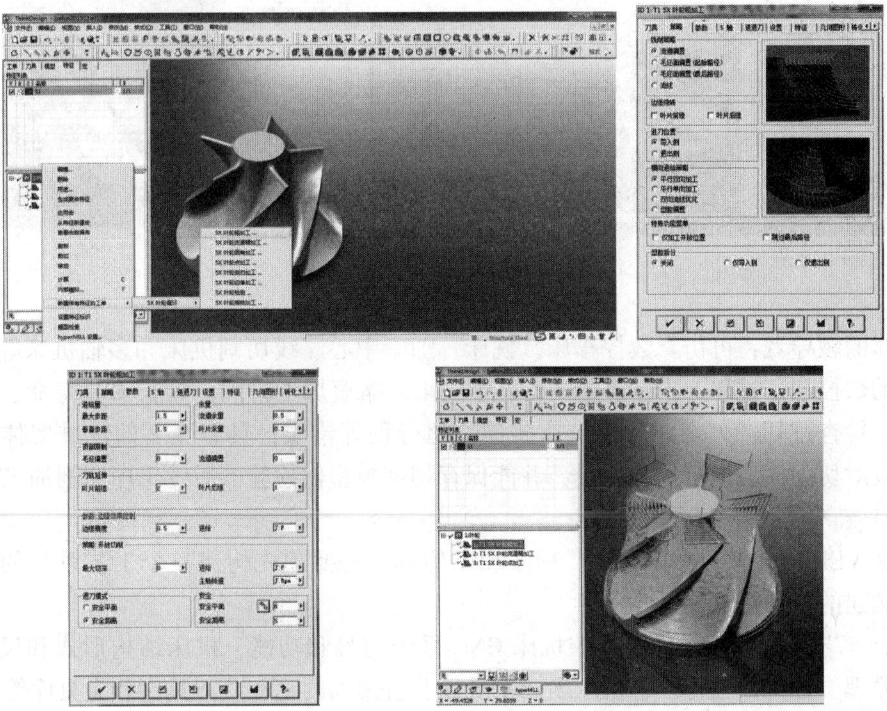

图 9-69　叶轮开粗

（3）主叶片点加工。复制粘贴工单并将工单替换为叶轮点加工，设置各种参数后计算工单，如图 9-70 所示。

（4）流道精加工，复制粘贴工单并将工单替换为叶轮流道精加工，设置各种参数后计算工单，如图 9-71 所示。

二、VERICUT 软件仿真加工

VERICUT 软件是美国 CGTECH 公司开发的数控加工仿真系统，VERICUT 是世界 NC

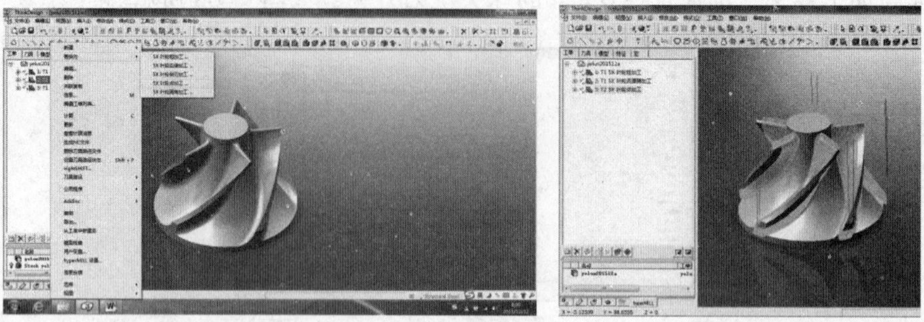

图 9-70　叶片点加工

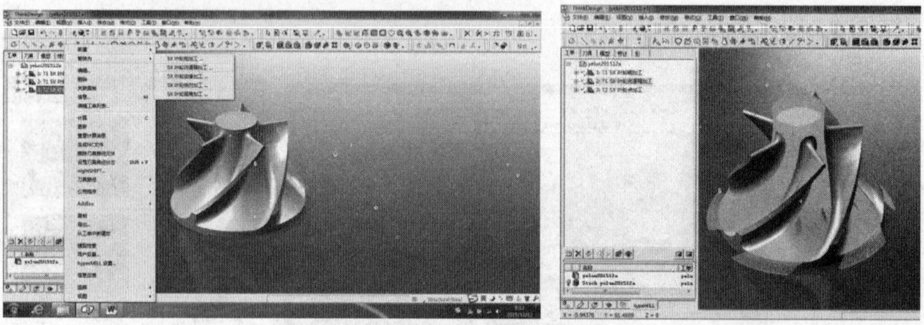

图 9-71　流道精加工

验证软体的领导者；可仿真数控车床、铣床、加工中心、线切割机床和多轴机床等多种加工设备的数控加工过程，也能进行 NC 程序优化，缩短加工时间、延长刀具寿命、改进表面质量，检查过切、欠切，防止机床碰撞、超行程等错误；具有真实的三维实体显示效果，可以对切削模型进行尺寸测量，并能保存切削模型供检验、后续工序切削加工。

1. 工艺系统仿真环境构建程序

为在 VERICUT 软件中实现 NC 程序加工仿真，需要预先构建整个工艺系统的仿真环境，其构建的一般过程如下：

（1）工艺系统分析。确定数控机床 CNC 系统型号和功能、机床结构形式和尺寸、机床运动原理、各坐标轴行程、机床坐标系统以及所用到的毛坯、刀具库和夹具库等。

（2）建立机床几何模型。采用三维 CAD 软件建立机床运动部件（主要是各运动坐标轴和刀库）和固定部件的实体几何模型，并转换成 VERICUT 软件可用的 STL 格式。

（3）建立机床文件。建立机床运动模型，即部件树，添加各部件的几何模型，并准确定位。将结果保存为机床文件（后缀为 .mch）。

（4）建立用户文件和控制系统文件。在 VERICT 软件中新建用户文件（后缀为 .usr），设置所用 CNC 系统文件（后缀为 .ctl）。

（5）建立刀具工具库。根据机床选用的刀柄形式和规格、刀具种类，构建机床刀具工具库，将结果保存为刀具文件（后缀为 .tcl）。

（6）设置机床参数设置。机床各坐标轴的行程、换刀位置、机床初始位置、机床参考原点等。

(7) 保存所有文件。全部设置完成后，保存所有文件，则仿真系统构建完成。

2. 构建五坐标高速铣 FIDIA K199 仿真系统

1) 机床描述

该五坐标高速铣为意大利 FIDIA S. P. A. 公司生产的悬臂式立式加工中心，主轴为 HSK63E 柄的电主轴，刀具库容量为 36 把，所用数控系统为新建叶轮特征，设备能实现 X、Y、Z、A、C、W 六轴控制任意五轴联动，工作台为数控回转工作台。各轴的驱动电机全部采用全数字交流伺服电机，各轴的伺服控制全部采用全闭环控制、配置过载保护及报警功能，还具有机内激光对刀装置和 RENISHAW MP18 数字探头工件测量及自动校正系统。机床的各轴行程见表 9-3。

表 9-3　机 床 行 程

坐标轴	行程	备　注
X 轴	2700 mm	
Y 轴	1100 mm	
Z 轴	1400 mm	
A 轴	-100°～+200°	摆角半径为 310 mm
C 轴	-220°～+220°	主轴头截面的最大对角线尺寸为 805 mm

2) 建立部件的 3D 模型

用 NX10.0 软件造型，以运动单元建模，不需要按照机床零部件连接结构构建，也不必构建各坐标轴之间的传动机构，仅需对各部件的外形进行建模。若某一部件由多个零件组成，可将各零件一体建模，也可各零件单独建模，然后在 VERICUT 中进行装配，建立几何模型后，将其另存为 STL. 格式。

3) 建立机床部件树

(1) 床身的建立选取菜单中 Model-Component Tree 或点击快捷图标，弹出部件树对话框，选取菜单中 Model→Model Definition 或点击快捷图标，按顺序操作，选取相应的 STL 格式文件，正确设置位置参数，点击 Add 和 OK 选项后返回部件树菜单。

(2) 坐标轴 X、Y、Z、A、C、W 的建立。

在部件树中右键单击 Base→在光标菜单选 Append→选 XLinear，添加 X 轴；右键单击 X(0, 0, 0) →在光标菜单选 Append→选 YLirear，添加 Y 轴；右键单击 Y(0, 0, 0) →在光标菜单选 Append→选 ZLinear，添加 Z 轴；按照同样的方法添加其他部件。

4) 添加机床几何模型

添加各部件的 STL 模型时应注意将模型 TYPE 选择为 Model Files 类型，按 Browse 找到相应 STL 格式文件。

(1) 双击部件树中 X (0, 0, 0)，选取相应的 STL 格式文件，在 Position 栏和 Angles 栏内输入位置坐标。

(2) 双击部件树中 Y (0, 0, 0)，选取相应的 STL 格式文件，在 Position 栏和 Angles

栏内输入位置坐标。

（3）依照同样的方法，完成其他部件的装配，得到完整的 FIDIAK199 机床部件树，如图 9-72 所示。

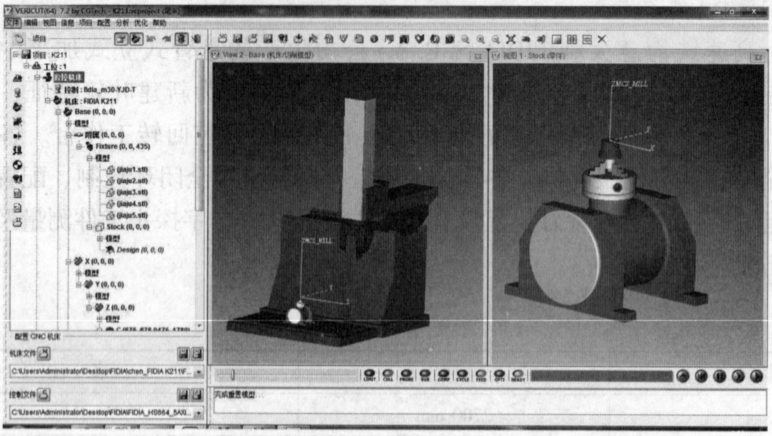

图 9-72　机床模型运动关系的建立

5）建立机床刀具库

选取菜单中 Setup→Tool Manager 快捷图标列，弹出刀具管理对话框。

在菜单中选取 Add→New Tool→Mill，弹出图中 1 号刀具，右键单击“1”，选取 Cutter，弹出增加刀具对话框，按所需建立的铣刀类型（包含直齿铣刀、球头铣刀、锥度铣刀及用户自定义等），设置刀具几何参数，确定后返回刀具管理对话框。依照上述方法，建立一系列常用的刀具库，并在 Description 栏中描述刀具的类型和规格等。刀具设置如图 9-73 所示。

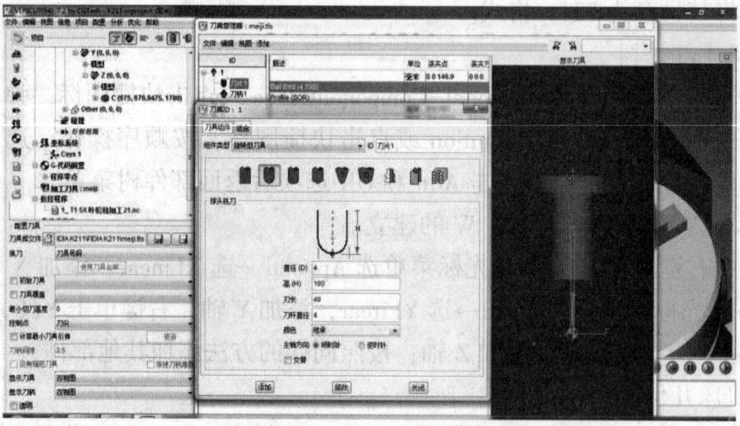

图 9-73　刀具的设置

6）设置 CNC 系统文件

选取菜单中 Setup→Gontrol→Open 或快捷图标，弹出打开控制文件对话框，在 VERICU 下安装目录的 library 子目录下选取“fidm30. ctl”；选取菜单中 Setup→Control→

Word/Address，根据机床的控制系统功能和指令格式，对准备功能 G 代码、辅助功能 M 代码、寄存器地址和状态指令等进行设置，并保存该文件。FIDIA K199 C20 系统操作面板如图 9-74 所示。

图 9-74　FIDIA K199 C20 系统操作面板

7）设置机床参数

选菜单 Setup→G-Code→Settings，在弹出的对话框中选 Tables 选项，再选取 Job-Tables 和 Add/Modify 选项，在 Table Name 列表框中选择如下参数进行添加：

Input Program Zero（工件编程原点）：0 -895 -800（-800 为 Z 轴端面到工件坐标系原点的距离）。

Initial Machine Location（机床初始位置）：135 0 0 0 0 0（XYZAC 坐标用空格间隔）。

Machine Reference Location（机床参考点）：135 0 0 0 0 0。

Tool Change Location（换刀位置）：1350 895 10000。

根据实际加工需要，还可以进行 Works Offsets（工件偏置）、RTCP Piovt Offset（RTCP 旋转偏置）等。

8）保存文件

将建立的文件分别保存为用户文件 . usr，控制系统文件 . ctl，机床文件 . mch 和刀具库文件 . tcl。图 9-75 所示为已建立的虚拟机床环境。

3. 仿真实例的应用

实例中叶轮采用的材料为 30CrMnSiA，经热处理后，其强度相当大，属于典型的薄壁件，叶片壁厚为 4 mm，易产生加工变形，加工周期长。该零件不但对尺寸精度和表面粗糙度要求高，而且对切削刀纹也有较高的要求，刀纹要顺着流路方向。采用 VERICUT 软件主要是为了解决如下问题：

（1）由于编程时选择的加工方式不理想，后置处理程序有缺陷，或因为编程员经验不足，提前发现加工程序可能存在的问题，以免产生不必要的浪费。

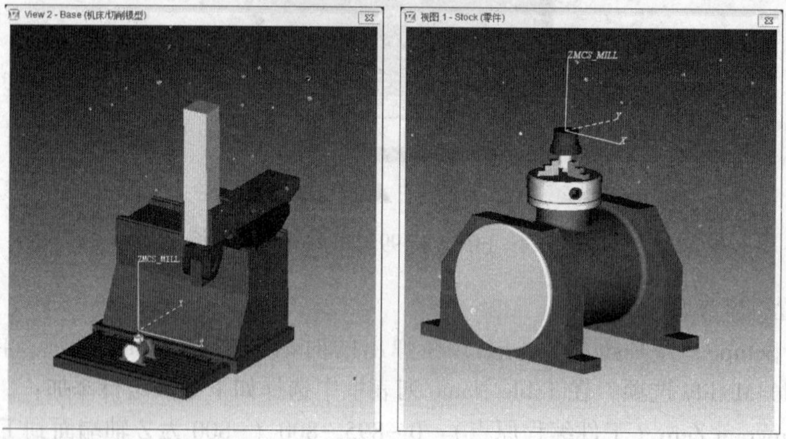

图 9-75　虚拟机床环境

（2）进行干涉检查，及时对必须修正的地方进行修正甚至重新编程，以保证向机床操作人员提供正确的加工程序。

（3）模拟零件装夹与加工过程中机床的真实运动情况，以避免机床部件与夹具和零件碰撞。

（4）检测零件加工后是否存在过切、欠切现象，测量加工后的零件与设计图纸要求之间的误差等。

具体操作步骤如下：

（1）启动 VERICUT，并调用所需用户文件、机床文件、CNC 控制文件和刀具库文件。

（2）引入毛坯零件和设计零件。将叶轮毛坯零件和设计零件的 STL 模型文件引入部件树。

（3）设置工件原点。X、Y 轴零点在回转工作台的中心，Z 轴零点为主轴端面到工件坐标系的距离。

（4）引入刀位文件或 NC 程序。

（5）检查数控程序的正确性，设置碰撞、超程、干涉等识别颜色，单击工具条上的“单步仿真”或“连续仿真”键，开始加工仿真。

（6）仿真结果分析。采用缩放、移动、旋转和打剖面等工具，从不同视点观察，详细精确地测量切削模型。选取菜单上 Analysis→X→Caliper 测量工具测量工件尺寸；选取菜单上 Analysis→Auto→Diff 比较工具，检查零件有无过切、残余材料等现象。

（7）若切削模型不理想，只需调整和更换 NC 程序，继续零件的加工仿真，直至切削模型与设计原型一致。图 9-76 至图 9-78 所示为已定型的叶轮仿真。加工实物如图 9-79 所示。

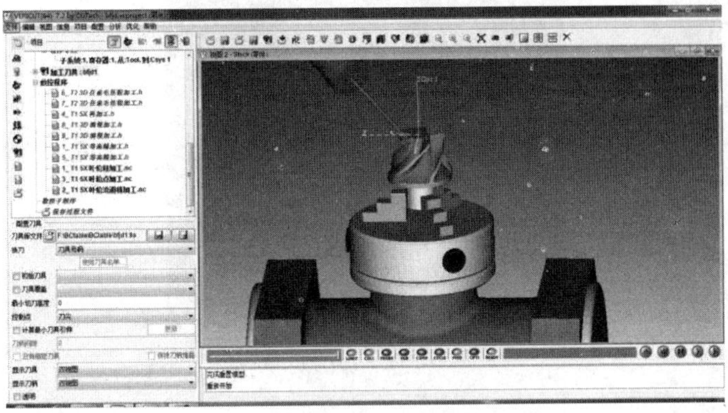

图 9-76　叶轮开粗

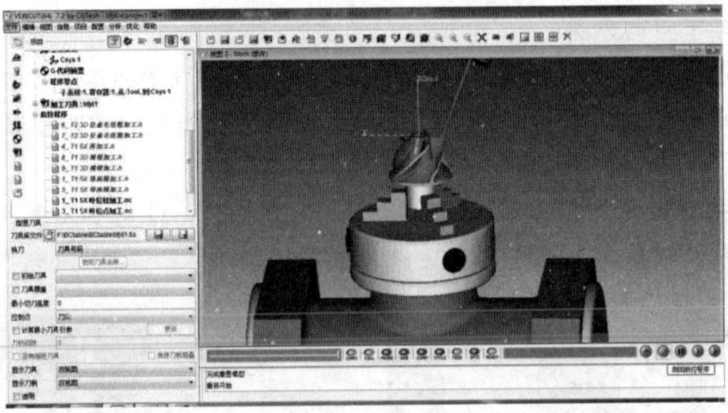

图 9-77　叶轮点加工

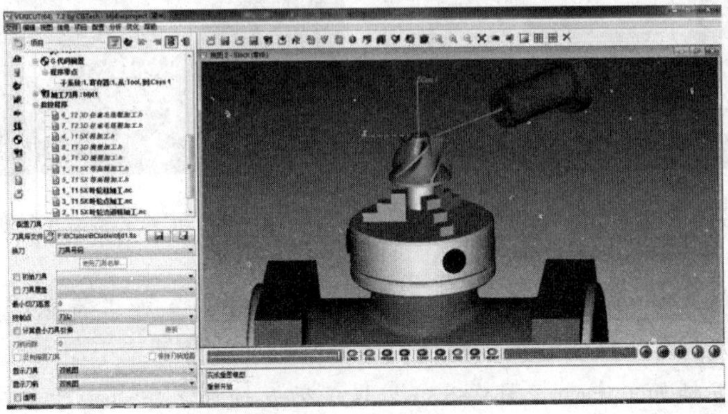

图 9-78　流道精加工

图 9-79　加工实物

知识拓展

一、五轴加工中心的分类

（1）五轴双转台加工中心（图 9-80）。加工特点：适用于加工小型、轻型工件，工艺性较好，能够较好地完成孔的钻、扩、铰、镗及攻螺纹的加工，常用于复杂箱体、精密零件及模具的加工。

（2）五轴双摆动主轴加工中心（图 9-81）。加工特点：适用于大型、重型工件。机床结构一般为龙门式，常用于大型模具、飞机机翼等的加工。

图 9-80　五轴双转台加工中心

图 9-81　五轴双摆动主轴加工中心

（3）五轴旋转工作台+摆动主轴加工中心（图 9-82）。加工特点：由于减少了旋转轴、摆动轴的叠加，因此提高了机床刚性，适合叶轮、叶片等中小型工件的加工。

（4）非正交五轴加工中心（图 9-83）。非正交五轴加工中心由于机床结构的特殊性，使得机床整体结构紧凑、操作灵活、刚性较好。这种特殊结构的五轴机床，都是为适应某

图 9-82　五轴旋转工作台+摆动主轴加工中心

一类产品的加工要求开发的。选择合适的机床，是多轴编程的第一步；熟悉每种机床的加工特点，是五轴加工的基础。

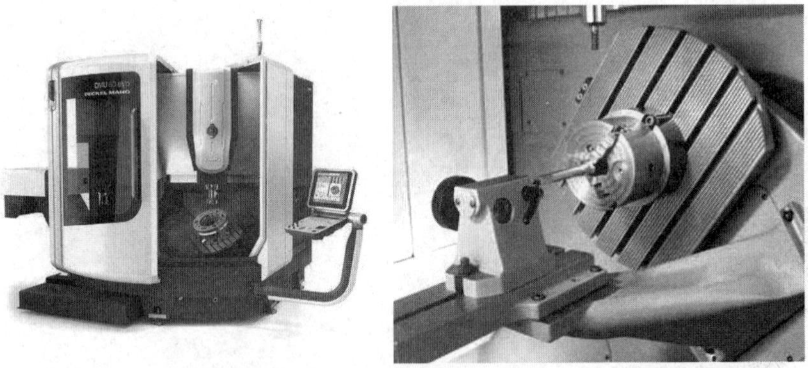

图 9-83　非正交五轴加工中心

二、RTCP 和 RPCP 功能介绍

（1）RTCP（Rotation Tool Center Point）是五轴机床（双摆头结构）刀具旋转中心编程的简称。RTCP 功能应用在双摆头结构形式的机床，目前高档的双摆头五轴数控系统都可在一般模式和 RTCP 模式下进行编程。在一般模式下编程，要求机床的转轴中心长度正好等于书写程序时所考虑的数值，每一天更换刀具都需要重新编写程序。而如果激活 RTCP 功能，数控系统会自动计算并保持刀具中心始终在编程的 XYZ 位置上，转动坐标的每一个运动都会被 XYZ 坐标的一个直线位移所补偿。相对传统的数控系统而言，一个或多个转动坐标的运动会引起刀具中心的位移，而对具有 RTCP 功能的数控系统而言，可以直接编制刀具中心的轨迹程序，而不用考虑枢轴的中心距，这个枢轴中心距是独立于编程的，是执行程序前由显示终端输入的，与程序无关，RTCP 运动如图 9-84 所示。

（2）RPCP（Rotation Part Center Point）是五轴机床（双转台结构）工件旋转中心编程的简称。RPCP 与 RTCP 功能类似，不同的是该功能是补偿工件旋转所造成的平动坐标的变化。RPCP 功能应用于双转台形式的机床。

不同的数控系统会采用不同的功能代码或循环指令去实现 RPCP 或 RTCP 功能。例如

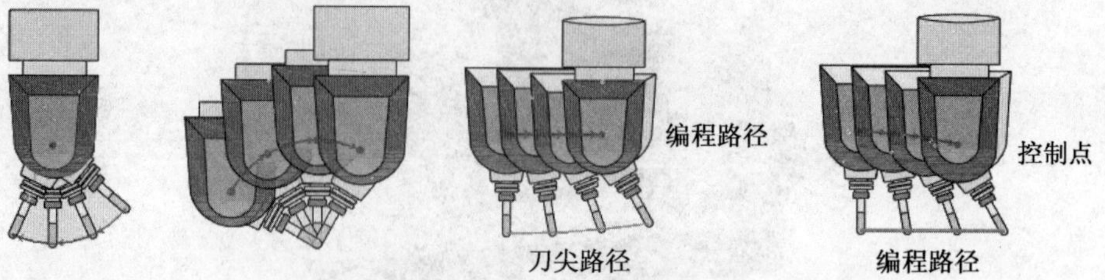

图 9-84 RTCP 运动示意图

海德汉 iTNC530 系统采用 M128（刀尖跟随功能）和循环指令 CYCL19（3+2 定向加工）功能来实现 RPCP 或 RTCP 功能；在西门子系统 840D 中，使用 TRAORI 来实现 RPCP 或 RTCP 功能；FIDIA 系统 C20 中，使用 G96 指令来实现 RTCP 功能。RTCP 与 RPCP 功能的应用，提高了程序的通用性，使编程可以提前进行，缩短了加工辅助时间，提高了五轴数控机床的加工效率。

参 考 文 献

[1] 韩鸿鸾，刘书峰．数控铣削加工一体化教程［M］. 北京：机械工业出版社，2013.
[2] 周晓宏．数控铣削工艺与技能训练（含加工中心）［M］. 北京：机械工业出版社，2015.
[3] 王荣兴．加工中心培训教程［M］. 北京：机械工业出版社，2011.
[4] 昝华，陈伟华．SINUMERIK 828D 铣削操作与编程轻松进阶［M］. 北京：机械工业出版社，2013.
[5] 张喜江．多轴数控加工中心编程与加工技术［M］. 北京：化学工业出版社，2014.
[6]（德）汉斯·贝恩哈特·基夫，（德）赫尔穆特·阿尔伯特·罗施瓦，（德）卡斯滕·施瓦茨．数控技术及应用指南（2015—2016）［M］. 林松，等，译．北京：机械工业出版社，2017.
[7] 孙德茂．数控机床铣削加工直接编程技术［M］. 北京：机械工业出版社，2004.
[8]（美）彼得·斯密德．数控编程手册（原著第二版）［M］. 罗学科，刘瑛，黄根隆，等，译．北京：化学工业出版社，2005.
[9]（美）彼得·斯密德．FANUC 数控系统用户宏程序与编程技巧［M］. 罗学科，刘瑛，黄根隆，等，译．北京：化学工业出版社，2007.